《建筑防火通用规范》
GB 55037－2022
解读及应用

石峥嵘　编著

应急管理出版社

·北　京·

图书在版编目（CIP）数据

《建筑防火通用规范》GB 55037—2022 解读及应用／
石峥嵘编著． － －北京：应急管理出版社，2024
ISBN 978 - 7 - 5237 - 0475 - 2

Ⅰ．①建…　Ⅱ．①石…　Ⅲ．①建筑设计—防火—建筑
规范—中国　Ⅳ．①TU892 - 65

中国国家版本馆 CIP 数据核字（2024）第 052915 号

《建筑防火通用规范》**GB 55037—2022** 解读及应用

编　　著	石峥嵘
责任编辑	郭玉娟
责任校对	孔青青
封面设计	闰江文化

出版发行　应急管理出版社（北京市朝阳区芍药居 35 号　100029）
电　　话　010 - 84657898（总编室）　010 - 84657880（读者服务部）
网　　址　www.cciph.com.cn
印　　刷　长沙鸿发印务实业有限公司
经　　销　全国新华书店

开　　本　787mm×1092mm$^1/_{16}$　印张　28$^1/_2$　字数　593 千字
版　　次　2024 年 4 月第 1 版　2024 年 4 月第 1 次印刷
社内编号　20240091　　　　定价　128.00 元

1. 本书编制依据为《建筑防火通用规范》GB 55037—2022（简称《通用规范》），本规范为强制性工程建设规范，本书中的黑体字内容为规范原文。

2. 本书注重实际应用，综合相关法律法规和技术标准规定，通过解读、图示等形式表述规范要求，力求通俗易懂。

3. 本书中，重点提示内容用蓝色下划虚线标识。

4. 本书图示中，防火墙、防爆墙、抗爆墙用红色填充墙表示，防火隔墙、防火门、防火窗以及对耐火性能有特别要求的楼板用红色线条表示，具体耐火性能应依相关规定确定。

5. 疏散楼梯间及前室隔墙、消防电梯前室隔墙，均为防火隔墙。考虑制图习惯，本书图示仍以常规隔墙表示，未采用红色线条。

6. 本书图示中，未标注耐火性能等级的防火门，应依据条文要求，结合本《通用规范》第 6.4.2 条 ~ 第 6.4.4 条规定确定。

7. 本书中，有关疏散距离的表述，括号内的数值为设置自动灭火系统后增加 25% 后的值。

8. 除非特别提示，本书图示中的防烟楼梯间及前室、消防电梯前室、避难层、避难间、避难走道等的防烟系统形式仅供参考，具体应依相关标准确定。

9. 除非特别提示，本书图示中的疏散走道、房间等的排烟系统形式仅供参考，具体应依相关标准确定。

10. 除非特别指定，本书图示仅针对所述条款内容，不表述其他内容。

11. 为方便理解，本书设置了附录章节，附录内容包含本《通用规范》涉及的关键知识要点。

12. 为方便理解消防设施功能，本书的部分章节设置了介绍消防设施的二维码，可通过微信等工具扫描阅读。

13. 申明：规范正文以外的解读及图示、包括规范本身的条文说明等，均不具备与规范正文同等的法律效力，仅可作为理解和把握规范规定的参考。

　　《建筑防火通用规范》GB 55037—2022（简称《通用规范》）自 2023 年 6 月 1 日起实施。本《通用规范》规定了建筑防火的基本功能、性能和相应的关键技术措施，是建筑全生命过程中的基本防火技术要求，具有法规强制效力，必须严格遵守。本书汇总本《通用规范》实施过程中的常见问题，依据基本实施原则，参照相关工程建设标准，提示处置措施，解读难点、要点。

　　本《通用规范》执行过程中，需注意以下要点：

　　（1）本《通用规范》为强制性工程建设规范，全部条文必须严格执行，现行工程建设标准中有关规定与本《通用规范》不一致的，以本《通用规范》的规定为准。

　　（2）新建、改建和扩建的建筑在规划、设计、施工、验收、运行维护过程中，以及既有建筑的改造、使用和维护中的防火均应符合本《通用规范》的要求。

　　（3）与本《通用规范》配套的推荐性工程建设标准是经过实践检验的、保障达到强制性规范要求的成熟技术措施，一般情况下也应执行。当不能执行时，应采取加强性措施，确保达到建设标准的有关性能要求，并应经相关程序进行论证。

　　（4）本《通用规范》主要规定了建筑防火的基本功能、性能要求，部分条款未规定具体技术措施和技术参数，在实际应用中，可参照配套的工程建设标准及相关规定确定。推荐性工程建设标准的相关要求和规定，与本《通用规范》要求一致的，可视为落实本《通用规范》的方法和措施。

　　示例 1：本《通用规范》第 7.1.3 条规定"疏散距离应满足人员安全疏散的要求"。实际应用中，当厂房、公共建筑和住宅的疏散距离指标符合《建筑设计防火规范（2018 年版）》GB 50016—2014 要求（第 3.7.4 条、第 5.5.17 条、第 5.5.29 条等）时，可认为符合本条文要求。

　　示例 2：本《通用规范》第 6.1.1 条规定"防火墙与建筑外墙、屋顶相交处，防火墙上的门、窗等开口，应采取防止火灾蔓延至防火墙另一侧的措施"。实际应用中，当相关措施符合《建筑设计防火规范（2018 年版）》GB 50016—2014 要求（第 6.1.1 条 ~ 第 6.1.4 条等）时，可认为符合本条文要求。

　　（5）本《通用规范》规定了控制性底线要求，针对特殊功能场所和特定关联条件，推荐性工程建设标准可提出更高要求，应予执行。在此情况下，控制性底线要求不应作为合格判定标准。

示例1：本《通用规范》第7.1.4条规定"疏散出口门的净宽度均不应小于0.80m"，对于人员密集的公共场所、观众厅的疏散门，仍应执行《建筑设计防火规范（2018年版）》GB 50016—2014第5.5.19条规定，其净宽度不应小于1.40m，不得以0.80m净宽度作为这类场所的合格判定标准。

示例2：本《通用规范》第7.1.4条规定"疏散走道、首层疏散外门、公共建筑中的室内疏散楼梯的净宽度均不应小于1.1m"。实际应用中，对于高层公共建筑内楼梯间的首层疏散门、首层疏散外门、疏散走道和室内疏散楼梯的最小净宽度，仍应符合《建筑设计防火规范（2018年版）》GB 50016—2014表5.5.18的规定；对于厂房，疏散走道的最小净宽度仍应执行《建筑设计防火规范（2018年版）》GB 50016—2014第3.7.5条的规定，不宜小于1.40m。

（6）本《通用规范》实施后，相关工程建设标准中的强制性条文废止，配套衔接的相关标准正在修订中。在配套衔接的相关标准出台前，被废止的强制性条文，与本《通用规范》要求一致的，可视为推荐性条文，作为落实本《通用规范》的措施和方法。

示例1：《建筑设计防火规范（2018年版）》GB 50016—2014第5.5.17条、第5.5.29条被废止后，在配套衔接的新版《建筑设计防火规范》未出台前，这些废止的条款可视为推荐性条文，作为落实本《通用规范》第7.1.3条的技术措施。

示例2：《建筑设计防火规范（2018年版）》GB 50016—2014第6.2.5条、第6.2.6条被废止后，在配套衔接的新版《建筑设计防火规范》未出台前，这些废止的条款可视为推荐性条文，作为落实本《通用规范》第6.2.3条、第6.2.4条规定的技术措施。

本书可供消防审查、验收、监督人员和消防设计、施工、检测及相关消防从业人员参考使用。

本书主要参编人员：张阳、彭骞、吴金永、赖峰、黄辉、王健、吴建辉等。感谢阴昉、杨永刚、井楠、李利、胡云、刘秋轶、刘植蓬、周浩、鲁议匀等老师的宝贵建议。

因编者水平有限，疏漏之处难免，恳请批评指正，有关勘误及交流讨论等，可发送邮件至 130007119@qq.com。

2024年1月5日

目　次

1 总　则

1.0.1 为预防建筑火灾、减少火灾危害，保障人身和财产安全，使建筑防火要求安全适用、技术先进、经济合理，依据有关法律、法规，制定本规范。

【要点解读】

本条明确了制定本《通用规范》的目的。本条主要对应于《建筑设计防火规范（2018年版）》GB 50016—2014 第 1.0.1 条、第 1.0.5 条。

在建筑设计中，采用必要的技术措施和方法来预防建筑火灾和减少建筑火灾危害、保护人身和财产安全，是建筑设计的基本消防安全目标。设计师在确定建筑设计的防火要求时，须遵循国家有关安全、环保、节能、节地、节水、节材等经济技术政策和工程建设的基本要求，贯彻"预防为主，防消结合"的消防工作方针，从全局出发，针对不同建筑及其使用功能的特点和防火、灭火需要，结合具体工程及当地的地理环境等自然条件、人文背景、经济技术发展水平和消防救援力量等实际情况进行综合考虑。在设计中，不仅要积极采用先进、成熟的防火技术和措施，更要正确处理好生产或建筑功能要求与消防安全的关系。

1.0.2 除生产和储存民用爆炸物品的建筑外，新建、改建和扩建建筑在规划、设计、施工、使用和维护中的防火，以及既有建筑改造、使用和维护中的防火，必须执行本规范。

【要点解读】

本条明确了本《通用规范》的适用范围。

本《通用规范》规定了建筑防火的基本功能、性能要求和相应的关键技术措施，是建筑全生命周期过程中的基本防火技术要求，具有法规强制效力，必须严格遵守。

（1）新建、改建和扩建的建筑在规划、设计、施工、验收、运行维护过程中，以及既有建筑的改造、使用和维护中的防火，均应符合本《通用规范》的要求。有关既有建筑的改造及处置措施，参见"1.0.5- 要点解读"。

扩建工程一般涉及建筑规模扩大（建筑高度、建筑面积或建筑体积等），改建工程一般涉及使用性质、使用功能、建筑结构等的改变，改扩建工程往往两者兼而有之。

（2）生产和储存民用爆炸物品的建筑，建筑内物质容易引发爆燃或爆炸，防火要求特殊，在《民用爆炸物品安全管理条例》以及现行国家标准《民用爆炸物品工程设计安全标准》GB 50089、《烟花爆竹工程设计安全标准》GB 50161、《火炸药生产厂房设计规范》GB 51009 等标准中有专门规定，本《通用规范》的适用范围不包括这类建筑或工程。

根据《民用爆炸物品安全管理条例》第二条规定，本条例所称民用爆炸物品，是指用于非军事目的、列入民用爆炸物品品名表的各类火药、炸药及其制品和雷管、导火索等点火、起爆器材。民用爆炸物品品名表，由国务院民用爆炸物品行业主管部门会同国务院公安部门制订、公布。

1.0.3 生产和储存易燃易爆物品的厂房、仓库等，应位于城镇规划区的边缘或相对独立的安全地带。

【要点解读】

本条规定了生产和储存易燃易爆物品的工厂、仓库的规划布局要求。

（1）依据《中华人民共和国城乡规划法》第二条规定，制定和实施城乡规划，在规划区内进行建设活动，必须遵守本法。本法所称城乡规划，包括城镇体系规划、城市规划、镇规划、乡规划和村庄规划。城市规划、镇规划分为总体规划和详细规划。详细规划分为控制性详细规划和修建性详细规划。本法所称规划区，是指城市、镇和村庄的建成区以及因城乡建设和发展需要，必须实行规划控制的区域。规划区的具体范围由有关人民政府在组织编制的城市总体规划、镇总体规划、乡规划和村庄规划中，根据城乡经济社会发展水平和统筹城乡发展的需要划定。

（2）生产和储存易燃易爆物品的工厂、仓库、堆场、储罐等的规划布局，应在符合城镇总体规划的基础上充分分析这些场所的火灾和爆炸危险性，并通过合理布局尽可能减小这类场所火灾时对周围区域的危害。

（3）依据《重大火灾隐患判定方法》GB 35181—2017 第 6.1 条规定，如生产、储存和装卸易燃易爆危险品的工厂、仓库和专用车站、码头、储罐区未设置在城市的边缘或相对独立的安全地带，应直接判定为重大火灾隐患。有关重大火灾隐患概念，参见"附录 1"。

（4）相关标准要求，可作为落实本条规定的方法和措施。比如：《建筑设计防火规范（2018 年版）》GB 50016—2014 第 4.1.1 条、第 5.2.1 条；《城市消防规划规范》GB 51080—2015 第 3.0.2 条；《镇规划标准》GB 50188—2007 第 11.2.2 条；《农村防火规范》GB 50039—2010 第 3.0.2 条；《液化石油气供应工程设计规范》GB 51142—2015 第 3.0.5 条、第 5.1.2 条；《燃气工程项目规范》GB 55009—2021 第 4.1.2 条；《酒厂设计防火规范》GB 50694—2011 第 4.1.1 条。

1.0.4 城镇耐火等级低的既有建筑密集区，应采取防火分隔措施、设置消防车通道、完善消防水源和市政消防给水与市政消火栓系统。

【要点解读】

本条规定了城镇既有建筑密集区的基本防火要求。

（1）既有建筑密集区的火灾隐患多，普遍存在建筑耐火等级低、相互毗连、消防通道狭窄不畅、电气线路老化、消防设施和消防水源不足等问题，一旦发生火灾，容易出现火烧连营的严重后果。

对于现有耐火等级为三级及以下或灭火救援条件差的建筑密集区（如棚户区、城中村、简易市场等），应纳入近期改造规划，采取开辟防火间距、设置防火隔离带或防火墙、打通消防通道、提高建筑耐火等级、改造供水管网、增设消火栓和消防水池等措施，改善消防安全条件，降低火灾风险。

对于历史城区、历史文化街区等，在尽量保持这些区域传统风貌的同时，应建立消防安全体系，改善用火用电条件，因地制宜地配置消防设施、装备和器材，严格控制危险源，消除火灾隐患，改善消防安全环境，相关要求可参见《城市消防规划规范》GB 51080—2015 第 3.0.4 条。

（2）相关标准要求，可作为落实本条规定的方法和措施。比如：《城市消防规划规范》GB 51080—2015 第 3.0.3 条、第 3.0.4 条；《城市综合防灾规划标准》GB/T 51327—2018 第 5.2.8 条；《镇规划标准》GB 50188—2007 第 11.2.2 条；《农村防火规范》GB 50039—2010 第 4.0.6 条。

1.0.5 既有建筑改造应根据建筑的现状和改造后的建筑规模、火灾危险性和使用用途等因素确定相应的防火技术要求，并达到本规范规定的目标、功能和性能要求。城镇建成区内影响消防安全的既有厂房、仓库等应迁移或改造。

【要点解读】

本条规定了既有建筑改造的基本防火要求。

要点 1：既有建筑改造应根据建筑的现状和改造后的建筑规模、火灾危险性和使用用途等因素确定相应的防火技术要求，并达到本规范规定的目标、功能和性能要求。

既有建筑改造，是根据改造要求和目标，对既有建筑的室外环境、建筑本体、设施设备进行全面、系统的更新，使其建筑空间、结构体系、使用功能得到明显改善的工程行为。既有建筑的消防安全水平受制于建造当年的相关消防技术标准，往往难以完全按照本《通用规范》及现行国家相关消防技术标准改造。

既有建筑改造及处置措施，主要包括以下几种情况。

（1）以建筑本体、设施设备的更新为主要目标，不改变使用功能，不明显增加火灾负荷。

这类既有建筑的改造行为，类似于重新装饰，在不改变使用功能，不明显增加火灾负荷的情况下，既有建筑改造应尽可能执行本《通用规范》、《消防设施通用规范》GB 55036 以及相关工程建设标准的规定。确有困难时，不应低于原建造时的标准。

（2）涉及使用功能改变，或未改变使用功能但火灾负荷明显增加，或涉及改建、扩建。

这类既有建筑的改造行为，应执行本《通用规范》、《消防设施通用规范》GB 55036、《既有建筑维护与改造通用规范》GB 55022、《既有建筑鉴定与加固通用规范》GB 55021 以及相关工程建设标准的规定。当条件不具备时，应进行论证以确保符合相关标准要求，具体实施，可参照《建设工程消防设计审查验收管理暂行规定》（住房和城乡建设部令〔2020〕第 51 号、〔2023〕第 58 号）等规定执行。

（3）对于已颁布既有建筑改造工程消防技术标准的地区，可参照执行。

要点 2：城镇建成区内影响消防安全的既有厂房、仓库等应迁移或改造。

城镇建成区是指城镇区域内实际已成片开发建设、市政公用设施和公共设施基本具备的地区。城镇建成区内的生产、储存场所应符合规划布局要求，否则应迁移或改造。

《镇规划标准》GB 50188—2007 第 11.2.2 条规定，消防安全布局应符合下列规定：①生产和储存易燃、易爆物品的工厂、仓库、堆场和储罐等应设置在镇边缘或相对独立的安全地带；②生产和储存易燃、易爆物品的工厂、仓库、堆场、储罐以及燃油、燃气供应站等与居住、医疗、教育、集会、娱乐、市场等建筑之间的防火间距不应小于 50m；③现状中影响消防安全的工厂、仓库、堆场和储罐等应迁移或改造，耐火等级低的建筑密集区应开辟防火隔离带和消防车通道，增设消防水源。

1.0.6 在城市建成区内不应建设压缩天然气加气母站，一级汽车加油站、加气站、加油加气合建站。

【要点解读】

本条规定了在城市建成区内建设压缩天然气加气母站和一级加油加气加氢站的基本选址要求。本条主要对应于《建筑设计防火规范（2018 年版）》GB 50016—2014 第 3.4.9 条、《汽车加油加气加氢站技术标准》GB 50156—2021 第 4.0.2 条、《加氢站技术规范（2021 年版）》GB 50516—2010 第 4.0.2 条。

依据《城市规划基本术语标准》GB/T 50280—1998 规定，城市规划区是指城市市区、近郊区以及城市行政区域内其他因城市建设和发展需要实行规划控制的区域；城市建成区是指城市行政区内实际已成片开发建设、市政公用设施和公共设施基本具备的地区。

要点 1：城市建成区内不应建设压缩天然气加气母站、一级加油站、一级加气站、一级加油加气合建站、一级加氢合建站。

压缩天然气加气母站、一级加油站、一级加气站、一级加油加气合建站、一级加氢合建站等的储存设备容积大，加油加气量大，风险性相对较大，为控制风险，不允许其建在城市建成区内，以控制城市中的重大危险源。

依据《重大火灾隐患判定方法》GB 35181—2017 规定，当城市建成区内的加油站、天然气或液化石油气加气站、加油加气合建站的储量达到或超过 GB 50156 对一级站的规定时，应直接判定为重大火灾隐患。

要点2：汽车加油加气加氢站分级，主要术语、缩略语。

（1）有关汽车加油加气加氢站的分级，参见现行国家标准《汽车加油加气加氢站技术标准》GB 50156、《加氢站技术规范》GB 50516 等标准规定。

（2）依据《汽车加油加气加氢站技术标准》GB 50156—2021、《加氢站技术规范（2021 年版）》GB 50516—2010 规定，主要术语如下。

①压缩天然气加气母站（CNG 加气母站）：从站外天然气管道取气，经过工艺处理并增压后，通过加气柱给服务于 CNG 加气子站的 CNG 长管拖车或管束式集装箱充装 CNG 的场所。

②汽车加油加气加氢站：为机动车加注车用燃料，包括汽油、柴油、LPG、CNG、LNG、氢气和液氢的场所，是加油站、加气站、加油加气合建站、加油加氢合建站、加气加氢合建站、加油加气加氢合建站的统称。

③加油站：具有储油设施，使用加油机为机动车加注汽油（含甲醇汽油、乙醇汽油）、柴油等车用燃油的场所。

④加气站：具有储气设施，使用加气机为机动车加注车用 LPG、CNG 或 LNG 等车用燃气的场所。

⑤加油加气合建站：具有储油（气）设施，既能为机动车加注车用燃油，又能加注车用燃气的场所。

⑥加油加氢合建站：既为汽车的油箱充装汽油或柴油，又为氢燃料汽车的储氢瓶充装氢气或液氢的场所。

⑦加气加氢合建站：既为天然气汽车的储气瓶充装压缩天然气或液化天然气，又为氢燃料汽车的储氢瓶充装氢气或液氢的场所。

⑧加油加气加氢合建站：为汽车油箱充装汽油或柴油，为天然气汽车的储气瓶充装压缩天然气或液化天然气，为氢能汽车储氢设备充装车用氢气或液氢的场所。

⑨加氢合建站：加油加氢合建站、加气加氢合建站、加油加气加氢合建站的统称。

⑩加氢站：为氢燃料电池汽车或氢气内燃机汽车或氢气天然气混合燃料汽车等的储氢瓶充装氢燃料的专门场所。

（3）缩略语。

LPG	liquefied petroleum gas	液化石油气
CNG	compressed natural gas	压缩天然气
LNG	liquefied natural gas	液化天然气
L-CNG	transform LNG to CNG	由 LNG 转化为 CNG

1.0.7 城市消防站应位于易燃易爆危险品场所或设施全年最小频率风向的下风侧，其用地边界距离加油站、加气站、加油加气合建站不应小于 50m，距离甲、乙类厂房和

易燃易爆危险品储存场所不应小于 200m。城市消防站执勤车辆的主出入口，距离人员密集的大型公共建筑的主要疏散出口不应小于 50m。

【要点解读】

本条规定了城市消防站选址的基本要求。本条主要对应于《城市消防站建设标准》建标 152—2017 第十五条；《城市消防站设计规范》GB 51054—2014 第 3.0.1 条、第 3.0.2 条、第 3.0.3 条；《城市消防规划规范》GB 51080—2015 第 4.1.5 条。

消防站是城镇公共消防设施的重要组成部分，是公安、专职或其他类型消防队的驻在基地，包括国家综合性消防救援队、政府专职消防队、企业专职消防队及其他形式消防队常驻的消防站，消防站的场地范围包括站内的建筑、道路、场地和设施等。

依据《重大火灾隐患判定方法》GB 35181—2017 规定，易燃易爆危险品场所是指生产、储存、经营易燃易爆危险品的厂房和装置、库房、储罐（区）、商店、专用车站和码头，可燃气体储存（储配）站、充装站、调压站、供应站，加油加气站等。

本条规定的具体实施，尚应符合现行标准《城市消防站设计规范》GB 51054、《城市消防规划规范》GB 51080 以及《城市消防站建设标准》建标 152 等标准规定。

要点 1：城市消防站应位于易燃易爆危险品场所或设施全年最小频率风向的下风侧。

易燃易爆危险品场所或设施存在泄漏和爆炸风险，要求消防站应位于全年最小频率风向的下风侧并保持一定距离【图示 1】，可最大限度减少其危害，保障消防站的安全和消防员的健康。

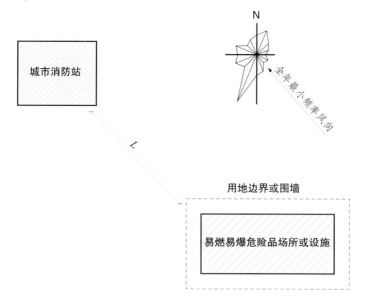

1.0.7- 图示 1　消防站位于全年最小频率风向的下风侧

（1）全年最小频率风向是指全年出现次数最少的风向。例如，某地区来自东南方向的风最少，则该地区的最小频率风向的上风侧为东南侧，下风侧为西北侧。

（2）"常年主导风向的上风或侧风处"与"全年最小频率风向的下风侧"。

在《城市消防站设计规范》GB 51054—2014、《城市消防规划规范》GB 51080—2015 等标准中，要求"消防站应设置在危险品场所或设施的常年主导风向的上风或侧风处"，本《通用规范》修改为"消防站应位于易燃易爆危险品场所或设施全年最小频率风向的下风侧"，应统一按此要求执行。主要原因如下：我国位于低中纬度的欧亚大陆东岸，特别是行星风系的西风带被西部高原和山地阻隔，因而季风环流十分典型，成为我国东南大半壁的主要风系。一般同时存在偏南和偏北两个盛行风向，往往两风向风频相近，方向相反，冬季盛行风的上风侧正是夏季盛行风的下风侧，反之亦然。如果笼统用主导风向原则规划布局，会不可避免地产生严重污染和火灾危险。鉴于此，本《通用规范》以最小频率风向的概念代替主导风向，更切合我国实际，相关标准应依此要求执行。

要点 2：城市消防站用地边界距离加油站、加气站、加油加气合建站不应小于50m，距离甲、乙类厂房和易燃易爆危险品储存场所不应小于 200m。

为保障消防站的安全和消防员的健康，有必要限定消防站与加油加气加氢站、甲乙类厂房、易燃易爆危险品储存场所等的最小安全间距。

本规定要求的安全间距，是指两两之间用地边界的间距（L），当有围墙时，可以计算至围墙【图示 1】【图示 2】。

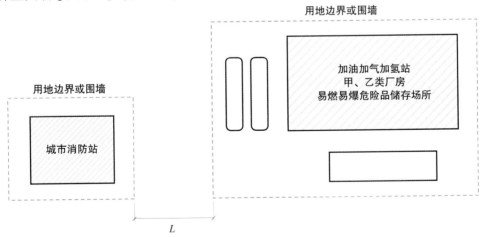

1.0.7– 图示 2 消防站距加油加气加氢站等危险场所间距示意图

要点 3：城市消防站执勤车辆的主出入口，距离人员密集的大型公共建筑的主要疏散出口不应小于 50m。

为保障消防站训练和接警时安全迅速出动，保障人员密集大型公共建筑的正常活动，避免因警报引起惊慌，要求消防站执勤车辆主出入口距离人员密集大型公共建筑的主要疏散出口不小于 50m【图示 3】。本规定同时适用于幼儿园、托儿所等场所。

本规定中的人员密集的大型公共建筑，主要包括医院、学校、影剧院、商场、集贸市场、体育场馆、展览馆、候机（车、船）厅等人员密集场所。

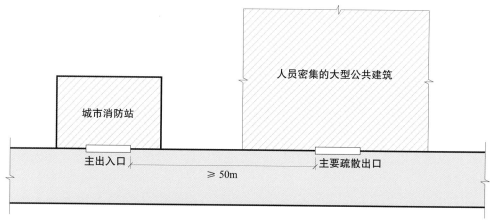

1.0.7– 图示 3　消防站执勤车辆主出入口距人员密集大型公共建筑主要疏散出口间距示意图

1.0.8　工程建设所采用的技术方法和措施是否符合本规范要求，由相关责任主体判定。其中，创新性的技术方法和措施应进行论证并符合本规范中有关性能的要求。

【要点解读】

要点 1：工程建设所采用的技术方法和措施是否符合本规范要求，由相关责任主体判定。

通用规范是以工程建设活动结果为导向的技术规定，仅规定了各类项目共性的、通用的专业性关键技术措施，主要保障工程性能的"关键点"，不能涵盖工程建设过程中的全部技术方法和措施。

规范要求的结果是保障建设工程的性能，能否达到规范规定的性能要求，采用的技术方法和措施是否满足规范要求，需要进行全面判定。进行这种判定的主体应为工程建设的相关责任主体，主要包括工程监管、建设、规划、勘察、设计、施工、监理、检测、造价、咨询等各方主体。

通常情况下，符合本《通用规范》及其配套工程建设标准（含推荐性工程建设标准）的技术方法和措施，可认为符合本《通用规范》要求。

要点 2：创新性的技术方法和措施应进行论证并符合本规范中有关性能的要求。

对于创新性的技术方法和措施，包括需要应用的新技术、新工艺、新材料等，当难以判断是否符合本《通用规范》规定，或超出本《通用规范》范围时，应进行论证以确保符合本《通用规范》有关性能的要求，通过特殊消防设计专家评审程序进行解决。具体实施，可依据《建设工程消防设计审查验收管理暂行规定》（住房和城乡建设部令〔2020〕第 51 号、〔2023〕第 58 号）等规定执行。

依据《建设工程消防设计审查验收管理暂行规定》，需要提交特殊消防设计技术资料的工程和主要设计文件内容如下：

第十七条　特殊建设工程具有下列情形之一的，建设单位除提交本规定第十六条所列材料外，还应当同时提交特殊消防设计技术资料：

（一）国家工程建设消防技术标准没有规定的；

（二）消防设计文件拟采用的新技术、新工艺、新材料不符合国家工程建设消防技术标准规定的；

（三）因保护利用历史建筑、历史文化街区需要，确实无法满足国家工程建设消防技术标准要求的。

前款所称特殊消防设计技术资料，应当包括特殊消防设计文件，以及两个以上有关的应用实例、产品说明等资料。

特殊消防设计涉及采用国际标准或者境外工程建设消防技术标准的，还应当提供相应的中文文本。

第十八条　特殊消防设计文件应当包括特殊消防设计必要性论证、特殊消防设计方案、火灾数值模拟分析等内容，重大工程、火灾危险等级高的应当包括实体试验验证内容。

特殊消防设计方案应当对两种以上方案进行比选，从安全性、经济性、可实施性等方面进行综合分析后形成。

火灾数值模拟分析应当科学设定火灾场景和模拟参数，实体试验应当与实际场景相符。火灾数值模拟分析结论和实体试验结论应当一致。

1.0.9　违反本规范规定，依照有关法律法规的规定予以处罚。

【要点解读】

本条规定了违反本《通用规范》规定的处罚要求。相关法律法规主要有《中华人民共和国消防法》、《中华人民共和国建筑法》、《建设工程质量管理条例》、《建设工程消防设计审查验收管理暂行规定》（住房和城乡建设部令〔2020〕第 51 号、〔2023〕第 58 号）等。

2 基本规定

2.1 目标与功能

2.1.1 建筑的防火性能和设防标准应与建筑的高度（埋深）、层数、规模、类别、使用性质、功能用途、火灾危险性等相适应。

【要点解读】

本条规定了建筑防火性能和设防标准的确定原则。

在建筑防火设计中，需要根据建筑功能、建筑高度（埋深）、层数、规模（占地面积、建筑面积、体积等）、火灾危险性及火灾扑救难易程度等进行分类，结合建筑使用性质和使用人员的特点、人员密度等因素，确定防火性能要求和设防标准。

建筑高度、埋深等概念，参见"附录1""附录3"；民用建筑、工业建筑和汽车库等的建筑分类，参见"附录4"；工业建筑的火灾危险性分类，参见"附录5""附录6"。

2.1.2 建筑防火应达到下列目标要求：

1 保障人身和财产安全及人身健康；
2 保障重要使用功能，保障生产、经营或重要设施运行的连续性；
3 保护公共利益；
4 保护环境、节约资源。

【要点解读】

本条明确了建筑防火应达到的基本目标，这些目标是确定各类建筑防火技术、方法和措施的基础，是创新性技术方法和措施论证时的基本判定依据。

在《消防安全工程 总则》GB/T 31592—2015中，"消防安全目标"如下：

6.3.1 生命安全

生命安全目标一般按"防止或减少建筑内部和周边人员以及消防员因火灾导致的人员伤亡"要求来确定，具体目标如下：

——人员疏散至建筑内安全区域，或全部安全撤离；
——消防员在实施灭火救援作业中的生命安全；
——结构坍塌不会危及建筑物周边人员及消防员的人身安全。

6.3.2 财产保护

财产保护目标一般按"减少或避免火灾对建筑物及其内部物品（如设备）等的破坏"要求来确定，具体目标如下：

——确保建筑结构和构造的安全；

——确保建筑物的财产安全。

6.3.3　商业和社会活动的持续性

保持商业或社会活动的持续性目标一般按"减少活动被中断的时间，降低活动中断所造成的经济损失，或保证某一特定活动能持续安全进行"要求来确定。

6.3.4　环境保护

环境保护目标一般按"限制火灾时释放到空气中的有毒物质总量，减少或避免火灾对自然环境造成直接和长期影响"要求来确定。若政府对环境质量有要求，则可将该要求作为环境保护的最低要求。

6.3.5　遗产保护

遗产保护目标一般按"减少或避免火灾对遗产造成损坏或改变"要求来确定。

2.1.3　建筑防火应符合下列功能要求：

1 建筑的承重结构应保证其在受到火或高温作用后，在设计耐火时间内仍能正常发挥承载功能；

2 建筑应设置满足在建筑发生火灾时人员安全疏散或避难需要的设施；

3 建筑内部和外部的防火分隔应能在设定时间内阻止火灾蔓延至相邻建筑或建筑内的其他防火分隔区域；

4 建筑的总平面布局及与相邻建筑的间距应满足消防救援的要求。

【要点解读】

本条明确了建筑防火需具备的基本功能要求。

要点1：建筑的承重结构应保证其在受到火或高温作用后，在设计耐火时间内仍能正常发挥承载功能。

本规定提出了火灾条件下的建筑结构稳定性要求。

为了保证建筑结构在受到火或高温作用后，在设计耐火时间内能正常发挥承载功能，需要确定建（构）筑物的耐火等级要求，明确建筑构件的燃烧性能和耐火极限，并使选用的建筑构件的燃烧性能和耐火极限满足相关标准要求。

在《建筑设计防火规范（2018年版）》GB 50016—2014中，民用建筑耐火等级分为一、二、三、四级，厂房和仓库的耐火等级分为一、二、三、四级，并明确了不同耐火等级建筑的建筑构件的燃烧性能和耐火极限；在《汽车库、修车库、停车场设计防火规范》GB 50067—2014中，汽车库、修车库的耐火等级分为一级、二级和三级，并明确了不同耐火等级建筑的建筑构件的燃烧性能和耐火极限。

（1）依据标准要求和建（构）物的具体情况，确定建（构）筑物的耐火等级。

本《通用规范》第 5 章规定了建（构）筑物的基本耐火性能要求，结合相关工程建设标准，即可确定建（构）筑物的耐火等级。比如，结合《建筑设计防火规范》GB 50016 和相关专业标准可确定工业建筑、民用建筑、木结构建筑、城市交通隧道等的耐火等级要求；结合《汽车库、修车库、停车场设计防火规范》GB 50067 可确定汽车库、修车库的耐火等级要求；结合《地铁设计防火标准》GB 51298 可确定地铁和轻轨交通工程的耐火等级要求。

（2）根据建（构）筑物的耐火等级，明确建筑构件的燃烧性能和耐火极限。

不同耐火等级建（构）筑物的建筑构件的燃烧性能和耐火极限，主要依据现行国家标准《建筑设计防火规范》GB 50016 以及相关专业标准确定。对于汽车库、修车库，主要依据现行国家标准《汽车库、修车库、停车场设计防火规范》GB 50067 确定。

（3）根据建筑构件所需的燃烧性能和耐火极限，确定其构造形式和材料要求。

通常情况下，建筑构件的燃烧性能和耐火极限可通过《建筑设计防火规范（2018年版）》GB 50016—2014 附录表选定，相关工程建设标准有规定者，可从其规定。确有困难时，可经国家认可授权的检测机构检验确定。

要点 2：建筑应设置满足在建筑发生火灾时人员安全疏散或避难需要的设施。

本规定提出了火灾条件下的安全疏散和避难要求。

为了保证发生火灾时建筑设施能满足人员安全疏散和避难需要，需要合理设置建筑物的安全疏散和避难设施，主要包括疏散通道的长度和净宽度，疏散出口和安全出口的位置、数量和净宽度，疏散楼梯（间）形式和净宽度，避难层、避难间的设置，避难走道的设置等。

本《通用规范》第 7 章规定了建筑物安全疏散与避难设施的基本要求，结合相关工程建设标准，即可确定建筑物的安全疏散与避难设施要求。比如：现行国家标准《建筑设计防火规范》GB 50016 明确了工业建筑、民用建筑、木结构建筑、城市交通隧道等的安全疏散与避难设施要求；《汽车库、修车库、停车场设计防火规范》GB 50067 明确了汽车库、修车库、停车场的安全疏散要求；《地铁设计防火标准》GB 51298 明确了地铁和轻轨交通工程的安全疏散要求；《人民防空工程设计防火规范》GB 50098 明确了平时使用的人防工程的安全疏散要求。

要点 3：建筑内部和外部的防火分隔应能在设定时间内阻止火灾蔓延至相邻建筑或建筑内的其他防火分隔区域。

本规定提出了火灾条件下防火分隔措施的功能要求。

为了保证建筑内部和外部的防火分隔措施能在设定时间内阻止火灾蔓延至相邻建筑或建筑内的其他防火分隔区域，需要合理划分防火分区和防火分隔单元，保证防火墙、防火隔墙、防火门、防火窗、防火卷帘、防火玻璃墙等防火分隔设施的建筑构造合理，燃烧性能和耐火极限满足要求。

本《通用规范》第 6 章规定了建筑构造的基本防火要求，结合相关工程建设标准，可确定不同功能建筑的防火分隔措施要求。

要点4：建筑的总平面布局及与相邻建筑的间距应满足消防救援的要求。

建筑的总平面布局及与相邻建筑的防火间距，应满足阻止火灾在相邻建筑间蔓延和保障消防救援要求。实际应用中，需合理设置消防车道和消防车登高操作场地，保证相邻建筑的防火间距，防止火灾蔓延，有利灭火救援。

本《通用规范》第3章规定了建（构）筑物防火间距、消防车道与消防车登高操作场地等总平面布局的基本要求，结合相关工程建设标准，即可确定建筑总平面布局及与相邻建筑的防火间距要求。比如：现行国家标准《建筑设计防火规范》GB 50016明确了民用建筑和常规工业建筑的防火间距、消防车道与消防车登高操作场地要求；《汽车库、修车库、停车场设计防火规范》GB 50067明确了汽车库、修车库和停车场的防火间距和消防车道要求；《地铁设计防火标准》GB 51298明确了地铁和轻轨交通工程的防火间距和消防车道要求；《人民防空工程设计防火规范》GB 50098明确了供平时使用的人防工程的防火间距和消防车道要求。

2.1.4 在赛事、博览、避险、救灾及灾区生活过渡期间建设的临时建筑或设施，其规划、设计、施工和使用应符合消防安全要求。灾区过渡安置房集中布置区域应按照不同功能区域分别单独划分防火分隔区域。每个防火分隔区域的占地面积不应大于2500m²，且周围应设置可供消防车通行的道路。

【要点解读】

要点1：在赛事、博览、避险、救灾及灾区生活过渡期间建设的临时建筑或设施，其规划、设计、施工和使用应符合消防安全要求。

赛事、博览等活动期间，人员密集，临时用电量大，要确保相应建筑和设施在建造和使用各阶段的防火措施符合消防安全要求。除本《通用规范》规定外，尚应满足现行标准《建筑设计防火规范》GB 50016、《人员密集场所消防安全管理》GB/T 40248、《体育建筑设计规范》JGJ 31、《展览建筑设计规范》JGJ 218等标准规定。

各类建设工程的施工现场应满足现行国家标准《建设工程施工现场消防安全技术规范》GB 50720等标准规定。

要点2：灾区过渡安置房集中布置区域应按照不同功能区域分别单独划分防火分隔区域。每个防火分隔区域的占地面积不应大于2500m²，且周围应设置可供消防车通行的道路。

过渡安置房划分防火分隔区，临时聚居点内主要道路满足消防车通行要求，是控制火灾危害的重要技术手段。具体要求，可依据相关标准执行。比如，《灾区过渡安置点防火标准》GB 51324—2019规定：

3 灾区应急避难场所

3.0.5 帐篷和篷布房区应划分防火分隔区，每一防火分隔区的占地面积不宜大于600m²，防火分隔区内的人行通道净宽度不应小于2m，防火分隔区之间的防火间距不宜小于12m。

3.0.6 医疗、公共厨房和炊事集中点等帐篷和篷布房应划分为独立的防火分隔区，与其他帐篷和篷布房之间的防火间距不应小于12m。

4 临时聚居点

4.2.1 每个临时聚居点建设的过渡安置房不宜超过1000间（套）。临时聚居点之间的防火间距不应小于30m。

4.2.2 临时聚居点内应划分防火分隔区布置过渡安置房。幼儿园、托儿所、学校、医疗等公共服务设施和公共厨房或炊事集中点等用房应独立划分防火分隔区。

4.2.3 过渡安置房宜以山墙拼接横向成行。单层过渡安置房每行拼接长度不应大于60m，多层过渡安置房每行拼接长度不应大于40m；宜组合若干行纵向成列布置为一个防火分隔区。每个防火分隔区的最大允许建筑面积不应大于2500m²，防火分隔区内过渡安置房的数量不应大于100间（套）。

4.2.5 临时聚居点内主要道路的净宽度和净空高度均不应小于4m。

5 防火、灭火及装备

5.2.2 Ⅰ类灾区应急避难场所应设置环形消防车道，Ⅱ类灾区应急避难场所宜设置环形消防车道；临时聚居点内应结合主要道路设置环形消防车道。环形消防车道的净宽度和净空高度均不应小于4m、中心线间距不应大于160m，坡度不宜大于8%。

2.1.5 厂房内的生产工艺布置和生产过程控制，工艺装置、设备与仪器仪表、材料等的设计和设置，应根据生产部位的火灾危险性采取相应的防火、防爆措施。

【要点解读】

本条规定了生产厂房防火、防爆设计的基本原则。

生产过程中的火灾危险性复杂，防火防爆措施与生产环境、生产条件和工艺过程相关，应针对生产工艺过程及其火灾危险性采取有针对性地预防、抑制发生火灾或爆炸的措施。

本《通用规范》和现行国家标准《建筑设计防火规范》GB 50016明确了工业建筑防火设计的基本原则和常规性要求，但对专业性较强的行业，比如石油天然气、化工、酒厂、纺织、钢铁、冶金、煤化工和电厂等，可能涉及工艺防火和生产过程中的本质安全防护，明显不同于常规工业建筑，通常会在专项防火标准或专业标准中提出有针对性的防火防爆措施。比如，现行国家标准《爆炸危险环境电力装置设计规范》GB 50058；《石油化工企业设计防火标准》GB 50160；《石油天然气工程设计防火规范》GB 50183；《火力发电厂与变电站设计防火标准》GB 50229；《钢铁冶金企业设计防火标准》GB 50414；《纺织工程设计防火规范》GB 50565；《有色金属工程设计防火规范》GB 50630；《酒厂设计防火规范》GB 50694；《核电厂常规岛设计防火规范》GB 50745；《水电工程设计防火规范》GB 50872；《水利工程设计防火规范》GB 50987；《精细化工企业工程设计防火标准》GB 51283；《煤化工工程设计防火标准》GB 51428；《锦纶工厂设计标准》GB/T 50639；《涤纶工厂设计标准》GB/T 50508。

2.1.6 交通隧道的防火要求应根据其建设位置、封闭段的长度、交通流量、通行车辆的类型、环境条件及附近消防站设置情况等因素综合确定。

【要点解读】

本条规定了交通隧道的防火设计原则。

本条规定的交通隧道，主要包括城市交通隧道、公路隧道和铁路隧道，不包括地铁隧道。

（1）交通隧道防火设计时，需要考虑的火灾危险性因素主要有：

①隧道狭长、出口有限，通风排烟和逃生救援困难。

②车流量大，火灾难以及时控制，火灾烟热难以及时排出，尤其当搭载危险物的车辆通过时，风险更大。

③隧道结构易受高温破坏，修复难度大。

④灭火救援易受建设位置和周边环境条件影响。

（2）相关标准要求，可作为落实本条规定的方法和措施，与城市交通隧道、公路隧道和铁路隧道相关的标准主要有：

①城市交通隧道：现行国家标准《建筑设计防火规范》GB 50016。

②公路隧道：现行标准《公路隧道设计规范 第一册 土建工程》JTG 3370.1；《公路隧道设计规范 第二册 交通工程与附属设施》JTG D70/2。

③铁路隧道：现行标准《铁路工程设计防火规范》TB 10063；《铁路隧道防灾疏散救援工程设计规范》TB 10020。

2.1.7 建筑中有可燃气体、蒸气、粉尘、纤维爆炸危险性的场所或部位，应采取防止形成爆炸条件的措施；当采用泄压、减压、结构抗爆或防爆措施时，应保证建筑的主要承重结构在燃烧爆炸产生的压强作用下仍能发挥其承载功能。

【要点解读】

本条规定了爆炸危险性场所或部位防爆泄压的基本要求。本条主要对应于《建筑设计防火规范（2018 年版）》GB 50016—2014 第 3.6.2 条、第 3.6.5 条、第 3.6.6 条。

有爆炸危险的场所或部位，包括工业和民用建筑中存在可燃气体、蒸气、粉尘、纤维等爆炸危险性物质的部位或房间。本条规定主要针对建筑物的防爆、泄压，对于建筑内的设备和管道的泄压设置要求，可以按照相应的工艺防爆要求确定。

要点 1：爆炸危险性环境的概念。

爆炸性环境：在大气条件下，可燃性物质以气体、蒸气、粉尘、纤维或飞絮的形式与空气形成的混合物，被点燃后，能够保持燃烧自行传播的环境。根据可燃物质状态，爆炸性环境可分为爆炸性粉尘环境和爆炸性气体环境。

爆炸性粉尘环境：在大气条件下，可燃性物质以粉尘、纤维或飞絮的形式与空气形成的混合物，被点燃后，能够保持燃烧自行传播的环境。

爆炸性气体环境：在大气条件下，可燃性物质以气体或蒸气的形式与空气形成的混合物，被点燃后，能够保持燃烧自行传播的环境。

要点 2：建筑中有可燃气体、蒸气、粉尘、纤维爆炸危险性的场所或部位，应采取防止形成爆炸条件的措施。

防止形成爆炸条件的措施，主要有通风、除尘和惰化等。

（1）通风、除尘。

通过通风、除尘等措施，使存在可燃气体、蒸气、粉尘、纤维等的场所不形成爆炸危险性环境，是最常用的防火防爆手段。

一般认为，对于爆炸性粉尘环境，当空气中可燃粉尘的含量低于其爆炸下限的 25% 时，可满足安全要求；对于爆炸性气体环境，当可燃物质可能出现的最高浓度不超过爆炸下限值的 10% 时，可认为没有燃烧爆炸危险。美国消防协会（NFPA）《防火手册》指出：可燃蒸气和气体的警告响应浓度为其爆炸下限的 20%；当浓度达到爆炸下限的 50% 时，要停止操作并进行惰化。国内大部分文献和标准也均采用物质爆炸下限的 25% 为警告值。

（2）惰化。

惰化是通过向被保护系统充入惰性气体、气体灭火剂或向可燃粉尘中添加惰性粉尘，使系统内混合物不能形成爆炸性环境，或增加混合物点燃难度的防爆技术。

对于采用惰化保护的场所，当可燃蒸气、气体、粉尘等在空气中的含量达到爆炸下限的 50% 时，应切断危险源（停止操作）并进行惰化。

要点 3：当采用泄压、减压、结构抗爆或防爆措施时，应保证建筑的主要承重结构在燃烧爆炸产生的压强作用下仍能发挥其承载功能。

《建筑设计防火规范（2018 年版）》GB 50016—2014 第 3.6 节明确了常规的防爆措施要求，通过泄压、减压设施减轻爆炸时的破坏强度，通过合理的承重结构提高抗爆能力，比如采用钢筋混凝土或钢框架、排架结构、防爆墙等，使得厂房的承重结构和重要部位的分隔墙体具备足够的抗爆性能，避免因主体结构遭受破坏而造成重大损失。

实际应用中，不同项目的生产工艺和火灾危险性有别，通常会在各专业标准中明确处置措施，比如，现行国家标准《石油化工建筑物抗爆设计标准》GB/T 50779；《抗爆间室结构设计规范》GB 50907；《锅炉房设计标准》GB 50041；《液化石油气供应工程设计规范》GB 51142；《煤化工工程设计防火标准》GB 51428；《气田集输设计规范》GB 50349；《特种气体系统工程技术标准》GB 50646；《有色金属工程设计防火规范》GB 50630；《有色金属工程结构荷载规范》GB 50959。

要点4：住户中的爆炸危险性部位，平面布置、通风条件和报警设施应符合相关标准要求。

在住宅建筑的住户中，使用燃气的厨房、热水器和空调设备等部位，也属于爆炸危险性部位，但住宅建筑位于居民区，泄压防爆措施易导致次生危害，综合成本和安全因素，往往难以采取结构抗爆措施。实际应用中，主要通过合理平面布置、改善通风条件、设置排气装置和燃气浓度检测报警装置等措施来防止形成爆炸性环境。具体要求，可依据现行标准《城镇燃气设计规范》GB 50028；《家用燃气燃烧器具安装及验收规程》CJJ 12 等标准实施。

2.1.8 在有可燃气体、蒸气、粉尘、纤维爆炸危险性的环境内，可能产生静电的设备和管道均应具有防止发生静电或静电积累的性能。

【要点解读】

本条规定了爆炸危险性环境内的设备和管道的防静电要求。

（1）静电的产生及危害。

任何物体间的摩擦都会产生静电，比如，输送液体、气体、蒸气、粉尘、纤维等的设备和管道，会产生静电；空气流动也会在各类物品的表面产生静电，尤其当空气中存在粉尘、纤维等固体物时，更容易在物体表面产生静电。当静电荷聚集到一定程度时，可放电发火（静电火花），在爆炸危险性环境中可能引发火灾和爆炸。

（2）爆炸危险性环境的静电防护措施。

在爆炸危险性环境内，应采取必要的静电防护措施。比如，对可能产生静电的设备、管路采取防静电接地措施，采用导电性能良好的管材，管道连接处（如法兰等）进行防静电跨接等。

（3）实际应用中，不同项目的生产工艺和火灾危险性有别，有关本条规定的具体实施要求，通常会在各专业标准中明确，部分标准条文如下：

《石油化工企业设计防火标准（2018年版）》GB 50160—2008 第5.7.7条；《精细化工企业工程设计防火标准》GB 51283—2020 第5.1.4条、第5.1.7条、第5.1.8条、第5.1.9条、第10.2.4条、第10.2.5条；《火力发电厂与变电站设计防火标准》GB 50229—2019 第8.5.2条、第8.5.3条、第8.5.4条；《粉尘防爆安全规程》GB 15577—2018 第6.3.2条、第11.3条；《二氧化碳灭火系统设计规范（2010年版）》GB/T 50193—1993 第7.0.4条；《酒厂设计防火规范》GB 50694—2011 第8.0.5条；《工业建筑供暖通风与空气调节设计规范》GB 50019—2015 第6.6.9条、第6.9.24条；《纺织工程设计防火规范》GB 50565—2010 第5.1.12条、第9.2.13条；

《医药工业洁净厂房设计标准》GB 50457—2019第9.2.7条；《水泥工厂设计规范》GB 50295—2016第6.7.6条；《钢铁冶金企业设计防火标准》GB 50414—2018第10.6.8条、第10.6.11条、第10.6.13条；《特种气体系统工程技术标准》GB 50646—2020第9.3.16条；《有色金属工程设计防火规范》GB 50630—2010第4.5.3条、第4.5.5条、第4.6.3条、第4.11.7条、第8.3.6条、第8.4.2条、第10.4.6条、第10.4.8条、第10.4.10条；《煤化工工程设计防火标准》GB 51428—2021第6.4.6条；《硅集成电路芯片工厂设计规范》GB 50809—2012第10.2.10条；《天然气净化厂设计规范》GB/T 51248—2017第13.0.9条；《人工制气厂站设计规范》GB 51208—2016第10.3.4条~第10.3.8条；《多晶硅工厂设计规范》GB 51034—2014第10.2.3条；《平板玻璃工厂设计规范》GB 50435—2016第14.4.7条；《生物液体燃料工厂设计规范》GB 50957—2013第12.2.3条；《电子工业废气处理工程设计标准》GB 51401—2019第3.0.9条、第8.4.5条、第9.4.7条；《航空工业工程设计规范》GB 51170—2016第10.3.11条；《机械工程建设项目职业安全卫生设计规范》GB 51155—2016第4.1.8条、第4.1.9条；《废弃电器电子产品处理工程设计规范》GB 50678—2011第6.0.8条、第8.5.3条、第8.5.5条；《电子工厂化学品系统工程技术规范》GB 50781—2012第6.4.1条、第6.4.2条；《电气装置安装工程 爆炸和火灾危险环境电气装置施工及验收规范》GB 50257—2014第7.2.1条；《硫酸、磷肥生产污水处理设计规范》GB 50963—2014第12.2.7条；《粮食钢板筒仓设计规范》GB 50322—2011第8.6.6条；《锦纶工厂设计标准》GB/T 50639—2019第15.3.15条；《涤纶工厂设计标准》GB/T 50508—2019第14.3.14条；《防止静电事故通用导则》GB 12158—2006第六章；《建设工程施工现场消防安全技术规范》GB 50720—2011第6.3.3条。

2.1.9 建筑中散发较空气轻的可燃气体、蒸气的场所或部位，应采取防止可燃气体、蒸气在室内积聚的措施；散发较空气重的可燃气体、蒸气或有粉尘、纤维爆炸危险性的场所或部位，应符合下列规定：

  1 楼地面应具有不发火花的性能，使用绝缘材料铺设的整体楼地面面层应具有防止发生静电的性能；

  2 散发可燃粉尘、纤维场所的内表面应平整、光滑，易于清扫；

  3 场所内设置地沟时，应采取措施防止可燃气体、蒸气、粉尘、纤维在地沟内积聚，并防止火灾通过地沟与相邻场所的连通处蔓延。

【要点解读】

本条规定了爆炸危险性场所中避免形成爆炸危险性条件的基本要求。本条主要对应于《建筑设计防火规范（2018年版）》GB 50016—2014第3.6.5条、第3.6.6条。

要点1：建筑中散发较空气轻的可燃气体、蒸气的场所或部位，应采取防止可燃气体、蒸气在室内积聚的措施。

当可燃气体、蒸气较空气轻时，容易在空间上部积聚，为防止局部积聚而达到爆炸浓度，宜采用轻质屋面板作为泄压面，顶棚应尽量平整、无死角，上部空间应通风良好。

通常情况下，当通风条件能确保可燃气体、蒸气的最高浓度始终不超过爆炸下限值的 10% 时，可认为通风良好。

要点 2：散发较空气重的可燃气体、蒸气或有粉尘、纤维爆炸危险性的场所或部位，可燃性物质容易在靠近地面的下部空间积聚，尤其容易积聚于地沟、洼地等部位，应符合下列规定。

（1）楼地面应具有不发火花的性能，使用绝缘材料铺设的整体楼地面面层应具有防止发生静电的性能。

①楼地面应具有不发火花的性能。

地面撞击、摩擦产生火花容易造成灾害事故，因此要求地面具有不发火花的性能，应设置不发火花地面。不发火花地面的要求，可参考《建筑地面设计规范》GB 50037—2013 确定：

3.8.5　不发火花的地面，必须采用不发火花材料铺设，地面铺设材料必须经不发火花检验合格后方可使用。

3.8.6　不发火花地面的面层材料，应符合下列要求：

　　1　面层材料，应选用不发火花细石混凝土、不发火花水泥砂浆、不发火花沥青砂浆、木材、橡胶和塑料等；

　　2　面层采用的碎石，应选用大理石、白云石或其他石灰石加工而成，并以金属或石料撞击时不发生火花为合格；

　　3　砂应质地坚硬、表面粗糙，其粒径宜为 0.15mm ～ 5mm，含泥量不应大于 3%，有机物含量不应大于 0.5%；

　　4　水泥应采用强度等级不小于 42.5 级的普通硅酸盐水泥；

　　5　面层分格的嵌条应采用不发生火花的材料配制。配制时应随时检查，不得混入金属或其他易发生火花的杂质。

②使用绝缘材料铺设的整体楼地面面层应具有防止发生静电的性能。

绝缘材料有很高的阻抗，易聚集静电，导（防）静电地面及其接地系统是保证静电随起随泄的基础设施。有易燃易爆物质的场所，应采用不发火的导（防）静电地面，具体实施要求参见现行国家标准《导（防）静电地面设计规范》GB 50515。

（2）散发可燃粉尘、纤维场所的内表面应平整、光滑，易于清扫。

可燃粉尘、纤维容易沉降积聚，为避免地面、墙面因为凹凸不平积聚粉尘，要求散发可燃粉尘、纤维场所的内表面平整、光滑，易于清扫，并避免形成局部洼地。

（3）场所内设置地沟时，应采取措施防止可燃气体、蒸气、粉尘、纤维在地沟内积聚，并防止火灾通过地沟与相邻场所的连通处蔓延。

散发较空气重的可燃气体、蒸气或有粉尘、纤维爆炸危险性的场所内不宜设置地沟或地坑，确需设置时，应采取防止可燃性物质进入地沟、地坑或防止可燃性物质在地沟、地坑积聚的有效措施。地沟不宜与相邻场所连通，确需连通时应采取防火封堵措施，防止火灾通过地沟向相邻场所蔓延。

要点3：实际应用中，不同项目的生产工艺和火灾危险性有别，有关本条规定的具体实施要求，通常会在各专业标准中明确，部分标准条文如下：

《石油化工企业设计防火标准（2018年版）》GB 50160—2008第5.3.1条、第5.7.3条、第5.7.4条、第9.1.4条；《酒厂设计防火规范》GB 50694—2011第5.0.11条；《特种气体系统工程技术标准》GB 50646—2020第7.3.1条、第7.3.3条、第7.3.4条；《纺织工程设计防火规范》GB 50565—2010第5.1.10条、第6.4.1条、第6.4.4条、第6.4.5条；《建筑地面设计规范》GB 50037—2013第3.8.5条、第3.8.6条；《气田集输设计规范》GB 50349—2015第11.7.7条；《生物液体燃料工厂设计规范》GB 50957—2013第7.2.6条；《聚酯工厂设计规范》GB 50492—2009第11.2.5条、第11.2.10条、第11.2.11条、第11.2.17条、第11.2.18条；《油田油气集输设计规范》GB 50350—2015第11.4.8条；《城镇燃气设计规范（2020年版）》GB 50028—2006第5.3.6条、《液化石油气供应工程设计规范》GB 51142—2015第10.1.1条；《燃气工程项目规范》GB 55009—2021第5.2.14条；《地铁设计防火标准》GB 51298—2018 第4.5.1条；《电力设备典型消防规程》DL 5027—2015第10.2.22条；《有色金属工程设计防火规范》GB 50630—2010第4.6.3条、第4.13.2条；《煤化工工程设计防火标准》GB 51428—2021第5.3.11条、第6.2.7条、第6.2.8条、第6.3.12条；《天然气液化工厂设计标准》GB 51261—2019第6.3.16条、第6.3.17条、第7.4.3条、第15.3.4条；《石油储备库设计规范》GB 50737—2011第13.1.2条；《汽车加油加气加氢站技术标准》GB 50156—2021第14.2.2条、第14.2.5条；《精细化工企业工程设计防火标准》GB 51283—2020第5.3.1条；《锅炉房设计标准》GB 50041—2020第15.3.10条；《石油天然气工程设计防火规范》GB 50183—2004第6.3.1条；《工业建筑供暖通风与空气调节设计规范》GB 50019—2015第6.3.9条；《钢铁冶金企业设计防火标准》GB 50414—2018第6.13.3条。

2.2 消防救援设施

2.2.1 建筑的消防救援设施应与建筑的高度（埋深）、进深、规模等相适应，并应满足消防救援的要求。

【要点解读】

本条明确了消防救援设施的设置原则和功能要求。

建筑的消防救援设施主要包括建筑外的消防车道、消防车登高操作场地、消防水泵接合器、室外消火栓、市政消火栓，建筑外墙上的消防救援口、应急排烟窗、应急排烟排热设施，以及消防通信指挥系统、消防电梯、屋顶直升机停机坪等。

本条规定的建筑进深，有别于房间进深，通常是指建筑前后外墙外边缘之间的深度或左右外墙外边缘之间的深度，建筑进深直接影响灭火救援效果，消防车的灭火救援进深最好控制在50m内，对于较大进深的建筑，宜具备两侧同时扑救的条件；对于超大规模建筑，可设置穿越建筑的消防车道或在建筑内部设置消防救援场地（露天广场等）。

建筑的高度（埋深）、进深、规模等是影响消防救援的关键要素，本《通用规范》和现行国家标准《建筑设计防火规范》GB 50016明确了常规消防救援设施的设置要求，各专业标准也有相关规定。比如，高层建筑应设置消防车道和消防车登高操作场地；一定规模的单、多层建筑应设置消防车道；一定建筑高度、埋深和规模的建筑应设置消防电梯等。

2.2.2　在建筑与消防车登高操作场地相对应的范围内，应设置直通室外的楼梯或直通楼梯间的入口。

【要点解读】

本条规定了便于消防救援人员进入建筑的入口设置要求。本条主要对应于《建筑设计防火规范（2018年版）》GB 50016—2014第7.2.3条。

（1）疏散楼梯是消防救援人员携带装备进入建筑实施灭火救援的主要通道，有必要在建筑与消防车登高操作场地相对应的范围内设置直通室外的楼梯或直通楼梯间的入口。

（2）考虑每个防火分区的安全疏散相对独立，彼此并不一定相互连通，因此每个防火分区均宜设置直通消防车登高操作场地的疏散楼梯，有困难时可直通消防车道，以利于消防救援人员携带装备进入建筑灭火救援【图示】。

实际上，消防车道可以停驻各类消防车辆，可基本满足消防救援人员整装并携带装备进入建筑实施灭火救援的需求。

（3）本规定适用于各类地上建筑和地下、半地下建筑，对于设置有消防车道的单、多层建筑和地下、半地下建筑，应设置直通消防车道的疏散楼梯（或安全出口）。

2.2.3　除有特殊要求的建筑和甲类厂房可不设置消防救援口外，在建筑的外墙上应设置便于消防救援人员出入的消防救援口，并应符合下列规定：

1　沿外墙的每个防火分区在对应消防救援操作面范围内设置的消防救援口不应少于2个；

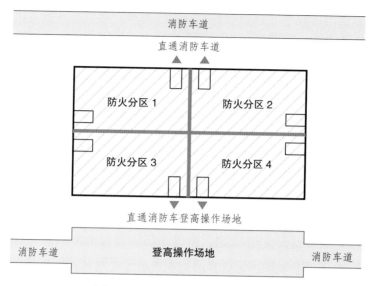

2.2.2- 图示　消防救援人员进入建筑入口示意图

2　无外窗的建筑应每层设置消防救援口，有外窗的建筑应自第三层起每层设置消防救援口；

3　消防救援口的净高度和净宽度均不应小于1.0m，当利用门时，净宽度不应小于0.8m；

4　消防救援口应易于从室内和室外打开或破拆，采用玻璃窗时，应选用安全玻璃；

5　消防救援口应设置可在室内和室外识别的永久性明显标志。

【要点解读】

本条主要对应于《建筑设计防火规范（2018年版）》GB 50016—2014第7.2.4条、第7.2.5条。

本条规定了消防救援口的基本设置要求，需结合《建筑设计防火规范（2018年版）》GB 50016—2014第7.2.5条等相关规定执行，比如，消防救援口的下沿距室内地面不宜大于1.2m，设置间距不宜大于20m等。

要点1：除有特殊要求的建筑和甲类厂房可不设置消防救援口外，在建筑的外墙上应设置便于消防救援人员出入的消防救援口。

（1）"有特殊要求的建筑"主要是指因功能或工艺需求不能开设救援洞口的建筑，比如金库、文物藏品库等贵重物品库房，以及功能特殊的机房、实验室、生产场所和库房等；甲类厂房和甲类仓库火灾通常具备爆燃爆炸特征，设置消防救援口的意义不大，因此不作要求。

（2）对于其他建筑，均应在建筑外墙上设置便于消防救援人员出入的消防救援口。

要点2：沿外墙的每个防火分区在对应消防救援操作面范围内设置的消防救援口不应少于2个。

本条规定的消防救援操作面，不仅包括与消防车登高操作场地对应的消防救援操作面，也包括与消防车道对应的救援操作面。

（1）消防救援口宜设于走道、避难间等公共部位的建筑外墙，不仅要方便室外灭火救援，也要方便室内人员到达救援口。

（2）沿外墙的每个防火分区，在对应消防救援操作面范围内设置的消防救援口不应少于 2 个；当一个防火分区包括多个楼层时，每个楼层对应消防救援操作面范围内设置的消防救援口不应少于 2 个。消防救援口的设置间距不宜大于 20m。

（3）不靠外墙的防火分区无须设置消防救援口。

要点 3：无外窗的建筑应每层设置消防救援口，有外窗的建筑应自第三层起每层设置消防救援口。

本条规定的"无外窗的建筑"是指建筑外墙上未设置外窗或外窗开口大小不符合消防救援窗要求，包括部分楼层无外窗或全部楼层无外窗的建筑；"有外窗的建筑"是指建筑各层均设置外窗，且第一层和第二层的外窗开口大小满足消防救援要求的建筑。

要点 4：消防救援口的净高度和净宽度均不应小于 1.0m，当利用门时，净宽度不应小于 0.8m。

本规定的消防救援口大小是满足一个消防员背负基本救援装备进入建筑的尺寸，为方便实际使用，条件允许时宜在本规定的基础上增大。

（1）消防救援口的净高度和净宽度均不应小于 1.0m，下沿距室内地面不宜大于 1.2m。

（2）门、窗等均可以作为消防救援口，当窗作为救援口时，开启或破拆后的净高度和净宽度均不应小于 1.0m，且净高度和净宽度范围内不应横隔障碍物；当门作为救援口时，净宽度不应小于 0.8m，净高度应能满足人员进出要求，且应在不需要钥匙的条件下易于从室内和室外打开或破拆。

要点 5：消防救援口应易于从室内和室外打开或破拆，采用玻璃窗时，应选用安全玻璃。

本条规定的"安全玻璃"，是指破碎不会产生尖锐碎片，不易伤人的玻璃，同时应易于从室内和室外打开或破拆。玻璃窗的选用，应同时兼顾建筑外窗的安全要求，应符合现行标准《建筑玻璃应用技术规程》JGJ 113 和《建筑安全玻璃管理规定》（发改运行〔2003〕2116 号）等相关规定。

（1）依据《建筑安全玻璃管理规定》（发改运行〔2003〕2116 号）规定，安全玻璃是指符合现行国家标准的钢化玻璃、夹层玻璃及由钢化玻璃或夹层玻璃组合加工而成的其他玻璃制品，如安全中空玻璃等。

钢化玻璃的强度一般可达平板玻璃强度的 3 倍以上，且其韧性较平板玻璃有极大的增加，抗冲击强度一般可达平板玻璃的 4 ~ 5 倍，因此钢化玻璃在正常使用过程中不易发生破裂。另外，钢化玻璃破碎时，整块玻璃全部破碎成钝角小颗粒，一般不会给人体带来切割伤害。

夹层玻璃在碎裂的情况下，夹层玻璃碎片将牢固地黏附在透明的 PVB 胶片上而不飞溅或落下。另外，如果冲击力不是特别强，碎片整体会短时留在框架内不外落，一般不会伤人。

（2）与安全玻璃相适应的标准主要有：《建筑用安全玻璃 第 2 部分：钢化玻璃》GB 15763.2；《建筑用安全玻璃 第 3 部分：夹层玻璃》GB 15763.3；《建筑用安全玻璃 第 4 部分：均质钢化玻璃》GB 15763.4。

（3）单片半钢化玻璃（热增强玻璃）和单片夹丝玻璃不属于安全玻璃。

要点 6：消防救援口应设置可在室内和室外识别的永久性明显标志。

救援口标识应从室内和室外同时可见，以方便消防救援人员定位，当在室内不能清晰辨识时，应在室内相应位置同时标识。必要时，消防救援口标识上可标明具体的破拆位置、破拆方法等说明性文字。

目前，消防救援口尚无统一的标志符号，可依据现行国家标准《消防安全标志 第 1 部分：标志》GB 13495.1 等标准要求确定，【图示】的消防救援口标识仅供参考。

2.2.3– 图示　消防救援口标识

2.2.4　设置机械加压送风系统并靠外墙或可直通屋面的封闭楼梯间、防烟楼梯间，在楼梯间的顶部或最上一层外墙上应设置常闭式应急排烟窗，且该应急排烟窗应具有手动和联动开启功能。

【要点解读】

本条规定了需设置应急排烟窗的楼梯间及基本设置要求，其目的是保证在防烟系统失效情况下防止烟气在楼梯间内积聚。本条主要对应于《建筑防烟排烟系统技术标准》GB 51251—2017 第 3.3.11 条。

采用机械加压送风系统的疏散楼梯间，当机械加压送风系统失效时，烟气可能入侵楼梯间，为防止烟气在楼梯间内积聚，有必要在楼梯间的顶部设置应急排烟窗，应急排烟窗可通过手动、联动或破拆方式开启，及时排出火灾烟气和热量，以保证消防救援人员的安全。

（1）应急排烟窗的设置场所。

①靠外墙或可直通屋面的疏散楼梯间，当设置机械加压送风系统时，应设置应急排烟窗。

②设置于建筑内部（不靠外墙）且未通向建筑顶部的疏散楼梯间，不具备设置应急排烟窗的条件，可不设置。比如，高层建筑中位于避难层之间的不靠外墙的楼梯间、地下建筑中无法在地面设置开口的楼梯间等。

③设置自然通风系统的疏散楼梯间，自然通风窗具备应急排烟功能，也不需要设置应急排烟窗。

（2）应急排烟窗的设置部位。

应急排烟窗可设置于疏散楼梯间顶部或最上一层的外墙上。

（3）应急排烟窗的面积要求。

应急排烟窗的面积，可参考《建筑防烟排烟系统技术标准》GB 51251—2017 第3.3.11 条确定。

（4）应急排烟窗的启闭状态和启动条件。

火灾发生时，机械加压送风系统开启，应急排烟窗应为关闭状态，以保证疏散楼梯间正压要求。当机械加压送风系统失效，烟气入侵楼梯间时，开启应急排烟窗，排出火灾烟气和热量。因此，应急排烟窗应在机械加压送风系统失效，火灾烟气入侵楼梯间时开启。

（5）应急排烟窗的启动方式，实际应用中的主要问题。

本条要求应急排烟窗具有手动和联动开启功能。实际应用中，由于机械加压送风系统的失效时间点和烟气入侵时机较难判断，自动联动功能较难实现，可设置现场手动和消防控制中心远程手动启动功能，且应可通过破拆方式开启。

①手动开启。

通常情况下，手动启动包括现场手动启动和消防控制中心远程手动启动。

②联动开启。

应急排烟窗需要在机械加压送风系统失效，烟气入侵楼梯间时开启，实际应用中，这两个时间点不容易判断，联动开启功能较难实现。

③破拆方式开启。

应急排烟窗应可通过破拆方式开启。

2.2.5　除有特殊功能、性能要求或火灾发展缓慢的场所可不在外墙或屋顶设置应急排烟排热设施外，下列无可开启外窗的地上建筑或部位均应在其每层外墙和（或）屋顶

上设置应急排烟排热设施，且该应急排烟排热设施应具有手动、联动或依靠烟气温度等方式自动开启的功能：

1　任一层建筑面积大于 2500m² 的丙类厂房；

2　任一层建筑面积大于 2500m² 的丙类仓库；

3　任一层建筑面积大于 2500m² 的商店营业厅、展览厅、会议厅、多功能厅、宴会厅，以及这些建筑中长度大于 60m 的走道；

4　总建筑面积大于 1000m² 的歌舞娱乐放映游艺场所中的房间和走道；

5　靠外墙或贯通至建筑屋顶的中庭。

【要点解读】

本条规定了建筑内需设置应急排烟排热设施的主要场所及基本设置要求，其目的是保证在机械排烟系统失效情况下排出火灾产生的烟和热。本条主要对应于《建筑防烟排烟系统技术标准》GB 51251—2017 第 4.1.4 条。

机械排烟系统主要用于火灾初期排烟，保障人员疏散，机械排烟系统难以满足火灾中后期排烟排热要求，尤其是当机械排烟系统失效时，有必要通过外窗排烟排热。因此，对于一定规模的工业建筑和公共建筑，当无可开启外窗时，要求加设可开启的应急排烟排热设施。应急排烟排热设施开启后，及时导出烟热，可为人员疏散提供一定的安全保障，并可防止建筑物在高温下出现倒塌等恶劣情况，有利灭火救援。

（1）无须设置应急排烟排热设施的场所。

在一些特殊功能、性能要求的场所，当因功能或工艺需求不方便开设洞口时，可不设置应急排烟排热设施，比如金库、文物藏品库等贵重物品库房，以及功能特殊的机房、实验室、生产场所和库房等。

在一些火灾发展缓慢的场所，人员的可用疏散时间长，要求紧急排烟排热的特征不明显，可不设置应急排烟排热设施，比如贮煤场所、粮食仓房等。

（2）应急排烟排热设施的设置要求。

应急排烟排热设施的设置要求，可依据《建筑防烟排烟系统技术标准》GB 51251—2017 第 4.4.14 条～第 4.4.17 条等规定执行。

（3）应急排烟排热设施的启闭状态和启动条件。

应急排烟排热设施的下沿距室内地面的高度不宜小于层高的 1/2，往往设置于储烟仓内。因此，当机械排烟系统开启时，应急排烟排热设施应处于关闭状态。当机械排烟系统失效时，可开启应急排烟排热设施，排出火灾烟气和热量。

（4）应急排烟排热设施的启动方式，实际应用中的主要问题。

本条文规定要求应急排烟排热设施具有手动、联动或依靠烟气温度等方式自动开启的功能。

①手动开启。

通常情况下，手动启动包括现场手动启动和消防控制中心远程手动启动。

②联动或依靠烟气温度等方式自动开启。

当采用联动开启方式时，依据机械排烟系统机理，联动触发信号可考虑排烟防火阀关闭信号；当采用烟气温度开启方式时，除采用可熔性采光带（窗）替代作为应急排烟排热设施的情况外，其他情况下目前尚无动作温度指标的相关依据，相对较难实施。

③破拆方式开启。

应急排烟排热设施应可通过破拆方式开启。

2.2.6　除城市综合管廊、交通隧道和室内无车道且无人员停留的机械式汽车库可不设置消防电梯外，下列建筑均应设置消防电梯，且每个防火分区可供使用的消防电梯不应少于 1 部：

　　1　建筑高度大于 33m 的住宅建筑；

　　2　5 层及以上且建筑面积大于 3000m² （包括设置在其他建筑内第五层及以上楼层）的老年人照料设施；

　　3　一类高层公共建筑，建筑高度大于 32m 的二类高层公共建筑；

　　4　建筑高度大于 32m 的丙类高层厂房；

　　5　建筑高度大于 32m 的封闭或半封闭汽车库；

　　6　除轨道交通工程外，埋深大于 10m 且总建筑面积大于 3000m² 的地下或半地下建筑（室）。

【要点解读】

本条规定了需要设置消防电梯的建筑及基本要求。本条需结合《建筑设计防火规范（2018 年版）》GB 50016—2014 第 7.3.1 条 ~ 第 7.3.3 条、《汽车库、修车库、停车场设计防火规范》GB 50067—2014 第 6.0.4 条等规定执行。

消防电梯是消防员电梯的简称，消防员电梯设置在建筑的耐火封闭结构内，具有前室和备用电源，在正常情况下为普通乘客使用，当建筑发生火灾时其附加的保护、控制和信号等功能可专供消防员使用，能将消防员及其设备运送至指定楼层。

要点 1：消防电梯与建筑高度（埋深）。

（1）对于高层建筑，消防电梯能节省消防员的体力，使消防员能快速接近着火区域，提高战斗力和灭火效果。

（2）对于地下建筑，由于排烟、通风条件很差，受当前装备的限制，消防员通过楼梯进入地下的困难较大，设置消防电梯有利于满足灭火作战和火场救援的需要。

要点 2：城市综合管廊、交通隧道和室内无车道且无人员停留的机械式汽车库可不设置消防电梯。

这类建（构）筑物因功能特殊，停留人员很少，可不设置消防电梯，但当城市综合管廊和交通隧道设置有地上建筑时，地上建筑应根据本条第 3 款要求确定是否设置消防电梯。

（1）城市综合管廊。

城市综合管廊是建于城市地下用于容纳两类及以上城市工程管线的构筑物及附属设施，是按照统一规划、设计、施工和维护原则，建于城市地下用于敷设城市工程管线的市政公用设施。适用城市综合管廊的主要标准为《城市综合管廊工程技术规范》GB 50838—2015。

（2）交通隧道。

本条规定的交通隧道，主要包括城市交通隧道、公路隧道和铁路隧道。

（3）机械式汽车库。

机械式机动车库是采用机械式停车设备存取、停放机动车的车库，相关概念参见"8.1.10- 要点 2"。

要点 3：建筑高度大于 32m 的封闭或半封闭汽车库，应设置消防电梯。

按围封形式，汽车库可分为敞开式汽车库、封闭式汽车库、半封闭式汽车库。依据《汽车库、修车库、停车场设计防火规范》GB 50067—2014 规定，任一层车库外墙敞开面积大于该层四周外墙体总面积的 25%，敞开区域均匀布置在外墙上且其长度不小于车库周长的 50% 的汽车库，属于敞开式汽车库。可认为，不满足敞开式汽车库条件的汽车库，属于封闭或半封闭式汽车库。

要点 4：5 层及以上且建筑面积大于 3000m² （包括设置在其他建筑内第五层及以上楼层）的老年人照料设施，应设置消防电梯。

老年人照料设施设置消防电梯，有利于快速组织灭火行动和对行动不便的老年人展开救援。

（1）当老年人照料设施独立建造时，建筑面积为建筑单体的总建筑面积。

（2）当老年人照料设施设置在其他建筑内或与其他建筑组合建造时，应采用防火门、防火窗、耐火极限不低于 2.00h 的防火隔墙和耐火极限不低于 1.00h 的楼板与其他功能区域分隔，建筑面积可只计算老年人照料设施部分的总建筑面积；在确定老年人照料设施的楼层位置时，可只考虑老年人照料设施所处的最高楼层位置。【图示 1】的多层公共建筑，第 4 层、第 5 层的局部区域设置老年人照料设施，老年人照料设施部分的总建筑面积大于 3000m²，应设置消防电梯；而当该建筑仅 4 层及以下设置老年人照料设施时，即使总建筑面积大于 3000m²，也可以不设置消防电梯。

老年人照料设施的消防电梯可与其他公共建筑功能的消防电梯共用。

（3）本《通用规范》规定的"老年人照料设施"，是指床位总数或可容纳老年人总数大于或等于 20 床（人），为老年人提供集中照料服务的公共建筑，包括老年人全日照料设施和老年人日间照料设施，相关概念参见"附录 1"。不属于老年人照料设施的场所，可按常规公共建筑确定消防电梯设置要求。

要点 5：除轨道交通工程外，埋深大于 10m 且总建筑面积大于 3000m² 的地下或半地下建筑（室），应设置消防电梯。

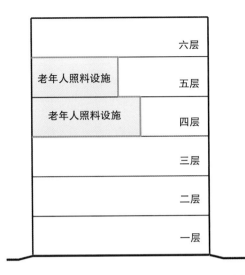

2.2.6- 图示 1　设置在其他建筑内的的老年人照料设施

（1）本条规定的"地下或半地下建筑（室）"，包括平时使用的人民防空工程、地下和半地下汽车库、地下和半地下工业与民用建筑，以及工业与民用建筑的地下、半地下室。有关"埋深"的概念，参见"附录3"。

（2）本条规定的轨道交通工程，包括铁路和城市轨道交通。城市轨道交通是采用专用轨道导向运行的城市公共客运交通系统，包括地铁系统、轻轨系统、单轨系统、有轨电车、磁浮系统、自动导向轨道系统、市域快速轨道系统。

轨道交通工程的地下或半地下建筑（室）可不设消防电梯，主要是考虑到该类工程设置消防电梯难以出地面或者难以在地面设置电梯机房等特殊情况。实际应用中，在满足本规定要求且具备条件的情况下，仍宜设置消防电梯。

轨道交通工程的地上建筑，应根据本条第3款要求确定是否设置消防电梯。

要点6：需要设置消防电梯的建筑，每个防火分区可供使用的消防电梯不应少于1部。

为方便消防员利用着火防火分区内的消防电梯直接进入着火区域实施灭火救援，每个防火分区应尽量独立设置至少1部消防电梯。

基于一座建筑同一时间同时发生一次火灾的原则，确有困难时，可最多两个防火分区共用一台消防电梯。当两个防火分区共用一台消防电梯时，应采取确保安全使用消防电梯的措施，不同防火分区的消防电梯前室应独立设置，消防电梯前室均应满足相关标准要求。

【图示2】为贯通式层门电梯，当采用贯通式层门电梯作为消防电梯时，应确保其操作控制符合消防电梯要求，应满足现行国家标准《消防员电梯制造与安装安全规范》GB/T 26465等标准规定，并应获得消防管理部门的批准。

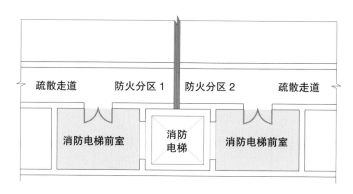

2.2.6- 图示 2　两个防火分区共用一台消防电梯（贯通式层门电梯）

【图示 3】采取共用候梯厅的方式，候梯厅的短边净尺寸不应小于 2.4m，候梯厅的防烟防火性能应与消防电梯前室一致。

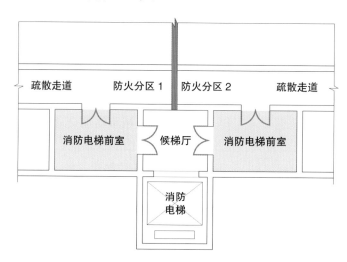

2.2.6- 图示 3　两个防火分区共用一台消防电梯（共用候梯厅）

要点 7：其他有关消防电梯的规定。

（1）符合消防电梯要求的客梯或货梯可兼作消防电梯。

（2）建筑高度大于 32m 的丙类高层厂房应设置消防电梯，其他厂房、仓库可依据其他相关标准确定。比如，《建筑设计防火规范（2018 年版）》GB 50016—2014 第 7.3.3 条规定，建筑高度大于 32m 且设置电梯的高层厂房（仓库），每个防火分区内宜设置 1 台消防电梯，但符合下列条件的建筑可不设置消防电梯：①建筑高度大于 32m 且设置电梯，任一层工作平台上的人数不超过 2 人的高层塔架；②局部建筑高度大于 32m，且局部高出部分的每层建筑面积不大于 50m² 的丁、戊类厂房。

（3）除"要点 4"所述的老年人照料设施外，裙房不需要设置消防电梯。

裙房高度不超过 24m，因此不需要设置消防电梯。但对于设置于裙房的老年人照料设施，当符合"要点 4"要求时，仍应设置消防电梯。

（4）相关专业标准有特别规定者，应予执行。比如《水利工程设计防火规范》GB 50987—2014 第 5.2.2 条、第 5.2.4 条；《水电工程设计防火规范》GB 50872—2014 第 5.2.10 条；《广播电影电视建筑设计防火标准》GY 5067—2017 第 5.0.7 条等，均有消防电梯的相关规定。

2.2.7　埋深大于 15m 的地铁车站公共区应设置消防专用通道。

【要点解读】

本条规定了需要设置消防救援通道的地铁车站公共区。本条主要对应于《地铁设计防火标准》GB 51298—2018 第 5.2.8 条、《地铁设计规范》GB 50157—2013 第 28.2.13 条。

（1）消防专用通道是火灾时专门用于消防救援人员从地面进入建筑的专用通道或（和）楼梯间，供消防救援人员从地面进入站厅、站台、区间等区域进行灭火救援。本条规定的"专用"，主要是针对消防救援人员救援专用，紧急情况下可以使消防救援人员快速进入车站和区间开展灭火救援行动，不应与向外疏散的人员交汇，也不应挤占疏散人员的疏散通道和出口。

消防专用通道不得用作乘客的安全疏散设施。

（2）消防专用通道包括竖向通道（楼梯间等）和水平通道，应具有一定的防烟、防火性能。通常，这种通道单独设置在可进入车站有人值守的设备管理区的防火分区内。《地铁设计规范》GB 50157—2013 第 28.2.13 条规定，地下车站消防专用通道及楼梯间应设置在有车站控制室等主要管理用房的防火分区内，并应方便到达地下各层。

当消防专用通道的竖向通道采用楼梯间时，应满足本《通用规范》第 7.1.10 条规定。

（3）有关消防专用通道的技术要求，可依据本《通用规范》以及现行国家标准《地铁设计防火标准》GB 51298、《地铁设计规范》GB 50157、《地铁安全疏散规范》GB/T 33668 等标准执行。

2.2.8　除仓库连廊、冷库穿堂和筒仓工作塔内的消防电梯可不设置前室外，其他建筑内的消防电梯均应设置前室。消防电梯的前室应符合下列规定：

1　前室在首层应直通室外或经专用通道通向室外，该通道与相邻区域之间应采取防火分隔措施。

2　前室的使用面积不应小于 6.0m²，合用前室的使用面积应符合本规范第 7.1.8 条的规定；前室的短边不应小于 2.4m。

3　前室或合用前室应采用防火门和耐火极限不低于 2.00h 的防火隔墙与其他部位分隔。除兼作消防电梯的货梯前室无法设置防火门的开口可采用防火卷帘分隔外，不应采用防火卷帘或防火玻璃墙等方式替代防火隔墙。

【要点解读】

本条规定了消防电梯前室的基本设置要求，需结合《建筑设计防火规范（2018年版）》GB 50016—2014第7.3.5条等规定执行。

要点1：消防电梯前室在首层应直通室外或经专用通道通向室外，该通道与相邻区域之间应采取防火分隔措施。

消防电梯出口在首层应直通室外。一些受平面布置限制不能直接通向室外的消防电梯出口，可以采用受防火保护的通道，不经过任何其他房间通向室外。该通道应具有防烟性能。

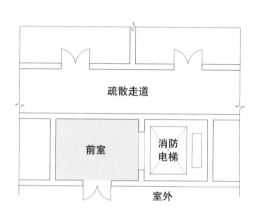

2.2.8- 图示1　消防电梯前室在首层直通室外

（1）《建筑设计防火规范（2018年版）》GB 50016—2014第7.3.5条等规定，前室宜靠外墙设置，并应在首层直通室外【图示1】或经过长度不大于30m的通道通向室外，通道应采用耐火极限不低于2.00h的防火隔墙和防火门与相邻区域分隔【图示2】【图示3】。

（2）通道应具有防烟功能，当通道与相邻区域不连通时【图示2】，可参考避难走道要求设置防烟设施（避难走道长度为L）；当通道与相邻区域设置连通门时【图示3】，可参考疏散走道要求设置排烟设施（疏散走道长度为L）。

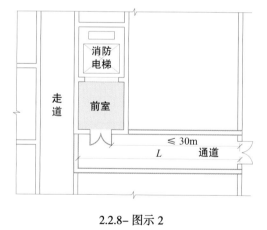

2.2.8- 图示2

消防电梯前室在首层采用专用通道直通室外

2.2.8- 图示3

消防电梯前室在首层采用专用通道直通室外

要点2：消防电梯前室的使用面积不应小于$6.0m^2$，合用前室的使用面积应符合本规范第 7.1.8 条的规定；前室的短边不应小于 2.4m。

为满足一个消防战斗班配备装备后使用电梯以及救助老年人、病人等人员的需要，本规定明确了消防电梯前室的面积及尺寸要求。

（1）由本《通用规范》第 7.1.8 条可知，合用前室的使用面积，住宅建筑不应小于 6.0m²，其他建筑不应小于 10.0m²；由《建筑设计防火规范（2018 年版）》GB 50016—2014 第 5.5.28 条可知，楼梯间的共用前室与消防电梯的前室合用（俗称三合一前室）时，使用面积不应小于 12.0m²。不同前室的使用面积要求，参见表 7.1.8。

有关使用面积的计算方法，参见"7.1.8– 要点 6"；有关前室的概念及分类，参见"附录 10"。

（2）为方便救援担架休整和进出消防电梯，要求前室短边尺寸不应小于 2.4m，这是扣除装饰面和障碍物后的净尺寸，是消防电梯层门正对区域的尺寸，也就是说，除使用面积满足要求外，消防电梯层门正对区域的净尺寸不得小于 2.4m×2.4m【图示 4】【图示 5】【图示 6】。

（3）前室内的走道，应满足疏散走道最小净宽度要求。

（4）依据《民用建筑设计术语标准》GB/T 50504—2009 规定，使用面积是建筑面积中减去公共交通面积、结构面积等，留下可供使用的面积。因此，消防电梯独立前室的走道面积不宜计入前室使用面积；消防电梯合用前室的走道应同时满足人员疏散需要，走道面积不应计入前室使用面积。【图示 4】【图示 5】的独立前室，走道面积不宜计入前室使用面积；【图示 6】的合用前室，走道面积不应计入前室使用面积。

（5）消防电梯前室的使用面积，为扣除墙体结构、装饰面和障碍物后的有效净面积，不得计入无法有效使用的局部区域。【图示 6】中，不能有效使用的①②区域，不应计入前室使用面积。

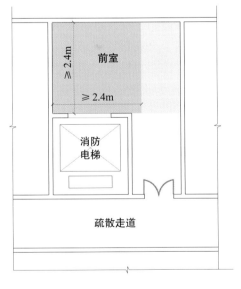
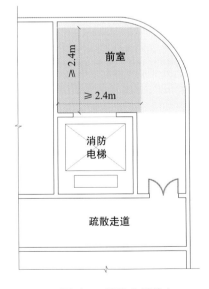

2.2.8– 图示 4　消防电梯前室　　　　2.2.8– 图示 5　消防电梯前室

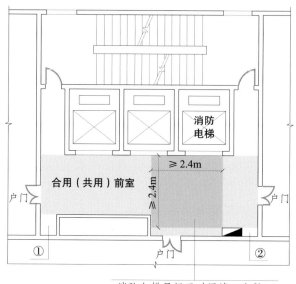

消防电梯层门正对区域，应保证
不小于 2.4m×2.4m 的净尺寸空间

2.2.8-图示 6　消防电梯前室（共用合用前室）

要点 3：消防电梯前室或合用前室应采用防火门和耐火极限不低于 2.00h 的防火隔墙与其他部位分隔。除兼作消防电梯的货梯前室无法设置防火门的开口可采用防火卷帘分隔外，不应采用防火卷帘或防火玻璃墙等方式替代防火隔墙。

消防电梯前室或合用前室与其他部位的分隔墙应为耐火极限不低于 2.00h 的防火隔墙，不得采用防火玻璃墙或防火卷帘替代。

（1）防火玻璃墙的实际耐火极限受镶嵌框架和防火密封材料的影响，加上现场施工环境影响，防火效果难以保证。另外，防火玻璃的透明、反光性能易导致紧急情况下的误判；防火卷帘受制于现场施工环境，尤其受制于火灾报警区域的合理划分和火灾自动报警系统、防火卷帘控制器等的稳定性，可靠性相对较低。因此，防火玻璃墙或防火卷帘均不能作为消防电梯前室的隔墙，也不能作为疏散楼梯间及前室的隔墙。

（2）消防电梯前室是消防员灭火救援的桥头堡，防火卷帘不利于启闭，因此前室门不得采用防火卷帘替代防火门。本规定所述的"兼作消防电梯的货梯前室无法设置防火门的开口"，主要针对厂房、仓库场所。在厂房、仓库场所中，当兼作消防电梯的货梯前室（不包括合用前室）无法设置防火门时，可采用防火卷帘替代防火门。对于兼用于人员疏散的合用前室，任何情况下均不得采用防火卷帘替代防火门。

2.2.9　消防电梯井和机房应采用耐火极限不低于 2.00h 且无开口的防火隔墙与相邻井道、机房及其他房间分隔。消防电梯的井底应设置排水设施，排水井的容量不应小于 2m³，排水泵的排水量不应小于 10L/s。

【要点解读】

本条规定了消防电梯井、消防电梯机房的防火分隔要求以及消防电梯井底排水设施要求。本条主要对应于《建筑设计防火规范（2018 年版）》GB 50016—2014 第 7.3.6 条、第 7.3.7 条。

要点 1：消防电梯井和机房应采用耐火极限不低于 2.00h 且无开口的防火隔墙与相邻井道、机房及其他房间分隔。

为防止其他井道、机房及房间影响消防电梯井及机房的安全使用，要求消防电梯井和机房采用耐火极限不低于 2.00h 且无开口的防火隔墙与相邻井道、机房及其他房间分隔。消防电梯的梯井之间、消防电梯的梯井与非消防电梯的梯井之间、消防电梯机房之间、消防电梯机房与非消防电梯机房之间均应相互分隔，以确保每部消防电梯均能独立工作，不受其他电梯或电梯机房事故或火灾的影响【图示 1】【图示 2】。

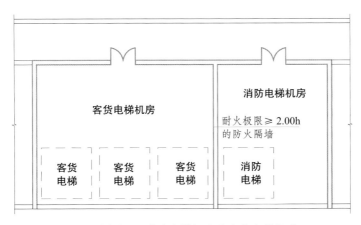

2.2.9- 图示 1　消防电梯机房和客货电梯机房

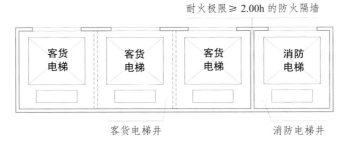

2.2.9- 图示 2　消防电梯井和客货电梯井

要点 2：消防电梯的井底应设置排水设施，排水井的容量不应小于 2m³，排水泵的排水量不应小于 10L/s。

火灾发生后，消火栓系统和自动喷水灭火系统启动，可导致较为严重的水渍后果，大量水积聚流散，因此消防电梯井内外需要考虑设置排水和挡水设施，并采用具有一定防水性能的电源和供电线路。

（1）通常情况下，消防排水要考虑火灾初期的灭火用水量，按2股消火栓水柱计算，约计10L/s，因此排水泵的排水量不应小于10L/s，排水井主要贮存初期蓄水，有效容量不应小于2m³【图示3】。有关排水和电梯底坑积水处置，应符合现行国家标准《消防给水及消火栓系统技术规范》GB 50974、《消防员电梯制造与安装安全规范》GB/T 26465 等标准规定。

（2）依据《建筑设计防火规范（2018年版）》GB 50016—2014 第7.3.7条规定，消防电梯间前室的门口宜设置挡水设施。

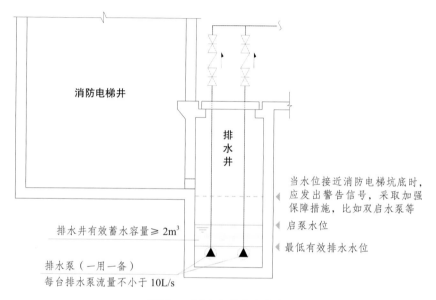

2.2.9-图示3　消防电梯井底排水设施

2.2.10 消防电梯应符合下列规定：

　　1　应能在所服务区域每层停靠；

　　2　电梯的载重量不应小于800kg；

　　3　电梯的动力和控制线缆与控制面板的连接处、控制面板的外壳防水性能等级不应低于 IPX5；

　　4　在消防电梯的首层入口处，应设置明显的标识和供消防救援人员专用的操作按钮；

　　5　电梯轿厢内部装修材料的燃烧性能应为 A 级；

　　6　电梯轿厢内部应设置专用消防对讲电话和视频监控系统的终端设备。

【要点解读】

本条规定了消防电梯的基本性能要求。本条主要对应于《建筑设计防火规范（2018年版）》GB 50016—2014 第7.3.8条。

消防电梯的制造与安装应符合现行国家标准《消防员电梯制造与安装安全规范》GB/T 26465、《电梯制造与安装安全规范 第 1 部分：乘客电梯和载货电梯》GB/T 7588.1 等标准规定。比如，《消防员电梯制造与安装安全规范》GB/T 26465—2021 第 5.2.4 条规定，最大提升高度不大于 200m 时，消防员电梯从消防员入口层到消防服务最高楼层的消防服务运行时间不应超过 60s，运行时间从消防员电梯轿门关闭后开始计算。最大提升高度超过 200m 时，提升高度每增加 3m，运行时间可增加 1s。

要点 1：消防电梯应能在所服务区域每层停靠。

多种功能组合的建筑可以根据不同部位的防火要求，按照实际所需服务的区域确定电梯的停靠楼层，在所服务区域的楼层应每层停靠。比如，住宅建筑与其他使用功能的建筑合建，当只有住宅部分需要设置消防电梯时，消防电梯应在住宅部分的楼层每层停靠，如因物业管理需要，可不在其他使用功能部分停靠。同理，设置商业服务网点的住宅建筑，消防电梯也可以不在商业服务网点停靠。

需要说明的是，虽然本规定仅要求消防电梯在所服务区域每层停靠，但仍鼓励在允许到达的各层停靠。比如，【2.2.6- 图示 1】的多层公共建筑的老年人照料设施部分需要设置消防电梯，消防电梯应能在老年人照料设施所在楼层停靠，同时鼓励在允许到达的其他各层停靠。

要点 2：电梯的动力和控制线缆与控制面板的连接处、控制面板的外壳防水性能等级不应低于 IPX5。

（1）消防员利用消防电梯前室的消火栓灭火时容易产生水渍损害，外部水灭火设施产生的积水也可能进入消防电梯前室，因此要求消防电梯的动力和控制线缆与控制面板等具有一定防水性能。

（2）外壳防护等级（IP 代码），通常是指电气设备的外壳防护等级，也可应用于消防设备的外壳防护等级。由"附录 16"的 IP 代码型号标记可知，IPX5 省略了第一位特征数字（用字母 X 替代），也就是说，未规定对接近危险部件的防护等级和防止固体异物进入的防护等级；第二位特征数字"5"表示"防喷水，向设备外壳的各个方向喷水均无有害影响"。由此可知，电梯的动力和控制线缆与控制面板的连接处、控制面板的外壳应具备防喷水性能，应保证从各个方向喷水均无有害影响，不会影响消防电梯的正常运行。

2.2.11 建筑高度大于 250m 的工业与民用建筑，应在屋顶设置直升机停机坪。

【要点解读】

本条规定了需设置屋顶直升机停机坪的建筑。

屋顶可作为人员的临时避难场所，设置屋顶直升机停机坪，可为消防救援提供条件。屋顶直升机停机坪的设置要尽量结合城市消防站建设和规划布局。

要点 1：建筑高度大于 250m 的工业与民用建筑，应在屋顶设置直升机停机坪。

在屋顶设置直升机停机坪，可为超高层建筑内部人员提供在特殊情况下的逃生路径。本规定主要对应于《建筑高度大于 250 米民用建筑防火设计加强性技术要求》（公消〔2018〕57 号）第十二条。

要点 2：建筑高度大于 100m 且标准层建筑面积大于 2000m² 的公共建筑，宜在屋顶设置直升机停机坪或供直升机救助的设施。

对于高层建筑，特别是建筑高度超过 100m 的高层建筑，人员疏散及消防救援难度大，设置屋顶直升机停机坪，可为消防救援提供条件。

依据《建筑设计防火规范（2018 年版）》GB 50016—2014 第 7.4.1 条规定，建筑高度大于 100m 且标准层建筑面积大于 2000m² 的公共建筑，宜在屋顶设置直升机停机坪或供直升机救助的设施。"供直升机救助的设施"主要是指保证直升机安全悬停与救援的设施。

2.2.12 屋顶直升机停机坪的尺寸和面积应满足直升机安全起降和救助的要求，并应符合下列规定：

　　1　停机坪与屋面上突出物的最小水平距离不应小于 5m；

　　2　建筑通向停机坪的出口不应少于 2 个；

　　3　停机坪四周应设置航空障碍灯和应急照明装置；

　　4　停机坪附近应设置消火栓。

【要点解读】

本条规定了屋顶直升机停机坪的安全保障要求。本条主要对应于《建筑设计防火规范（2018 年版）》GB 50016—2014 第 7.4.2 条。

屋顶直升机停机坪的尺寸、面积，安全起降、救助措施，以及建筑防火及消防设施要求等，应符合现行行业标准《民用直升机场飞行场地技术标准》MH 5013 等标准规定。

（1）停机坪与屋面上突出物的最小水平距离不应小于 5m，屋面上突出物主要包括设备机房、电梯机房、水箱间、共用天线以及通向屋面的楼梯间等。

（2）设置停机坪的建筑屋面，疏散楼梯间直接屋面的出口不应少于 2 个【图示 - ①】；当停机坪高出建筑屋面时，停机坪通向屋面的出口不应少于 2 个【图示 - ②】。每个出口的净宽度不应小于 0.80m。

（3）停机坪四周应设置航空障碍灯和应急照明疏散指示系统。应急照明疏散指示系统应符合现行国家标准《消防应急照明和疏散指示系统技术标准》GB 51309 等标准规定；航空障碍标志灯应符合现行国家标准《民用建筑电气设计标准》GB 51348 等标准规定，航空障碍标志灯和高架直升机场灯光系统电源应按主体建筑中最高用电负荷等级要求供电。

（4）停机坪附近应设置消火栓，消火栓系统应符合现行国家标准《消防给水及消火栓系统技术规范》GB 50974 等标准规定。

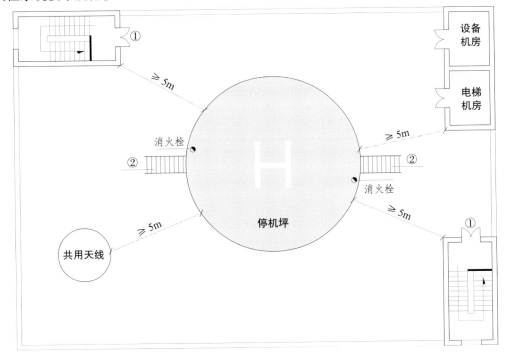

2.2.12- 图示　屋顶直升机停机坪示意图

2.2.13 供直升机救助使用的设施应避免火灾或高温烟气的直接作用，其结构承载力、设备与结构的连接应满足设计允许的人数停留和该地区最大风速作用的要求。

【要点解读】

本条规定了供直升机救助使用的设施的安全性能要求。

由"2.2.11- 要点 2"可知，"供直升机救助的设施"主要是指保证直升机安全悬停与救援的设施。

供直升机救助使用的设施主要用于保证直升机安全悬停，供消防救援人员和被救助人员的通行和停留，应有效避免救援时受到火灾或高温烟气的侵害，其结构承载力、设备与结构的连接应满足设计允许的人数停留和该地区最大风速作用的要求。

2.2.14 消防通信指挥系统应具有下列基本功能：

1 责任辖区和跨区域灭火救援调度指挥；

2 火场及其他灾害事故现场指挥通信；

3 通信指挥信息管理；

4 集中接收和处理责任辖区火灾、以抢救人员生命为主的危险化学品泄漏、道路交通事故、地震及其次生灾害、建筑坍塌、重大安全生产事故、空难、爆炸及恐怖事件和群众遇险事件等灾害事故报警。

【要点解读】

本条规定了消防通信指挥系统应具有的基本功能。本条主要对应于《消防通信指挥系统设计规范》GB 50313—2013 第 4.1.1 条。

消防通信指挥系统是全国各级消防救援指挥中心实施减少火灾危害，应急抢险救援，保护人身、财产安全，维护公共安全的业务信息系统。是覆盖某一区域（如省、市），联通该区域的消防通信指挥中心、移动消防通信指挥中心、消防站、救灾相关单位等环节，具有火警受理、通信调度、辅助决策指挥和消防业务管理等功能的网络和设备及其软件组成的通信指挥系统。

（1）依本条第 1 款~第 3 款规定，消防通信指挥系统应具有本级辖区和跨区域灭火救援指挥调度、火场及其他灾害事故现场指挥通信、语音、数据、图像等各种信息的综合管理等功能，是消防指挥中心的主要业务职能。

（2）依本条第 4 款规定，城市消防通信指挥系统应能够依据国家法规受理本行政区域内的火灾以及以抢救人员生命为主的危险化学品泄漏、道路交通事故、地震及其次生灾害、建筑坍塌、重大安全生产事故、空难、爆炸及恐怖事件和群众遇险事件等灾害事故报警。

（3）依据《消防通信指挥系统设计规范》GB 50313—2013 第 4.1.1 条规定，消防通信指挥系统应具有通信指挥业务模拟训练的基本功能。

（4）除现行国家标准《消防通信指挥系统设计规范》GB 50313 外，消防通信指挥系统尚需满足现行国家标准《城市消防远程监控系统技术规范》GB 50440、《城市消防规划规范》GB 51080 等标准规定。

2.2.15 消防通信指挥系统的主要性能应符合下列规定：

1 应采用北京时间计时，计时最小量度为秒，系统内保持时钟同步；

2 应能同时受理 2 起以上火灾、以抢救人员生命为主的危险化学品泄漏、道路交通事故、地震及其次生灾害、建筑坍塌、重大安全生产事故、空难、爆炸及恐怖事件和群众遇险事件等灾害事故报警；

3 应能同时对 2 起以上火灾、以抢救人员生命为主的危险化学品泄漏、道路交通事故、地震及其次生灾害、建筑坍塌、重大安全生产事故、空难、爆炸及恐怖事件和群众遇险事件等灾害事故进行灭火救援调度指挥；

4 城市消防通信指挥系统从接警到消防站收到第一出动指令的时间不应大于 45s。

【要点解读】

本条规定了消防通信指挥系统的主要性能要求。本条主要对应于《消防通信指挥系统设计规范》GB 50313—2013 第 4.3.1 条。

（1）本条第 1 款规定了系统内外时钟同步要求。火警受理、灭火救援指挥调度、火场及其他灾害事故现场指挥是时实性极强的消防业务工作，系统记录的报警时间、出动时间、到场时间、出水时间、控制时间、结束时间等将作为火灾及其他灾害事故调查、认定的证据。

（2）依本条第 2 款规定，城市消防通信指挥系统应能够受理同时并发的多个火灾及其他灾害事故报警，避免因系统接警能力的限制延误火灾扑救及其他灾害事故应急抢险救援，造成人身、财产的更大损失。各城市消防通信指挥系统的接处警席位和接处警通信线路的配置数量，应根据城市的规模、最大火警日呼入数量、最大火警呼入峰值等参数合理配置，并留有余量。

（3）依本条第 3 款规定，系统应能同时对 2 起以上火灾及其他灾害事故进行灭火救援调度指挥，避免因系统处理能力的限制延误火灾扑救及其他灾害事故应急抢险救援，造成人身、财产的更大损失。各级消防通信指挥系统应按此要求合理配置调度指挥终端和通信线路，并留有余量。

（4）本条第 4 款规定了一般情况下城市消防通信指挥系统完成火警受理流程的时间要求。发生火灾及其他灾害事故时，城市消防通信中心快速反应，在第一时间调派消防力量到灾害现场处置，是最大限度减少人身、财产损失的关键环节。

（5）依据《消防通信指挥系统设计规范》GB 50313—2013 第 4.3.1 条规定，消防通信指挥系统的主要性能尚应符合下列要求：①能实时接收所辖下级消防通信指挥中心或消防站发送的信息，并保持数据同步；②工作界面设计合理，操作简单、方便；③具有良好的共享性和可扩展性。

2.2.16 消防通信指挥系统的运行安全应符合下列规定：

1 重要设备或重要设备的核心部件应有备份；

2 指挥通信网络应相对独立、常年畅通；

3 系统软件不能正常运行时，应能保证电话接警和调度指挥畅通；

4 火警电话呼入线路或设备出现故障时，应能切换到火警应急接警电话线路或设备接警。

【要点解读】

本条规定了消防通信指挥系统的运行安全要求。本条主要对应于《消防通信指挥系统设计规范》GB 50313—2013 第 4.4.3 条。

（1）本条第 1 款所述的"重要设备或重要设备的核心部件"，是指出现故障可能导致消防通信指挥系统丧失基本功能，或不能达到其主要性能要求，或可能造成某个子系统瘫痪的设备或设备的核心部件，这类设备或设备的核心部件必须作备份，以确保在出现问题时第一时间恢复。

（2）依本条第 2 款规定，用于支持火警受理、调度指挥、现场指挥的计算机通信网、有线通信网、无线通信网、卫星通信网等消防指挥通信网络应相对独立，与非消防指挥通信网络之间连接应有边界安全措施，与非公安网络之间连接应做物理隔离。消防通信指挥系统与其他应用系统共用通信网络时，应保证必需的通信线路（信道）和信息传输速率。指挥通信网络必须保证常年畅通。

（3）依本条第 3 款和第 4 款规定，系统软硬件应具有必要的故障应急措施，保证火警受理、调度指挥通信不间断。

（4）依《消防通信指挥系统设计规范》GB 50313—2013 第 4.4.3 条规定，消防通信指挥系统的运行安全尚应符合下列规定：①能实时监控系统运行情况，并能故障告警；②火警调度电话专用线路或设备出现故障时，能利用其他有线、无线通信方式进行调度指挥。

3 建筑总平面布局

3.1 一般规定

3.1.1 建筑的总平面布局应符合减小火灾危害、方便消防救援的要求。

【要点解读】

本条规定了建筑总平面布局中有关消防安全的基本要求。

建（构）筑物的选址和总平面布局应满足城市规划和消防安全要求，应根据建筑使用性质、使用功能、建筑规模、火灾危险性等要素，合理确定建筑方位、相邻建筑间距、消防车道与内外部道路关系以及消防水源位置，减少建（构）筑物火灾的相互作用，防止引发次生灾害，并为灭火救援提供便利条件。

设计应用中，可依本《通用规范》及相关工程建设标准确定，比如：《镇规划标准》GB 50188—2007 明确了镇规划消防安全布局的基本要求；《建筑设计防火规范（2018 年版）》GB 50016—2014 明确了民用建筑和常规工业建（构）筑物的总平面布局要求；《汽车库、修车库、停车场设计防火规范》GB 50067—2014 明确了汽车库、修车库、停车场的总平面布局要求；《人民防空工程设计防火规范》GB 50098—2009 明确了人防工程的总平面设计要求；《汽车加油加气加氢站技术标准》GB 50156—2021 明确了汽车加油加气加氢站的站址及总平面布局要求；《农村防火规范》GB 50039—2010 明确了农村建筑的布局要求；《酒厂设计防火规范》GB 50694—2011 明确了各类酒厂的总平面布局要求；《石油化工企业设计防火标准（2018 年版）》GB 50160—2008 明确了石油化工企业的区域规划与工厂总平面布置要求。

3.1.2 工业与民用建筑应根据建筑使用性质、建筑高度、耐火等级及火灾危险性等合理确定防火间距，建筑之间的防火间距应保证任意一侧建筑外墙受到的相邻建筑火灾辐射热强度均低于其临界引燃辐射热强度。

【要点解读】

本条规定了防火间距的基本确定原则和应满足的基本性能要求。

要点 1：影响建筑物防火间距的主要因素。

涉及工业建筑的防火间距，主要与建（构）筑物的火灾危险性类别、耐火等级、建筑高度等相关；涉及民用建筑的防火间距，主要与建筑物的耐火等级、建筑高度等相关。

（1）建筑使用性质和使用功能。

不同使用性质和功能的建筑，防火间距要求有别，比如民用建筑、工业建筑、汽车库（停车场）、供平时使用的人防工程、地铁工程、汽车加油加气加氢站，以及专业性较强的石油天然气、化工、酒厂、纺织、钢铁、冶金、煤化工和电厂等工程，均有不同的适应标准要求。

（2）建筑高度。

高层建筑的防火间距要求大于单、多层建筑。

（3）耐火等级。

较低耐火等级建筑的防火间距要求大于较高耐火等级建筑。

（4）火灾危险性类别。

火灾危险性类别主要体现在工业建筑中，火灾危险性类别越高，要求防火间距越大。

要点2：建筑之间的防火间距应保证任意一侧建筑外墙受到的相邻建筑火灾辐射热强度均低于其临界引燃辐射热强度。

本条规定明确了相邻建筑防火间距是否满足防火要求的基本判断标准。

（1）导致火灾在不同建（构）筑物间蔓延的主要因素，有飞火、热对流和热辐射等，其中，热辐射是主要方式。辐射热强度与灭火救援力量、火灾延续时间、可燃物的性质和数量、相对外墙开口面积的大小、建筑物的长度和高度以及气象条件等有关。

辐射热强度，也称辐射热流密度、辐射热通量，是指单位面积上的辐射热流量，单位为 W/m^2。辐射热流量是指单位时间内的热辐射能（量），单位为 W。

（2）当可燃物受到的热辐射达到一定强度时将被引燃，表3.1.2为美国国家防火研究基金会（NFPRF）火灾风险评估方法中列出的引燃不同材料所需的辐射热强度指标，可知较容易引燃物品（薄窗帘、报纸等）的最小引燃辐射热强度约为 $10kW/m^2$，考虑建筑外窗上可能设置窗帘等易燃材料，因此通常将该辐射热强度作为防止火灾在相邻建筑蔓延的临界引燃辐射热强度。而现行工程技术标准中规定的防火间距，同时考虑了消防救援要求和人体耐受能力，其控制的辐射热强度一般低于 $10kW/m^2$。

表 3.1.2　材料引燃能力及引燃辐射热强度

引燃能力	辐射热强度范围（kW/m^2）
容易（薄窗帘、报纸）	≤ 14.1（10）
普通（带软垫的家具）	＞ 14.1，且 ≤ 28.3（20）
很难（厚木材）	＞ 28.3（40）

注：辐射热强度范围的括号内数值为常用值。

要点3：防火间距的确定原则。

建筑物之间的防火间距应依据防止相邻建筑发生火灾后相互蔓延和方便消防救援的原则确定，主要方式如下：

（1）按照相关标准的规定确定建（构）筑物之间的防火间距。

通常认为，当相邻建（构）筑物的防火间距满足相关标准规定时，可视为满足本条规定的防火间距要求。比如：

①本《通用规范》第3章明确了甲、乙类场所和100m以上民用建筑与其他建筑物（或场所）的防火间距要求；

②《建筑设计防火规范（2018年版）》GB 50016—2014明确了民用建筑和常规工业建（构）筑物的防火间距要求；

③《汽车库、修车库、停车场设计防火规范》GB 50067—2014明确了汽车库、修车库、停车场的防火间距要求；

④《人民防空工程设计防火规范》GB 50098—2009明确了人防工程的出入口地面建筑物、采光窗井与相邻地面建筑的防火间距要求；

⑤《汽车加油加气加氢站技术标准》GB 50156—2021明确了汽车加油加气加氢站的防火间距要求；

⑥石油天然气、化工、酒厂、纺织、钢铁、冶金、煤化工和电厂等工程的专项防火标准或专项工程建设标准，也有防火间距的特定要求。

（2）在一些工业建（构）筑物中，除总平面布置的防火间距要求外，还规定了人、设备、建（构）筑物的允许安全辐射热强度要求，需经计算确定。比如，在《石油化工企业设计防火标准（2018年版）》GB 50160—2008、《煤化工工程设计防火标准》GB 51428—2021、《天然气液化工厂设计标准》GB 51261—2019等标准中，高架火炬的安全间距除应满足规定要求外，尚应根据人或设备允许的安全辐射热强度经计算确定。

（3）本《通用规范》和相关标准未作规定者，应按照本条规定的性能要求（要点2）和消防救援需要确定。

3.1.3 甲、乙类物品运输车的汽车库、修车库、停车场与人员密集场所的防火间距不应小于50m，与其他民用建筑的防火间距不应小于25m；甲类物品运输车的汽车库、修车库、停车场与明火或散发火花地点的防火间距不应小于30m。

【要点解读】

本条规定了甲、乙类物品运输车的汽车库、修车库、停车场与其他建筑和场所之间的最小防火间距。本条主要对应于《汽车库、修车库、停车场设计防火规范》GB 50067—2014第4.2.5条，原条文中的"重要公共建筑"改为"人员密集场所"。有关明火或散发火花地点、人员密集场所等概念，可参见"附录1""附录7"。

（1）甲、乙类物品火灾危险性大，一旦遇明火或火花极易发生爆炸事故，造成重大人员伤亡和财产损失，有必要适当加大甲、乙类物品运输车的汽车库、修车库、停车场与其他建筑和场所之间的防火间距。本条规定是依据火灾实例，参照甲类厂房与其他建筑的防火间距确定。

（2）甲、乙类物品运输车的汽车库、修车库之间，与其他建筑之间，以及其他汽车库、修车库与非汽车库、修车库建筑的防火间距，可以按照现行国家标准《汽车库、修车库、停车场设计防火规范》GB 50067 的规定确定。

3.2 工业建筑

3.2.1 甲类厂房与人员密集场所的防火间距不应小于 50m，与明火或散发火花地点的防火间距不应小于 30m。

【要点解读】

本条规定了甲类厂房与人员密集场所、明火或散发火花地点的最小防火间距。本条主要对应于《建筑设计防火规范（2018 年版）》GB 50016—2014 第 3.4.2 条，原条文中的"重要公共建筑"改为"人员密集场所"。

甲类厂房的火灾危险性大，通常具有爆燃爆炸特征，与人员密集场所的防火间距不应小于 50m；甲类物质极易被引燃，且甲类厂房难免存在甲类物质的挥发和散逸，要求与明火或散发火花地点的防火间距不应小于 30m。

依据《重大火灾隐患判定方法》GB 35181—2017 规定，符合以下条件的，应直接判定为重大火灾隐患：生产、储存、经营易燃易爆危险品的场所与人员密集场所、居住场所设置在同一建筑物内，或与人员密集场所、居住场所的防火间距小于国家工程建设消防技术标准规定值的 75%。

甲类厂房涉及行业较多，相关专业标准有更高要求者，应予执行。

3.2.2 甲类仓库与高层民用建筑和设置人员密集场所的民用建筑的防火间距不应小于 50m，甲类仓库之间的防火间距不应小于 20m。

【要点解读】

本条规定了甲类仓库之间、甲类仓库与高层民用建筑和设置人员密集场所的其他民用建筑的最小防火间距。本条主要对应于《建筑设计防火规范（2018 年版）》GB 50016—2014 第 3.5.1 条，原条文的"重要公共建筑"改为"设置人员密集场所的民用建筑"；甲类仓库之间的防火间距不应小于 20m，不再按照储存物品的分项和储存量进行调整。除本条规定外，甲类仓库与其他建（构）筑物的防火间距，可依现行国家标准《建筑设计防火规范》GB 50016 及相关专业标准规定。

（1）设置人员密集场所的民用建筑，包括人员密集场所，也包括人员密集场所与其他建筑合建的建筑，比如旅馆、商店等人员密集场所与办公、住宅等非人员密集场所合建的建筑等。

（2）对于非人员密集场所建筑中附设的人员密集的场所，当仅供自用且面积有限时，可不列入设置人员密集场所的民用建筑。比如，办公建筑中附设自用的会议室，虽然会议室属于人员密集的场所，但整体建筑仍属于办公建筑，并不属于设置人员密集场所的建筑。

（3）有关设置人员密集场所的建筑与人员密集场所的区别，参见"附录7"。

3.2.3　除乙类第5项、第6项物品仓库外，乙类仓库与高层民用建筑和设置人员密集场所的其他民用建筑的防火间距不应小于50m。

【要点解读】

本条规定了乙类仓库与高层民用建筑和设置人员密集场所的其他民用建筑的最小防火间距。本条主要对应于《建筑设计防火规范（2018年版）》GB 50016—2014 第3.5.2条，原条文的"重要公共建筑"改为"设置人员密集场所的民用建筑"。

（1）乙类仓库第5项为助燃气体；乙类仓库第6项为常温下与空气接触能缓慢氧化，积热不散引起自燃的物品，通常不会引发爆炸。这两项以外的其他乙类物品仓库，多具有爆燃爆炸风险，与甲类物品相当，与高层民用建筑和设置人员密集场所的其他民用建筑的防火间距不应小于50m。

乙类第5项、第6项物品仓库与高层民用建筑和设置人员密集场所的其他民用建筑的防火间距，可依据现行国家标准《建筑设计防火规范》GB 50016 确定。

（2）除本条规定外，乙类仓库之间及乙类仓库与其他建（构）筑物的防火间距，可依现行国家标准《建筑设计防火规范》GB 50016 及相关专业标准规定。

3.2.4　飞机库与甲类仓库的防火间距不应小于20m。飞机库与喷漆机库贴邻建造时，应采用防火墙分隔。

【要点解读】

本条规定了飞机库与甲类仓库的最小防火间距。本条主要对应于《飞机库设计防火规范》GB 50284—2008 第4.2.2条、《飞机喷漆机库设计规范》GB 50671—2011 第5.1.3条。

要点1：飞机库与甲类仓库的防火间距不应小于20m。

飞机库是用于停放和维修飞机的建筑物。飞机库的火灾风险主要包括燃油火灾、氧气系统火灾、清洗飞机座舱火灾、电气系统火灾等，航空煤油的闪点大多低于60℃，因此飞机库的火灾危险性与乙类厂房相当。

飞机库与甲类仓库的防火间距不应小于20m，与其他建筑物的防火间距，可依据《飞机库设计防火规范》GB 50284—2008 第4.2节确定，该规范未规定的防火间距，可根据现行国家标准《建筑设计防火规范》GB 50016 的有关规定参考乙类厂房确定。

要点2：飞机库与喷漆机库贴邻建造时，应采用防火墙分隔。

（1）飞机喷漆机库是用于飞机整机或飞机主要部件如机翼，垂直尾翼、水平尾翼、机身段等喷漆、退漆的建筑物。飞机库喷漆机库的火灾危险性与甲类厂房相当，飞机喷漆机库的分类以及爆炸危险区域的划分，依据现行国家标准《飞机喷漆机库设计规范》GB 50671 确定。

（2）飞机喷漆机库宜独立建造，与飞机库之间应保持不小于15m的防火间距；当飞机库与喷漆机库合建时，应采用防火墙分隔，且飞机喷漆机库应靠端部设置，以降低对飞机库的影响。防火墙上的门应采用甲级防火门，确有困难时可开设局部开口，开口部位设置耐火极限不低于3.00h的防火卷帘，防火卷帘应符合本《通用规范》第6.4.8条及现行国家标准《建筑设计防火规范》GB 50016 的规定。

飞机喷漆机库与其他建筑物之间的防火间距应符合《飞机喷漆机库设计规范》GB 50671—2011 第5.1节规定，该规范未规定的防火间距，可根据现行国家标准《建筑设计防火规范》GB 50016 的有关规定参考甲类厂房确定。

3.3 民用建筑

3.3.1 除裙房与相邻建筑的防火间距可按单、多层建筑确定外，建筑高度大于100m的民用建筑与相邻建筑的防火间距应符合下列规定：

　　1　与高层民用建筑的防火间距不应小于13m；

　　2　与一、二级耐火等级单、多层民用建筑的防火间距不应小于9m；

　　3　与三级耐火等级单、多层民用建筑的防火间距不应小于11m；

　　4　与四级耐火等级单、多层民用建筑和木结构民用建筑的防火间距不应小于14m。

【要点解读】

本条规定了建筑高度大于100m的民用建筑与相邻民用建筑之间的最小防火间距。本条主要对应于《建筑设计防火规范（2018年版）》GB 50016—2014 第5.2.2条、第5.2.6条。

要点1：建筑高度大于100m的民用建筑，与相邻建（构）筑物的防火间距，即使符合相关标准中允许减小的条件，仍不应减小。

对于建筑高度大于100m的民用建筑，由于灭火救援和人员疏散均需要建筑周边有相对开阔的场地，因此，建筑高度大于100m的民用建筑与相邻建（构）筑物的防火间距，即使相邻建筑之间采取设置防火墙等允许减小防火间距的措施，也不能减小。本规定同样适用于工业建筑、汽车库、修车库、停车场等建（构）筑物及场所，比如，建筑高度大于100m的民用建筑与相邻建（构）筑物的防火间距，即使符合《建筑设计防火规范（2018年版）》GB 50016—2014第3.4.5条、第3.5.3条、第4.2.1条和第5.2.2条；《汽车库、修车库、停车场设计防火规范》GB 50067—2014第4.2.2条、第4.2.3条等允许减小的条件，仍不应减小。

要点2：确定高层建筑防火间距时，裙房可视为单、多层建筑。

建筑物之间的防火间距应按相邻建筑外墙的最近水平距离计算，对于高层建筑的裙房，裙房与相邻建筑的防火间距，可按单、多层建筑与其他建筑的防火间距确定。同时，高层建筑主体与其他建筑之间，同样应满足防火间距要求。由本条规定和《建筑设计防火规范（2018年版）》GB 50016—2014第5.2.2条可知，在示例【图示】中，L_1不应小于6m，L_2不应小于9m，L_3不应小于13m。

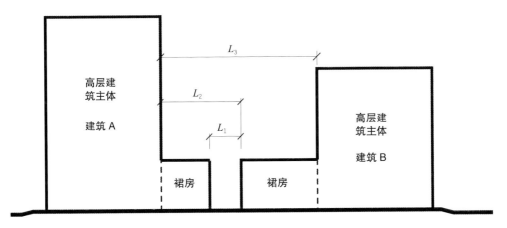

3.3.1–图示　建筑物之间的防火间距应按相邻建筑外墙的最近水平距离计算

3.3.2　相邻两座通过连廊、天桥或下部建筑物等连接的建筑，防火间距应按照两座独立建筑确定。

【要点解读】

本条规定了相邻两座通过连廊、天桥或下部建筑物连接的建筑的防火间距确定原则。本条主要对应于《建筑设计防火规范（2018年版）》GB 50016—2014第5.2.2条第6款。

天桥和连廊是指连接不同建筑物，主要供人员通行的架空桥。天桥和连廊的区别主要是封闭性不一样，连廊的两侧和顶部都有围护结构，天桥通常为敞开结构，天桥可以设置挡雨的顶棚，但两侧通常敞开。

（1）对于通过连廊、天桥或下部建筑物等连接的建筑物，需将该相邻建筑视为不同的建筑来确定防火间距。本条规定中的"下部建筑物"，主要指如高层建筑通过裙房连成一体的多座高层建筑主体的情形，在这种情况下，尽管在下部的建筑是一体的，但上部建筑之间的防火间距，仍需按两座不同建筑的要求确定。也就是说，本条规定的通过连廊、天桥或下部建筑物等连接的两座建筑，可以是两座独立的建筑【图示1】，也可以是同一座建筑的不同主体【图示2】【图示3】。

在【图示1】【图示2】【图示3】中，相邻主体的防火间距（L），需视为两座相邻的不同建筑，根据其建筑高度、耐火等级确定。

（2）对于回字形、U型、L型建筑等，两个不同防火分区的相对外墙之间也要有一定的间距，一般不小于6m，以防止火灾蔓延到不同分区内。

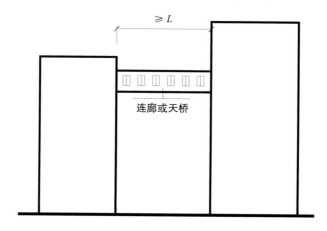

3.3.2– 图示 1　通过连廊或天桥连接的建筑

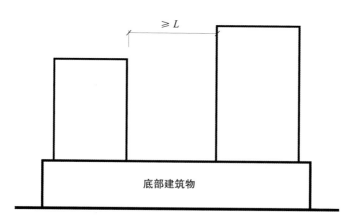

3.3.2– 图示 2　通过底部建筑物连接的建筑

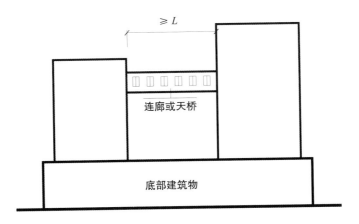

3.3.2– 图示 3　通用连廊（天桥）和底部建筑物连接的建筑

3.4　消防车道与消防车登高操作场地

3.4.1　工业与民用建筑周围、工厂厂区内、仓库库区内、城市轨道交通的车辆基地内、其他地下工程的地面出入口附近，均应设置可通行消防车并与外部公路或街道连通的道路。

【要点解读】

本条规定了工业建筑、民用建筑、城市轨道交通和地下工程等设置消防车道的基本要求。

任何一座建筑，包括可能需要灭火救援的构筑物，均应提供消防车接近并展开消防救援的场地条件。供消防车通行或扑救的道路或场地，可以利用符合条件的城镇市政道路，厂区、库区和乡村内的其他道路，以及公共用地等。

（1）城镇消防车道的规划原则。

《建筑设计防火规范（2018 年版）》GB 50016—2014 第 7.1.1 条规定："街区内的道路应考虑消防车的通行，道路中心线间的距离不宜大于 160m。当建筑物沿街道部分的长度大于 150m 或总长度大于 220m 时，应设置穿过建筑物的消防车道。确有困难时，应设置环形消防车道。"本条规定允许道路中心线间的距离不大于 160m，主要是考虑市政消火栓的保护半径在 150m 左右，在没有围墙等阻挡的情况下，消防车可通过消防水带接力的方式对小规模单、多层建筑进行灭火救援，对于较大规模的建筑物和设置围墙等围护设施的小区，应增设消防车道。

（2）民用建筑消防车道。

本《通用规范》第 3.4.3 条，《建筑设计防火规范（2018 年版）》GB 50016—

2014 第 7.1.2 条、第 7.1.4 条等，明确了民用建筑消防车道设置的基本要求。

在部分专业标准中，也有消防车道的特定要求，比如：《民用机场航站楼设计防火规范》GB 51236—2017 第 3.1.4 条；《体育建筑设计规范》JGJ 31—2003 第 3.0.5 条；《广播电影电视建筑设计防火标准》GY 5067—2017 第 4.1.2 条；《博物馆建筑设计规范》JGJ 66—2015 第 3.2.2 条；《商店建筑设计规范》JGJ 48—2014 第 3.2.2 条、第 3.3.3 条；《剧场建筑设计规范》JGJ 57—2016 第 3.2.3 条；《防灾避难场所设计规范（2021 年版）》GB 51143—2015 第 5.5.4 条；《灾区过渡安置点防火标准》GB 51324—2019 第 5.2.2 条。

（3）工业建（构）筑物消防车道。

工厂厂区内、仓库库区内应设置可通行消防车并与外部公路或街道连通的道路。

本《通用规范》第 3.4.2 条，《建筑设计防火规范（2018 年版）》GB 50016—2014 第 7.1.3 条、第 7.1.6 条等，明确了工业建（构）筑物消防车道设置的基本要求。

在部分专业标准中，也有消防车道的特定要求，比如，《石油天然气工程设计防火规范》GB 50183—2004 第 6.5.15 条、第 6.6.2 条；《石油化工企业设计防火标准（2018 年版）》GB 50160—2008 第 4.3 节、第 5.2.10 条；《石油库设计规范》GB 50074—2014 第 5.2 节；《液化石油气供应工程设计规范》GB 51142—2015 第 5.2.5 条；《精细化工企业工程设计防火标准》GB 51283—2020 第 4.3.3 条；《城镇燃气设计规范（2020 年版）》GB 50028—2006 第 9.2.8 条；《火力发电厂与变电站设计防火标准》GB 50229—2019 第 4.0.3 条、第 11.1.11 条；《冷库设计标准》GB 50072—2021 第 4.1.6 条、第 4.1.8 条；《物流建筑设计规范》GB 51157—2016 第 15.5.4 条；《酒厂设计防火规范》GB 50694—2011 第 4.1.1 条、第 4.3.3 条；《纺织工程设计防火规范》GB 50565—2010 第 4.3 节；《医药工业洁净厂房设计标准》GB 50457—2019 第 4.2.7 条；《储罐区防火堤设计规范》GB 50351—2014 第 3.2.4 条；《飞机库设计防火规范》GB 50284—2008 第 4.3 节；《铁路工程设计防火规范》TB 10063—2016 第五章；《水电工程设计防火规范》GB 50872—2014 第 4.0.1 条、第 4.0.10 条；《钢铁冶金企业设计防火标准》GB 50414—2018 第 6.5.5 条；《压缩天然气供应站设计规范》GB 51102—2016 第 5.1.8 条；《风电场设计防火规范》NB 31089—2016 第 5.1.27 条；《煤化工工程设计防火标准》GB 51428—2021 第 4.3 节、第 7.2.17 条；《小型火力发电厂设计规范》GB 50049—2011 第 6.2.11 条；《核电厂防火设计规范》GB/T 22158—2021 第 5.2 节；《核电厂常规岛设计防火规范》GB 50745—2012 第 4.0.6 条、第 4.0.7 条；《光伏发电站设计规范》GB 50797—2012 第 14.1.7 条；《洁净厂房设计规范》GB 50073—2013 第 4.1.4 条；《电子工业洁净厂房设计规范》GB 50472—2008 第 4.1.7 条；《水利工程设计防火规范》GB 50987—2014 第 4.2.3 条；《小型水力发电站设计规范》GB 50071—2014 第 9.0.2 条。

（4）城市轨道交通消防车道。

根据《城市公共交通分类标准》CJJ/T 114—2007 规定，城市轨道交通分为地铁系统、轻轨系统、单轨系统、有轨电车、磁浮系统、自动导向轨道系统、市域快速轨道系统七个类别。

城市轨道交通的消防车道要求，除本《通用规范》和现行国家标准《建筑设计防火规范》GB 50016 的要求外，尚应符合专业标准要求，比如，《地铁设计防火标准》GB 51298—2018 第 3.1.1 条、第 3.2.1 条、第 3.3.3 条、第 3.3.4 条；《地铁设计规范》GB 50157—2013 第 28.2.14 条；《轻轨交通设计标准》GB/T 51263—2017 第 17.2.15 条、第 18.2.2 条、第 18.2.3 条。

（5）其他工程。

对于其他工程，除本《通用规范》和现行国家标准《建筑设计防火规范》GB 50016 的要求外，尚应符合相关专业标准要求，比如现行标准《人民防空工程设计防火规范》GB 50098；《汽车库、修车库、停车场设计防火规范》GB 50067；《防灾避难场所设计规范》GB 51143；《铁路工程设计防火规范》TB 10063；《铁路隧道防灾疏散救援工程设计规范》TB 10020；《铁路车站及枢纽设计规范》GB 50091；《农村防火规范》GB 50039。

3.4.2 下列建筑应至少沿建筑的两条长边设置消防车道：

1 高层厂房，占地面积大于 3000m² 的单、多层甲、乙、丙类厂房；

2 占地面积大于 1500m² 的乙、丙类仓库；

3 飞机库。

【要点解读】

本条规定了工业建筑中应至少沿建筑的两条长边设置消防车道的建筑范围。本条主要对应于《建筑设计防火规范（2018 年版）》GB 50016—2014 第 7.1.3 条、《飞机库设计防火规范》GB 50284—2008 第 4.3.1 条。

对于高层建筑和较大型的单、多层民用建筑和甲、乙、丙类工业建筑，往往一次火灾延续时间较长，消防灭火用水量大，消防车辆投入较多，这类建筑的平面布局和消防车道设计要考虑保证消防车通行和调度的需要，因此要求至少沿建筑的两条长边设置消防车道。

（1）本条规定为控制性底线要求，实际应用中，尚应关注相关标准的规定，尽量设置环形消防车道，环形消防车道可为消防车转场提供更为方便的条件，有利灭火救援。示例：

①《建筑设计防火规范（2018 年版）》GB 50016—2014 第 7.1.3 条规定，高层厂房，占地面积大于 3000m² 的甲、乙、丙类厂房和占地面积大于 1500m² 的乙、丙类仓库，应设置环形消防车道，确有困难时，应沿建筑物的两个长边设置消防车道。

②《飞机库设计防火规范》GB 50284—2008 第 4.3.1 条规定，飞机库周围应设环形消防车道，Ⅲ类飞机库可沿飞机库的两个长边设置消防车道；第 4.3.2 条规定，飞机库的长边长度大于 220.0m 时，应设置进出飞机停放和维修区的消防车出入口，消防车道出入飞机库的门净宽度不应小于车宽加 1.0m，门净高度不应低于车高加 0.5m，且门的净宽度和净高度均不应小于 4.5m。

③《飞机喷漆机库设计规范》GB 50671—2011 第 5.1.4 条规定，Ⅰ、Ⅱ类飞机喷漆机库周围应设环形消防车道，当Ⅲ类飞机喷漆机库设置环形消防车道有困难时，应沿飞机喷漆机库的两个长边设置消防车道。消防车道的设置应符合现行国家标准《飞机库设计防火规范》GB 50284 的有关规定。当设置尽头式消防车道时，应设置回车场。

④《火力发电厂与变电站设计防火标准》GB 50229—2019 第 4.0.3 条规定，主厂房、点火油罐区、液氨区及贮煤场周围应设置环形消防车道，其他重点防火区域周围宜设置消防车道。对单机容量为 30MW 及以上的机组，在炉后与除尘器之间应设置单车车道。消防车道可利用交通道路。当山区及扩建燃煤电厂的主厂房、点火油罐区、液氨区及贮煤场周围设置环形消防车道有困难时，可沿长边设置尽端式消防车道，并应设回车道或回车场。

（2）为确保救援车辆能从不同方向进入，当沿建筑的两条长边设置消防车道时，两条消防车道均应与其他车道连通【3.4.3-图示2】；当设置环形消防车道时，环形消防车道至少应有两处与其他车道连通【3.4.3-图示3】。

3.4.3 除受环境地理条件限制只能设置 1 条消防车道的公共建筑外，其他高层公共建筑和占地面积大于 3000m² 的其他单、多层公共建筑应至少沿建筑的两条长边设置消防车道。住宅建筑应至少沿建筑的一条长边设置消防车道。当建筑仅设置 1 条消防车道时，该消防车道应位于建筑的消防车登高操作场地一侧。

【要点解读】

本条规定了民用建筑中应至少沿建筑的两条长边设置消防车道的建筑范围以及设置 1 条消防车道的条件。本条主要对应于《建筑设计防火规范（2018 年版）》GB 50016—2014 第 7.1.2 条。

（1）本条所述的"受环境地理条件限制"的情形，主要是针对山坡地或河道边临空建造的情形。

（2）本条规定为控制性底线要求，实际应用中，尚应关注相关标准的规定，尽量设置环形消防车道。示例：

①《建筑设计防火规范（2018 年版）》GB 50016—2014 第 7.1.2 条规定，高层民用建筑，超过 3000 个座位的体育馆，超过 2000 个座位的会堂，占地面积大于 3000m² 的商店建筑、展览建筑等单、多层公共建筑应设置环形消防车道，确有困难时，可沿建筑的两个长边设置消防车道；对于住宅建筑和山坡地或河道边临空建造的高层民用建筑，可沿建筑的一个长边设置消防车道，但该长边所在建筑立面应为消防车登高操作面。

②《体育建筑设计规范》JGJ 31—2003 第 3.0.5 条规定，体育建筑周围消防车道应环通。

③《博物馆建筑设计规范》JGJ 66—2015 第 3.2.2 条规定，藏品保存场所的建筑物宜设环形消防车道。

（3）为确保救援车辆能从不同方向进入，对于本条中受环境地理条件限制只能设置 1 条消防车道的建筑，消防车道的两头均应与其他车道连通【图示 1】；当沿建筑的两条长边设置消防车道时，两条消防车道均应与其他车道连通【图示 2】；当设置环形消防车道时，环形消防车道至少应有两处与其他车道连通【图示 3】。

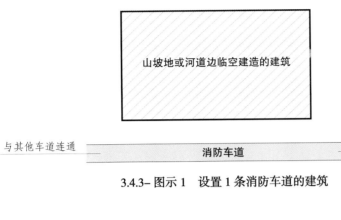

3.4.3- 图示 1　设置 1 条消防车道的建筑

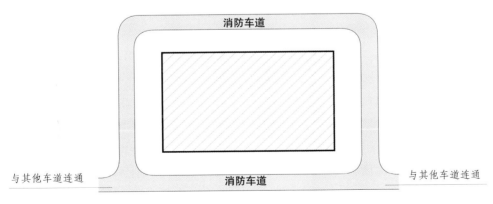

3.4.3- 图示 2　沿建筑两条长边设置消防车道的建筑

3.4.3- 图示 3　设置环形消防车道的建筑

3.4.4 供消防车取水的天然水源和消防水池应设置消防车道，天然水源和消防水池的最低水位应满足消防车可靠取水的要求。

【要点解读】

本条规定了保障消防车从消防水源取水的基本要求。本条主要对应于《建筑设计防火规范（2018 年版）》GB 50016—2014 第 7.1.7 条。

常见的消防水源，主要有市政给水、消防水池、天然水源等，天然水源包括江河湖泊、水渠、水库、水塘、水井等，满足条件的水景池和游泳池等也可作为备用消防水源，备用消防水源也应满足本条规定。

要点 1：供消防车取水的市政给水设施、天然水源和消防水池应设置消防车道，应设置便于消防车接近并安全取水的道路和场地。

（1）供消防车取水的天然水源和消防水池应设置消防车道，消防车道的边缘距离取水点不宜大于2m【图示】，具体要求，尚应根据取水高度和吸水管路损失等情况确定。

（2）取水口（井）的设置要求，与液化石油气储罐和甲、乙、丙类液体储罐以及甲、乙类建（构）筑物的距离等，应依现行国家标准《消防给水及消火栓系统技术规范》GB 50974 及相关标准确定。

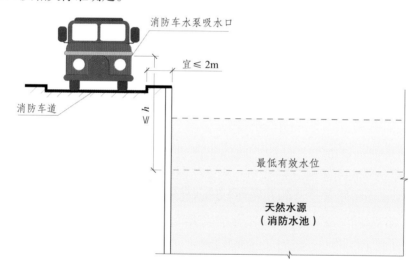

3.4.4– 图示　消防车取水高度示意图

要点 2：天然水源和消防水池的最低水位应满足消防车可靠取水的要求。

（1）消防车主要装备离心式水泵（离心泵），离心泵是依靠叶轮高速旋转时产生的离心力把能量传递给液体，叶轮出口液流方向基本与泵轴垂直的回转动力式泵。消防车取水的最大吸水高度应满足消防车可靠吸水的要求，应保证不会有汽蚀现象产生。最大吸水高度需根据大气压、必需汽蚀余量、最高工作环境温度下水的饱和蒸汽压，结合管路损失等参数计算。

（2）天然水源和消防水池的最低有效水位应满足消防车可靠取水的要求，【图示】中，h 取值应按以下原则确定：

①大气压力不小于 10m 水柱的地区，消防车水泵吸水口的最大吸水高度（h）可按 6m 取值；

②大气压力小于 10m 水柱的地区，消防车水泵吸水口的最大吸水高度（h）≈大气压（m 水柱）−4.0m，具体宜经计算确定。

3.4.5　消防车道或兼作消防车道的道路应符合下列规定：

1　道路的净宽度和净空高度应满足消防车安全、快速通行的要求；

2　转弯半径应满足消防车转弯的要求；

3　路面及其下面的建筑结构、管道、管沟等，应满足承受消防车满载时压力的要求；

4　坡度应满足消防车满载时正常通行的要求，且不应大于 10%，兼作消防救援场地的消防车道，坡度尚应满足消防车停靠和消防救援作业的要求；

5　消防车道与建筑外墙的水平距离应满足消防车安全通行的要求，位于建筑消防扑救面一侧兼作消防救援场地的消防车道应满足消防救援作业的要求；

6　长度大于 40m 的尽头式消防车道应设置满足消防车回转要求的场地或道路；

7　消防车道与建筑消防扑救面之间不应有妨碍消防车操作的障碍物，不应有影响消防车安全作业的架空高压电线。

【要点解读】

本条规定了消防车道的基本性能要求。本条应结合《建筑设计防火规范（2018 年版）》GB 50016—2014 第 7.1.8 条、第 7.1.9 条执行。

要点 1：道路的净宽度和净空高度应满足消防车安全、快速通行的要求。

（1）消防车道的净宽度和净空高度均不应小于 4.0m。

《消防车 第 1 部分：通用技术条件》GB 7956.1—2014 明确了消防车的外廓尺寸要求，通常情况下，消防车宽度不会大于 2.5m，高度不会大于 4.0m。为保证消防车道满足消防车通行和扑救建筑火灾的需要，根据现役消防车辆的外形尺寸，按照单车道并考虑消防车快速通行的需要，《建筑设计防火规范（2018 年版）》GB 50016—2014 第 7.1.8 条规定，车道的净宽度和净空高度均不应小于 4.0m。

（2）对于需要通行特种消防车辆的建筑物、道路、桥梁，还应根据通行消防车的实际情况加大消防车道的净宽度与净空高度，比如：

①《建筑高度大于 250 米民用建筑防火设计加强性技术要求》（公消〔2018〕57 号）第十条规定，建筑周围消防车道的净宽度和净空高度均不应小于 4.5m；

②《民用机场航站楼设计防火规范》GB 51236—2017 第 3.1.5 条规定，航站楼消防车道的净宽度和净空高度均不宜小于 4.5m，消防车道的转弯半径不宜小于 9.0m；

③《石油化工企业设计防火标准（2018 年版）》GB 50160—2008 第 4.3.4 条规定，

消防车道的路面宽度不应小于6m，路面内缘转弯半径不宜小于12m，路面上净空高度不应低于5m；

④《飞机库设计防火规范》GB 50284—2008第4.3.3条规定，消防车道的净宽度不应小于6.0m，消防车道边线距飞机库外墙不宜小于5.0m，消防车道上空4.5m以下范围内不应有障碍物。

要点2：消防车道转弯半径应满足消防车转弯的要求。

消防车道最小转弯半径，是能够保持消防车辆正常行驶与转弯状态下的弯道内侧道路边缘处半径【图示1】，消防车道最小转弯半径应满足消防车转弯的要求。

消防车道转弯半径可按消防车最小转弯半径取值，确有困难时，可参照现行标准《车库建筑设计规范》JGJ 100有关机动车库环形车道最小内半径的计算方法，结合两侧障碍物（如花池、挡土墙等）、道路宽度等条件确定。

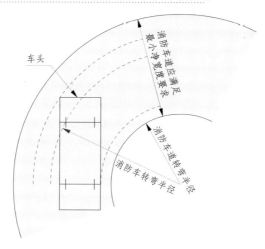

3.4.5- 图示1 消防车道转弯半径、消防车转弯半径示意图

（1）机动车车库环形车道最小内半径（r_0）。

机动车库内机动车环形车道的最小尺寸应按照不同车型的技术参数计算确定。依据《车库建筑设计规范》JGJ 100—2015第4.1.4条规定，机动车的环形车道最小内半径（r_0）的尺寸可参考下列公式计算【图示2】：

$$W = R_0 - r_0 \quad\quad （3.4.5-1）$$

$$R_0 = R + x \quad\quad （3.4.5-2）$$

$$r_0 = r - y \quad\quad （3.4.5-3）$$

$$R = \sqrt{(L+d)^2 + (r+b)^2} \quad\quad （3.4.5-4）$$

$$r = \sqrt{r_1^2 - L^2} - \frac{b+n}{2} \quad\quad （3.4.5-5）$$

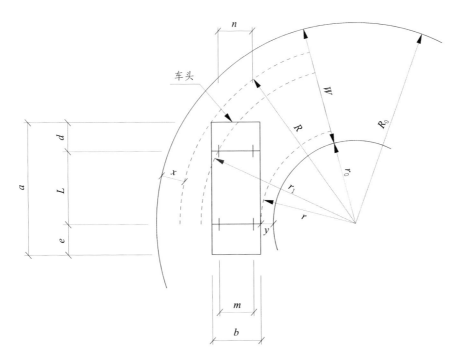

3.4.5– 图示 2 机动车环形车道平面图

式中：a——机动车长度（注 1）；

   b——机动车宽度（注 1）；

   d——前悬尺寸；

   e——后悬尺寸；

   L——轴距；

   m——后轮距；

   n——前轮距；

   r_1——机动车最小转弯半径（注 2）；

   R_0——环形车道外半径（注 3）；

   r_0——环形车道内半径（注 4）；

   R——机动车环行外半径（注 5）；

   r——机动车环行内半径（注 6）；

   W——环形车道最小净宽（参见要点 1）；

   x——机动车环行时最外点至环道外边安全距离，宜大于或等于 250mm，当两侧
      为连续障碍物时宜大于或等于 500mm；

   y——机动车环行时最内点至环道内边安全距离，宜大于或等于 250mm，当两侧
      为连续障碍物时宜大于或等于 500mm。

   注：1 机动车长度（a）和机动车宽度（b）可参照《消防车 第 1 部分：通用技术条件》

GB 7956.1—2014 第 5.1.3.2 条的消防车外廓尺寸取值。

2 机动车最小转弯半径（r_1），是指机动车回转时，当转向盘转到极限位置，机动车以最低稳定车速转向行驶时，外侧转向轮的中心平面在支承平面上滚过的轨迹圆半径。机动车最小转弯半径表示机动车能够通过狭窄弯曲地带或绕过不可越过的障碍物的能力。普通消防车的最小转弯半径（r_1）不小于 9.0m，举高消防车的最小转弯半径（r_1）不小于 12.0m。

3 环形车道外半径（R_0），是以回转圆心为参考点，机动车回转时其外侧最远端循圆曲线行走的轨迹半径加上机动车最远端至环形车道外边的安全距离。

4 环形车道内半径（r_0），是以回转圆心为参考点，机动车回转时其内侧最近端循圆曲线行走的轨迹半径减去机动车最近端至环形车道外边的安全距离。

5 机动车环行外半径（R），是以回转圆心为参考点，机动车回转时其外侧最远端循圆曲线行走轨迹的半径。

6 机动车环形内半径（r），是以回转圆心为参考点，机动车回转时其内侧最近端循圆曲线行走轨迹的半径。

（2）车库内消防车环形车道最小内半径（r_0）。

消防车属于机动车辆，可参照第（1）款要求，根据当地可能出动的消防车辆参数（车型尺寸、最小转弯半径等），依据现行标准《车库建筑设计规范》JGJ 100、《建筑设计防火规范》GB 50016 等规定计算车库内供消防车通行的环形车道最小内半径（r_0），该半径可满足消防车低速行驶要求。

（3）消防车道转弯半径的确定原则。

结合式（3.4.5-3）和式（3.4.5-5）可知，环形车道最小内半径（r_0）小于机动车最小转弯半径（r_1）。

消防车道转弯半径应能够保证消防车辆的正常行驶和转弯，需考虑车速、天气、火灾现场环境等诸多不利因素的影响，因此不能直接采用车库内环形车道最小内半径（r_0）。通常情况下，消防车道转弯半径可按消防车最小转弯半径取值：通行普通消防车的消防车道转弯半径不宜小于 9.0m，通行举高消防车的消防车道转弯半径不宜小于 12.0m，在一些需要通行特种消防车辆的场所，尚应满足特种消防车辆的最小转弯半径要求。确有困难时，可参照第（2）款所述的环形车道最小内半径（r_0），结合两侧障碍物（如花池、挡土墙等）、道路宽度等条件确定消防车道转弯半径，确保消防车辆正常行驶的安全性。

要点 3：消防车道路面及其下面的建筑结构、管道、管沟等，应满足承受消防车满载时压力的要求。

消防车道的路面、救援操作场地，消防车道和救援操作场地下面的结构、管道和暗沟等，应能承受消防车通行、驻停、登高操作时的压力。特别是，有些情况需要利用裙房屋顶或高架桥等作为消防车通行或灭火救援的场地时，更要认真核算相应的设计承载力。

消防车道需要考虑消防车行驶中的轮压要求，理论上，可以根据消防车道可能通过的最大载重消防车的轴荷和轮胎承压面积，结合动力系数，计算出消防车行驶中的最大轮压。以 30t 消防车（满载）为例，最大轮压约为 650kPa，约计 6.5kg/cm²。现实应用中，消防车型日益丰富，不再有单一的重型、中型和轻型区分，根据消防车相关资料，78m 登高平台消防车总重约为 50t，101m 登高平台消防车总重约为 62t。

考虑救援出车的随机性，尤其是未来可能配置更大吨位和救援能力的消防车。因此，消防车道的承载力要求，宜以消防车可能作用在地面的最大轮压为准，以消防车产品标准允许的轴荷为依据，来确定消防车道承载力，是较为合理的方案。根据《消防车 第 1 部分：通用技术条件》GB 7956.1—2014 有关消防车轴荷要求，依据《建筑结构荷载规范》GB 50009—2012 等标准规定可知，目前重型消防车的最大轮压可能接近 10kg/cm²。因此，要求消防车道的路面、救援操作场地，消防车道和救援操作场地下面的结构、管道和暗沟等场地的承载力不宜小于 10kg/cm²；当进驻的举高消防车的最大工作高度可能超过 70m 时，应能满足不小于 70t 的举高消防车驻停和支腿工作。

要点 4：坡度的概念及表示方法。

建筑工程中，通常用坡度表述地面、屋面、楼面、设备（平台）表面以及各类管道、沟渠等的陡缓程度，坡度的表示方法，主要有百分比法和度数法。

（1）百分比法。

百分比法是最常用的坡度表示方法，百分比坡度（i）以坡面的垂直高度（H）和水平方向的距离（L）的比值表示。在【图示 3】的坡道路面中，坡度计算公式如下：

$$坡度（i）=（H/L）×100\%$$

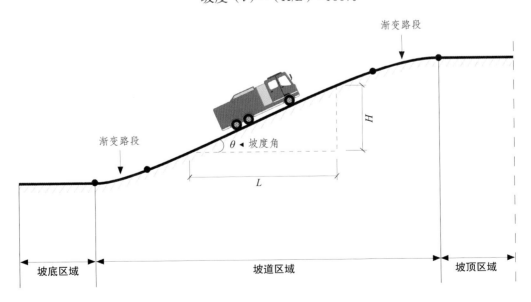

3.4.5– 图示 3　车道坡度示意图

（2）度数法。

度数法用坡面与水平面之间的夹角度数（坡度角）表示，单位是度（°），在【图示3】中，坡面与水平面之间的坡度角为θ。

（3）百分比法与度数法的转换公式。

坡度角θ与百分比坡度的转换公式为：

$$百分比坡度（i）=\tan\theta\times100\%=（H/L）\times100\%$$

（4）百分比法与度数法的换算示例。

①消防车道的坡度不宜大于8%，对应的坡度角为4.57°；

②消防车登高操作场地：坡度不宜大于3%，坡地等特殊情况，允许采用5%的坡度，对应的坡度角分别为1.72°和2.86°。

要点5：消防车道坡度应满足消防车满载时正常通行的要求，且不应大于10%，兼作消防救援场地的消防车道，坡度尚应满足消防车停靠和消防救援作业的要求。

本条规定的消防车道坡度，是指按相关标准要求设置的服务于特定建（构）筑物的消防车道，包括兼用于建（构）筑物消防车道的市政道路，厂区、库区道路和公共用地等；不包括建（构）筑物消防车道以外的仅供消防车通行的其他道路（市政道路等），对于仅供消防车通行的其他道路（市政道路等），坡度要求与常规机动车辆相当。

（1）消防车辆的"最大爬坡度"。

最大爬坡度是汽车在良好路面上，满载状态下所能通过的极限坡度，采用坡道垂直高度与水平距离的百分比表示（即百分比法，参见要点4）。

最大爬坡度是衡量汽车爬坡能力的关键指标，查询主流消防车辆的产品检测报告可知，消防车的最大爬坡度通常不会低于25%，也就是说，消防车的爬坡能力与常规机动车辆相当，正常的城镇路况，通常不会影响消防车辆通行。

（2）消防车道的坡度要求。

服务于建（构）筑物的消防车道，其爬坡度应考虑天气、实际路况以及应急救援等诸多因素影响，结合本条规定及《建筑设计防火规范（2018年版）》GB 50016—2014第7.1.8条可知，消防车道的坡度不宜大于8%，且不应大于10%。

需要说明的是，本规定的坡度是满足消防车安全行驶的坡度，实际应用中，消防车道也可作为消防车停靠和消防救援作业的场地，对于兼作消防救援场地的消防车道，坡度尚应满足消防车停靠和消防救援作业的要求，坡度不宜大于3%，对于坡地等特殊情况，允许采用5%。参见"3.4.7–要点3"。

要点6：消防车道与建筑外墙的水平距离应满足消防车安全通行的要求。

为防止建筑火灾掉落物对消防车的危害，消防车道靠建筑外墙一侧的边缘距离建筑外墙不宜小于5m。

要点7：位于建筑消防扑救面一侧兼作消防救援场地的消防车道应满足消防救援作业的要求，消防车道与建筑消防扑救面之间不应有妨碍消防车操作的障碍物，不应有影响消防车安全作业的架空高压电线。

除消防车登高操作场地外，也可利用消防车道对单、多层建筑和高层建筑的一定高度部位展开灭火救援（要点8），兼作消防救援场地的消防车道应满足消防救援作业的要求，应参照消防车登高操作场地确定消防车道与建筑外墙的水平距离，由"附录13- 要点8"可知，场地靠建筑外墙一侧的边缘距离建筑外墙不宜小于5m，且不应大于10m。

消防车道与建筑消防扑救面之间要保持足够的净空，不应有妨碍消防车操作的障碍物，不应有影响消防车安全作业的架空高压电线，具体要求参见"3.4.7- 要点1"。

要点8：兼作消防救援场地的消防车道。

在《建筑设计防火规范》GB 50016—2014 中，明确了消防车登高操作场地设置要求，由此引发一些误区，认为灭火救援仅可在消防车登高操作场地开展，忽略了消防车道作为灭火救援场地的必要性和功能要求。实际上，消防车道能在一定程度上满足灭火救援要求，是灭火救援场地的有效补充。

原则上，任何设置消防车道的建筑均应考虑消防车到场后展开应急救援的需要，用于消防救援的消防车道应满足消防救援作业要求，有效控制消防车道坡度以及与建筑外墙间距。

（1）消防车登高操作场地设置范围有限，不能完全满足建筑物的灭火救援要求，有必要通过建筑四周的消防车道开展灭火救援工作。尤其对于单、多层建筑，通常没有配套消防车登高操作场地，必须依靠消防车道开展灭火救援工作。

（2）消防车道能在一定程度上满足灭火救援要求，是灭火救援场地的有效补充。用于灭火救援的消防车，主要包括灭火类消防车和举高类消防车。

①消防车道可供灭火类消防车开展灭火救援工作。

灭火类消防车是指装备灭火装置，用于扑灭各类火灾的消防车，主要包括水罐消防车、供水消防车、泡沫消防车、干粉消防车等（参见"附录13- 要点1"），这类消防车没有举高功能，主要适应单、多层建筑和高层建筑较低部位的灭火作业。灭火类消防车通过轮胎支撑，可适应相对复杂的路面状况，可利用消防车道开展灭火救援工作。

②消防车道可以作为举高消防车的灭火救援场地，即使仅有4m净宽的消防车道，也能够作为部分举高消防车的灭火救援场地。

举高消防车装备举高臂架(梯架)、回转机构等部件，臂架(梯架)可举升到一定高度，用于高空灭火救援、输送物资及消防员。举高消防车需在支腿支撑下工作，对操作场地的大小和坡度均有较高要求，主要通过消防车登高操作场地开展灭火救援工作。实际上，很多举高消防车的支腿横向跨距仅为6m左右，且不少举高消防车可采用部分展开支腿的方式作业，个别举高消防车甚至不需展开支腿，实现原地举升，以满足消防车道等较窄场地的操作需求。因此，即使仅有4m净宽的消防车道，也能够作为部分举高消防车的灭火救援场地。

（3）在《建筑设计防火规范》GB 50016—2014 实施以前，并没有消防车登高操作场地的设置要求，主要通过消防车道进行灭火救援。事实证明，即使对于高层建筑，消防车道也能发挥较好的灭火救援作用。

要点9：长度大于40m的尽头式消防车道应设置满足消防车回转要求的场地或道路。

本规定为控制性底线要求，一般情况下，即使尽头式消防车道的长度（L）不大于40m，也宜设置回车场或回车道，回车场或回车道应设置在道路尽头。尽头式消防车道的长度（L），可参考【图示4】确定。

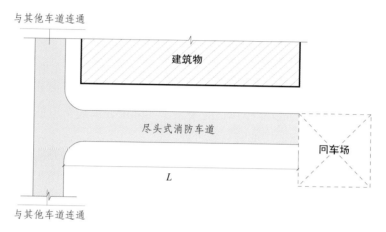

3.4.5- 图示4　尽头式消防车道

接入尽头式消防车道的主车道，两头均应与其他车道连通。

（1）当采用回车场时，回车场尺寸应满足消防车转弯的要求，依据《建筑设计防火规范（2018年版）》GB 50016—2014第7.1.9条规定，回车场尺寸（$L_1 \times L_2$）如下：用于普通消防车的回车场，$L_1 \times L_2$ 不应小于12m×12m；用于举高消防车的回车场，$L_1 \times L_2$ 不宜小于15m×15m；用于重型消防车辆的回车场，$L_1 \times L_2$ 不宜小于18m×18m【图示5】。

（2）当采用回车道时，环形车道的转弯半径应满足消防车转弯的要求。

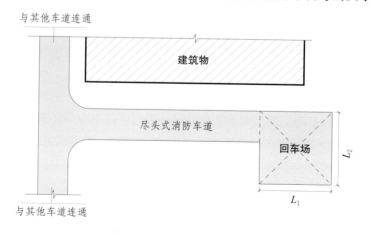

3.4.5- 图示5　尽头式消防车道及回车场

PAVLN·磐龍

全球智慧 行业标杆

磐龙安全技术有限公司，高新技术企业，专业从事全过程消防咨询、产品研发生产、设计施工总承包！

磐龙主要生产气体灭火、细水雾、储能灭火、探火管、干粉、泡沫、排油注氮、防火卷帘、厨房灭火等产品，完善稳定的功能和精致的产品外观，完全满足各类高标准场所的使用需求！

磐龙消防安全技术，不断引领行业进步！

全氟己酮(1230)灭火装置
Perfluorohexanone fire extinguishing device

中压细水雾灭火系统
Intermediate pressure water mist fire extinguishing system

悬挂式七氟丙烷灭火装置
Hanging HFC-227ea fire extinguishing equipment

IG541气体灭火系统
IG541 gas fire extinguishing system

IG100气体灭火系统
IG100 gas fire extinguishing system

高压二氧化碳气体灭火系统
High pressure CO_2 gas fire extinguishing system

机械泵入式比例混合装置
Coupled water-turbinedriven pump proportioning set

高压细水雾灭火系统
High pressure water mist fire extinguishing system

柜式七氟丙烷灭火装置
Cabinet HFC-227ea fire extinguishing equipment

探火管式灭火装置
Extinguishing equipment with fire detection tube

泡沫喷雾灭火装置
Foam-spray extinguishing equipments

厨房设备灭火装置
Fire extinguishing device for kitchen equipment

外贮压式七氟丙烷灭火系统
External storage pressure HFC-227ea fire extinguishing system

推车式细水雾灭火装置
Cart type water mist fire extinguishing device

管网式七氟丙烷灭火系统
HFC-227ea fire extinguishing system

超细干粉灭火装置
Superfine powder fire extinguishing equipment

防火卷帘
Fire resisting shutter

细水雾消火栓箱
Water mist fire hydrant box

磐龙安全技术有限公司
PAVLN Security Technology Ltd
WWW.PAVLN.COM 0731-85228888
手机:13297400000 / 18670080000

PAVLN · 磐龍

汇全球智慧，立行业标杆！

磐龙始终致力于消防安全技术，世界各地均可享受她的服务！

WWW.PAVLN.COM　WWW.1190119.COM　0731-85228888　13297400000

磐龙 · 消防资源网
产 品 技 术 中 心

为解决消防产品选型及应用困惑，
提高系统可靠性，降低采购成本，
特组建消防产品技术服务中心。

P.1190119.COM

01 专享服务
一对一服务，解决产品采购
中的难点痛点！

02 专业指导
主要技术人员均有十年以上
工程技术经验！

03 品类齐全
全覆盖各类消防产品，精准
满足项目需求！

04 成本共享
共享底价，杜绝灰色空间，
降低采购成本！

05 设计咨询
解决各类系统和特殊功能场
所的疑难问题！

06 信息保护
备案专享，切实保护项目资
料和价格信息！

24h服务热线：
13007480000　18670080000

3.4.6 高层建筑应至少沿其一条长边设置消防车登高操作场地。未连续布置的消防车登高操作场地，应保证消防车的救援作业范围能覆盖该建筑的全部消防扑救面。

【要点解读】

本条规定了消防车登高操作场地的基本设置原则，本条主要对应于《建筑设计防火规范（2018 年版）》GB 50016—2014 第 7.2.1 条。

本条规定要求，需参考"附录 13：举高消防车 – 安全工作范围，最大工作高度、幅度"理解。

要点 1：消防车登高操作场地、消防扑救面、消防救援口。

消防车登高操作场地，是举高类消防车靠近高层建筑主体，开展消防车登高作业和消防队员进入高层建筑内部，抢救被困人员、扑救火灾的场地。场地对应的建筑立面，是消防车登高操作面，即消防扑救面。需要说明的是，消防扑救面是个相对概念，兼作消防救援场地的消防车道对应的建筑立面，也可以称为消防扑救面。

建筑物的消防扑救面上应设置消防救援口，沿外墙的每层每个防火分区在对应消防救援操作面范围内设置的消防救援口不应少于 2 个，消防救援口的间距不宜大于 20m。

要点 2：高层建筑需要设置消防车登高操作场地。

（1）高层建筑需要举高类消防车灭火救援。

根据在正常情况下对消防员的测试结果，消防员从楼梯攀登的有利登高高度一般不大于 23m。而且，灭火类消防车通常适应于建筑高度不超过 24m 的建筑部分。对于高层建筑的火灾，需要举高类消防车进行灭火救援。

（2）举高类消防车需要在消防车登高操作场地进行作业。

由"附录 13"可知，举高类消防车作业时，需要展开支腿将消防车抬升并调平（轮胎脱离地面），以确保足够的稳定性和水平度，对作业场地有较为严格的要求，有必要设置登高操作场地。

虽然部分举高消防车也能利用消防车道等较狭窄场地进行灭火救援，但受车道场地尺寸限制，其安全工作范围（最大工作高度和最大工作幅度等）将大受限制。

要点 3：高层建筑应至少沿其一条长边设置消防车登高操作场地。

建筑长边能更好地对应建筑内部防火分区，为有利救援，要求高层建筑应至少沿其一条长边设置消防车登高操作场地，具体设置要求，可参照现行国家标准《建筑设计防火规范》GB 50016 等标准确定。

要点 4：消防车登高操作场地宜连续布置，未连续布置的消防车登高操作场地，应保证消防车的救援作业范围能覆盖该建筑的全部消防扑救面。

与消防扑救面对应的消防车登高操作场地宜连续布置，未连续布置的消防车登高操作场地，应保证消防车的救援作业范围能覆盖该建筑的全部消防扑救面。当消防车登高操作场地受建筑立面限制或障碍物影响无法连续布置时，场地间隔距离不宜大于30m，且应设置合适的消防救援口【图示1】，主要原因如下。

由"附录13-要点9"可知，场地以外的横向保护跨距相当有限，通常不会大于5m，而且必须对应合适的消防救援口，才能发挥作用。由《建筑设计防火规范（2018年版）》GB 50016—2014第7.2.5条可知，两个救援口之间的距离不宜大于20m，因此，两个消防车登高操作场地间隔距离（L）不宜大于30m。

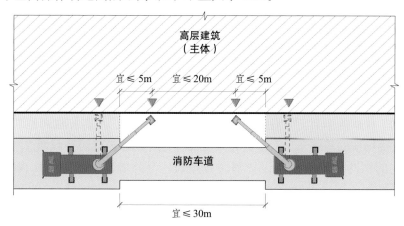

3.4.6- 图示1　消防车救援作业范围连续覆盖示意图

要点5：合理设置建筑物消防扑救面，消防车救援作业范围尽量覆盖建筑物靠外墙的所有防火分区。

沿外墙的每个防火分区，均宜设置消防扑救面，在对应消防救援操作面范围内设置的消防救援口不应少于2个，两个救援口之间的距离不宜大于20m【图示2】。

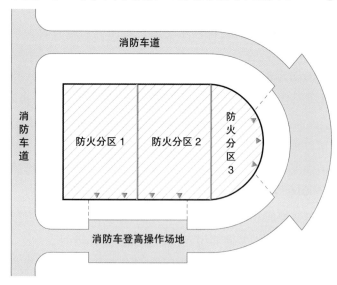

3.4.6- 图示2　消防车救援作业范围覆盖建筑物靠外墙的防火分区

3.4.7 消防车登高操作场地应符合下列规定：

1 场地与建筑之间不应有进深大于 4m 的裙房及其他妨碍消防车操作的障碍物或影响消防车作业的架空高压电线；

2 场地及其下面的建筑结构、管道、管沟等应满足承受消防车满载时压力的要求；

3 场地的坡度应满足消防车安全停靠和消防救援作业的要求。

【要点解读】

本条规定了消防车登高救援场地的基本性能要求，本条应结合《建筑设计防火规范（2018 年版）》GB 50016—2014 第 7.2.2 条执行。

本条规定要求，需参考"附录13：举高消防车–安全工作范围，最大工作高度、幅度"理解。

要点 1：消防车登高操作场地与建筑之间不应有进深大于 4m 的裙房及其他妨碍消防车操作的障碍物或影响消防车作业的架空高压电线。

（1）结合"附录13"可知，建筑高度不大于 24m 的裙房、雨篷、挑檐、门头、凸出构件、树木及其他障碍物，当进深不大于 4m 时，可认为不影响灭火救援。【图示】中的虚线阴影部分，可认为不影响消防车作业。

（2）消防车作业时，难免碰撞场地与建筑物之间的障碍物，因此在场地与建筑物之间不应设置架空的高压电线。确有需要时，应做好防碰撞措施，确保架空电缆不会引发触电危险且应位于【图示】中的虚线阴影部分内。

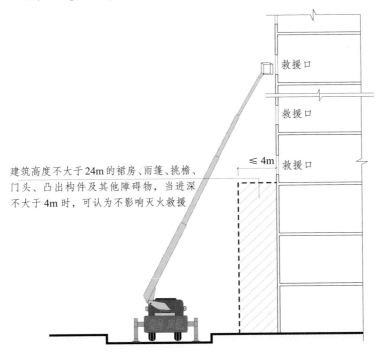

3.4.7– 图示　不影响消防车灭火救援的障碍物区域

要点 2：消防车登高操作场地及其下面的建筑结构、管道、管沟等应满足承受消防车满载时压力的要求。

消防车登高操作场地应满足消防车满载时压力的要求，由 "3.4.5- 要点 3" 可知，消防车道的路面、救援操作场地，消防车道和救援操作场地下面的结构、管道和暗沟等场地的承载力不宜小于 10kg/cm²；当进驻的举高消防车的最大工作高度可能超过 70m 时，应能满足不小于 70t 的举高消防车驻停和支腿工作。

要点 3：场地的坡度应满足消防车安全停靠和消防救援作业的要求。

举高消防车需在支腿支撑下工作，对操作场地的坡度有较高要求，场地的坡度不宜大于 3%，对于坡地等特殊情况，允许采用 5% 的坡度。

由 "附录 13" 可知，举高车工作时依靠支腿支撑，支腿通过支承垫板作用在登高场地上，消防车轮胎并不受力（悬空），臂架（梯架）在回转平台上伸缩、折叠和回转时，需要较高的稳定性和水平度。因此，消防车登高操作场地坡度，包括可能作为消防车救援操作场地的消防车道，应严格控制好车道和场地坡度。

有关坡度等相关概念，参见 "3.4.5- 要点 4"。

4 建筑平面布置与防火分隔

4.1 一般规定

4.1.1 建筑的平面布置应便于建筑发生火灾时的人员疏散和避难,有利于减小火灾危害、控制火势和烟气蔓延。同一建筑内的不同使用功能区域之间应进行防火分隔。

【要点解读】

本条规定了建筑平面布置的基本原则。

要点1:建筑的平面布置应便于建筑发生火灾时的人员疏散和避难,有利于减小火灾危害、控制火势和烟气蔓延。

(1)建筑的平面布置应便于建筑发生火灾时的人员疏散和避难,示例:

①根据建筑的耐火等级和建筑高度(埋深),限制商店营业厅、公共展览厅、儿童活动场所、老年人照料设施、医疗建筑住院病房等功能场所的设置楼层和建筑高度;限制歌舞娱乐放映游艺等场所的设置规模;

②限制燃油或燃气锅炉、可燃油油浸变压器、充有可燃油的高压电容器和多油开关、柴油发电机房等可能发生爆燃爆炸部位的设置楼层、设置部位;

③满足一定条件的老年人照料设施、医疗建筑设置避难间;

④建筑高度大于100m建筑设置避难层。

(2)建筑的平面布置应有利于减小火灾危害、控制火势和烟气蔓延,比如,根据有利于消防救援、控制火灾及降低火灾危害的原则划分防火分区;同一建筑内的不同使用功能区域之间应进行防火分隔,参见要点2。

要点2:同一建筑内的不同使用功能区域之间应进行防火分隔。

本规定主要对应于《建筑设计防火规范(2018年版)》GB 50016—2014第1.0.4条,明确了在同一建筑内设置多种使用功能场所时的防火设计原则。

当同一建筑内不同功能区域的火灾危险性、使用人数、人员特性等存在较大差异时,不同使用功能区域之间应进行防火分隔,主要包括以下几种情况:

(1)不同火灾类别或风险等级的功能场所合建,应采取严格的防火分隔措施。示例:

①住宅建筑与其他功能场所合建;

②电影院、剧场、礼堂与其他功能场所合建;

③歌舞娱乐放映游艺场所与其他功能场所合建;

④办公建筑与旅馆、餐饮、娱乐、商业等功能场所合建；

⑤汽车库、修车库与其他功能场所合建；

⑥人防工程与其他功能场所合建。

（2）老人、婴幼儿起居及活动场所与其他功能场所合建，应采取严格的防火分隔措施。示例：

①老年人照料设施与其他功能场所合建；

②托儿所、幼儿园与其他功能场所合建；

③儿童活动场所与其他功能场所合建。

（3）火灾类别或风险等级相同或相近的不同功能场所合建，也应采取防火分隔措施。比如，旅馆、餐饮、商店等功能场所合建，不同功能区域之间应采取防火分隔措施。

（4）建筑内的附属功能场所，当火灾类别或风险等级有较大区别时，应采取严格的防火分隔措施。示例：

①设置在厂房内的中间仓库；

②厂房、仓库的附属办公室、休息室；

③民用建筑内的附属库房、变压器室、发电机房、配电室、锅炉房。

（5）建筑内的附属功能场所，当火灾风险类别或风险等级相当时，可不采取严格的防火分隔措施，但附属功能场所的房间隔墙应满足相应耐火等级建筑的燃烧性能和耐火极限要求，且房间隔墙构造应与防火隔墙一致，应从楼地面基层隔断至梁、楼板或屋面板的底面基层。示例：

①旅馆、餐饮、商业建筑中的附属办公室；

②办公建筑中的附属会议室、餐厅、多功能厅。

4.1.2 工业与民用建筑、地铁车站、平时使用的人民防空工程应综合其高度（埋深）、使用功能和火灾危险性等因素，根据有利于消防救援、控制火灾及降低火灾危害的原则划分防火分区。防火分区的划分应符合下列规定：

1 建筑内横向应采用防火墙等划分防火分区，且防火分隔应保证火灾不会蔓延至相邻防火分区；

2 建筑内竖向按自然楼层划分防火分区时，除允许设置敞开楼梯间的建筑外，防火分区的建筑面积应按上、下楼层中在火灾时未封闭的开口所连通区域的建筑面积之和计算；

3 高层建筑主体与裙房之间未采用防火墙和甲级防火门分隔时，裙房的防火分区应按高层建筑主体的相应要求划分；

4 除建筑内游泳池、消防水池等的水面、冰面或雪面面积，射击场的靶道面积，污水沉降池面积，开敞式的外走廊或阳台面积等可不计入防火分区的建筑面积外，其他建筑面积均应计入所在防火分区的建筑面积。

【要点解读】

本条规定了防火分区的划分原则和防火分区的功能要求。

防火分区是在建筑内部采用防火墙、楼板及其他防火分隔设施分隔而成，能在一定时间内防止火灾向同一建筑的其余部分蔓延的局部空间。火灾发生时，防火分区可将火势控制在一定的范围内，合理划分防火分区，有利于灭火救援、减少火灾损失。

工业与民用建筑、地铁车站、汽车库、修车库以及平时使用的人民防空工程等应划分防火分区。交通隧道的车行区、地铁的区间隧道和车站轨行区等可不划分防火分区。

要点 1：建筑内横向应采用防火墙等划分防火分区，且防火分区应保证火灾不会蔓延至相邻防火分区。

本规定应结合《建筑设计防火规范（2018 年版）》GB 50016—2014 表 3.3.1 注 1、表 3.3.2 注 1 以及第 5.3.3 条执行。

（1）防火分区之间的分隔是防止火灾在分区之间蔓延的关键措施，因此要求采用防火墙分隔。如果因使用功能需要不能完全采用防火墙分隔时，可以采用防火卷帘、防火分隔水幕、防火玻璃或防火门进行分隔，但不得影响防火墙的有效性，应严格控制非防火墙分隔的开口大小。

（2）当楼层面积不大于一个防火分区面积时，通常以楼层为单位划分防火分区【图示 1】，当楼层面积大于一个防火分区面积时，建筑内横向应采用防火墙等划分防火分区【图示 2】。

4.1.2– 图示 1　一个楼层划分为一个防火分区

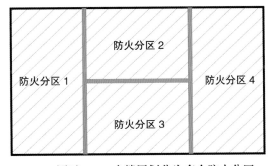

4.1.2– 图示 2　一个楼层划分为多个防火分区

要点 2：建筑内竖向按自然楼层划分防火分区时，除允许设置敞开楼梯间的建筑外，防火分区的建筑面积应按上、下楼层中在火灾时未封闭的开口所连通区域的建筑面积之和计算。

在建筑竖向，较多以楼层为单位划分防火分区，也可以多个楼层划为同一个防火分区，本规定应结合《建筑设计防火规范（2018 年版）》GB 50016—2014 第 5.3.2 条执行。

（1）除允许设置敞开楼梯间的建筑外，防火分区的建筑面积应按上、下楼层中在火灾时未封闭的开口所连通区域的建筑面积之和计算【图示 3】。

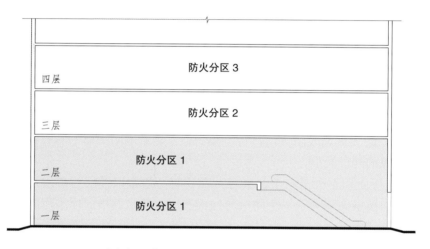

4.1.2– 图示 3　按上下连通区域计算防火分区建筑面积

当建筑内设置连通上下楼层的开口时，易导致火灾在不同楼层蔓延。这样的开口主要有中庭、自动扶梯、敞开楼梯等，中庭是建筑中贯通多层的室内大厅，自动扶梯、敞开楼梯等也同样形成贯通上下楼层的空间。当这些开口部位未采取防火分隔措施时，贯通楼层应划为同一防火分区，防火分区建筑面积应按上、下楼层开口连通区域的建筑面积之和计算。

本规定所述的"允许设置敞开楼梯间的建筑"，是指现行国家标准《建筑设计防火规范》GB 50016 中允许采用敞开楼梯间的建筑，比如 5 层或 5 层以下的教学建筑、普通办公建筑等，这类建筑的敞开楼梯间可视为室内安全区域，作为不同楼层的有效分隔措施。有关敞开楼梯间和敞开式楼梯的区别，参见"附录 9"。

（2）当上、下楼层的连通开口采取防火分隔措施时，防火分区的建筑面积可不按上、下层相连通的建筑面积叠加计算【图示 4】。

连通开口的防火分隔措施，可以是防火隔墙、防火玻璃墙等固定分隔设施，也可以是防火卷帘、防火门等火灾时自动封闭的设施，具体设置要求，可依据《建筑设计防火规范（2018 年版）》GB 50016—2014 第 5.3.2 条等规定处置。

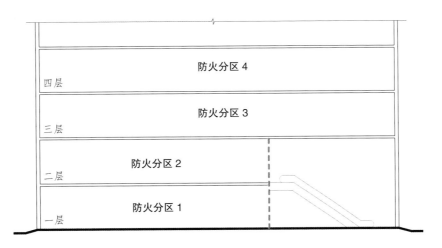

4.1.2- 图示 4　上下连通区域分别计算防火分区建筑面积（防火分隔）

要点 3：高层建筑主体与裙房之间未采用防火墙和甲级防火门分隔时，裙房的防火分区应按高层建筑主体的相应要求划分。

本条主要对应于《建筑设计防火规范（2018 年版）》GB 50016—2014 表 5.3.1 注 2。

当裙房与高层建筑主体之间设置防火墙分隔，且相互间的安全疏散和灭火设施设置均相对独立时【图示 5】，裙房与高层建筑主体之间的火灾相互影响能得到较好的控制，允许裙房的防火分区按照单、多层建筑的要求确定，否则需要按照高层建筑主体的要求确定。

当裙房的防火分区按照单、多层建筑的要求确定时，实施要求如下：

（1）裙房与高层建筑主体之间仅可设置甲级防火门作为连通门，不得设置防火卷帘、防火分隔水幕。

（2）裙房与高层建筑主体的安全疏散应相对独立，连通两者之间的甲级防火门不能作为疏散门和安全出口。

（3）裙房与高层建筑主体的灭火设施相对独立。比如，两者的自动喷水灭火系统不应共用同一水流指示器；两者的火灾报警设备不应共用同一报警回路；不应共用同一根消火栓立管等。

要点 4：除建筑内游泳池、消防水池等的水面、冰面或雪面面积，射击场的靶道面积，污水沉降池面积，开敞式的外走廊或阳台面积等可不计入防火分区的建筑面积外，其他建筑面积均应计入所在防火分区的建筑面积。

（1）游泳池、消防水池的水面面积，溜冰场的冰面面积，滑雪场的雪面面积，射击场的靶道面积，污水沉降池面积等，火灾风险等级很低，基本不存在可燃物，可不纳入防火分区面积计算，但应该注意的是，当这类场所不纳入防火分区面积计算时，其顶棚材料等应采用不燃材料。

（2）开敞式的外走廊和阳台可不纳入防火分区面积计算，而对于封闭或半封闭式的走廊和阳台，应视为室内空间，纳入防火分区面积计算。

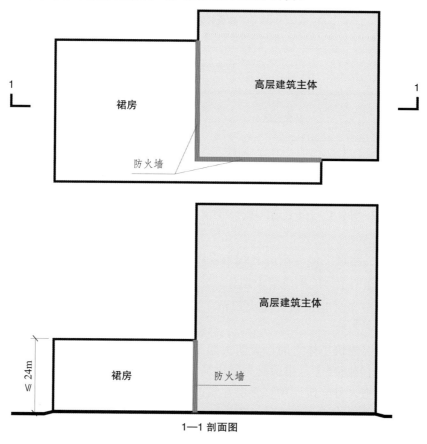

1—1 剖面图

4.1.2– 图示 5　裙房与高层建筑主体之间设置防火墙分隔

4.1.3　下列场所应采用防火门、防火窗、耐火极限不低于 2.00h 的防火隔墙和耐火极限不低于 1.00h 的楼板与其他区域分隔：

　　1　住宅建筑中的汽车库和锅炉房；

　　2　除居住建筑中的套内自用厨房可不分隔外，建筑内的厨房；

　　3　医疗建筑中的手术室或手术部、产房、重症监护室、贵重精密医疗装备用房、储藏间、实验室、胶片室等；

　　4　建筑中的儿童活动场所、老年人照料设施；

　　5　除消防水泵房的防火分隔应符合本规范第 4.1.7 条的规定，消防控制室的防火分隔应符合本规范第 4.1.8 条的规定外，其他消防设备或器材用房。

【要点解读】

本条规定了建筑内部需要作为独立防火单元的基本场所。本条主要对应于《建筑设计防火规范（2018 年版）》GB 50016—2014 第 6.2.2 条、第 6.2.3 条、第 6.2.7 条、第 11.0.6 条。

本条规定的汽车库、锅炉房、厨房以及医疗建筑中的储藏间、实验室、胶片室等，均属于火灾风险相对较高的部位，作为独立的防火单元，有利于防控火灾风险外溢；本条规定的其他部位均属于需要重点保护的对象，作为独立的防火单元，有利于防范外部火灾侵害。

本条规定的楼板耐火极限，尚应满足相应耐火等级建筑的楼板耐火性能要求和超高层建筑的楼板耐火性能要求。比如一级耐火等级建筑的楼板耐火极限不应低于 1.50h，建筑高度大于 100m 建筑的楼板耐火极限不应低于 2.00h，建筑高度大于 250m 民用建筑的主体楼板耐火极限不应低于 2.50h。

有关儿童活动场所、老年人照料设施、医疗建筑的概念及范围，参见"附录 1"。

要点 1：住宅建筑中的汽车库和锅炉房。

（1）住宅建筑中的汽车库。

本规定主要对应于《建筑设计防火规范（2018 年版）》GB 50016—2014 第 6.2.3 条第 6 款。

本规定所述的住宅建筑汽车库，主要是指独立式住宅（独立别墅和联排别墅等）中的汽车库，这种车库设置于住宅建筑底层，车位直通室外，仅供单户使用，允许车库开设与室内相通的甲级或乙级防火门【图示 1】。

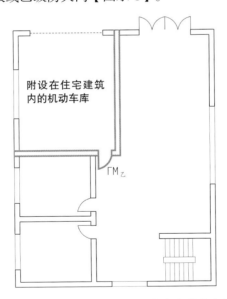

4.1.3– 图示 1　设置在独立式住宅中的汽车库

本规定也包括设置在住宅建筑底层的直接对外的独立式汽车库，这类汽车库的每个车库仅停留一台车辆，不同车库之间、车库与其他部位之间采用不开设洞口的防火隔墙、楼板分隔，且不同车位不共用室内汽车通道【图示 2】。而对于不同车位之间不能完全分隔或需要共用室内汽车通道的情况，应依据本《通用规范》和现行国家标准《汽车库、修车库、停车场设计防火规范》GB 50067 等标准处置。

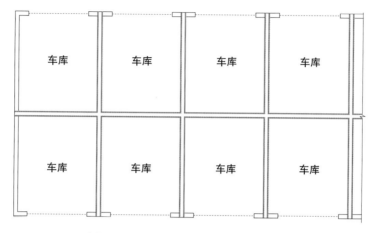

4.1.3– 图示 2　设置在住宅建筑底层的独立式汽车库

（2）住宅建筑中的锅炉房。

本条规定所述的锅炉房，主要针对住户的自用锅炉房，比如独立式住宅（独立别墅和联排别墅等)中的锅炉房等。设置于住宅建筑公共部位的锅炉房，应符合本节第4.1.4条及现行国家标准《建筑设计防火规范》GB 50016、《锅炉房设计标准》GB 50041 等标准规定。

要点 2：建筑内的厨房。

本条规定的厨房，主要指有明火的厨房。

厨房火灾危险性较大，主要有电气火灾，燃气泄漏火灾和爆炸，油烟机和排油烟管道着火等，与室内其他部位之间应采取防火分隔措施【图示 3】。本规定主要对应于《建筑设计防火规范（2018 年版）》GB 50016—2014 第 6.2.3 条第 5 款。

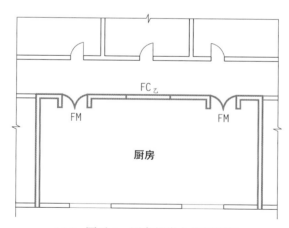

4.1.3– 图示 3　厨房的防火分隔措施

（1）现代厨房形式多样，功能各异，在一些饮食建筑中，整体分隔确有困难者，可仅分隔明火加工区域【图示4】，比如，《饮食建筑设计标准》JGJ 64—2017第4.3.10条规定，厨房有明火的加工区应采用耐火极限不低于2.00h的防火隔墙与其他部位分隔，隔墙上的门、窗应采用乙级防火门、窗。对于采用电加热的无明火的敞开式、明档类厨房，可以不受此限制。

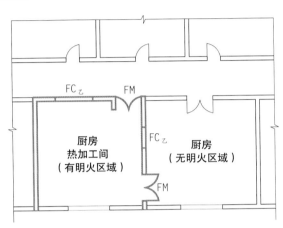

4.1.3- 图示4　厨房的防火分隔措施（仅分隔明火区域）

（2）本条规定所述的厨房，不包括居住建筑中的套内自用厨房，比如住宅、宿舍、公寓等的套内自用厨房，这类厨房不要求严格的防火分隔措施，但当为明火厨房时，应与居室分隔，且不得向卧室开敞。而对于居住建筑中多户共用的厨房，仍应按本条规定要求采取防火分隔措施。

要点3：医疗建筑中的手术室或手术部、产房、重症监护室、贵重精密医疗装备用房、储藏间、实验室、胶片室等。

本条规定主要对应于《建筑设计防火规范（2018年版）》GB 50016—2014第6.2.2条。

（1）本条规定的场所均为性质重要或发生火灾时不能马上撤离的部位，以及可燃物多或火灾危险性较大的部位，对这些部位采取防火分隔措施，可以减小火灾危害。

（2）对于医疗建筑中的手术室或手术部、产房、重症监护室等部位，在采取防火分隔措施的同时，尚应兼顾自身功能需求。确有需要时，可将功能相近和彼此关联的多个房间划为一个防火单元【图示5】。

（3）贵重精密医疗装备用房的概念较为模糊，可根据设备的价值和失火损失的影响范围大小确定，也可参考相关专业标准或借鉴使用单位意见。

（4）医疗建筑中的储藏间，主要为医疗建筑中存放医疗用品、药品的房间及库房、档案室、病案室等。

（5）本款规定的场所，还应符合现行国家标准《综合医院建筑设计规范》GB

51039、《医院洁净手术部建筑技术规范》GB 50333 等标准要求。

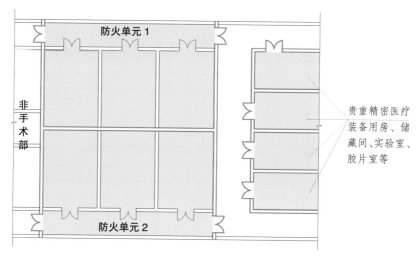

4.1.3– 图示 5　医疗建筑特殊场所的防火分隔措施

要点 4：建筑中的儿童活动场所、老年人照料设施。

本条规定主要对应于《建筑设计防火规范（2018 年版）》GB 50016—2014 第 6.2.2 条。儿童、老年人等的行为能力较弱，容易在火灾时造成伤亡，当设置在其他建筑内时，要与其他部位分隔。

（1）儿童活动场所。

当儿童活动场所与其他功能建筑合建或设置于其他功能建筑内时【图示 6】，应采取防火分隔措施，位于高层建筑内的儿童活动场所，应设置独立的安全出口和疏散楼梯，位于单、多层建筑内的儿童活动场所，宜设置独立的安全出口和疏散楼梯。对于幼儿园、托儿所中供婴幼儿生活和活动的儿童活动场所，尚应符合现行标准《托儿所、幼儿园建筑设计规范》JGJ 39 等标准规定。有关"儿童活动场所"的概念，参见"附录 1"。

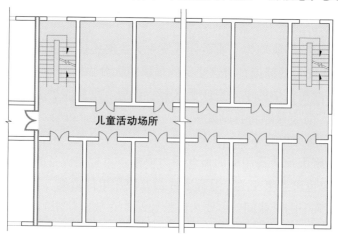

4.1.3– 图示 6　儿童活动场所的防火分隔措施

（2）老年人照料设施。

为有利于火灾时老年人的安全疏散，降低因多种不同功能的场所混合设置所增加的火灾危险，老年人照料设施要尽量独立建造。

当老年人照料设施与其他功能建筑合建或设置于其他功能建筑内时，应采取防火分隔措施【图示7】。对于新建和扩建建筑，老年人照料设施部分的安全出口和疏散楼梯应独立设置；对于改建建筑，老年人照料设施部分的疏散楼梯或安全出口宜独立设置。老年人照料设施的设置要求，尚应符合现行行业标准《老年人照料设施建筑设计标准》JGJ 450等标准规定。有关"老年人照料设施"的概念，参见"附录1"。

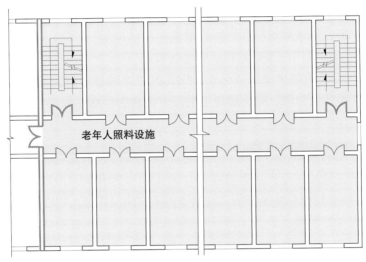

老年人照料设施

4.1.3- 图示7　老年人照料设施的防火分隔措施

要点5：除消防水泵房和消防控制室以外的消防设备或器材用房。

（1）本条规定中的其他消防设备或器材用房，主要包括：

①灭火系统设备用房，如气体灭火系统储瓶间、泡沫灭火系统设备间、细水雾灭火系统设备间、集中设置报警阀组的房间等；

②防烟排烟系统设备用房，如机械加压送风系统的送风机房、机械排烟系统的排烟风机房、补风系统的补风机房等；

③消防控制室以外的火灾报警系统设备用房，如设置区域型火灾报警控制器的房间、设置气体灭火系统控制器的房间等；

④其他消防设备用房，消防器材用房。

（2）相关标准有更高要求者，应从其规定，比如：《汽车库、修车库、停车场设计防火规范》GB 50067—2014第5.1.9条规定，附设在汽车库、修车库内的自动灭火系统的设备室和排烟、通风空气调节机房等，应采用防火隔墙和耐火极限不低于1.50h的不燃性楼板相互隔开或与相邻部位分隔；《人民防空工程设计防火规范》GB 50098—2009第4.2.4条规定，排烟机房、灭火剂储瓶室、变配电室、通信机房、通风和空调机房、可燃物存放量平均值超过 30kg/m² 火灾荷载密度的房间等，应采用耐火极限不低于 2.00h 的隔墙和 1.50h 的楼板与其他场所隔开，墙上应设置常闭的甲级防火门。

（3）消防水泵房、消防控制室的防火分隔应符合本《通用规范》第 4.1.7 条、第 4.1.8 条规定。

4.1.4 燃油或燃气锅炉、可燃油油浸变压器、充有可燃油的高压电容器和多油开关、柴油发电机房等独立建造的设备用房与民用建筑贴邻时，应采用防火墙分隔，且不应贴邻建筑中人员密集的场所。上述设备用房附设在建筑内时，应符合下列规定：

1 当位于人员密集的场所的上一层、下一层或贴邻时，应采取防止设备用房的爆炸作用危及上一层、下一层或相邻场所的措施；

2 设备用房的疏散门应直通室外或安全出口；

3 设备用房应采用耐火极限不低于 2.00h 的防火隔墙和耐火极限不低于 1.50h 的不燃性楼板与其他部位分隔，防火隔墙上的门、窗应为甲级防火门、窗。

【要点解读】

本条规定了燃油或燃气锅炉房、可燃油油浸变压器室、充有可燃油的高压电容器室、多油开关室、柴油发电机房等设备用房的平面布置和防火分隔要求。本条规定应结合《建筑设计防火规范（2018 年版）》GB 50016—2014 第 5.4.12 条、第 5.4.13 条执行。

设置在建筑内的燃油或燃气锅炉、可燃油油浸变压器、充有可燃油的高压电容器和多油开关、柴油发电机房等设备用房，具备一定的火灾和爆炸危险，宜独立建造，确有需要时，可与民用建筑贴邻建造，也可附设于建筑内部，但应采取严格的防火处置措施。

要点 1：锅炉及锅炉房的相关概念。

（1）锅炉：利用燃料燃烧等能量转换获取热能，生产规定参数（如温度、压力）和品质的蒸汽、热水或其他工质的设备。

（2）锅炉房：内部设置有锅炉或锅炉及辅助设备的房间或单独建筑物。

（3）燃油锅炉：以油为燃料的锅炉。

（4）燃气锅炉：以燃气为燃料的锅炉。

（5）电热式锅炉：通过电－热转换产生热量的锅炉，热介质有蒸汽、水等。

（6）常压锅炉：锅炉本体开孔与大气相通。在任何工况下，炉体内不承受供热系统的水柱静压力的锅炉。

（7）负压锅炉：锅炉本体不与大气相通，炉体内为负压的锅炉。利用水在低压情况下沸点低的特性，可快速加热封密的炉体内填装的热媒水。

（8）承压锅炉：锅炉本体不与大气相通，炉体内为正压的锅炉。

注：以上术语引自《供暖通风与空气调节术语标准》GB/T 50155—2015。

要点 2：本条规定的设备用房宜独立建造，也可贴邻建造。

（1）独立建造。

这类设备用房独立建造时，与相邻建筑物的防火间距应符合现行国家标准《建筑设计防火规范》GB 50016 的规定。

（2）贴邻建造。

这类设备用房与民用建筑贴邻建造时，通常有两种方式：

①如设备用房仅服务于贴邻建筑，则可视为同一建筑中不同功能的左右组合，采用防火墙分隔即可，但不应贴邻建筑中人员密集的场所【图示 1】；

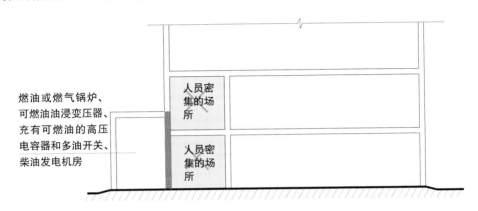

4.1.4– 图示 1　设备用房与民用建筑贴邻建造（防火墙分隔）

②如设备用房同时服务于其他建筑，则应视为独立建造的建筑，贴邻建造应满足《建筑设计防火规范（2018 年版）》GB 50016—2014 第 3.4.5 条有关丙、丁类厂房与民用建筑贴邻（或减少防火间距）的条件【图示 2】。

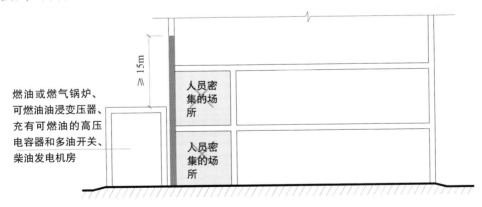

4.1.4– 图示 2　设备用房与民用建筑贴邻建造（独立建造）

要点 3：本条规定的设备用房附设在建筑内时，应采取严格的防火处置措施。

当受条件限制，这类设备用房必须附设于建筑内时，应作为独立的防火分隔单元，采取严格的防火处置措施。

（1）不应布置在人员密集的场所的上一层、下一层或贴邻【图示 3】【图示 4】。

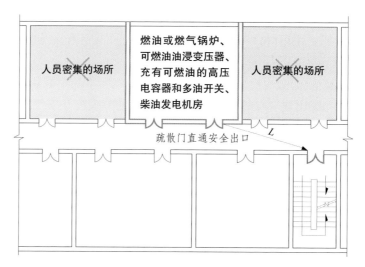

4.1.4-图示 3 危险设备用房不得与人员密集的场所贴邻（平面示意）

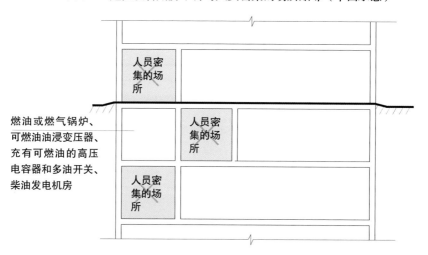

4.1.4-图示 4 危险设备用房不得与人员密集的场所贴邻（立面示意）

当受条件限制必须设置在人员密集的场所的上一层、下一层或贴邻时，应采取防止设备用房的爆炸作用危及上一层、下一层或相邻场所的措施。例如，提高楼板、隔墙及梁、柱的抗爆性能，设置双层楼板、双层墙体等，具体措施应经计算并通过论证确认。

有关"人员密集的场所"概念，参见"附录 7"。

（2）设备用房的疏散门应直通室外或安全出口。

"疏散门直通室外"是指疏散门不需要经过其他房间或使用区域就可以直接到达室外。

"疏散门直通安全出口"是指疏散门只经过一条距离较短的疏散走道（一般不大于 15m）直接进入疏散楼梯（间）或直通室外的门口，不需要经过其他场所或区域。

【图示 3】中，L 一般不大于 15m。

（3）设备用房应采用耐火极限不低于 2.00h 的防火隔墙和耐火极限不低于 1.50h 的不燃性楼板与其他部位分隔，防火隔墙上的门、窗应为甲级防火门、窗。

本规定的楼板耐火极限，当为超高层建筑时，尚应满足超高层建筑的楼板耐火性能要求。比如建筑高度大于 100m 建筑的楼板耐火极限不应低于 2.00h，建筑高度大于 250m 民用建筑的主体楼板耐火极限不应低于 2.50h。

（4）除本《通用规范》要求外，当为超高层建筑时，尚应符合现行国家标准《建筑设计防火规范》GB 50016、《锅炉房设计标准》GB 50041、《20kV 及以下变电所设计规范》GB 50053、《民用建筑电气设计标准》GB 51348、《火力发电厂与变电站设计防火标准》GB 50229、《城镇燃气设计规范》GB 50028 等标准规定。

要点 4：干式变压器室和充装其他非可燃液体的变压器室的防火处置措施。

本《通用规范》和现行国家标准《建筑设计防火规范》GB 50016 未强调干式变压器室和充装其他非可燃液体的变压器室的防火处置措施，这类变压器火灾危险性相对较小，但工作时易升温，具备一定的火灾风险，应作为独立防火单元设置在专用房间内，防火分隔措施可依据第 4.1.3 条规定处置。

要点 5：锅炉房、变压器室和柴油发电机房的设置部位及楼层要求。

1. 锅炉房的设置要求

锅炉房应满足现行国家标准《锅炉房设计标准》GB 50041 规定，由《锅炉房设计标准》GB 50041—2020 第 4.1.3 条等规定可知，该标准对于锅炉房的设置楼层要求与本《通用规范》基本一致。

（1）燃油或燃气锅炉房。

本《通用规范》第 4.1.5 条规定，常（负）压燃油或燃气锅炉房不应位于地下二层及以下，位于屋顶的常（负）压燃气锅炉房与通向屋面的安全出口的最小水平距离不应小于 6m；其他燃油或燃气锅炉房应位于建筑首层的靠外墙部位或地下一层的靠外侧部位。该规定未明确常（负）压燃油或燃气锅炉在地上建筑中的设置楼层要求，考虑这类锅炉的燃油和燃气用量较大，当设置于地上楼层时，应设置于首层，但常（负）压燃气锅炉房可设置于屋顶。依此可知，燃油或燃气锅炉房的设置楼层要求如下：

①常（负）压燃油或燃气锅炉房应设置于首层或地下一层，确有需要时，常（负）压燃气锅炉房可设置于屋顶，锅炉房与通向屋面的安全出口的最小水平距离不应小于 6m；

②除常（负）压锅炉以外的燃油或燃气锅炉房，应设置于建筑首层的靠外墙部位或地下一层的靠外侧部位。

（2）其他类别的锅炉房（电热式锅炉房等）。

现行标准未明确其他类别锅炉房的设置楼层要求，但考虑锅炉爆炸风险，除常（负）压锅炉以外的其他类别锅炉房（电热式锅炉房等），应设置于建筑首层的靠外墙部位或地下一层的靠外侧部位。

2. 变压器室的设置要求

（1）可燃油油浸变压器室。

①《建筑电气与智能化通用规范》GB 55024—2022 第 3.2.2 条规定，民用建筑内设置的变电所，不应设置带可燃性油的变压器和电气设备。

②《建筑设计防火规范（2018 年版）》GB 50016—2014 第 5.4.12 条规定，附设在建筑内的油浸变压器，总容量不应大于 1260kV•A，单台容量不应大于 630kV•A。

③本《通用规范》第 4.1.6 条规定，可燃油油浸变压器室应位于建筑的靠外侧部位，不应设置在地下二层及以下楼层。

④《20kV 及以下变电所设计规范》GB 50053—2013 第 2.0.3 条规定，在多层建筑物或高层建筑物的裙房中，不宜设置油浸变压器的变电所，当受条件限制必须设置时，应将油浸变压器的变电所设置在建筑物首层靠外墙的部位，高层主体建筑内不应设置油浸变压器的变电所；第 3.3.5 条规定，高层主体建筑内变电所应选用不燃或难燃型变压器；多层建筑物内变电所和防火、防爆要求高的车间内变电所，宜选用不燃或难燃型变压器。

综上可知，民用建筑内和高层工业建筑主体建筑内均不应设置可燃油油浸变压器室；多层工业建筑物内或高层工业建筑物的裙房内不宜设置可燃油油浸变压器室，当受条件限制必须设置时，应设置在建筑首层的靠外墙部位，且油浸变压器总容量不应大于 1260kV•A，单台容量不应大于 630kV•A。

（2）干式变压器室。

《20kV 及以下变电所设计规范》GB 50053—2013 第 2.0.4 条规定，在多层或高层建筑物的地下层设置非充油电气设备的配电所、变电所时，应符合下列规定：当有多层地下层时，不应设置在最底层；当只有地下一层时，应采取抬高地面和防止雨水、消防水等积水的措施。

3. 柴油发电机房的设置要求

《建筑设计防火规范（2018 年版）》GB 50016—2014 第 5.4.13 条规定，布置在民用建筑内的柴油发电机房宜布置在首层或地下一、二层。

4. 其他相关规定

（1）依据《人民防空工程设计防火规范》GB 50098—2009 第 3.1.12 条规定，人防工程内不得设置油浸电力变压器和其他油浸电气设备。

（2）依据《汽车库、修车库、停车场设计防火规范》GB 50067—2014 第 4.1.11 条规定，燃油或燃气锅炉、油浸变压器、充有可燃油的高压电容器和多油开关等，不应设置在汽车库、修车库内。

4.1.5　附设在建筑内的燃油或燃气锅炉房、柴油发电机房，除应符合本规范第 4.1.4 条的规定外，尚应符合下列规定：

　　1　常（负）压燃油或燃气锅炉房不应位于地下二层及以下，位于屋顶的常（负）压燃气锅炉房与通向屋面的安全出口的最小水平距离不应小于 6m；其他燃油或燃气锅炉房应位于建筑首层的靠外墙部位或地下一层的靠外侧部位，不应贴邻消防救援专用出入口、疏散楼梯（间）或人员的主要疏散通道。

　　2　建筑内单间储油间的燃油储存量不应大于 1m³。油箱的通气管设置应满足防火要求，油箱的下部应设置防止油品流散的设施。储油间应采用耐火极限不低于 3.00h 的防火隔墙与发电机间、锅炉间分隔。

　　3　柴油机的排烟管、柴油机房的通风管、与储油间无关的电气线路等，不应穿过储油间。

　　4　燃油或燃气管道在设备间内及进入建筑物前，应分别设置具有自动和手动关闭功能的切断阀。

【要点解读】

　　本条规定了附设在建筑内的燃油或燃气锅炉房、柴油发电机房的基本防火要求。本条规定应结合《建筑设计防火规范（2018 年版）》GB 50016—2014 第 5.4.12 条、第 5.4.13 条、第 5.4.15 条执行。有关锅炉房、变压器室和柴油发电机房等的设置部位及楼层要求，参见"4.1.4- 要点 5"。

　　要点 1：位于屋顶的常（负）压燃气锅炉房与通向屋面的安全出口的最小水平距离不应小于 6m。

　　（1）由"4.1.4- 要点 1"可知，常压锅炉的锅炉本体开孔与大气相通，负压锅炉的炉体内为负压，两者的爆炸风险都很低，因此允许设置于屋顶。

　　（2）位于屋顶的常（负）压燃气锅炉房与通向屋面的安全出口的最小水平距离不应小于 6m，"通向屋面的安全出口"主要是指疏散楼梯间直通屋面的出口【图示 1】。

　　要点 2：常（负）压燃油或燃气锅炉房不应位于地下二层及以下，其他燃油或燃气锅炉房应位于建筑首层的靠外墙部位或地下一层的靠外侧部位，不应贴邻消防救援专用出入口、疏散楼梯（间）或人员的主要疏散通道。

　　（1）除常（负）压燃油或燃气锅炉外，其他燃油或燃气锅炉均存在一定爆炸风险，因此要求设置于建筑首层的靠外墙部位或地下一层的靠外侧部位，以尽量减少爆炸危害，并不应贴邻消防救援专用出入口、疏散楼梯（间）或人员的主要疏散通道。

　　锅炉房设置在首层、地下一层【图示 1】，对泄爆、安全和消防比较有利。依据《锅炉房设计标准》GB 50041—2020 第 4.1.3 条可知，当设置在其他建筑物内的锅炉房本身高度超过一层楼的高度时，可能要占两层的高度，对这样的锅炉房，只要本身为一层布置，中间并没有楼板隔成两层，不论它是否已深入该建筑物地下第二层或地面第二层，仍可认为其设置为地下一层或首层。

　　（2）本规定的"消防救援专用出入口"包括本《通用规范》第 2.2.7 条的消防专

用通道、第 2.2.8 条的消防电梯前室及前室通向室外的通道；本规定的"疏散楼梯（间）"包括疏散楼梯间及前室、室外疏散楼梯；本规定的"人员的主要疏散通道"包括疏散人员较多的疏散通道和疏散口，比如，观众厅、餐厅、多功能厅、会议室等场所的疏散走道和疏散出口。另外，避难走道、避难间、避难层的避难区等也属于不允许贴邻的部位。

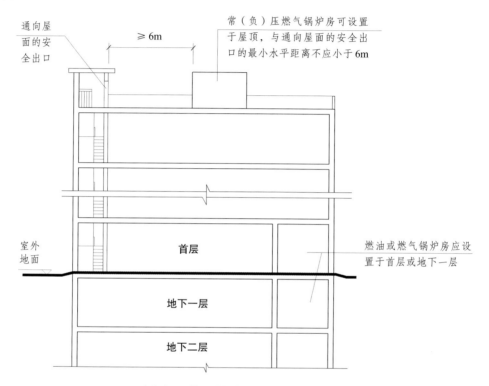

4.1.5- 图示 1　燃油或燃气锅炉房楼层设置示意图

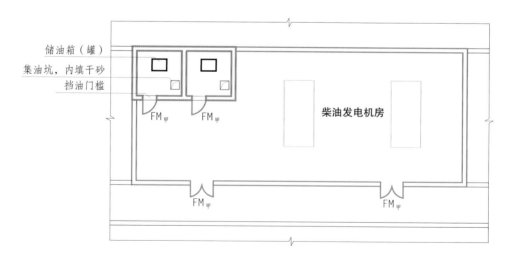

4.1.5- 图示 2　柴油发电机房及储油间

要点3：建筑内单间储油间的燃油储存量不应大于1m³。

（1）对于锅炉房，根据《锅炉房设计标准》GB 50041—2020第6.1.7条规定，燃油锅炉房室内油箱的总容量，重油不应超过5m³，轻柴油不应超过1m³；室内油箱及其附属设施应安装在单独的房间内；当锅炉房总蒸发量大于或等于30t/h，或总热功率大于或等于21MW时，室内油箱应采用连续进油的自动控制装置；当锅炉房发生火灾事故时，室内油箱应自动停止进油。依此可知，当燃油锅炉采用重油时，单间储油间的燃油储存量不应大于1m³，确有需要时可设置多个储油间，但总容量不应超过5m³；当采用轻柴油时，总容量不应超过1m³。

地下、半地下场所内不应使用或储存闪点低于60℃的柴油，参见要点7。

（2）对于柴油发电机房，当设置有多台柴油发电机组时，可以设置多个储油间，每个储油间的燃油储存量不应大于1m³【图示2】，但各单间储油间的全部储油量不应大于5m³，当大于5m³时需集中设置在建筑外。

设置在建筑内的柴油设备或柴油储罐，柴油的闪点不应低于60℃。

要点4：油箱的通气管设置应满足防火要求，油箱的下部应设置防止油品流散的设施。

本规定应结合《建筑设计防火规范（2018年版）》GB 50016—2014第5.4.15条第2款执行，储油间的油箱应密闭且应设置通向室外的通气管，通气管应设置带阻火器的呼吸阀，油箱的下部应设置防止油品流散的设施。

燃油锅炉房和柴油发电机房的油箱应设置在储油间内，应满足以下要求：

（1）油箱应采用闭式油箱，应装设直通室外的通气管，以适应油箱液位变化，并避免箱内逸出的油气散发到室内。通气管应设置带阻火器的呼吸阀，防止外部火焰通过管道蔓延；通气管应设置防雨设施，防止雨水从管口流入油箱。

（2）油箱上不应采用玻璃管式油位表。玻璃管式油位表的目视效果较差，且较易破碎有泄漏危险。

（3）油箱的下部应设置防止油品流散的设施，比如设置集油坑（内填干砂），设置挡油门槛等，参见【图示2】。

要点5：柴油机的排烟管、柴油机房的通风管、与储油间无关的电气线路等，不应穿过储油间。

储油间采用防火隔墙和防火门与其他部位分隔，形成相对独立的封闭空间，易集聚可燃蒸气，为防范火灾爆炸风险，不得穿越与储油间无关的通风管和电气线路。

要点6：燃油或燃气管道在设备间内及进入建筑物前，应分别设置具有自动和手动关闭功能的切断阀。

建筑内的可燃液体、可燃气体发生火灾时应首先切断其燃料供给，才能有效防止火势扩大，控制油品流散和可燃气体扩散。具体实施要求，可依据相关专业标准确定，比如，《锅炉房设计标准》GB 50041—2020 规定：

第11.1.9条　液化石油气气瓶间、燃气调压间、燃气锅炉间及油泵间的可燃气体浓度报警装置，应与房间事故通风机联动，并应与燃气供气母管或燃油供油母管的总切断阀联动；设有防灾中心时，应将信号传至防灾中心。

第13.2.9条　每台锅炉的供油干管上应装设关闭阀和快速切断阀；每个燃烧器前的燃油支管上应装设关闭阀；当设置2台或2台以上锅炉时，尚应在每台锅炉的回油总管上装设止回阀。

第13.3.2条　在引入锅炉房的室外燃气母管上，在安全和便于操作的地点应装设与锅炉房燃气浓度报警装置联动的紧急切断阀，阀后应装设气体压力表。

要点7：地下、半地下场所内不应使用或储存闪点低于60℃的液体、液化石油气及其他相对密度不小于0.75的可燃气体。

本《通用规范》第12.0.3条规定，地下、半地下场所内不应使用或储存闪点低于60℃的液体、液化石油气及其他相对密度不小于0.75的可燃气体，不应敷设输送上述可燃液体或可燃气体的管道。

4.1.6　附设在建筑内的可燃油油浸变压器、充有可燃油的高压电容器和多油开关等的设备用房，除应符合本规范第4.1.4条的规定外，尚应符合下列规定：

　　1　油浸变压器室、多油开关室、高压电容器室均应设置防止油品流散的设施；

　　2　变压器室应位于建筑的靠外侧部位，不应设置在地下二层及以下楼层；

　　3　变压器室之间、变压器室与配电室之间应采用防火门和耐火极限不低于2.00h的防火隔墙分隔。

【要点解读】

本条规定了附设在建筑内的可燃油油浸变压器、充有可燃油的高压电容器和多油开关等设备用房的基本防火要求。本条主要对应于《建筑设计防火规范（2018年版）》GB 50016—2014第5.4.12条第1款、第5款、第6款。

油浸变压器主要包括铁芯、绕组（线圈）、油箱、储油柜、冷却装置、绝缘套管等组件，变压器内部充满变压器油，起绝缘、冷却和灭弧作用。变压器油闪点较高（一般在135℃以上），正常使用条件下的火灾风险不大，但当变压器内部发生老化、短路等故障时，可致变压器油温度升高并分解出可燃气体，存在爆炸和爆燃风险。因此要求可燃油油浸变压器室设置于建筑的靠外侧部位，不应设置在地下二层及以下楼层。

由"4.1.4-要点5"可知，民用建筑内和高层工业建筑主体建筑内均不应设置可燃油油浸变压器室；多层工业建筑物或高层工业建筑物的裙房不宜设置可燃油油浸变压器室，当受条件限制必须设置时，应设置在建筑首层的靠外墙部位，且油浸变压器总容量不应大于1260kV·A，单台容量不应大于630kV·A。

油浸变压器室、多油开关室、高压电容器室均应设置防止油品流散的设施，具体实施要求，可依据相关专业标准确定。

4.1.7　消防水泵房的布置和防火分隔应符合下列规定：

1　单独建造的消防水泵房，耐火等级不应低于二级；

2　附设在建筑内的消防水泵房应采用防火门、防火窗、耐火极限不低于2.00h的防火隔墙和耐火极限不低于1.50h的楼板与其他部位分隔；

3　除地铁工程、水利水电工程和其他特殊工程中的地下消防水泵房可根据工程要求确定其设置楼层外，其他建筑中的消防水泵房不应设置在建筑的地下三层及以下楼层；

4　消防水泵房的疏散门应直通室外或安全出口；

5　消防水泵房的室内环境温度不应低于5℃；

6　消防水泵房应采取防水淹等的措施。

【要点解读】

本条规定了消防水泵房的基本防火要求，主要是为了保证消防水泵房内部设备在火灾情况下仍能正常工作，保证房间内的操作人员不会受到火灾的威胁。

（1）本条第1款、第3款、第4款主要对应于《建筑设计防火规范（2018年版）》GB 50016—2014第8.1.6条，消防水泵房的疏散门直通室外或安全出口，是指疏散门直通室外或只经过一条距离较短的疏散走道直接到达室外或安全出口，参见"4.1.4-要点3"。

地铁工程、水利水电工程和其他特殊工程中的地下消防水泵房，可根据工程要求确定其设置楼层。比如，《地铁设计防火标准》GB 51298—2018第3.1.6条规定，地上车站的消防水泵房宜布置在首层，当布置在其他楼层时，应靠近安全出口；地下车站的消防水泵房应布置在站厅层及以上楼层，并宜布置在站厅层设备管理区内的消防专用通道附近。

（2）本条第2款主要对应于《建筑设计防火规范（2018年版）》GB 50016—2014第6.2.7条。当消防水泵房附设于建筑内时，应作为独立的防火单元，以防范外部火灾侵害。

本条规定的楼板耐火极限，当为超高层建筑时，尚应满足超高层建筑的楼板耐火性能要求。比如建筑高度大于100m建筑的楼板耐火极限不应低于2.00h，建筑高度大于250m民用建筑的主体楼板耐火极限不应低于2.50h。

（3）本条第5款应结合《消防给水及消火栓系统技术规范》GB 50974—2014第5.5.9条执行，消防水泵房的设计应根据具体情况设计相应的采暖、通风和排水设施，严寒、寒冷等冬季结冰地区采暖温度不应低于10℃，但当无人值守时不应低于5℃。

通常情况下，水不结冰的工程设计最低温度是5℃，而经常有人的场所最低温度是10℃。

（4）本条第 6 款主要对应于《建筑设计防火规范（2018 年版）》GB 50016—2014 第 8.1.8 条。

消防水泵房的水渍风险大，主要包括以下方面：①消防水池进水管控制阀失效，可能溢水至泵房；②消防水泵出口管路属于系统管网压力较大的部位，易受到水锤危害，可能导致管道破坏漏水；③当消防水泵房以外的其他区域发生水淹事故时，也可能危害水泵房。

消防水泵房的防水淹措施，主要有：①设置挡水门槛；②根据设备位置合理设置排水沟，具备直接排放条件的地上泵房可排放至室外排水管网，其他情况可设置集水坑和排水泵（一用一备），排水泵流量不应小于最大泄水量，且不应小于 10L/s。具体设置要求，可参考"2.2.9– 要点 2"；③排水泵应按消防负荷供电；④消防水泵、控制柜等设备设施应设置防水淹的基础。

4.1.8　消防控制室的布置和防火分隔应符合下列规定：

1　单独建造的消防控制室，耐火等级不应低于二级；

2　附设在建筑内的消防控制室应采用防火门、防火窗、耐火极限不低于 2.00h 的防火隔墙和耐火极限不低于 1.50h 的楼板与其他部位分隔；

3　消防控制室应位于建筑的首层或地下一层，疏散门应直通室外或安全出口；

4　消防控制室的环境条件不应干扰或影响消防控制室内火灾报警与控制设备的正常运行；

5　消防控制室内不应敷设或穿过与消防控制室无关的管线；

6　消防控制室应采取防水淹、防潮、防啮齿动物等的措施。

【要点解读】

本条规定了消防控制室的基本防火要求，主要是为了保证消防控制室内部设备在火灾情况下仍能正常工作，保证房间内的操作人员不会受到火灾的威胁。

（1）本条第 1 款、第 3 款主要对应于《建筑设计防火规范（2018 年版）》GB 50016—2014 第 8.1.7 条。消防控制室的疏散门直通室外或安全出口，是指疏散门直通室外或只经过一条距离较短的疏散走道直接到达室外或安全出口，参见"4.1.4– 要点 3"。

（2）本条第 2 款主要对应于《建筑设计防火规范（2018 年版）》GB 50016—2014 第 6.2.7 条。当消防控制室附设于建筑内时，应作为独立的防火单元，以防范外部火灾侵害。

本规定的楼板耐火极限，当为超高层建筑时，尚应满足超高层建筑的楼板耐火性能要求。比如建筑高度大于 100m 建筑的楼板耐火极限不应低于 2.00h，建筑高度大于 250m 民用建筑的主体楼板耐火极限不应低于 2.50h。

（3）本条第 4 款主要对应于《建筑设计防火规范（2018 年版）》GB 50016—2014 第 8.1.7 条、《火灾自动报警系统设计规范》GB 50116—2013 第 3.4.7 条。电磁场干扰等对火灾自动报警系统设备的正常工作影响较大，为保证系统设备正常运行，要求控制室周围不布置干扰场强超过消防控制室设备承受能力的其他设备用房。

（4）本条第5款主要对应于《火灾自动报警系统设计规范》GB 50116—2013第3.4.6条。火灾自动报警系统、自动灭火系统、防烟排烟系统等的信号传输线路、控制线路等均需进入消防控制室。控制室内（包括吊顶上、地板下）的线路管道已经很多，为保证消防设备安全运行，便于检查维修，其他无关的电气线路和管网不得穿过消防控制室，以免互相干扰，防范次生危害。

（5）本条第6款主要对应于《建筑设计防火规范（2018年版）》GB 50016—2014第8.1.8条。消防控制室多电气电子设备，怕潮怕水、怕老鼠等啮齿动物啃咬。防水防潮措施可结合防水门槛和排水措施处置，也需要合理选择消防控制室的布置楼层和位置，消防控制室宜设置在一层靠外墙部位。防水门槛和防鼠板可结合设置。

（6）相关标准中有特别规定者，应从其规定。比如：《建筑高度大于250米民用建筑防火设计加强性技术要求》（公消〔2018〕57号）第二十三条规定，消防控制室应设置在建筑的首层；《火力发电厂与变电站设计防火标准》GB 50229—2019第7.13.4条规定，消防控制室应与集中控制室合并设置；第7.13.5条规定，火灾报警控制器应设置在值长所在的集中控制室内，报警控制器的安装位置应便于操作人员监控。

4.1.9 汽车库不应与甲、乙类生产场所或库房贴邻或组合建造。

【要点解读】

本条要求汽车库不得与甲、乙类生产场所或库房贴邻或组合建造。本条主要对应于《汽车库、修车库、停车场设计防火规范》GB 50067—2014第4.1.3条。

（1）汽车库具有人员流动大、致灾因素多等特点，一旦与火灾危险性大的甲、乙类厂房及仓库贴邻或组合建造，极易发生火灾事故，必须严格限制。汽车库不应与火灾危险性为甲、乙类的厂房、仓库贴邻或组合建造，防火间距应满足相关标准要求。

（2）对于直接为汽车库服务且火灾危险性类别为甲、乙类的附属设施，可依相关标准要求贴邻建造，比如，《汽车库、修车库、停车场设计防火规范》GB 50067—2014第4.1.7条规定，为汽车库、修车库服务的下列附属建筑，可与汽车库、修车库贴邻，但应采用防火墙隔开，并应设置直通室外的安全出口：①贮存量不大于1.0t的甲类物品库房；②总安装容量不大于5.0m³/h的乙炔发生器间和贮存量不超过5个标准钢瓶的乙炔气瓶库；③1个车位的非封闭喷漆间或不大于2个车位的封闭喷漆间；④建筑面积不大于200m²的充电间和其他甲类生产场所。

（3）汽车库与丙、丁、戊类厂房、仓库以及民用建筑组合建造或贴邻建造，应符合本《通用规范》及现行国家标准《汽车库、修车库、停车场设计防火规范》GB 50067等标准规定。

4.2　工业建筑

4.2.1　除特殊工艺要求外，下列场所不应设置在地下或半地下：

1　甲、乙类生产场所；

2　甲、乙类仓库；

3　有粉尘爆炸危险的生产场所、滤尘设备间；

4　邮袋库、丝麻棉毛类物质库。

【要点解读】

本条规定了地下、半地下建筑（室）中的禁止性场所，主要针对甲、乙类生产仓储场所和火灾负荷大且可能产生自燃的丙类仓储场所。本条第 1 款、第 2 款主要对应于《建筑设计防火规范（2018 年版）》GB 50016—2014 第 3.3.4 条。

地下和半地下场所不利于泄压和灭火救援，通风条件差，不应作为甲、乙类生产场所和仓库。依据《重大火灾隐患判定方法》GB 35181—2017 规定，甲、乙类生产场所和仓库设置在建筑的地下室或半地下室，应直接判定为重大火灾隐患。

（1）本条第 1 款所述的甲、乙类生产场所，包括丙、丁、戊类生产场所中的局部甲、乙类场所。

（2）本条第 2 款所述的甲、乙类仓库，包括丙、丁、戊类生产场所中的甲、乙类中间仓库。

（3）本条第 3 款包括的场所有：①有粉尘爆炸危险的生产场所；②粉尘爆炸危险生产场所的滤尘设备间。

有粉尘爆炸危险的场所，可参见《建筑设计防火规范（2018 年版）》GB 50016—2014 有关生产火灾危险性分类举例中的乙类第 6 项场所，比如，铝粉或镁粉厂房，金属制品抛光部位，煤粉厂房、面粉厂的碾磨部位、活性炭制造及再生厂房，谷物筒仓的工作塔，亚麻厂的除尘器和过滤器室等。

（4）邮袋库、丝麻棉毛类物质的火灾负荷大且可能引发自燃事故，要求较好的通风散热条件，不应设置于地下和半地下场所。

（5）本条所述的"特殊工艺要求"，主要是指生产装置或设备因工艺需要必须布置在地下或半地下的情形，如不这样做将无法满足正常生产需要。当这类场所因特殊工艺要求需要设置于地下或半地下时，应采取可靠的防火技术措施并经专项论证确定。

4.2.2　厂房内不应设置宿舍。直接服务于生产的办公室、休息室等辅助用房的设置，应符合下列规定：

1　不应设置在甲、乙类厂房内；

2　与甲、乙类厂房贴邻的辅助用房的耐火等级不应低于二级，并应采用耐火极限

不低于 3.00h 的抗爆墙与厂房中有爆炸危险的区域分隔，安全出口应独立设置；

　　3　设置在丙类厂房内的辅助用房应采用防火门、防火窗、耐火极限不低于 2.00h 的防火隔墙和耐火极限不低于 1.00h 的楼板与厂房内的其他部位分隔，并应设置至少 1 个独立的安全出口。

【要点解读】

　　本条规定了在生产厂房内布置或贴邻布置辅助用房的基本防火要求。本条主要对应于《建筑设计防火规范（2018 年版）》GB 50016—2014 第 3.3.5 条。

　　办公室、休息室等属于民用建筑中的公共建筑，不应与厂房、仓库等工业建筑合建。为方便生产管理而设置的直接服务于生产的办公室、休息室等辅助用房，可设置于厂房内或贴邻建造，应依本条规定做好防火处置措施。不得在厂房内设置与生产管理无直接关系的其他用房。

　　本条规定不包括分散设置于车间内的用于监测、生产调度等功能的生产配套房间，这类房间可视为生产区域的一部分【7.1.2– 图示 5】。

　　要点 1：厂房内不应设置宿舍。

　　宿舍属于人员密集场所，是服务于员工的生活保障性用房，没有设置在厂房内的必要性，不应设置在厂房内。宿舍属于民用建筑中的公共建筑，应独立设置并满足现行国家标准《建筑设计防火规范》GB 50016 规定的防火间距要求。

　　要点 2：甲、乙类厂房内不应设置办公室、休息室等辅助用房，确有需要时，辅助用房可贴邻所服务厂房设置。

　　（1）甲、乙类厂房通常具备爆燃爆炸风险，办公室、休息室等辅助用房不应设置在甲、乙类厂房内，确有需要时，可贴邻所服务厂房设置。辅助用房的耐火等级不应低于二级，并应采用耐火极限不低于 3.00h 的抗爆墙与厂房分隔，安全出口应独立设置【图示 1】。

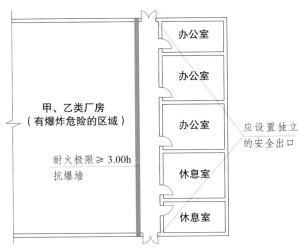

4.2.2– 图示 1　与甲、乙类厂房贴邻设置的辅助用房

（2）抗爆墙（防爆墙）应保证在墙体任意一侧受到爆炸冲击波作用并达到设计压力时，能够保持设计所要求的防护性能。抗爆墙（防爆墙）的通常做法有钢筋混凝土墙、砖墙配筋和夹砂钢木板，具体设计应根据生产部位可能产生的爆炸超压值、泄压面积大小、爆炸的概率，结合工艺和建筑中采取的其他防爆措施与建造成本等情况综合考虑。相关专业标准有规定者，可参照执行，比如，《石油化工建筑物抗爆设计标准》GB/T 50779—2022 第 6.5.1 条规定，钢筋混凝土抗爆墙应符合下列规定：①墙厚度不应小于 200mm，且不宜小于层高的 1/25；②应采用双层双向配筋，且每层每个方向的配筋率不应小于 0.25%，最大配筋率不应大于 1.5%；③设计支座转角大于 2° 时，应配置弯起抗剪钢筋。

要点 3：丙类厂房内可设置办公室、休息室等辅助用房，但应做好防火分隔措施，并应设置至少 1 个独立的安全出口。

在丙类厂房内，可设置用于管理、控制或调度生产的办公房间以及工人的中间临时休息室等辅助用房，但应采用耐火构件与生产部分隔开，并设置不经过生产区域的疏散楼梯、疏散门等直通厂房外。

（1）设置在丙类厂房内的辅助用房应采用防火门、防火窗、耐火极限不低于 2.00h 的防火隔墙和耐火极限不低于 1.00h 的楼板与厂房内的其他部位分隔，并应设置至少 1 个独立的安全出口【图示 2】【图示 3】。

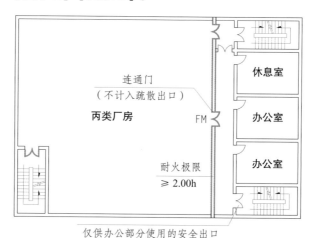

4.2.2– 图示 2　设置于丙类厂房的辅助用房

本规定的楼板耐火极限，尚应满足相应耐火等级建筑的楼板耐火性能要求和超高层建筑的楼板耐火性能要求。比如一级耐火等级建筑的楼板耐火极限不应低于 1.50h，建筑高度大于 100m 建筑的楼板耐火极限不应低于 2.00h。

（2）辅助用房的安全出口（疏散楼梯）数量、安全疏散距离及疏散楼梯形式等，可根据辅助用房的规模，参照本《通用规范》第 7.4.1 条及相关规定确定。【图示 2】中，办公部分需要两个安全出口，其中一个安全出口与厂房生产区域部分共用；【图示 3】

的一、二级耐火等级的丙类厂房中，当办公部分不超过 3 层，办公部分每层建筑面积不超过 200m² 且第二、三层的人数之和不大于 50 人时，可设置 1 个安全出口。

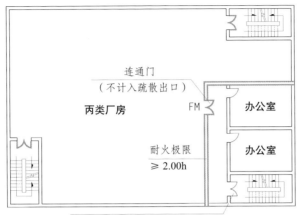

4.2.2– 图示 3　设置于丙类厂房的辅助用房

要点 4：丁、戊类厂房内可设置办公室、休息室等辅助用房，不严格要求采用防火隔墙分隔，但仍应为相对独立的区域，辅助用房不应通过生产场所疏散。

丁、戊类厂房的火灾风险较低，现行标准未要求辅助用房与厂房内的其他区域采用防火隔墙分隔，但丁、戊类厂房中的不安全因素仍然较多，比如设置机加工、装配等生产设备，放置易引发人体伤害的物料等，丁类厂房中更可能存在高温和明火区域。火灾条件下的应急疏散是无序的，为保护人群免受伤害，当办公室、休息室等辅助用房设置在丁、戊类厂房内时，有必要将辅助用房设置为相对独立的区域，且辅助用房不应通过生产场所疏散【图示 4】。

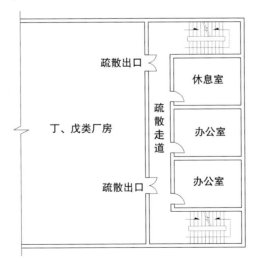

4.2.2– 图示 4　设置于丁、戊类厂房的辅助用房

而且，依据本《通用规范》第4.1.1条规定，同一建筑内的不同使用功能区域之间应进行防火分隔。因此，对于丁、戊类厂房内的办公室、休息室等辅助用房，仍宜采用防火隔墙分隔，至少应设置为相对独立的区域。

要点5：怎样协调本条规定与现行行业标准《住宿与生产储存经营合用场所消防安全技术要求》XF 703的关系。

（1）现行行业标准《住宿与生产储存经营合用场所消防安全技术要求》XF 703适用既有建筑中住宿与生产储存经营等一种或几种用途混合设置在同一连通空间内的场所，俗称"三合一"场所。"三合一"场所多属于既有建筑中的遗留问题，一直是火灾重患区，也是消防安全的痛点和消防监管的难点。对于"三合一"场所，除本行业标准要求外，尚应符合各地方标准及管理规定要求，并应通过搬迁、改造等方式，逐步适应本《通用规范》和国家相关标准要求。

（2）凡涉及新建、改建、扩建建筑以及既有建筑改造等的防火要求，必须执行本《通用规范》及国家相关标准要求。《住宿与生产储存经营合用场所消防安全技术要求》XF 703仅可作为既有建筑的过渡性管理措施，不得作为住宿与生产储存经营等一种或几种用途混合设置的依据。

4.2.3 设置在厂房内的甲、乙、丙类中间仓库，应采用防火墙和耐火极限不低于1.50h的不燃性楼板与其他部位分隔。

【要点解读】

本条规定了厂房内设置甲、乙、丙类中间仓库的基本防火要求。本条应结合《建筑设计防火规范（2018年版）》GB 50016—2014第3.3.6条执行。

本条规定的楼板耐火极限，当为超高层建筑时，尚应满足超高层建筑的楼板耐火性能要求，比如建筑高度大于100m建筑的楼板耐火极限不应低于2.00h。

要点1：中间仓库的概念，火灾危险性分类。

厂房和仓库不能合建，确因生产工艺所需，保证连续生产需要的仓库，可以中间仓库的形式设置在厂房内。中间仓库是为满足厂房内正常连续生产需要，在厂房内存放原材料或连接上下工序的半成品、辅助材料及成品的周转库房。

中间仓库的火灾危险性分类，可以按照现行国家标准《建筑设计防火规范》GB 50016中有关仓库火灾危险性分类的规定确定，参见"附录6"。

中间仓库的面积、耐火等级等其他设置要求，可以按照现行国家标准《建筑设计防火规范》GB 50016的规定确定，参见要点4、要点5。

要点2：甲、乙、丙类中间仓库。

设置在厂房内的甲、乙、丙类中间仓库，应采用耐火极限不低于4.00h的防火墙和耐火极限不低于1.50h的不燃性楼板与其他部位分隔【图示1】，对于有爆炸危险的甲、乙类仓库，还需考虑墙体的防爆要求，保证发生火灾或爆炸时，不会危及生产区。

甲、乙类中间仓库应靠外墙布置，其储量不宜超过 1 昼夜的需要量，相关标准有更高要求者，应从其规定。

要点 3：丁、戊类中间仓库。

《建筑设计防火规范（2018 年版）》GB 50016—2014 第 3.3.6 条规定，设置在厂房内的丁、戊类中间仓库，应采用耐火极限不低于 2.00h 的防火隔墙和 1.00h 的楼板与其他部位分隔【图示 2】。

要点 4：中间仓库与所服务车间的建筑面积。

中间仓库的建筑面积应符合《建筑设计防火规范（2018 年版）》GB 50016—2014 第 3.3.2 条和第 3.3.3 条的规定，且中间仓库与所服务车间的建筑面积之和不应大于该类厂房有关一个防火分区的最大允许建筑面积。示例：二级耐火等级的乙类多层厂房，设置中间仓库（乙类 6 项物品库房）。根据该规范第 3.3.2 条要求，二级耐火等级乙类 6 项多层仓库，每座仓库的最大允许占地面积为 1500m²，每个防火分区的最大允许建筑面积为 500m²；根据该规范第 3.3.1 条要求，二级耐火等级的乙类多层厂房，每个防火分区的最大允许建筑面积为 3000m²，则该中间仓库与所服务车间的防火分区最大允许建筑面积之和不应大于 3000m²，用于中间仓库的最大允许建筑面积一般不应大于 500m²。当设置自动灭火系统且满足相关规范要求时，仓库的占地面积和防火分区的建筑面积可按该规范第 3.3.3 条的规定增加。

4.2.3- 图示 1　甲、乙、丙类中间仓库

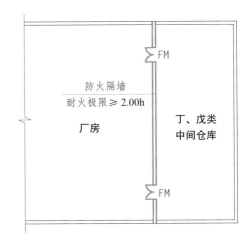

4.2.3- 图示 2　丁、戊类中间仓库

要点 5：中间仓库的耐火等级。

在厂房内设置中间仓库时，生产车间和中间仓库的耐火等级应一致，建筑物的耐火等级按仓库和厂房要求较高者确定。

4.2.4 与甲、乙类厂房贴邻并供该甲、乙类厂房专用的 10kV 及以下的变（配）电站，应采用无开口的防火墙或抗爆墙一面贴邻，与乙类厂房贴邻的防火墙上的开口应为甲级防火窗。其他变（配）电站应设置在甲、乙类厂房以及爆炸危险性区域外，不应与甲、乙类厂房贴邻。

【要点解读】

本条规定了甲、乙类厂房与变（配）电站的平面布置要求。本条主要对应于《建筑设计防火规范（2018 年版）》GB 50016—2014 第 3.3.8 条。

要点 1：变（配）电站应设置在甲、乙类厂房以及爆炸危险性区域外，不应与甲、乙类厂房贴邻。

（1）变（配）电站不应设置在甲、乙类厂房内或与甲、乙类厂房贴邻。

甲、乙类厂房往往具备爆燃和爆炸特征，变压器和配电设施存在火灾风险，因此变（配）电站不应设置在甲、乙类厂房内或与甲、乙类厂房贴邻，变（配）电站与甲、乙类厂房的防火间距应满足现行国家标准《建筑设计防火规范》GB 50016 及相关标准的规定。

（2）变（配）电站不应设置在爆炸危险性区域内。

本规定所述的爆炸危险性区域，包括厂房所致的爆炸危险性区域，也包括装卸、运输等外部因素导致的爆炸危险性区域。

有关爆炸危险性区域的划分，可依据现行国家标准《爆炸危险环境电力装置设计规范》GB 50058 等标准确定。

要点 2：供甲、乙类厂房专用的 10kV 及以下的变（配）电站，可采用无开口的防火墙或抗爆墙与厂房一面贴邻。

（1）供甲、乙类厂房专用的 10kV 及以下的变（配）电站，是指电压 10kV 及以下，仅服务于贴邻厂房的变（配）电站。这类变（配）电站可与所服务厂房的一面外墙贴邻，应采用无门窗洞口的防火墙或抗爆墙隔开【图示 1】。

（2）防火墙或抗爆墙的选择，应根据变（配）电站和厂房的火灾危险性情况确定。

①抗爆墙。当墙体的某一侧存在爆炸危险时，应设置耐火极限不低于 4.00h 的抗爆墙，比如，当与变（配）电站贴邻的厂房区域具有爆炸危险性时，或当与厂房贴邻的变（配）电站的房间具有爆炸危险性时，应设置抗爆墙。

对于厂房区域，可依据《爆炸危险环境电力装置设计规范》GB 50058 以及相关专业标准确定爆炸危险区域；对于变（配）电站，可认为可燃油油浸变压器、充有可燃油的高压电容器和多油开关等具有爆炸危险。

②防火墙。当厂房和变（配）电站分隔墙体的两侧均不存在爆炸危险时，可采用耐火极限不低于 4.00h 的防火墙。

（3）对于乙类厂房的变（配）电站，当设置防火墙分隔时，允许在防火墙上设置观察设备、仪表运行情况的观察窗，观察窗应采用不可开启的固定式甲级防火窗【图示2】，不允许设置连通门及其他开口。但当需要设置抗爆墙分隔时，仍不应开设任何洞口。

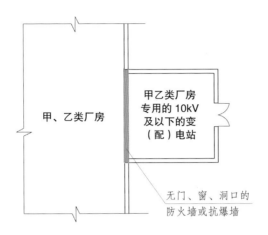

4.2.4- 图示 1　专为甲、乙类厂房服务的变（配）电站

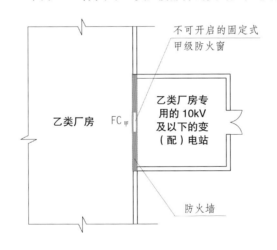

4.2.4- 图示 2　专为乙类厂房服务的变（配）电站

4.2.5　甲、乙类仓库和储存丙类可燃液体的仓库应为单、多层建筑。

【要点解读】

本条规定限制了甲、乙类物品仓库和丙类可燃液体仓库的建筑高度和层数。本条主要对应于《建筑设计防火规范（2018 年版）》GB 50016—2014 表 3.3.2。

（1）甲、乙类仓库具备易燃易爆风险，丙类可燃液体易流散，易形成大面积流淌火，且可能产生可燃蒸气引发爆炸。这类火灾的灭火救援难度大，应合理控制建筑规模，不允许建设为高层建筑或设置在高层建筑内，其中甲类仓库应为单层。甲、乙类仓库不得设置于地下、半地下建筑（室）。

（2）储存丙类可燃液体的仓库，属于储存物品火灾危险性类别为丙类第1项的仓库。

（3）综合《建筑设计防火规范（2018年版）》GB 50016—2014第3.3.2条规定，可知不同火灾危险性类别仓库的最多允许层数，参见表4.2.5。

表4.2.5　仓库的最多允许层数

储存物品的火灾危险性类别		仓库的耐火等级	最多允许层数
甲	3、4项	一级	1
	1、2、5、6项	一、二级	1
乙	1、3、4项	一、二级	3
		三级	1
	2、5、6项	一、二级	5
		三级	1
丙	1项	一、二级	5
		三级	1
	2项	一、二级	不限
		三级	3
丁		一、二级	不限
		三级	3
		四级	1
戊		一、二级	不限
		三级	3
		四级	1

4.2.6　仓库内的防火分区或库房之间应采用防火墙分隔，甲、乙类库房内的防火分区或库房之间应采用无任何开口的防火墙分隔。

【要点解读】

本条规定了仓库中防火分区或防火分隔间之间的防火分隔要求。本条主要对应于《建筑设计防火规范（2018年版）》GB 50016—2014表3.3.2注1。

要点1：仓库建筑的防火分区和防火分隔间。

（1）不同于厂房和民用建筑，仓库建筑的楼层可以划分为多个防火分区，也可以分隔为多个防火分隔间。当划分为多个防火分区时，每个防火分区应设置独立的安全出口（疏散楼梯）【图示1】；当分隔为多个防火分隔间时，多个防火分隔间可通过疏散走道共用安全出口（疏散楼梯）【图示2】。

（2）除安全出口外，防火分隔间的其他防火要求与防火分区相同，每个防火分隔间的建筑面积不应大于一个防火分区的最大允许建筑面积。【图示2】中，多个防火分隔间（库房）通过疏散走道共用安全出口（疏散楼梯），每个防火分隔间（库房）的建筑面积均不应大于一个防火分区的最大允许建筑面积。

（3）每个防火分隔间的疏散出口数量应满足本《通用规范》第7.2.3条规定，参见"7.2.3– 要点解读"。

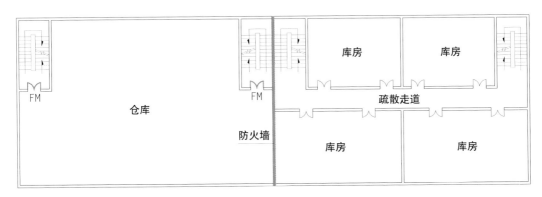

4.2.6– 图示1　以防火分区作为分隔单元的仓库

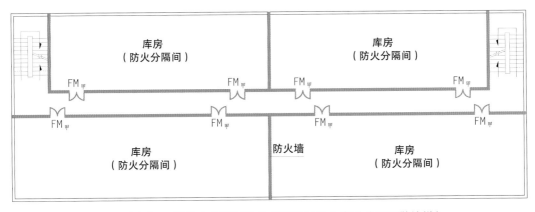

4.2.6– 图示2　以防火分隔间作为分隔单元的仓库（共用疏散楼梯）

要点2：仓库内的防火分区或库房之间应采用防火墙分隔。

本规定所述的库房，即要点1的防火分隔间。

（1）甲、乙类库房内的防火分区或库房之间应采用无任何开口的防火墙分隔。

甲、乙类物品往往具备爆燃和爆炸风险，防火墙上开设洞口后难以保证防火分隔的有效性，因此要求甲、乙类防火分区（或库房）与相邻防火分区（或库房）之间采用无任何开口（包括门窗洞口等）的防火墙分隔，有利于控制火势蔓延，减少火灾危害。示例：【图示3】的库房7为乙类库房，与相邻的丙类和戊类库房之间应采用无任何开口（包括门窗洞口等）的防火墙分隔。

（2）丙、丁、戊类库房内的防火分区或库房之间应采用防火墙分隔，可以开设必要的开口。

在丙、丁、戊类库房内的防火分区或库房之间，确有需要时，可在防火墙上设置满足内部物流和人员通行的开口，但应严格限制开口的大小和数量，尽量采用防火门分隔，以确保防火分隔的有效性和可靠性。特例情况下也可采用防火卷帘，当采用防火卷帘时，防火卷帘的耐火极限不得低于防火墙耐火极限，开口部位的宽度不宜大于6.0m，高度不宜大于4.0m，以尽量减少对防火分隔有效性的影响。

（3）当同一座仓库中存在不同火灾危险性类别的防火分区（或库房）时，可依据相邻防火分区（或库房）的火灾危险性类别确定是否可以开设洞口。

示例：在【图示3】的乙类仓库中，存在乙类、丙类、丁类、戊类等不同火灾危险性类别的防火分隔间（库房）。乙类库房与相邻库房应采用无任何开口的防火墙分隔；丙类、丁类、戊类等库房之间的防火墙上可开设必需的洞口。

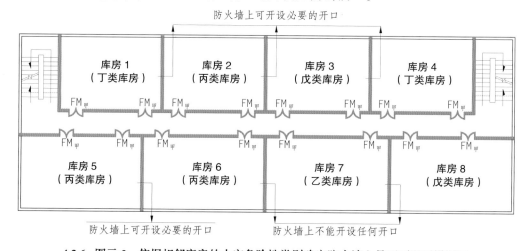

4.2.6- 图示3　依据相邻库房的火灾危险性类别确定防火墙上是否可以开设洞口

（4）涉及特定行业的功能需求时，可依相关标准确定。比如：《煤化工工程设计防火标准》GB 51428—2021第5.2.5条规定，允许一定条件下的储煤库的防火分区之间采用宽度不小于10m的通道或防火墙分隔；《火力发电厂与变电站设计防火标准》GB 50229—2019第3.0.5条规定，每座室内贮煤场最大允许占地面积不应大于50000m²。每个防火分区面积不宜大于12000m²，当防火分区面积大于12000m²时，防火分区之间应采用宽度不小于10m的通道或高度大于堆煤表面高度3m的防火墙进行分隔。

要点3：并非仓库中的所有库房均需要采用防火墙分隔，仅作为防火分隔间的库房才需要采用防火墙分隔。

本条规定所述的库房，是指要点1所述的防火分隔间【图示2】，作为防火分隔间的库房需要采用防火墙分隔。而对于防火分区或防火分隔间内部因功能所需而分设的库房，库房之间并无严格的防火分隔要求，只需满足《建筑设计防火规范（2018年版）》

GB 50016—2014 第 3.2.1 条规定的房间隔墙的燃烧性能和耐火极限即可。也就是说，并非所有库房之间均需要采用防火墙分隔，仅作为防火分隔间的库房才需要采用防火墙分隔。示例：【图示 1】右侧的防火分区，因功能需要划分为多个不同的库房，库房之间并不需要防火墙分隔。【7.2.3– 图示 1】的楼层为一个防火分区，库房之间也不需要防火墙分隔。

4.2.7 仓库内不应设置员工宿舍及与库房运行、管理无直接关系的其他用房。甲、乙类仓库内不应设置办公室、休息室等辅助用房，不应与办公室、休息室等辅助用房及其他场所贴邻。丙、丁类仓库内的办公室、休息室等辅助用房，应采用防火门、防火窗、耐火极限不低于 2.00h 的防火隔墙和耐火极限不低于 1.00h 的楼板与其他部位分隔，并应设置独立的安全出口。

【要点解读】

本条规定了库房内布置辅助用房的基本防火要求。本条主要对应于《建筑设计防火规范（2018 年版）》GB 50016—2014 第 3.3.9 条。

有关本条规定与现行行业标准《住宿与生产储存经营合用场所消防安全技术要求》XF 703 的关系，参见 "4.2.2– 要点 5"。

要点 1：仓库内不应设置员工宿舍及与库房运行、管理无直接关系的其他用房。

允许在仓库建筑内设置的辅助用房，是为方便日常管理必需的用房，如办公室、监控室、出入库管理室、工作人员临时休息室等。不得在仓库内设置与库房运行、管理无直接关系的其他用房。

仓库内不应设置宿舍，参见 "4.2.2– 要点 1"。

要点 2：甲、乙类仓库内不应设置办公室、休息室等辅助用房，不应与办公室、休息室等辅助用房及其他场所贴邻。

甲、乙类仓库火灾危害巨大，波及范围广，不应设置办公室、休息室等辅助用房，也不应与办公室、休息室等辅助用房及其他场所贴邻。辅助用房应独立设置，与仓库的防火间距应满足现行国家标准《建筑设计防火规范》GB 50016 及相关专业标准的规定。

要点 3：丙、丁类仓库内可设置办公室、休息室等辅助用房，但应做好防火分隔措施，并应设置独立的安全出口。

（1）丙、丁类仓库可以设置为方便日常管理必需的辅助用房，如办公室、监控室、出入库管理室、工作人员临时休息室等。辅助用房应采用防火门、防火窗、耐火极限不低于 2.00h 的防火隔墙和耐火极限不低于 1.00h 的楼板与其他部位分隔，并应设置独立的安全出口。

本规定的楼板耐火极限，尚应满足相应耐火等级建筑的楼板耐火性能要求和超高层建筑的楼板耐火性能要求。比如一级耐火等级建筑的楼板耐火极限不应低于1.50h，建筑高度大于100m建筑的楼板耐火极限不应低于2.00h。

（2）辅助用房的安全出口（疏散楼梯）数量、安全疏散距离及疏散楼梯形式等，可根据辅助用房的规模，参照本《通用规范》第7.4.1条及相关规定确定。

要点4：戊类仓库内可设置办公室、休息室等辅助用房，不严格要求采用防火隔墙分隔，但应为相对独立的区域，且辅助用房不应通过库房等区域疏散。

戊类仓库的火灾风险较低，本条规定未要求辅助用房与仓库内的其他区域采用防火隔墙分隔。考虑戊类厂房中的储存物品包装可能采用可燃材料，火灾时可产生大量烟雾，而且库房区域的疏散距离并无限制，不利于人员疏散。因此有必要将辅助用房设置为相对独立的区域，且不应通过库房疏散。

依据本《通用规范》第4.1.1条规定，同一建筑内的不同使用功能区域之间应进行防火分隔。因此，对于戊类仓库内的办公室、休息室等辅助用房，仍宜采用防火隔墙分隔，至少应设置为相对独立的区域。

4.2.8 使用和生产甲、乙、丙类液体的场所中，管、沟不应与相邻建筑或场所的管、沟相通，下水道应采取防止含可燃液体的污水流入的措施。

【要点解读】

本条主要对应于《建筑设计防火规范（2018年版）》GB 50016—2014第3.6.11条。

使用和生产甲、乙、丙类液体的场所中，事故易造成液体进入地下管沟，可影响地下管沟行经区域，一旦发生火灾，危害范围极大。且甲、乙、丙类液体流入下水道后，可进入市政或自然水体，留下火灾隐患，污染环境。因此规定甲、乙、丙类液体场所中的管、沟不应与相邻建筑或场所的管、沟相通，其下水道应采取防止含可燃液体的污水流入的措施，比如设置隔油设施等。对于水溶性可燃、易燃液体，常规的隔油设施不能有效防止可燃液体蔓延与流散，应根据具体情况采取相应的排放处理措施。

具体实施要求，可依据相关专业标准确定，比如，《纺织工程设计防火规范》GB 50565—2010规定：

4.1.4 化纤厂和化纤原料厂的厂区、可燃液体罐区邻近江、河、湖、海岸布置时，应采取防止泄漏的可燃液体和灭火时含有可燃液体或粉尘（包括纤维和飞絮等固体微小颗粒）的污水流入水域的措施。

7.5.2 纺织工程含可燃液体的生产污水和被可燃液体严重污染的雨水管道系统的下列部位应设置水封，且水封高度不得小于250mm。

（1）工艺装置内的塔、炉、泵、冷换设备等围堰的排水管（渠）出口处。

（2）工艺装置、储罐组或其他设施及建筑物、构筑物、管沟等的排水出口处。

（3）全厂性的支干管与主干管交汇处的支干管上。

（4）全厂性干管、主干管的管段长度超过300m时。

（5）建筑物用防火墙分隔成多个房间，每个房间的生产污水管道应有独立的排出口，并应设置水封井。

7.5.3　可燃液体储罐区的生产污水管道应有独立的排出口，并应在防火堤与水封井之间的管道上设置易启闭的隔断阀。防火堤内雨水沟排出管道出防火堤后应设置易启闭的隔断阀，将初期污染雨水与未受到污染的清洁雨水分开，分别排入生产污水系统和雨水系统。

含油污水应在防火堤外进行隔油处理后再排入生产污水系统。

4.3　民用建筑

4.3.1　民用建筑内不应设置经营、存放或使用甲、乙类火灾危险性物品的商店、作坊或储藏间等。民用建筑内除可设置为满足建筑使用功能的附属库房外，不应设置生产场所或其他库房，不应与工业建筑组合建造。

【要点解读】

本条规定要求民用建筑不与仓库、生产场所组合建造，不设置经营、存放或使用甲、乙类火灾危险性物品的商店、作坊或储藏间。本条主要对应于《建筑设计防火规范（2018年版）》GB 50016—2014 第5.4.2条。

依据《重大火灾隐患判定方法》GB 35181—2017 规定，符合以下任意一条的，应直接判定为重大火灾隐患：①在人员密集场所违反消防安全规定使用、储存或销售易燃易爆危险品；②生产、储存、经营易燃易爆危险品的场所与人员密集场所、居住场所设置在同一建筑物内，或与人员密集场所、居住场所的防火间距小于国家工程建设消防技术标准规定值的75%。

要点1：民用建筑内不应设置经营、存放或使用甲、乙类火灾危险性物品的商店、作坊或储藏间等。

甲、乙类物品具备易燃易爆特征，民用建筑功能复杂，人员密集，建筑内不应设置经营、存放或使用甲、乙类火灾危险性物品的商店、作坊、车间或储藏间等，比如储存或销售烟花爆竹、单瓶容量大于5L的白酒等。

本规定不包括以下物品和场所：

（1）本规定不包括直接为民用建筑使用功能服务的场所，如燃气锅炉房等。在采取符合相关标准要求的防火措施后，燃气锅炉房等可以设置于民用建筑内。

（2）本规定不包括单瓶容量不大于5L的酒类成品。当酒类酒精度在38度及以上时，《建筑设计防火规范（2018年版）》GB 50016—2014 将其火灾危险性分类定性为甲类。实际应用中，当这类酒封装于单瓶容量不大于 5L 的容器内时，火灾危险性可划分为丙类 1 项，可以在商店、餐饮等场所销售并适量储存。

（3）本规定不包括单瓶容量不大于 1L 的医用酒精。酒精的火灾危险性分类定性为甲类。实际应用中，当医用酒精封装于单瓶容量不大于 1L 的容器内时，可以在医院、药店等场所销售并适量储存。

（4）本规定不包括教学、医疗等建筑中配套设置的实验室、检验室、储藏室，以及必需的实验或医疗设备，但应严格控制用量并应符合相关标准及规定，比如行业标准《高等学校实验室消防安全管理规范》JY/T 0616、《医疗机构消防安全管理》WS 308 等。

（5）本规定不包括独立设置并经营、存放或使用甲、乙类火灾危险性物品的建筑，但应严格执行相关标准及规定，并应取得相应许可。比如独立设置的烟花爆竹零售店、零售点，应满足现行行业标准《烟花爆竹零售店（点）安全技术规范》AQ 4128 及相关标准的规定。

要点 2：民用建筑内除可设置为满足建筑使用功能的附属库房外，不应设置生产场所或其他库房。

（1）民用建筑内可以设置满足建筑使用功能的附属库房，不应设置非自身功能所需的库房。

民用建筑可以设置直接为民用建筑使用功能服务的附属库房，如建筑中的自用物品暂存库房、档案室和资料室等。依据《建筑设计防火规范（2018 年版）》GB 50016—2014 第 6.2.3 条规定，民用建筑内的附属库房应采用耐火极限不低于 2.00h 的防火隔墙以及防火门、防火窗与其他部位分隔。

民用建筑内设置库房时，要求在整座建筑中所占面积比例较小，应采取防火分隔措施。库房可依功能所需设置，不宜集中设置。对于特定功能场所中的较大面积库房，可依相关标准处置，示例：

①商店的货品贮存仓库，应按工业建筑的仓库要求独立设置，销售必需的中转库房可以设置在商店建筑内，但应尽量限制库房面积，并应符合相关标准规定。比如，《人员密集场所消防安全管理》GB/T 40248—2021 第 8.3.2 条规定，设置于商场内的库房应采用耐火极限不低于 3.00h 的隔墙与营业、办公部分完全分隔，通向营业厅的开口应设置甲级防火门。

②图书馆的书库、档案馆的档案室、博物馆的藏品库区等，可依现行标准《图书馆建筑设计规范》JGJ 38、《档案馆建筑设计规范》JGJ 25、《博物馆建筑设计规范》JGJ 66 等标准要求处置。

（2）民用建筑内不应设置生产场所以及第（1）项所述以外的其他库房。

民用建筑功能复杂，人员密集，如果内部布置生产车间或仓库，一旦发生火灾，极易造成重大人员伤亡和财产损失，因此，民用建筑内不应设置生产场所以及第（1）

项所述以外的其他库房。专业标准有特别规定者，可从其规定，比如，《商店建筑设计规范》JGJ 48—2014 第 5.1.3 条规定，专业店内附设的作坊、工场应限为丁、戊类生产。

要点 3：民用建筑不应与工业建筑组合建造。

（1）本条规定的组合建造，是指不同功能部分组合为同一座建筑，包括采用防火墙分隔的不同功能部分组合。

民用建筑不允许与仓库、生产场所组合建造，专业标准有特别规定者，可从其规定，比如，《物流建筑设计规范》GB 51157—2016 第 15.3.12 条明确了办公楼与丙类作业型物流建筑的合建要求。

（2）本条规定不包括不同建筑的贴邻建造，比如民用建筑与丙、丁、戊类厂房和丁、戊类仓库的贴邻建造。

民用建筑可以与丙、丁、戊类厂房和丁、戊类仓库贴邻建造，具体实施要求，可依据《建筑设计防火规范（2018 年版）》GB 50016—2014 第 3.4.1 条、第 3.4.5 条、第 3.5.3 条等规定执行。

4.3.2　住宅与非住宅功能合建的建筑应符合下列规定：

1　除汽车库的疏散出口外，住宅部分与非住宅部分之间应采用耐火极限不低于 2.00h，且无开口的防火隔墙和耐火极限不低于 2.00h 的不燃性楼板完全分隔。

2　住宅部分与非住宅部分的安全出口和疏散楼梯应分别独立设置。

3　为住宅服务的地上车库应设置独立的安全出口或疏散楼梯，地下车库的疏散楼梯间应按本规范第 7.1.10 条的规定分隔。

4　住宅与商业设施合建的建筑按照住宅建筑的防火要求建造的，应符合下列规定：

　　1）商业设施中每个独立单元之间应采用耐火极限不低于 2.00h 且无开口的防火隔墙分隔；

　　2）每个独立单元的层数不应大于 2 层，且 2 层的总建筑面积不应大于 300m²；

　　3）每个独立单元中建筑面积大于 200m² 的任一楼层均应设置至少 2 个疏散出口。

【要点解读】

本条规定了住宅与非住宅功能合建时的基本防火要求。本条应结合《建筑设计防火规范（2018 年版）》GB 50016—2014 第 5.4.10 条、第 5.4.11 条执行。

住宅建筑的功能和火灾危险性与其他建筑有较大差别，一般需独立建造。当住宅与非住宅功能合建时，需在水平与竖向采取防火分隔措施，并使各自的疏散设施相互独立，互不连通。在水平方向一般应采用无门窗洞口的防火墙或防火隔墙分隔；在竖向一般采用无洞口的楼板分隔。

住宅与非住宅功能合建，通常可分为"住宅建筑与其他功能建筑组合建造"和"设置商业服务网点（商业设施）的住宅建筑"两种情况，参见要点 2、要点 3。

要点 1：本条文执行原则。

（1）本条第 1 款规定的"除汽车库的疏散出口外"，是指地下、半地下汽车库借用住宅部分疏散楼梯的情形。

考虑地下车库设置疏散楼梯的实际困难，综合功能需求，允许地下、半地下汽车库借用住宅部分的疏散楼梯。具体要求，可依据《汽车库、修车库、停车场设计防火规范》GB 50067—2014 第 6.0.7 条规定执行：与住宅地下室相连通的地下汽车库、半地下汽车库，人员疏散可借用住宅部分的疏散楼梯；当不能直接进入住宅部分的疏散楼梯间时，应在汽车库与住宅部分的疏散楼梯之间设置连通走道，走道应采用防火隔墙分隔，汽车库开向该走道的门均应采用甲级防火门。

（2）本条第 1 款～第 3 款主要针对住宅建筑与其他功能建筑组合建造，参见要点 2。

（3）本条第 1 款～第 4 款主要针对设置商业设施（商业服务网点）的住宅建筑，参见要点 3。

（4）本条规定不包括以下情形：

①本条规定不包括设置于住宅建筑底层、车位直通室外、仅供单户使用的独立式住宅中的汽车库，这类车库的防火分隔措施，参见"4.1.3– 要点 1"；

②本条规定不包括住宅建筑中设置的供用户自用的独立式储藏室；

③本条规定不限制住宅部分和非住宅部分共用电气竖井（电缆井等）、管道井等必要的竖向井道，也不限制建筑功能所需的电梯互通，但应依据相关标准要求做好防火处置措施。

要点 2：住宅建筑与其他功能建筑组合建造。

住宅建筑可以与公共建筑、汽车库等其他功能建筑组合建造，本条第 1 款～第 3 款规定内容，即住宅建筑与其他功能建筑组合建造的控制性底线要求，除本条第 1 款～第 3 款规定外，尚应满足《建筑设计防火规范（2018 年版）》GB 50016—2014 第 5.4.10 条要求。

（1）建筑分类。

住宅建筑与公共建筑组合建造，应根据各自建筑高度，依据现行国家标准《建筑设计防火规范》GB 50016 规定分别进行建筑分类。住宅建筑可分为单、多层住宅建筑和一类高层住宅建筑、二类高层住宅建筑；公共建筑可分为单、多层公共建筑和一类高层公共建筑、二类高层公共建筑。

住宅建筑与汽车库组合建造，应根据各自建筑高度和总建筑高度，依据现行国家标准《建筑设计防火规范》GB 50016、《汽车库、修车库、停车场设计防火规范》GB 50067 规定分别进行建筑分类。

（2）住宅部分的安全疏散楼梯、安全出口和疏散门的布置与设置要求，室内消火栓系统、火灾自动报警系统等的设置，可以根据住宅部分的建筑高度，按照有关住宅建筑的要求确定；非住宅部分的安全疏散楼梯、安全出口和疏散门的布置与设置要求，防火分区划分，室内消火栓系统、自动灭火系统、火灾自动报警系统等的设置，可以根据非住宅部分的建筑高度，按照有关公共建筑或汽车库的要求确定；住宅部分和非住宅部分的防烟、排烟系统设置要求，可根据各自的建筑高度和疏散楼梯间形式确定。

（3）该建筑与邻近建筑的防火间距、消防车道和救援场地的布置、室外消防给水系统设置、室外消防用水量计算、消防电源的负荷等级确定等，当非住宅部分为公共建筑时，需要根据该建筑的总高度和建筑分类，按照公共建筑的要求确定；当非住宅部分为汽车库时，应根据各自建筑高度、建筑总高度、建筑规模和建筑分类，分别按照住宅建筑和汽车库的要求确定，以较高要求为准。

（4）"建筑的总高度"为建筑中住宅部分与非住宅部分组合后的最大高度；"各自的建筑高度"是指住宅部分的建筑高度与非住宅部分的建筑高度，为室外设计地面至住宅部分或非住宅部分最上一层顶板或屋面面层的高度；有关建筑高度和室外设计地面的概念，可依据现行国家标准《建筑设计防火规范》GB 50016 的规定确定。

（5）住宅与汽车库合建时，尚应符合现行国家标准《汽车库、修车库、停车场设计防火规范》GB 50067 的规定，比如《汽车库、修车库、停车场设计防火规范》GB 50067—2014 第 5.1.6 条规定，汽车库、修车库与其他建筑合建时，应采用防火墙隔开。

要点 3：设置商业设施（商业服务网点）的住宅建筑。

本条第 4 款所述的"商业设施"，是指各类经营性商业场所，即《建筑设计防火规范（2018 年版）》GB 50016—2014 的"商业服务网点"。设置商业设施（商业服务网点）的住宅建筑，除本条规定外，尚应满足《建筑设计防火规范（2018 年版）》GB 50016—2014 第 5.4.11 条要求。

（1）商业设施（商业服务网点）属于小区或住宅的便民设施，包括百货店、副食店、粮店、邮政所、储蓄所、理发店、洗衣店、药店、洗车店、餐饮店等小型营业性用房。对于火灾风险等级相当（或更低）的其他功能业态，也可以设置于商业设施（商业服务网点）。但不得设置火灾风险等级较高的其他功能业态，比如歌舞娱乐放映游艺场所等。

设置商业设施（商业服务网点）的住宅建筑，整体建筑分类仍属于住宅建筑，可按照住宅建筑定性来进行防火设计。

（2）商业设施（商业服务网点）属于公共建筑功能，当按照住宅建筑的防火要求建造时，控制每个防火单元的规模，有利于控制火灾蔓延和灭火救援。商业设施中每个独立单元之间应采用耐火极限不低于 2.00h 且无开口的防火隔墙分隔；每个独立单元的层数不应大于 2 层，且 2 层的总建筑面积不应大于 $300m^2$；商业服务网点应设置在住宅建筑的首层或首层及二层【图示 1】【图示 2】【图示 3】。

（3）每个独立单元中建筑面积大于 $200m^2$ 的任一楼层均应设置至少 2 个疏散出口。

①对于单层的商业服务网点，当建筑面积大于 $200m^2$ 时，需设置 2 个安全出口【图示 4】。每个分隔单元内的任一点至最近直通室外的出口的直线距离（L、L'）应满足表 4.3.2 要求。

②对于 2 层的商业服务网点，当首层和二层的建筑面积均不大于 $200m^2$ 时，首层可设置 1 个安全出口，二层可通过 1 部楼梯到达首层【图示 5】。每个分隔单元内

的任一点至最近直通室外的出口的直线距离（L、L'）应满足表 4.3.2 要求，其中，$L=L_1+1.5\times L_2+L_3$。

注：本书中，对于需要计算疏散距离的楼梯梯段，梯段部位的疏散距离按梯段水平投影长度的 1.50 倍计算。

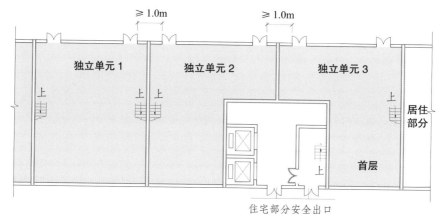

4.3.2- 图示 1　商业服务网点首层平面示意图

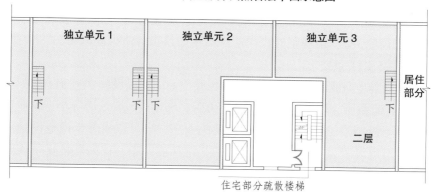

4.3.2- 图示 2　商业服务网点二层平面示意图

③对于 2 层的商业服务网点，当首层的建筑面积大于 200m² 时，首层需设置 2 个安全出口，二层可通过 1 部楼梯到达首层【图示 6】。每个分隔单元内的任一点至最近直通室外的出口的直线距离（L、L'、L''）应满足表 4.3.2 要求，其中，$L=L_1+1.5\times L_2+L_3$。

④对于 2 层的商业服务网点，当二层的建筑面积大于 200m² 时，二层应设置 2 部疏散楼梯，尽管首层面积不大于 100m²，但仍应与二层对应，应设置 2 个安全出口【图示 7】。每个分隔单元内的任一点至最近直通室外的出口的直线距离（L、L'、L''）应满足表 4.3.2 要求，其中，$L=L_1+1.5\times L_2+L_3$；$L'=L'_1+1.5\times L'_2+L'_3$。

⑤对于 2 层的商业服务网点，当二层的建筑面积大于 200m²，设置有 1 个通向公共疏散走道的疏散门且疏散走道可通过公共楼梯到达室外时，二层可只设置 1 部疏散楼梯【图示 8】。每个分隔单元内的任一点至最近直通室外的出口的直线距离（L、L'、

L''）应满足表 4.3.2 要求，其中，$L=L_1+1.5 \times L_2+L_3$。

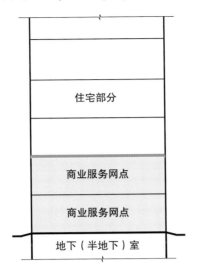

4.3.2– 图示 3　商业服务网点设置在住宅建筑的首层或首层及二层

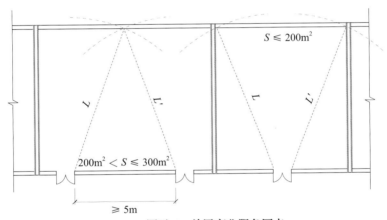

4.3.2– 图示 4　单层商业服务网点

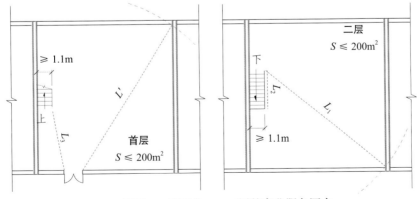

4.3.2– 图示 5　设置在一、二层的商业服务网点

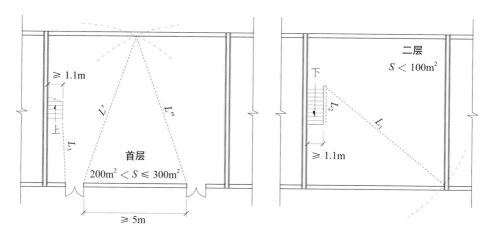

4.3.2- 图示 6　设置在一、二层的商业服务网点

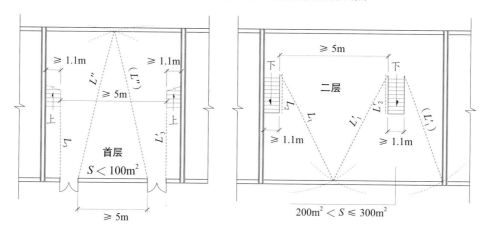

4.3.2- 图示 7　设置在一、二层的商业服务网点

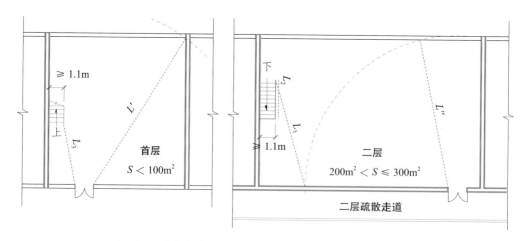

4.3.2- 图示 8　商业服务网点二层设置 1 个通向公共疏散走道的疏散门

（4）以上建筑中，每个分隔单元内的任一点至最近直通室外的出口的直线距离

（L、L'、L"），不应大于《建筑设计防火规范（2018年版）》GB 50016—2014表5.5.17中多层其他建筑位于袋形走道两侧或尽端的疏散门至最近安全出口的最大直线距离，参见表4.3.2。

表4.3.2 商业服务网点分隔单元内任一点至最近直通室外的出口的直线距离

建筑耐火等级	任一点至最近直通室外的出口的直线距离	备注
一级	≤ 22m（27.5m）	建筑物内全部设置自动喷水灭火系统时，其安全疏散距离可按本表的规定增加25%。注：本书中，括号内的数值为增加25%以后的值。
二级	≤ 22m（27.5m）	
三级	≤ 20m（25m）	

（5）商业服务网点中疏散走道和疏散楼梯的净宽度均应不小于1.10m。

4.3.3 商店营业厅、公共展览厅等的布置应符合下列规定：

1 对于一、二级耐火等级建筑，应布置在地下二层及以上的楼层；

2 对于三级耐火等级建筑，应布置在首层或二层；

3 对于四级耐火等级建筑，应布置在首层。

【要点解读】

本条规定了商店营业厅、公共展览厅的楼层位置要求。本条主要对应于《建筑设计防火规范（2018年版）》GB 50016—2014第5.4.3条。

本条规定的建筑不包括木结构建筑，商店营业厅、公共展览厅等布置在木结构建筑中的相关要求，参见第4.3.8条～第4.3.10条。

（1）建筑物的耐火等级决定其耐火性能，耐火等级越低，火灾蔓延速度越快，人员可用疏散时间和可用于火灾扑救的时间越短。现行国家标准对三、四级耐火等级建筑的层数和防火分区最大允许建筑面积进行了较为严格的限制，由《建筑设计防火规范（2018年版）》GB 50016—2014第5.3.1条可知，三级耐火等级建筑最多建设为5层，四级耐火等级建筑最多建设为2层。当商店营业厅、公共展览厅、歌舞娱乐放映游艺场所、儿童活动场所、老年人照料设施、住院病房等设置于较低耐火等级建筑中时，应严格控制楼层位置。

（2）商店营业厅经营和储存的商品数量多，火灾荷载大；公共展览厅的人数众多，较难控制临时性展位的材料燃烧性能。当设置于三级耐火等级建筑时，应布置在首层或二层；当设置于四级耐火等级建筑时，应布置在首层。

（3）地下三层及以下楼层的垂直疏散距离较长，一旦发生火灾，火灾扑救、烟气排除和人员疏散都较为困难，因此不允许将商店营业厅、公共展览厅等场所设置在地下三层及以下楼层。

（4）实际应用中，尚应关注相关专业标准要求，比如，《展览建筑设计规范》

JGJ 218—2010 第 4.1.2 条规定，展厅不应设置在建筑的地下二层及以下的楼层。

4.3.4 儿童活动场所的布置应符合下列规定：

　　1 不应布置在地下或半地下；

　　2 对于一、二级耐火等级建筑，应布置在首层、二层或三层；

　　3 对于三级耐火等级建筑，应布置在首层或二层；

　　4 对于四级耐火等级建筑，应布置在首层。

【要点解读】

　　本条规定了儿童活动场所的楼层位置要求。本条主要对应于《建筑设计防火规范（2018 年版）》GB 50016—2014 第 5.4.4 条。

　　本条规定的建筑不包括木结构建筑，儿童活动场所设置在木结构建筑中的相关要求，参见第 4.3.8 条 ~ 第 4.3.10 条。

　　儿童的行为能力较弱，需要其他人协助进行疏散，有必要严格控制设置楼层。

　　（1）本《通用规范》规定的"儿童活动场所"，是指供 12 周岁及以下婴幼儿和少儿活动的场所，包括幼儿园、托儿所中供婴幼儿生活和活动的房间，设置在建筑内的儿童游乐厅、儿童乐园、儿童培训班、早教中心等儿童游乐、学习和培训等活动的场所，不包括小学学校的教室等教学场所。

　　（2）有关幼儿园、托儿所用房的楼层位置要求，除本条规定外，还需依据现行行业标准《托儿所、幼儿园建筑设计规范》JGJ 39 及相关标准确定。

　　依据《重大火灾隐患判定方法》GB 35181—2017 规定，托儿所、幼儿园的儿童用房所在楼层位置不符合国家工程建设消防技术标准的规定时，应直接判定为重大火灾隐患。

　　（3）有关中小学学校的教室等教学场所，可依据相关标准确定，比如，《中小学校设计规范》GB 50099—2011 第 4.3.2 条规定，各类小学的主要教学用房不应设在四层以上，各类中学的主要教学用房不应设在五层以上。本规定适应耐火等级为一、二级的教学建筑。

4.3.5 老年人照料设施的布置应符合下列规定：

　　1 对于一、二级耐火等级建筑，不应布置在楼地面设计标高大于 54m 的楼层上；

　　2 对于三级耐火等级建筑，应布置在首层或二层；

　　3 居室和休息室不应布置在地下或半地下；

　　4 老年人公共活动用房、康复与医疗用房，应布置在地下一层及以上楼层，当布置在半地下或地下一层、地上四层及以上楼层时，每个房间的建筑面积不应大于 $200m^2$ 且使用人数不应大于 30 人。

【要点解读】

　　本条规定了老年人照料设施及各功能用房的楼层位置要求。

本条规定的建筑不包括木结构建筑，老年人照料设施设置在木结构建筑中的相关要求，参见第 4.3.8 条、第 4.3.9 条。

本《通用规范》规定的"老年人照料设施"，是指床位总数或可容纳老年人总数大于或等于 20 床（人），为老年人提供集中照料服务的公共建筑，包括老年人全日照料设施和老年人日间照料设施，相关概念参见"附录1"。不属于老年人照料设施的场所，可按常规公共建筑确定建筑防火要求。

要点 1：对于一、二级耐火等级建筑，老年人照料设施不应布置在楼地面设计标高大于 54m 的楼层上；对于三级耐火等级建筑，老年人照料设施应布置在首层或二层。

依据《重大火灾隐患判定方法》GB 35181—2017 规定，当老年人活动场所所在楼层位置不符合国家工程建设消防技术标准的规定时，应直接判定为重大火灾隐患。

（1）老年人照料设施宜独立设置，当老年人照料设施与其他建筑上、下组合时，老年人照料设施宜设置在建筑的下部。对于设置在其他建筑内的老年人照料设施或与其他建筑上下组合建造的老年人照料设施，其设置高度、层数和所在楼层位置等也应符合本条的规定，即老年人照料设施部分所在位置的建筑高度或楼层应符合本条的规定。

有关老年人照料设施的建筑高度或层数的要求，既考虑了我国救援能力的有效救援高度，也考虑了老年人照料设施中大部分使用人员行为能力弱的特点。当前，我国消防救援能力的有效救援高度主要为 32m 和 52m，这种状况短时间内难以改变。老年人照料设施中的大部分人员不仅在疏散时需要他人协助，而且随着建筑高度的增加，竖向疏散人数增加，人员疏散更加困难，疏散时间延长等，不利于确保老年人及时安全逃生。

（2）对于三级耐火等级建筑，其火灾蔓延较快，人员的有效疏散时间短，而老年人行动又较迟缓，故要求老年人照料设施布置在首层或二层。

（3）老年人照料设施不应设置在四级耐火等级的建筑中。

（4）本条规定所述的"楼地面设计标高"，是指从建筑室外设计地面至楼地面的高度【图示】。"建筑室外设计地面标高"与现行国家标准《建筑设计防火规范》GB 50016 中建筑高度的室外设计地面标高一致。

计算建筑室外设计地面至楼地面的高度时，室外设计地面应同时满足以下两个条件，当两个条件对应的地面标高值不一致时，室外设计地面标高应按较低的标高值确定：①建筑首层安全出口的室外设计地面标高；②满足消防扑救操作要求的室外设计地面标高。

（5）有关老年人照料设施及配套用房的楼层位置要求，还需根据相关标准的规定确定，比如现行标准《建筑设计防火规范》GB 50016、《老年人照料设施建筑设计标准》JGJ 450 等。

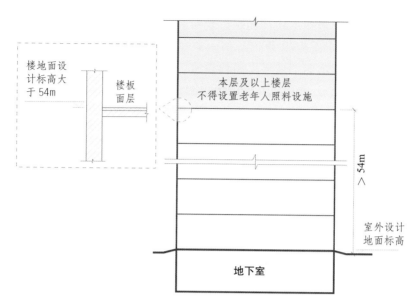

4.3.5- 图示　老年人照料设施楼地面标高示意图

要点 2: 居室和休息室不应布置在地下或半地下。

本条主要对应于《老年人照料设施建筑设计标准》JGJ 450—2018 第 5.1.2 条。

老年人照料设施的"居室"是供老年人住宿且布置有床位的房间，以及供老年人住宿且布置有床位并兼作起居室的房间；老年人照料设施的"休息室"是专门供老年人日间休息且布置有靠椅或床位的安静房间。

老年人居室是老年人平时久居的场所，老年人休息室是老年人最经常使用的场所。地下、半地下建筑（室）在火灾时烟气不易排除，人员疏散困难，将直接危害老年人的安全。而且，地下房间的卫生环境隐患较大，通风、采光等各方面均较地上房间为差。因此要求老年人居室和老年人休息室不应布置在地下或半地下。

要点 3: 老年人公共活动用房、康复与医疗用房，应布置在地下一层及以上楼层，当布置在半地下或地下一层、地上四层及以上楼层时，每个房间的建筑面积不应大于 $200m^2$ 且使用人数不应大于 30 人。

本条主要对应于《建筑设计防火规范（2018 年版）》GB 50016—2014 第 5.4.4B 条。

（1）老年人照料设施中的老年人公共活动用房指用于老年人集中休闲、娱乐、健身等用途的房间，如公共休息室、阅览或网络室、棋牌室、书画室、健身房、教室、公共餐厅等；康复与医疗用房指用于老年人诊疗与护理、康复治疗等用途的房间或场所。

（2）要求建筑面积大于 $200m^2$ 或使用人数大于 30 人的老年人公共活动用房设置在建筑的一、二、三层，可以方便聚集的人员在火灾时快速疏散。

（3）本规定的"使用人数"，为正常运营过程中可控的核定人数，包括服务人员和管理人员人数，当不能核定或不能控制人数时，可根据建筑面积和现行标准《老年人照料设施建筑设计标准》JGJ 450 规定的人均面积确定。

4.3.6 医疗建筑中住院病房的布置和分隔应符合下列规定：

1 不应布置在地下或半地下；

2 对于三级耐火等级建筑，应布置在首层或二层；

3 建筑内相邻护理单元之间应采用耐火极限不低于 2.00h 的防火隔墙和甲级防火门分隔。

【要点解读】

本条规定了医疗建筑住院病房的楼层位置要求和护理单元的防火分隔要求。本条主要对应于《建筑设计防火规范（2018 年版）》GB 50016—2014 第 5.4.5 条。

本条规定的建筑不包括木结构建筑，医疗建筑设置在木结构建筑中的相关要求，参见第 4.3.8 条、第 4.3.9 条。

有关医疗建筑的概念及范围，参见"附录 1"。

要点 1：医疗建筑中住院病房不应布置在地下或半地下；对于三级耐火等级建筑，应布置在首层或二层。

病房楼内的大多数人员行为能力受限，且病房楼比办公建筑等的火灾危险性高，因此对设置楼层有较严格要求。

医疗建筑不应设置在四级耐火等级的建筑中。

对于综合医院建筑，尚应符合《综合医院建筑设计规范》GB 51039—2014 规定，医院建筑耐火等级不应低于二级。

要点 2：建筑内相邻护理单元之间应采用耐火极限不低于 2.00h 的防火隔墙和甲级防火门分隔。

（1）护理单元是对同一病种住院病人进行诊断治疗和护理工作的一个病区，构成病房的基本单元。护理单元的规模以病床数作为标准。护理单元一般由 35 张～45 张病床（专科病房或因教学科研需要者可小于 30 床）、抢救室、病人厕所、盥洗室、浴室、护士站、医生办公室、处置室、治疗室、医护人员值班室、男女更衣室、医护人员厕所以及配餐室、库房、污洗室组成。还可根据需要配备病人餐室兼活动室、主任医生办公室、换药室、病人家属谈话室、探视用房、教学医院的示教室。

（2）根据医院火灾情况，在按照规范要求划分防火分区后，病房楼的每个防火分区还需结合护理单元根据面积大小和疏散路线做进一步的防火分隔，以便将火灾控制在更小的区域内，并有效地减小烟气的危害，为人员疏散与灭火救援提供更好的条件。病房楼内每个护理单元的建筑面积，不同地区、不同类型的医院差别较大，因此，本条要求按护理单元再做防火分隔，没有按建筑面积进行规定。

4.3.7 歌舞娱乐放映游艺场所的布置和分隔应符合下列规定：

1 应布置在地下一层及以上且埋深不大于 10m 的楼层；

2 当布置在地下一层或地上四层及以上楼层时，每个房间的建筑面积不应大于 200m²；

3 房间之间应采用耐火极限不低于 2.00h 的防火隔墙分隔；

4 与建筑的其他部位之间应采用防火门、耐火极限不低于 2.00h 的防火隔墙和耐火极限不低于 1.00h 的不燃性楼板分隔。

【要点解读】

本条规定了歌舞娱乐放映游艺场所的楼层布置要求和防火分隔要求【图示 1】。本条应结合《建筑设计防火规范（2018 年版）》GB 50016—2014 第 5.4.9 条执行，歌舞娱乐放映游艺场所宜布置在一、二级耐火等级建筑内的首层、二层或三层的靠外墙部位，不宜布置在袋形走道的两侧或尽端。

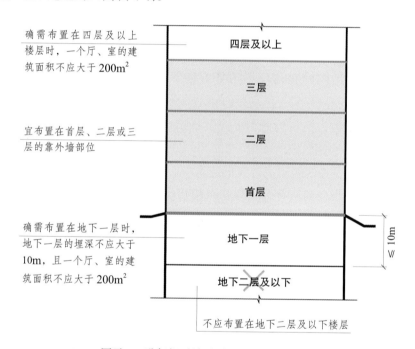

4.3.7- 图示 1　歌舞娱乐放映游艺场所楼层设置示意图

本条规定的建筑不包括木结构建筑，歌舞娱乐放映游艺场所设置在木结构建筑中的相关要求，参见第 4.3.8 条。

有关歌舞娱乐放映游艺场所和埋深等概念，参见"附录 1""附录 3"。

（1）设置于建筑内的歌舞娱乐放映游艺场所，应作为独立的防火单元，与建筑的其他部位之间应采用防火门、耐火极限不低于 2.00h 的防火隔墙和耐火极限不低于 1.00h 的不燃性楼板分隔。同时，歌舞娱乐放映游艺场所的每个房间也应作为独立的防火单元，房间之间、房间与走道之间、房间与其他功能区域之间应采用耐火极限不低于

2.00h 的防火隔墙分隔，且房间与房间之间不应开设任何开口【图示 2】。本条规定所述的"房间"，主要是指具备歌舞娱乐放映游艺功能的房间，对于歌舞娱乐放映游艺场所内配套设置的办公室、卫生间等房间，房间隔墙和疏散门可参照常规功能场所处置。

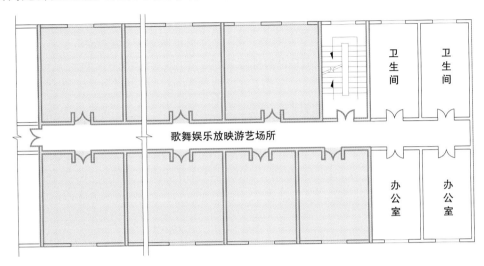

4.3.7– 图示 2　歌舞娱乐放映游艺场所平面设置示意图

（2）本条规定的楼板耐火极限，尚应满足相应耐火等级建筑的楼板耐火性能要求和超高层建筑的楼板耐火性能要求。比如一级耐火等级建筑的楼板耐火极限不应低于 1.50h，建筑高度大于 100m 建筑的楼板耐火极限不应低于 2.00h，建筑高度大于 250m 民用建筑的主体楼板耐火极限不应低于 2.50h。

4.3.8　Ⅰ级木结构建筑中的下列场所应布置在首层、二层或三层：

　　1　商店营业厅、公共展览厅等；

　　2　儿童活动场所、老年人照料设施；

　　3　医疗建筑中的住院病房；

　　4　歌舞娱乐放映游艺场所。

4.3.9　Ⅱ级木结构建筑中的下列场所应布置在首层或二层：

　　1　商店营业厅、公共展览厅等；

　　2　儿童活动场所、老年人照料设施；

　　3　医疗建筑中的住院病房。

4.3.10　Ⅲ级木结构建筑中的下列场所应布置在首层：

　　1　商店营业厅、公共展览厅等；

　　2　儿童活动场所。

【第4.3.8条~第4.3.10条 要点解读】

第4.3.8条~第4.3.10条规定了商店营业厅、公共展览厅、儿童活动场所、老年人照料设施、医疗建筑中住院病房、歌舞娱乐放映游艺场所布置在不同耐火等级木结构建筑内的楼层位置要求。歌舞娱乐放映游艺场所不得设置于Ⅱ级、Ⅲ级木结构建筑中、老年人照料设施、医疗建筑中的住院病房不得设置于Ⅲ级木结构建筑中。

木结构是采用以木材为主制作的构件承重的结构。木结构建筑的耐火等级分级独立于其他类型结构建筑的耐火等级分级体系，应符合现行国家标准《建筑设计防火规范》GB 50016有关木结构建筑的规定。

木结构建筑构件的燃烧性能和耐火极限、建筑的层数和防火分区面积、防火间距等均应满足现行国家标准《建筑设计防火规范》GB 50016有关木结构建筑的规定，否则应视为非木结构建筑，应按该规范第5.1节确定耐火等级，并按非木结构建筑确定建筑防火要求。

4.3.11 燃气调压用房、瓶装液化石油气瓶组用房应独立建造，不应与居住建筑、人员密集的场所及其他高层民用建筑贴邻；贴邻其他民用建筑的，应采用防火墙分隔，门、窗应向室外开启。瓶装液化石油气瓶组用房应符合下列规定：

　　1 当与所服务建筑贴邻布置时，液化石油气瓶组的总容积不应大于 1m³，并应采用自然气化方式供气；

　　2 瓶组用房的总出气管道上应设置紧急事故自动切断阀；

　　3 瓶组用房内应设置可燃气体探测报警装置。

【要点解读】

本条规定了燃气调压用房和瓶装液化石油气瓶组用房的基本防火要求。本条规定的贴邻布置，是指与所服务建筑的贴邻布置，与其他建筑不允许贴邻布置。另外，当所服务建筑为居住建筑、人员密集的场所及其他高层民用建筑时，也不得贴邻。

（1）燃气调压用房是设置调压装置的用房，调压装置将较高燃气压力降至所需的较低压力，包括调压器及其附属设备；瓶装液化石油气瓶组用房是储存瓶装液化石油气的用房。

（2）燃气调压用房和瓶装液化石油气瓶组用房属于散发可燃气体的甲类火灾危险性场所，应按照甲类生产或储存场所的相关要求设置在独立的建筑内，不应设置在其他建筑内。

（3）瓶装液化石油气瓶组用房应设置可燃气体探测报警装置，液化石油气瓶组的总出气管道上应设置紧急事故自动切断阀，自动切断阀应与可燃气体探测报警装置联锁启动，并应具备手动应急切断功能。瓶装液化石油气瓶组用房不应与居住建筑、人员密集的场所及高层民用建筑贴邻，与所服务的其他建筑贴邻时，液化石油气瓶组的总容积不应大于 1m³，并应采用自然气化方式供气。

（4）不满足贴邻布置条件的燃气调压用房和瓶装液化石油气瓶组用房，应依据相关标准确定防火间距，比如：《建筑设计防火规范（2018 年版）》GB 50016—2014 第 5.4.17 条规定了液化石油气独立瓶组间与所服务建筑的防火间距；《液化石油气供应工程设计规范》GB 51142—2015 第 7.0.4 条规定了液化石油气独立瓶组间与其他建（构）筑物的防火间距；《城镇燃气设计规范（2020 年版）》GB 50028—2006 第 6.6.3 条规定了调压站（含调压柜）与其他建（构）筑物的水平净距。

（5）液化石油气钢瓶的容积和最大充装量应符合相关标准要求（参见 12.0.4- 要点 5），当瓶装液化石油气瓶组用房的钢瓶总容积大于 4.0m³ 时，钢瓶数量较多，其连接支管和管件过多，漏气概率大，操作管理也不方便，推荐采用储罐。

（6）燃气调压用房、瓶装液化石油气瓶组用房的布置要求，除本条规定外，尚应符合现行国家标准《燃气工程项目规范》GB 55009、《建筑设计防火规范》GB 50016、《城镇燃气设计规范》GB 50028、《液化石油气供应工程设计规范》GB 51142 等标准规定。

4.3.12　建筑内使用天然气的部位应便于通风和防爆泄压。

【要点解读】

本条规定了在建筑内使用燃气部位的基本布置要求，包括天然气、液化石油气、沼气、煤气等可燃性气体。

良好的通风条件可及时排除泄漏的燃气，防止可燃气体、蒸气在建筑内积聚。

为满足通风和防爆泄压条件，减少爆炸危害，使用燃气部位通常靠外墙设置，尽量满足直接对外的通风和泄压条件，泄压设施应避开人员密集的场所和主要交通道路。

4.3.13　四级生物安全实验室应独立划分防火分区，或与三级生物安全实验室共用一个防火分区。

【要点解读】

本条规定了四级生物安全实验室建筑内防火分区的划分要求，其他等级生物安全实验室建筑内的防火分区划分可以按照国家现行相关标准的规定确定。本条主要对应于《生物安全实验室建筑技术规范》GB 50346—2011 第 8.0.3 条。

（1）生物安全实验室是通过防护屏障和管理措施，达到生物安全要求的微生物实验室和动物实验室，包括主实验室及其辅助用房。

（2）根据实验室所处理对象的生物危害程度和采取的防护措施，生物安全实验室分为四级，一级生物安全实验室对生物安全防护的要求最低，四级生物安全实验室对生物安全防护的要求最高。有关生物安全实验室的具体分级要求，可参照现行国家标准《生物安全实验室建筑技术规范》GB 50346 确定。

（3）四级生物安全实验室实验的对象是危害性大的致病因子，采用独立的防火分区是为了防止危害性大的致病因子扩散到其他区域，将火灾控制在一定范围内。由于一些工艺上的要求，三级和四级生物安全实验室有时置于一个防火分区，但为了同时满足防火要求，此种情况三级生物安全实验室的耐火等级应等同于四级生物安全实验室。由本《通用规范》第5.3.1条可知，设置有四级生物安全实验室的建筑物耐火等级应为一级。

4.3.14 交通车站、码头和机场的候车（船、机）建筑乘客公共区、交通换乘区和通道的布置应符合下列规定：

    1 不应设置公共娱乐、演艺或经营性住宿等场所；

    2 乘客通行的区域内不应设置商业设施，用于防火隔离的区域内不应布置任何可燃物体；

    3 商业设施内不应使用明火。

【要点解读】

本条规定了交通车站、码头和机场的候车（船、机）建筑的乘客公共区、交通换乘区或通道的基本防火要求。本条规定可依据相关标准执行，比如：《铁路工程设计防火规范》TB 10063—2016第6.1.4条、第11.0.10条；《民用机场航站楼设计防火规范》GB 51236—2017第3.3.8条、第3.5.4条等。

（1）交通设施中的公共区是在建筑内向乘客开放并供乘客使用的区域，包括进站和出站集散厅、候车厅（室）、售票处（厅）、行李和包裹托取处（厅）、旅客服务设施（问讯、邮电、商业、卫生）等。

（2）公共娱乐场所是具有文化娱乐、健身休闲功能并向公众开放的室内场所，主要范围参见"表附录7"。

（3）本条第2款所述的"防火隔离的区域"，通常称为防火隔离带，是阻止火灾从隔离带一侧延烧至另一侧的隔离空间，防火隔离带空间内（含顶棚）不得布置任何可燃物体，在特定条件下可替代防火墙和防火隔墙。防火隔离带应有一定宽度的空间间隔并配备必要的消防设施，具体应经专项论证确定。

4.3.15 一、二级耐火等级建筑内的商店营业厅，当设置自动灭火系统和火灾自动报警系统并采用不燃或难燃装修材料时，每个防火分区的最大允许建筑面积应符合下列规定：

    1 设置在高层建筑内时，不应大于4000m²；

    2 设置在单层建筑内或仅设置在多层建筑的首层时，不应大于10000m²；

    3 设置在地下或半地下时，不应大于2000m²。

【要点解读】

本条规定了商店营业厅设置在一、二级耐火等级建筑内的防火分区最大允许建筑面积。本条主要对应于《建筑设计防火规范（2018 年版）》GB 50016—2014 第 5.3.4 条。

要点 1：装修材料的适用标准。

本条规定要求装修材料采用不燃（A 级）材料或难燃（B₁ 级）材料，应同时满足现行国家标准《建筑内部装修设计防火规范》GB 50222 的规定，当两者的要求有别时，应以较高要求为准。比如，当 GB 50222 规定的材料燃烧性能允许降为 B₂ 级时，仍应按本条规定要求不低于 B₁ 级；同理，对于 GB 50222 要求为 A 级的装修材料，也不能按本条要求采用 B₁ 级。

要点 2：首层商店营业厅的防火分区面积按不大于 10000m² 控制的主要条件。

当营业厅满足以下条件时，考虑到人员安全疏散和灭火救援均具有较好的条件，可将防火分区的建筑面积调整为 10000m²。

（1）商店营业厅为单层建筑，或仅设置在多层建筑的首层，或仅设置在与高层建筑主体采用防火墙分隔的裙房的首层。

当裙房与高层建筑主体之间设置防火墙，防火墙仅开设甲级防火门连通，且相互间的安全疏散和灭火设施均相对独立时，裙房部分可适用本条有关单、多层建筑的规定【图示 1】。

（2）首层以外的其他楼层仅用于火灾危险性较商店营业厅小的其他用途【图示 1】【图示 2】。

当商店营业厅同时设置在多层建筑的首层及其他楼层，或其他楼层场所的火灾危险性与商店营业厅相当或更高时，防火分区最大允许建筑面积应按照第 4.3.16 条的规定确定。比如，当首层以外的其他楼层为展览厅、歌舞娱乐放映游艺场所、影剧院等功能时，首层商店营业厅防火分区最大允许建筑面积应按照第 4.3.16 条的规定确定。

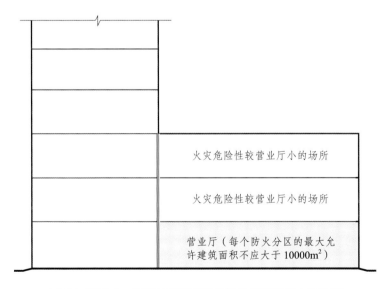

4.3.15– 图示 1　裙房与高层建筑主体之间设置防火墙分隔

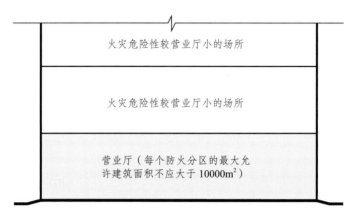

4.3.15– 图示 2　首层以外的其他楼层用途示意图

（3）首层营业厅需与其他功能区域划分为不同的防火分区，分开设置各自的疏散设施。

（4）防火分区内任一点的疏散距离满足《建筑设计防火规范（2018 年版）》GB 50016—2014 第 5.5.17 条的规定。

要点 3：商店营业厅以外的其他功能的防火分区，以及商店营业厅与其他功能混合设置的防火分区，应按照第 4.3.16 条规定确定防火分区最大允许建筑面积。

（1）本条规定仅适用于商店营业厅，对于商店营业厅以外的其他功能的防火分区，以及商店营业厅与其他功能混合设置的防火分区，应按照第 4.3.16 条规定确定防火分区最大允许建筑面积。

（2）当在商店营业厅内设置餐饮场所时，防火分区建筑面积应视餐饮场所的经营方式等，按照商店营业厅或其他功能的防火分区要求划分，主要如下：

①当餐饮场所与商店营业厅作为同一防火分区时，应按照第 4.3.16 条规定确定防火分区最大允许建筑面积。

②当餐饮场所与商店营业厅作为同一防火分区，但餐饮场所采用电加热的无明火的敞开式、明档类厨房时，餐饮场所可视为与商店营业厅风险等级相当的场所，可按本条规定确定防火分区面积，但应经专项技术论证后确定。

③当餐饮场所与商店营业厅作为不同的防火分区，安全疏散彼此独立时，商店营业厅可按本条规定确定防火分区面积；餐饮场所应按照第 4.3.16 条规定确定防火分区最大允许建筑面积。

要点 4：展览厅防火分区的最大允许建筑面积。

展览厅每个防火分区的最大允许建筑面积，应依据《建筑设计防火规范（2018 年版）》GB 50016—2014 第 5.3.4 条确定，相关要求与本条规定相同。

对于独立建造的单层展览建筑，当展厅的使用有特殊要求时，可经专项技术论证后确定防火分区最大允许建筑面积，具体实施，可依据现行标准《展览建筑设计规范》JGJ 218 和《建设工程消防设计审查验收管理暂行规定》（住房和城乡建设部令〔2020〕第 51 号、〔2023〕第 58 号）等规定执行。

4.3.16 除有特殊要求的建筑、木结构建筑和附建于民用建筑中的汽车库外，其他公共建筑中每个防火分区的最大允许建筑面积应符合下列规定：

1 对于高层建筑，不应大于 1500m²。

2 对于一、二级耐火等级的单、多层建筑，不应大于 2500m²；对于三级耐火等级的单、多层建筑，不应大于 1200m²；对于四级耐火等级的单、多层建筑，不应大于 600m²。

3 对于地下设备房，不应大于 1000m²；对于地下其他区域，不应大于 500m²。

4 当防火分区全部设置自动灭火系统时，上述面积可以增加 1.0 倍；当局部设置自动灭火系统时，可按该局部区域建筑面积的 1/2 计入所在防火分区的总建筑面积。

【要点解读】

本条规定了公共建筑中每个防火分区的最大允许建筑面积要求。本条主要对应于《建筑设计防火规范（2018 年版）》GB 50016—2014 第 5.3.1 条，应结合现行国家标准《建筑设计防火规范》GB 50016 及相关专业标准执行。

要点 1：不同耐火等级建筑的允许建筑层数、防火分区最大允许建筑面积。

除有特殊要求的建筑、木结构建筑和附建于民用建筑中的汽车库外，其他公共建筑中，不同耐火等级建筑的允许建筑高度或层数、防火分区最大允许建筑面积应符合表 4.3.16 的规定。

表 4.3.16　不同耐火等级建筑的允许建筑层数、防火分区最大允许建筑面积

名称	耐火等级	允许建筑高度或层数	防火分区的最大允许建筑面积（m²）	备注
高层民用建筑	一、二级	—	1500	—
单、多层民用建筑	一、二级	—	2500	—
	三级	5 层	1200	—
	四级	2 层	600	—
地下或半地下建筑（室）	一级	—	500	设备用房的防火分区最大允许建筑面积不应大于 1000m²

注：1　表中规定的防火分区最大允许建筑面积，当防火分区全部设置自动灭火系统时，可按本表的规定增加 1.0 倍；当局部设置自动灭火系统时，可按该局部区域建筑面积的 1/2 计入所在防火分区的总建筑面积。

2 当裙房与高层建筑高层主体之间设置防火墙分隔，防火墙上仅设置甲级防火门作为连通门，且相互间的疏散和灭火设施设置均相对独立时【4.1.2- 图示5】，裙房的防火分区可按单、多层建筑的要求确定。

3 除游泳池、消防水池的水面面积，溜冰场的冰面面积，滑雪场的雪面面积，射击场的靶道面积，污水沉降池面积，开敞式外走廊面积，开敞式阳台面积等可不计入防火分区的建筑面积外（4.1.2- 要点4），其他建筑面积均应计入所在防火分区的建筑面积。

4 设置在地下或半地下建筑（室）的设备用房，主要包括火灾危险性与丁、戊类厂房相当的设备用房（水泵房、锅炉房、通风空调机房、干式变压器等），以及小面积的柴油发电机房等，这类用房火灾危险性较小，平时只有巡检或值班人员，故将其防火分区最大允许建筑面积规定为1000m²。对于较大面积的火灾危险性与丙类厂房相当的设备用房，防火分区最大允许建筑面积仍应为500m²。

要点2：有特殊要求的建筑。

本条规定的有特殊要求的建筑，主要是指按本条规定的防火分区面积无法满足实际功能需要的建筑，比如体育场（馆）、剧场的观众厅，展览建筑的展厅等，这类功能场所可根据实际功能需要，经专项技术论证后确定防火分区面积，具体实施，可依据《建设工程消防设计审查验收管理暂行规定》（住房和城乡建设部令〔2020〕第51号、〔2023〕第58号）等规定执行。

另外，在一些专业标准中，也可能明确特定功能区域的防火分区面积，比如：《综合医院建筑设计规范》GB 51039—2014第5.24.2条明确了门诊大厅、手术部等功能场所的防火分区最大允许建筑面积；《博物馆建筑设计规范》JGJ 66—2015第7.2节明确了藏品保存场所的防火分区最大允许建筑面积。

要点3：住宅建筑、木结构建筑，以及人防工程、汽车库、地铁、铁路等特殊工程建筑。

本条应结合现行国家标准《建筑设计防火规范》GB 50016及相关专业标准执行。对于住宅建筑、木结构建筑，以及人防工程、汽车库、地铁、铁路等特殊工程建筑，具体要求如下：

（1）对于单元式住宅建筑，主要通过住宅单元的方式控制火灾风险，一般每个住宅单元每层的建筑面积不会大于一个防火分区的允许建筑面积，当超过时，仍需要按照本《通用规范》要求划分防火分区；对于通廊式住宅建筑，当每层的建筑面积大于一个防火分区的允许建筑面积时，也需要按照本《通用规范》要求划分防火分区。

（2）对于木结构建筑，防火分区最大允许建筑面积应依据现行国家标准《建筑设计防火规范》GB 50016有关木结构建筑的要求确定。

（3）对于平时使用的人民防空工程，防火分区最大允许建筑面积应依据现行国家标准《人民防空工程设计防火规范》GB 50098确定。

（4）对于汽车库，包括设置在民用建筑、工业建筑和人民防空工程中的汽车库，防火分区最大允许建筑面积应依据现行国家标准《汽车库、修车库、停车场设计防火规范》GB 50067 确定。

（5）对于地铁和轻轨交通工程，防火分区最大允许建筑面积应依据现行国家标准《地铁设计防火标准》GB 51298 确定。

（6）对于铁路工程，防火分区最大允许建筑面积应依据现行标准《铁路工程设计防火规范》TB 10063 确定。

4.3.17　总建筑面积大于 20000m² 的地下或半地下商店，应分隔为多个建筑面积不大于 20000m² 的区域且防火分隔措施应可靠、有效。

【要点解读】

本条规定了总建筑面积大于 20000m² 的地下、半地下商店的特别防火要求。本条应结合《建筑设计防火规范（2018 年版）》GB 50016—2014 第 5.3.5 条执行。

为最大限度地减少火灾的危害，结合商场人员密度和管理等多方面实际情况，本条规定要求总建筑面积大于 20000m² 的地下或半地下商店采取比较严格的防火分隔措施，以解决目前实际工程中地下商店规模越建越大，并大量采用防火卷帘作防火分隔，以致数万平方米的地下商店连成一片，不利于安全疏散和扑救的问题。

（1）本条规定的"总建筑面积"包括营业厅所在防火分区的建筑面积，包括配套商品储存库房的建筑面积，不包括独立防火分区的设备用房的建筑面积，不包括相邻布置的汽车库的建筑面积，也不包括地上商店的建筑面积。

需要注意的是，当地下、半地下商店通过中庭等与地上商店相通时，"总建筑面积"应包括地上商店部分面积。

【图示 1】的建筑，在计算地下或半地下商店的总建筑面积时，不包括地上商店的建筑面积，不包括地下汽车库的建筑面积。

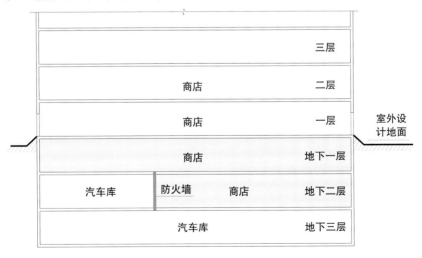

4.3.17– 图示 1　地下或半地下商店的总建筑面积示意

【图示2】的建筑，地下一层和地上一层、二层的商店通过中庭连通，在计算地下或半地下商店的总建筑面积时，应包括地上一层、二层建筑面积，可不包括地下二层独立防火分区的设备用房的建筑面积。

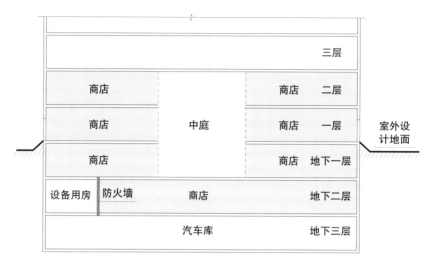

4.3.17– 图示2　地下或半地下商店与地上部分通过中庭连通时的总建筑面积示意

（2）总建筑面积大于20000m²的地下或半地下商店，应采用无门、窗、洞口的防火墙、耐火极限不低于2.00h的楼板分隔为多个建筑面积不大于20000m²的区域。相邻区域确需局部连通时，应采用下沉式广场等室外开敞空间、防火隔间、避难走道、防烟楼梯间等方式进行连通，具体实施要求，参见《建筑设计防火规范（2018年版）》GB 50016—2014第5.3.5条。

（3）依本条规定分隔后的每个建筑面积不大于20000m²的区域内，应按照本《通用规范》及现行国家标准《建筑设计防火规范》GB 50016划分防火分区。

4.4　其他工程

4.4.1　地铁车站的公共区与设备区之间应采取防火分隔措施，车站内的商业设施和非地铁功能设施的布置应符合下列规定：

　　1　公共区内不应设置公共娱乐场所；

　　2　在站厅的乘客疏散区、站台层、出入口通道和其他用于乘客疏散的专用通道内，不应布置商业设施或非地铁功能设施；

　　3　站厅公共区内的商业设施不应经营或储存甲、乙类火灾危险性的物品，不应储存可燃性液体类物品。

【要点解读】

本条规定了地铁车站设备区以及配套商业设施、非地铁功能设施布置的基本防火要求。

要点1：地铁车站的公共区与设备区之间应采取防火分隔措施。

车站公共区为车站内供乘客进行售检票、通行和乘降的区域，通常情况下，站台公共区和站厅公共区划分为同一防火分区。

车站设备区主要包括设备与管理用房区。设备管理区与站台、站厅公共区为不同的使用用途，火灾危险性相差较大，要求按不同的防火分区进行划分。

本规定应结合《地铁设计防火标准》GB 51298—2018第4.2.2条、第4.2.10条、第4.3.2条等规定执行。

要点2：地铁车站公共区内不应设置公共娱乐场所。

公共娱乐场所是具有文化娱乐、健身休闲功能并向公众开放的室内场所，主要范围参见"表附录7"。

要点3：在站厅的乘客疏散区、站台层、出入口通道和其他用于乘客疏散的专用通道内，不应布置商业设施或非地铁功能设施。

本规定主要对应于《地铁设计防火标准》GB 51298—2018第4.1.5条第1款。

为充分利用城市地下空间，方便市民的出行和生活，在地下车站内设置商铺，在站厅的上、下层设置商业场所，在与站厅同层的地下设置商业场所等非地铁功能场所的情形越来越普遍。但是地铁、商业或地下交通换乘场所都是人员聚集的地方，无论哪部分发生火灾都会造成巨大的混乱，加剧人员疏散的困难，很容易造成重大人员伤亡，必须采取严格的措施进行控制，以最大限度地减小火灾的可能危害。

地铁的疏散策略与一般的地下建筑有所不同，站台、站厅付费区以及非付费区、出入口通道内的乘客疏散区范围内应最大限度地减少火源，禁止设置商铺和非地铁功能场所。设置在站厅非付费区内的商铺不应处于乘客流线范围内，当在非付费区内设置商业设施时，其使用区域不能与地铁客流所需区域重合。

要点4：站厅公共区内的商业设施不应经营或储存甲、乙类火灾危险性的物品，不应储存可燃性液体类物品。

《地铁设计防火标准》GB 51298—2018第4.1.5条第2款规定，在站厅非付费区的乘客疏散区外设置的商铺，不得经营和储存甲、乙类火灾危险性的商品，不得储存可燃性液体类商品。每个站厅商铺的总建筑面积不应大于100m²，单处商铺的建筑面积不应大于30m²。商铺应采用耐火极限不低于2.00h的防火隔墙或耐火极限不低于3.00h的防火卷帘与其他部位分隔，商铺内应设置火灾自动报警和灭火系统。

可燃性液体类物品是指火灾危险性分类为丙类的液体（闪点不小于60℃的液体），比如，动物油、植物油、蜡、润滑油、机油、白兰地成品等，有关丙类液体的分类举例，参见"附录6"。

4.4.2 地铁车站的站厅、站台、出入口通道、换乘通道、换乘厅与非地铁功能设施之间应采取防火分隔措施。

【要点解读】

本条规定了地铁车站内不同功能区域与非地铁功能设施之间的防火分隔要求，可依据现行国家标准《地铁设计防火标准》GB 51298 等标准执行。本条主要对应于《地铁设计防火标准》GB 51298—2018 第 4.1.5 条第 3 款和第 4.1.6 条。

《地铁设计防火标准》GB 51298—2018 第 4.1.5 条第 3 款规定，在站厅的上层或下层设置商业等非地铁功能的场所时，站厅严禁采用中庭与商业等非地铁功能的场所连通；在站厅非付费区连通商业等非地铁功能场所的楼梯或扶梯的开口部位应设置耐火极限不低于 3.00h 的防火卷帘，防火卷帘应能分别由地铁、商业等非地铁功能的场所控制，楼梯或扶梯周围的其他临界面应设置防火墙。在站厅层与站台层之间设置商业等非地铁功能的场所时，站台至站厅的楼梯或扶梯不应与商业等非地铁功能场所连通，楼梯或扶梯穿越商业等非地铁功能场所的部位周围应设置无门窗洞口的防火墙。

《地铁设计防火标准》GB 51298—2018 第 4.1.6 条规定，在站厅公共区同层布置的商业等非地铁功能的场所，应采用防火墙与站厅公共区进行分隔，相互间宜采用下沉广场或连接通道等方式连通，不应直接连通。下沉广场的宽度不应小于 13m；连接通道的长度不应小于 10m、宽度不应大于 8m，连接通道内应设置 2 道分别由地铁和商业等非地铁功能的场所控制且耐火极限均不低于 3.00h 的防火卷帘。

4.4.3 地铁工程中的下列场所应分别独立设置，并应采用防火门（窗）、耐火极限不低于 2.00h 的防火隔墙和耐火极限不低于 1.50h 的楼板与其他部位分隔：

1 车站控制室（含防灾报警设备室）、车辆基地控制室（含防灾报警设备室）、环控电控室、站台门控制室；

2 变电站、配电室、通信及信号机房；

3 固定灭火装置设备室、消防水泵房；

4 废水泵房、通风机房、蓄电池室；

5 车站和车辆基地内火灾时需继续运行的其他房间。

【要点解读】

本条规定了地铁工程中重要用房的布置与防火分隔要求。本条主要对应于《地铁设计防火标准》GB 51298—2018 第 4.1.4 条。

（1）车站控制室、重要电气设备用房以及火灾时仍需运行的房间，对确保地铁安全、正常运行和在故障或发生火灾时顺利展开消防救援行动至关重要，要求分别独立设置并作为相对独立的防火单元，以确保这些部位不会受到其他区域火灾的影响。

（2）变电站、配电室、通风机房、蓄电池室等，属于火灾危险性较高的部位，分别独立设置并作为相对独立的防火单元，可防止火灾时影响到其他区域。

4.4.4 在地铁车辆基地建筑的上部建造其他功能的建筑时，车辆基地建筑与其他功能的建筑之间应采用耐火极限不低于 3.00h 的楼板分隔，车辆基地建筑中承重的柱、梁和墙体的耐火极限均不应低于 3.00h，楼板的耐火极限不应低于 2.00h。

【要点解读】

本条规定了在车辆基地建筑的上部建造其他功能建筑时的防火分隔要求。本条主要对应于《地铁设计防火标准》GB 51298—2018 第 4.1.7 条。

地铁车辆基地建筑的上部不宜设置其他使用功能的场所或建筑。为了充分利用土地资源，当在地铁车辆基地建筑的上部建造其他功能的建筑时，应确保上部建筑的安全，需要将车辆基地和其上部的建筑进行严格的分隔，并确保车辆基地建筑的结构在火灾时能保持较高的耐火性能，要求车辆基地的顶盖和车辆基地内建筑的承重结构的耐火极限至少要达到 3.00h，而根据车辆基地内建筑楼板的受力特性，其耐火极限可降低至 2.00h。

4.4.5 交通隧道内的变电站、管廊、专用疏散通道、通风机房及其他辅助用房等，应采用耐火极限不低于 2.00h 的防火隔墙等与车行隧道分隔。

【要点解读】

本条主要对应于《建筑设计防火规范（2018 年版）》GB 50016—2014 第 12.1.9 条。

公路隧道和城市交通隧道的变电站、管廊、专用疏散通道、通风机房等辅助用房是保障隧道日常运行和消防救援的重要设施，有的本身还具有一定的火灾危险性。当这些辅助用房和疏散通道设置在隧道内时，要采取相应的防火分隔措施与车行隧道分隔，以减小对隧道安全运行的影响，以及隧道内发生火灾时对这些房间或区域的影响。

相关专业标准有更高要求者，应从其规定。比如，《铁路工程设计防火规范》TB 10063—2016 第 10.1.2 条规定，长度 5km 及以上隧道内人员疏散口及通风、电力、通信、信号、牵引供电设备洞室均应设置防护门以及耐火极限不小于 3.00h 的隔墙。

5 建筑结构耐火

5.1 一般规定

5.1.1 建筑的耐火等级或工程结构的耐火性能，应与其火灾危险性，建筑高度、使用功能和重要性，火灾扑救难度等相适应。

【要点解读】

本条规定了建筑耐火等级和工程结构耐火性能的基本要求。

建筑的整体耐火性能是保证建筑结构在火灾时不发生较大破坏或垮塌的根本，建筑结构或构件的燃烧性能和耐火极限是确定建筑整体耐火性能的基础。根据建筑结构或构件的燃烧性能和耐火极限，采用耐火等级对房屋建筑的耐火性能进行分级，可以更合理地确定不同类别建筑的防火要求。

有关燃烧性能和耐火极限的概念，参见"附录15"。

要点1：耐火等级分级，建筑构件的燃烧性能和耐火极限。

耐火等级是根据建筑中墙、柱、梁、楼板、吊顶等各类构件的燃烧性能和耐火极限，对建筑物整体耐火性能进行的等级划分，是衡量建筑物耐火程度的分级标准，决定着建筑抵御火灾的能力。耐火等级分级及相应建筑构件的燃烧性能和耐火极限，可依据本《通用规范》及相关标准的规定确定。比如：

（1）民用建筑的耐火等级可分为一、二、三、四级，不同耐火等级建筑相应构件的燃烧性能和耐火极限不应低于《建筑设计防火规范（2018年版）》GB 50016—2014第5.1节的规定。

（2）厂房和仓库的耐火等级可分为一、二、三、四级，不同耐火等级建筑相应构件的燃烧性能和耐火极限不应低于《建筑设计防火规范（2018年版）》GB 50016—2014第3.2节的规定。

（3）木结构建筑的耐火等级可分为Ⅰ级、Ⅱ级和Ⅲ级，不同耐火等级木结构建筑构件的燃烧性能和耐火极限不应低于现行国家标准《建筑设计防火规范》GB 50016有关木结构建筑的规定。

（4）汽车库、修车库的耐火等级可分为一级、二级和三级，不同耐火等级建筑相应构件的燃烧性能和耐火极限不应低于《汽车库、修车库、停车场设计防火规范》GB 50067—2014第3章的规定。

（5）飞机库和飞机喷漆机库的耐火等级可分为一级、二级，不同耐火等级建筑构件的燃烧性能和耐火极限不应低于《飞机库设计防火规范》GB 50284—2008 第 3.0.3 条、《飞机喷漆机库设计规范》GB 50671—2011 第 5.2.2 条的规定。

要点 2：不同类型建筑的耐火等级要求。

（1）地下、半地下建筑（室）的耐火等级应为一级。

（2）民用建筑的耐火等级主要与建筑高度、使用功能、重要性和火灾扑救难度等相关；工业建筑的耐火等级主要与使用功能、火灾危险性类别、建筑高度、建筑规模、重要性和火灾扑救难度等相关。民用建筑和工业建筑的耐火等级，应依据本《通用规范》和现行国家标准《建筑设计防火规范》GB 50016 以及相关专业标准确定。

（3）汽车库、修车库的耐火等级主要与车库类别、建筑高度、火灾危险性和火灾扑救难度等相关，可依据本《通用规范》和现行国家标准《汽车库、修车库、停车场设计防火规范》GB 50067 确定。

（4）地铁工程的耐火等级可依据本《通用规范》和现行国家标准《建筑设计防火规范》GB 50016、《地铁设计防火标准》GB 51298 确定。

（5）城市交通隧道的耐火等级可依据本《通用规范》和现行国家标准《建筑设计防火规范》GB 50016 以及相关标准确定。

（6）汽车加油加气加氢站的耐火等级可依据本《通用规范》和现行国家标准《汽车加油加气加氢站技术标准》GB 50156 确定。

5.1.2 地下、半地下建筑（室）的耐火等级应为一级。

【要点解读】

本条规定要求地下、半地下建筑（室）的耐火等级为一级，适用所有建（构）筑物的地下、半地下室和所有地下、半地下建（构）筑物。

要点 1：地下、半地下建筑（室）的耐火等级应为一级。

地下、半地下建筑（室）发生火灾后，热量不易散失，温度高、烟雾大，燃烧时间长、排烟排热困难，安全疏散和火灾扑救难度大，需要具备较高的耐火性能，要求耐火等级为一级。

要点 2：地下、半地下室与地上建筑的耐火等级。

（1）对于设置地下、半地下室的建筑，当满足本《通用规范》第 7.1.10 条等规定要求，地下、半地下室与地上建筑采用不开设洞口的楼板分隔时（电气竖井、管道井、防排烟井、通风井、电梯井等除外），地上建筑的耐火等级可单独确定。【图示 1】中，地下、地上部分除必需的竖向井道和电梯井道外，未开设其他洞口，地下部分的楼梯间在首层采用无开口的防火隔墙与地上建筑的楼梯间分隔并直通室外，该建筑的地下、半地下室的耐火等级应为一级，地上建筑可依据其实际情况确定耐火等级。

（2）当地下、地上部分互相连通，尤其是存在下沉至地下、半地下室的中庭等开口场所时，地上建筑的耐火等级应与地下、半地下室的耐火等级一致，应为一级【图示2】。

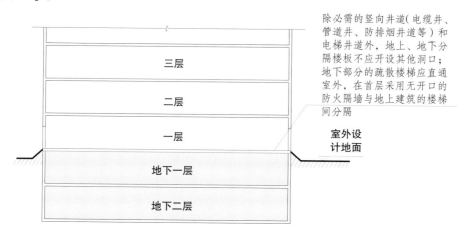

除必需的竖向井道（电缆井、管道井、防排烟井道等）和电梯井道外，地上、地下分隔楼板不应开设其他洞口；地下部分的疏散楼梯应直通室外，在首层采用无开口的防火隔墙与地上建筑的楼梯间分隔

5.1.2– 图示 1　地下、半地下室与地上建筑部分除必需的竖向井道、电梯外不开设其他连通洞口

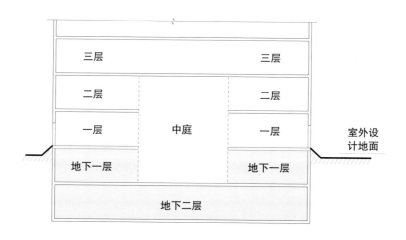

5.1.2– 图示 2　地下、半地下室与地上建筑开设中庭等连通洞口

5.1.3　建筑高度大于 100m 的工业与民用建筑楼板的耐火极限不应低于 2.00h。一级耐火等级工业与民用建筑的上人平屋顶，屋面板的耐火极限不应低于 1.50h；二级耐火等级工业与民用建筑的上人平屋顶，屋面板的耐火极限不应低于 1.00h。

【要点解读】

本条规定了各类工业与民用建筑上人屋顶及建筑高度大于 100m 建筑的楼板应具备的最低耐火极限。本条主要对应于《建筑设计防火规范（2018 年版）》GB 50016—2014 第 3.2.15 条、第 5.1.4 条。

（1）建筑高度大于 100m 的建筑通常称为超高层建筑，目前举高消防车的最大工作高度约为100m，因此火灾扑救难度大，火灾延续时间长，且建筑高度越高，火灾的竖向蔓延风险越大。为保证超高层建筑的防火安全，要求楼板的耐火极限不低于2.00h。

（2）符合要求的上人平屋面可作为火灾时的临时避难场所，为确保安全，参照相应耐火等级建筑物楼板的耐火极限，对一、二级耐火等级建筑物上人平屋顶的屋面板耐火极限作了规定。在此情况下，相应屋顶承重构件的耐火极限也不能低于屋面板的耐火极限。

5.1.4　建筑中承重的下列结构或构件应根据设计耐火极限和受力情况等进行耐火性能验算和防火保护设计，或采用耐火试验验证其耐火性能：

1　金属结构或构件；

2　木结构或构件；

3　组合结构或构件；

4　钢筋混凝土结构或构件。

【要点解读】

（1）工程设计中，人们习惯依据相关工程技术标准列举的建筑构件的燃烧性能和耐火极限进行防火设计，比如《建筑设计防火规范（2018年版）》GB 50016—2014附录中列举的各类建筑构件的燃烧性能和耐火极限；《木结构设计标准》GB 50005—2017附录R列举的木结构构件的燃烧性能和耐火极限等。这些建筑构件的燃烧性能和耐火极限均是试件在特定构造和标准耐火试验条件下的检验结果，实际工程建设中，构件尺寸和现场条件与检验构件尺寸和标准耐火试验条件差异甚大。因此，有必要根据设计耐火极限和受力情况，对结构或构件进行耐火性能验算，或采用实体火灾耐火试验验证其耐火性能。

（2）受试验条件等的限制，工程结构或构件的耐火性能往往难以通过实体火灾耐火试验验证，可采用对结构或构件进行耐火性能验算的方式，确定其实际耐火性能和需要采取的防火保护措施。

结构和构件的耐火性能验算，可依据相关技术标准进行，比如现行国家标准《建筑钢结构防火技术规范》GB 51249、《木结构设计标准》GB 50005、《胶合木结构技术规范》GB/T 50708等。有关建筑钢筋混凝土结构的防火技术标准，正逐步完善。

（3）当实体火灾耐火试验验证或耐火性能验算结果不满足设计所需的耐火性能要求时，应对结构和构件采取防火保护措施。常见结构和构件的防火保护措施主要如下：

①钢结构构件的主要防火保护措施：

a喷涂（抹涂）防火涂料；

b包覆防火板；

c包覆柔性毡状隔热材料；

d 外包混凝土、金属网抹砂浆或砌筑砌体。

②木结构构件的主要防火保护措施：

a 增大构件断面尺寸；

b 喷涂（抹涂）木结构防火涂料；

c 包覆防火板；

d 包覆柔性毡状隔热材料。

③钢筋混凝土构件的主要防火保护措施：

a 增大结构断面尺寸和钢筋防护层厚度；

b 喷涂（抹涂）混凝土防火涂料。

5.1.5 下列汽车库的耐火等级应为一级：

1 Ⅰ类汽车库，Ⅰ类修车库；

2 甲、乙类物品运输车的汽车库或修车库；

3 其他高层汽车库。

【要点解读】

本条规定了大型汽车库、修车库和火灾危险性大的汽车库、修车库的最低耐火等级。本条应结合《汽车库、修车库、停车场设计防火规范》GB 50067—2014 第 3.0.3 条执行，Ⅱ、Ⅲ类汽车库、修车库的耐火等级不应低于二级，Ⅳ类汽车库、修车库的耐火等级不应低于三级。

汽车库、修车库分类，应依据现行国家标准《汽车库、修车库、停车场设计防火规范》GB 50067 确定。

（1）Ⅰ类汽车库、Ⅰ类修车库和高层汽车库发生火灾时，扑救难度大，火势易蔓延，耐火等级应为一级。"高层汽车库"包括建筑高度大于 24m 的汽车库、设置在距地面高度大于 24m 的楼层上的汽车库。

（2）甲、乙类物品运输车的槽罐内容易残存危险物品，危险性高，要求这类运输车的汽车库、修车库的耐火等级为一级。

（3）当汽车库仅设置于地下、半地下建筑（室）时，耐火等级应为一级，地上部分建筑的耐火等级可根据其实际功能和建筑高度确定，具体要求参见"5.1.2- 要点 2"。

（4）当同一座建筑中的汽车库包括地下、半地下汽车库和地上汽车库时，地下、半地下汽车库与地上汽车库的安全疏散和防火分隔应符合本《通用规范》第 7.1.10 条规定，地下、半地下汽车库的耐火等级应为一级，地上汽车库的耐火等级要求如下：

①当地下、半地下汽车库与地上汽车库通过天井（中庭）或汽车提升井道等进行连通时，地上汽车库的耐火等级应与地下、半地下汽车库一致，应为一级。

②当地下、半地下汽车库与地上汽车库采用不开设洞口的楼板分隔时（电气竖井、管道井、防排烟井、通风井、电梯井等除外），地上汽车库可根据其分类确定耐火等级。

需要注意的是，在确定汽车库分类时，停车（车位）数量包括地下、半地下和地上汽车库的总数量，建筑面积包括地下、半地下和地上汽车库的总建筑面积。

5.1.6 电动汽车充电站建筑、Ⅱ类汽车库、Ⅱ类修车库、变电站的耐火等级不应低于二级。

【要点解读】

（1）本条有关Ⅱ类汽车库、Ⅱ类修车库的规定，应结合《汽车库、修车库、停车场设计防火规范》GB 50067—2014 第3.0.3 条执行，Ⅱ、Ⅲ类汽车库、修车库的耐火等级不应低于二级，Ⅳ类汽车库、修车库的耐火等级不应低于三级。

Ⅱ、Ⅲ类汽车库停车数量较多，一旦遭受火灾，损失较大；Ⅱ、Ⅲ类修车库有修理车位3个以上，并配设备种辅助工间，起火因素较多，耐火等级不应低于二级。

（2）电动汽车充电站是采用整车充电模式为电动汽车提供电能的场所，包括3台及以上电动汽车充电设备（至少有1台非车载充电机），以及相关供电设备、监控设备等配套设备，耐火等级不应低于二级。

（3）变电站的耐火等级不应低于二级，尚应满足相关标准规定，比如，《火力发电厂与变电站设计防火标准》GB 50229—2019 第11.1.1 条规定，油浸变压器室、事故贮油池的耐火等级应为一级。

（4）属于地下、半地下建（构）筑物的，应符合本《通用规范》第5.1.2 条规定，耐火等级应为一级。

5.1.7 裙房的耐火等级不应低于高层建筑主体的耐火等级。除可采用木结构的建筑外，其他建筑的耐火等级应符合本章的规定。

【要点解读】

（1）裙房与高层建筑属于同一座建筑，是一个整体，裙房一旦出现结构破坏将直接影响高层建筑主体的安全，因此裙房的耐火等级要求与高层建筑主体一致，即使裙房与高层建筑主体之间采用防火墙分隔也不例外。

实际上，除非特别规定，同一座建筑的耐火等级应一致，当存在不同功能及要求时，以较高要求为准。注：同一座建筑的地上部分可不同于地下、半地下部分的耐火等级，具体要求参见"5.1.2- 要点2"。

（2）木结构建筑的耐火等级分级是一套独立的分级体系，可依据现行国家标准《建筑设计防火规范》GB 50016 有关木结构建筑的规定确定。

（3）除采用木结构的建筑外，其他建筑的耐火等级应符合本章的规定，本章规定为控制性底线要求，相关工程建设标准中有较高要求者，应从其规定。

5.2 工业建筑

5.2.1 下列工业建筑的耐火等级应为一级：

    1 建筑高度大于 50m 的高层厂房；

    2 建筑高度大于 32m 的高层丙类仓库，储存可燃液体的多层丙类仓库，每个防火分隔间建筑面积大于 $3000m^2$ 的其他多层丙类仓库；

    3 Ⅰ类飞机库。

5.2.2 除本规范第 5.2.1 条规定的建筑外，下列工业建筑的耐火等级不应低于二级：

    1 建筑面积大于 $300m^2$ 的单层甲、乙类厂房，多层甲、乙类厂房；

    2 高架仓库；

    3 Ⅱ、Ⅲ类飞机库；

    4 使用或储存特殊贵重的机器、仪表、仪器等设备或物品的建筑；

    5 高层厂房、高层仓库。

5.2.3 除本规范第 5.2.1 条和第 5.2.2 条规定的建筑外，下列工业建筑的耐火等级不应低于三级：

    1 甲、乙类厂房；

    2 单、多层丙类厂房；

    3 多层丁类厂房；

    4 单、多层丙类仓库；

    5 多层丁类仓库。

【第 5.2.1 条～第 5.2.3 条 要点解读】

第 5.2.1 条～第 5.2.3 条规定了工业建筑的耐火等级要求。

要点 1：确定工业建筑耐火等级的基本原则。

工业建筑主要包括厂房和仓库，耐火等级可分为一、二、三、四级，不同耐火等级建筑相应构件的燃烧性能和耐火极限不应低于《建筑设计防火规范（2018 年版）》GB 50016—2014 第 3.2 节的规定（另有规定者除外）。

工业建筑的耐火等级应根据其使用功能、火灾危险性类别、建筑高度、建筑规模、重要性和火灾扑救难度等确定。

（1）本章规定了常规工业建筑的耐火等级要求，未纳入本章规定的工业建筑，可依据现行国家标准《建筑设计防火规范》GB 50016 及相关专业标准的规定确定其耐火等级。比如：甲、乙类仓库的耐火等级，可依据《建筑设计防火规范（2018 年版）》GB 50016—2014 第 3.2.7 条规定确定，甲类仓库、多层乙类仓库的耐火等级不应低于二级，单层乙类仓库的耐火等级不应低于三级；冷库建筑的耐火等级，可依据现行国家标准《冷库设计标准》GB 50072 的相关规定确定。

（2）本《通用规范》为控制性底线要求，相关标准有更高要求者，应从其规定。比如：

①《建筑设计防火规范（2018 年版）》GB 50016—2014 第 3.2.3 条规定，使用或产生丙类液体的厂房和有火花、赤热表面、明火的丁类厂房，其耐火等级均不应低于二级；当为建筑面积不大于 500m² 的单层丙类厂房或建筑面积不大于 1000m² 的单层丁类厂房时，可采用三级耐火等级的建筑。

②《纺织工程设计防火规范》GB 50565—2010 第 6.2.1 条规定，甲、乙、丙类厂房及仓库的耐火等级不应低于二级，其他建筑物的耐火等级不应低于三级。

（3）本《通用规范》及相关标准未限定耐火等级的建筑，其建筑耐火等级可为四级。

要点 2：建筑高度与耐火等级。

从建筑防火角度，24m（27m）、32m（33m）、50m（54m）、100m 和 250m 是民用建筑和工业建筑中常见的建筑高度分界点（参见"附录 4"），这主要与主流消防车的救援高度相关。消防员从楼梯攀登的有利登高高度一般不大于 23m，因此，对于高层建筑的灭火，需要举高消防车进行灭火救援。目前消防车救援能力的有效救援高度主要为 32m 和 52m，建筑高度越高，外部救援越困难，要求建筑物的耐火性能也越高。另外，建筑高度越高，火灾负荷和火灾风险也越大。

依此，确定高层厂房、高层仓库的耐火等级不应低于二级；建筑高度大于 50m 的高层厂房与一类高层公共建筑相当，耐火等级应为一级；仓库的火灾负荷大，当丙类仓库的建筑高度大于 32m 时，耐火等级应为一级。

要点 3：储存可燃液体的多层丙类仓库。

第 5.2.1 条规定，储存可燃液体的多层丙类仓库的耐火等级应为一级。本规定主要对应于《建筑设计防火规范（2018 年版）》GB 50016—2014 第 3.2.7 条，提高了原标准要求。储存可燃液体的丙类仓库，属于储存物品火灾危险性类别为丙类第 1 项的仓库。

储存可燃液体的多层丙类仓库，包括仅个别防火分区或防火分隔间储存可燃液体的多层丙类仓库。比如，某丙类仓库包括丙、丁、戊类多个不同的防火分区，当某个防火分区储存有可燃液体时，该仓库的耐火等级应为一级。

要点 4：每个防火分隔间建筑面积大于 3000m² 的其他多层丙类仓库。

第 5.2.1 条规定，每个防火分隔间建筑面积大于 3000m² 的其他多层丙类仓库的耐火等级应为一级。

（1）防火分隔间的概念。当某层仓库的建筑面积大于一个防火分区的最大允许建筑面积时，可以划分为多个防火分区，也可以采用防火分隔间的方式划分为多个防火单元。每个防火分隔间的建筑面积不应大于一个防火分区的最大允许建筑面积，有关仓库防火分隔间和防火分区的区别及概念，参见"4.2.6-要点1"。

（2）本条所述的"每个防火分隔间建筑面积大于3000m²的多层丙类仓库"，包括任一防火分隔间建筑面积大于3000m²的多层丙类仓库，也包括任一防火分区建筑面积大于3000m²的多层丙类仓库。

由《建筑设计防火规范（2018年版）》GB 50016—2014第3.3节可知，除物流类建筑外，多层丙类仓库的防火分区最大允许建筑面积不会大于3000m²，因此，"防火分隔间建筑面积大于3000m²的多层丙类仓库"主要针对物流建筑或其他专业标准规定的特殊功能建筑。

要点5：Ⅰ、Ⅱ、Ⅲ类飞机库。

第5.2.1条、第5.2.2条规定，Ⅰ类飞机库的耐火等级应为一级；Ⅱ、Ⅲ类飞机库的耐火等级不应低于二级。本规定主要对应于《飞机库设计防火规范》GB 50284—2008第3.0.2条。

（1）飞机库可分为Ⅰ、Ⅱ、Ⅲ类，Ⅰ类飞机库价值贵重，耐火等级应为一级。Ⅱ、Ⅲ类飞机库可适当降低，但不应低于二级。各类飞机库内飞机停放和维修区的防火分区允许最大建筑面积，见表5.2.3-1。

表5.2.3-1 飞机库分类及其停放和维修区的防火分区允许最大建筑面积

类别	防火分区允许最大建筑面积（m²）	备注
Ⅰ类	50000	在飞机停放和维修区内，有一个防火分区的建筑面积为5001m² ~ 50000m²的飞机库，均为Ⅰ类飞机库
Ⅱ类	5000	除Ⅰ类飞机库外，在飞机停放和维修区内，有一个防火分区的建筑面积为3001m² ~ 5000m²的飞机库，均为Ⅱ类飞机库
Ⅲ类	3000	

注：与飞机停放和维修区贴邻建造的生产辅助用房，其允许最多层数和防火分区允许最大建筑面积应符合本《通用规范》和现行国家标准《建筑设计防火规范》GB 50016的规定。

（2）需要注意的是，飞机喷漆机库的分类应依据现行国家标准《飞机喷漆机库设计规范》GB 50671确定。《飞机喷漆机库设计规范》GB 50671—2011第5.2.1条规定，Ⅰ、Ⅱ类飞机喷漆机库的耐火等级应为一级，Ⅲ类飞机喷漆机库的耐火等级不应低于二级。

（3）飞机库和飞机喷漆机库的建筑构件均应为不燃烧体材料，其耐火极限应符合现行国家标准《飞机库设计防火规范》GB 50284和《飞机喷漆机库设计规范》GB 50671的规定。

要点6：甲、乙类厂房。

第5.2.2条、第5.2.3条规定，甲、乙类厂房的耐火等级不应低于三级，其中，建筑面积大于300m²的单层甲、乙类厂房，多层甲、乙类厂房的耐火等级不应低于二级。

本规定主要对应于《建筑设计防火规范（2018年版）》GB 50016—2014第3.2.2条。

（1）甲、乙类厂房具备易燃易爆特征，火灾危险性大，耐火等级不应低于二级，对于单独建造的建筑面积不大于300m²的单层甲、乙类厂房，发生火灾后对周围建筑的危害相对较小，可以采用三级耐火等级建筑。

（2）建筑高度大于50m的高层厂房的耐火等级应为一级。

要点7：高架仓库。

第5.2.2条规定，高架仓库的耐火等级不应低于二级。本规定主要对应于《建筑设计防火规范（2018年版）》GB 50016—2014第3.2.7条。

高架仓库是货架高度超过7m的机械化操作或自动化控制的货架仓库。高架仓库的货架密集、货架间距小、货物存放高度高、储存物品数量大，且一旦发生火灾容易导致倒塌，故要求其耐火等级不低于二级。其中，建筑高度大于32m的高层丙类仓库的耐火等级应为一级。

要点8：特殊贵重的机器、仪表、仪器等设备或物品。

第5.2.2条规定，使用或储存特殊贵重的机器、仪表、仪器等设备或物品的建筑的耐火等级不应低于二级。本规定主要对应于《建筑设计防火规范（2018年版）》GB 50016—2014第3.2.4条。

特殊贵重的机器、仪表、仪器等设备或物品，主要是指价格昂贵、稀缺的设备或物品，或影响生产全局或正常生活秩序的重要设施设备，主要包括：

①价格昂贵，一旦损坏可造成较大损失的设备；

②影响工厂或地区生产全局或影响城市生命线供给的关键设施，如热电厂、燃气供给站、水厂、发电厂、化工厂等的主控室等，对于失火后影响大、损失大、修复时间长的设备，也应认为是"特殊贵重"的设备；

③特殊贵重物品，如货币、金银、邮票、重要文物、资料、档案库以及价值较高的其他物品。

要点9：厂房、仓库耐火等级一览表。

厂房和仓库的耐火等级，参见表5.2.3-2。

表5.2.3-2 厂房和仓库的耐火等级

建筑类别	名称	最低耐火等级	标准依据
厂房	建筑高度大于50m的高层厂房	一级	GB 55037（5.2.1条第1款）
	建筑高度不大于50m的高层厂房	二级	GB 55037（5.2.2条第5款）
	建筑面积大于300m²的单层甲、乙类厂房，多层甲、乙类厂房	二级	GB 55037（5.2.2条第1款）
	建筑面积不大于300m²的甲、乙类单层厂房	三级	GB 55037（5.2.3条第1款）
	单、多层丙类厂房	三级	GB 55037（5.2.3条第2款）

续表 5.2.3−2

建筑类别	名称	最低耐火等级	标准依据
厂房	多层丁类厂房	三级	GB 55037（5.2.3 条第 3 款）
	多层戊类厂房	三级	GB 50016（3.2.3 条）
	使用或产生丙类液体的厂房（注 1）	二级	GB 50016（3.2.3 条）
	有火花、赤热表面、明火的丁类厂房（注 2）	二级	GB 50016（3.2.3 条）
仓库	建筑高度大于 32m 的高层丙类仓库	一级	GB 55037（5.2.1 条第 2 款）
	储存可燃液体的多层丙类仓库	一级	GB 55037（5.2.1 条第 2 款）
	每个防火分隔间建筑面积大于 3000m² 的其他多层丙类仓库	一级	GB 55037（5.2.1 条第 2 款）
	高架仓库、高层仓库	二级	GB 55037（5.2.2 条第 2、5 款）
	甲类仓库	二级	GB 50016（3.2.7 条）
	多层乙类仓库	二级	GB 50016（3.2.7 条）
	单层乙类仓库	三级	GB 50016（3.2.7 条）
	单、多层丙类仓库	三级	GB 55037（5.2.3 条第 4 款）
	多层丁类仓库	三级	GB 55037（5.2.3 条第 5 款）
	多层戊类仓库	三级	GB 50016（3.2.7 条）
	粮食筒仓	二级	GB 50016（3.2.8 条）
	粮食平房仓	三级	GB 50016（3.2.8 条）
其他	地下、半地下建筑（室）	一级	GB 55037（5.1.2 条）
	Ⅰ类飞机库	一级	GB 55037（5.2.1 条第 3 款）
	Ⅱ、Ⅲ类飞机库	二级	GB 55037（5.2.2 条第 3 款）
	使用或储存特殊贵重的机器、仪表、仪器等设备或物品的建筑	二级	GB 55037（5.2.2 条第 4 款）
	丙、丁类物流建筑	二级	GB 55037（5.2.4 条）
	油浸变压器室、高压配电装置室	二级	GB 50016（3.2.6 条）
	锅炉房	二级	GB 50016（3.2.5 条）

注：1 当为单层丙类厂房，且建筑面积 ≤ 500m² 时，可采用三级耐火等级建筑；

    2 当为单层丁类厂房，且建筑面积 ≤ 1000m² 时，可采用三级耐火等级建筑；

    3 当建（构）筑物同时适应不同的耐火等级要求时，以较高要求为准，比如，当丙、丁类建筑符合本《通用规范》第 5.2.1 条规定时，耐火等级应为一级；

    4 通常情况下，同一建筑的耐火等级应一致，以较高要求为准，比如，设置在一级耐火等级中的油浸变压器室、锅炉房，耐火等级应为一级；

    5 本表仅概括了《建筑防火通用规范》GB 55037—2022（简称 GB 55037）和《建筑设计防火规范（2018 年版）》GB 50016—2014（简称 GB 50016）中有关工业建筑的耐火等级

要求，相关标准中有更高要求者，应从其规定。

5.2.4　丙、丁类物流建筑应符合下列规定：

1　建筑的耐火等级不应低于二级；

2　物流作业区域和辅助办公区域应分别设置独立的安全出口或疏散楼梯；

3　物流作业区域与辅助办公区域之间应采用耐火极限不低于 3.00h 的防火隔墙和耐火极限不低于 2.00h 的楼板分隔。

【要点解读】

本条规定了丙、丁类物流建筑的耐火等级、平面布置和安全疏散要求。

要点 1：物流建筑的分类。

（1）物流建筑是进行物品收发、储存、装卸、搬运、分拣、物流加工等物流活动的建筑。按使用功能特性，物流建筑可分为作业型物流建筑、存储型物流建筑、综合型物流建筑，见表 5.2.4。

表 5.2.4　物流建筑按使用功能特性分类

物流建筑分类		条件
作业型物流建筑	同时满足	建筑内存储区的面积与该建筑的物流生产面积之比不大于 15%； 建筑内存储区的容积与该建筑的物流生产区容积之比不大于 15%； 货物在建筑内的平均滞留时间不大于 72h； 建筑内存储区的占地面积总和不大于每座仓库的最大允许占地面积
存储型物流建筑	满足条件之一	建筑内存储区的面积与该建筑的物流生产面积之比大于 65%
		建筑内存储区的容积与该建筑的物流生产区容积之比大于 65%
综合型物流建筑	除作业型物流建筑、存储型物流建筑之外的物流建筑	

注：具体分类要求及工程举例，参见《物流建筑设计规范》GB 51157—2016 第 3.0.1 条。

要点 2：物流建筑的防火适用原则。

（1）作业型物流建筑应执行有关厂房的规定，其中仓储部分应按中间仓库确定。

（2）存储型物流建筑应执行有关仓库的规定。

（3）当建筑功能以仓储为主或建筑难以区分主要功能时，应执行有关仓库的规定，但当分拣等作业区采用防火墙与储存区完全分隔时，作业区和储存区可分别执行有关厂房和仓库的规定。

要点 3：物流建筑的耐火等级。

（1）物流建筑的耐火等级应符合第 5.2.1 条～第 5.2.3 条规定，丙、丁类物流建筑的耐火等级不应低于二级。

（2）《物流建筑设计规范》GB 51157—2016 第 15.2.2 条规定，用于物流作业或货物存储的平台，其耐火等级不应低于二级。

要点4：物流作业区域和辅助办公区域应分别设置独立的安全出口或疏散楼梯；物流作业区域与辅助办公区域之间应采用耐火极限不低于3.00h的防火隔墙和耐火极限不低于2.00h的楼板分隔。

本规定主要对应于《物流建筑设计规范》GB 51157—2016第15.3.11条、第15.3.12条。

（1）物流建筑属于工业建筑，工业建筑不应与民用建筑（办公建筑等）合建，对于满足物流建筑使用功能而设置的辅助办公建筑，可以依本规定要求组合建造，通常采用左右组合建造【图示】或上下组合建造的方式。

物流作业区域与辅助办公区域宜作为不同的防火分区，采用耐火极限不低于3.00h的防火墙分隔，确有困难时可作为同一防火分区，应采用耐火极限不低于3.00h的防火隔墙分隔。隔墙上的连通门应为甲级防火门。

物流作业区域与辅助办公区域之间的分隔楼板的耐火极限不应低于2.00h，相应外墙上、下层开口之间的墙体高度不应小于1.2m（即使设置自动喷水灭火系统也不应减少），或设置挑出宽度不小于1.0m、长度不小于开口宽度的防火挑檐。

（2）物流作业区域和辅助办公区域应分别设置独立的安全出口或疏散楼梯，不得共用【图示】。

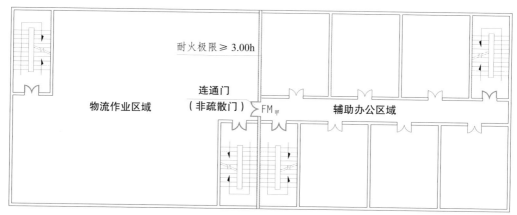

5.2.4– 图示　物流作业区域和辅助办公区域分别设置独立的安全出口和疏散楼梯

（3）本条第2款和第3款主要针对办公建筑与物流建筑组合建造的情形，应符合上述第（1）条、第（2）条规定。对于为方便管理而设置在物流建筑内的办公室等辅助用房，可根据物流建筑的使用功能特性分类（要点1）和防火适用原则（要点2），依据本《通用规范》第4.2.2条、第4.2.7条以及《物流建筑设计规范》GB 51157—2016第15.3.13条规定确定防火处置措施。比如，设置在丙类作业型物流建筑内的办公室，应采用防火门、防火窗、耐火极限不低于2.50h的防火隔墙和耐火极限不低于1.00h的楼板与厂房内的其他部位分隔，并应设置至少1个独立的安全出口。

5.3 民用建筑

5.3.1 下列民用建筑的耐火等级应为一级：

1 一类高层民用建筑；

2 二层和二层半式、多层式民用机场航站楼；

3 A类广播电影电视建筑；

4 四级生物安全实验室。

5.3.2 下列民用建筑的耐火等级不应低于二级：

1 二类高层民用建筑；

2 一层和一层半式民用机场航站楼；

3 总建筑面积大于1500m²的单、多层人员密集场所；

4 B类广播电影电视建筑；

5 一级普通消防站、二级普通消防站、特勤消防站、战勤保障消防站；

6 设置洁净手术部的建筑，三级生物安全实验室；

7 用于灾时避难的建筑。

5.3.3 除本规范第5.3.1条、第5.3.2条规定的建筑外，下列民用建筑的耐火等级不应低于三级：

1 城市和镇中心区内的民用建筑；

2 老年人照料设施、教学建筑、医疗建筑。

【第5.3.1条~第5.3.3条要点解读】

第5.3.1条~第5.3.3条规定了民用建筑的耐火等级要求。

要点1：确定民用建筑耐火等级的基本原则。

民用建筑的耐火等级可分为一、二、三、四级，不同耐火等级建筑相应构件的燃烧性能和耐火极限不应低于《建筑设计防火规范（2018年版）》GB 50016—2014表5.1.2的规定（另有规定者除外）。

民用建筑的耐火等级应根据其建筑高度、使用功能、重要性和火灾扑救难度等确定。

（1）本章规定了民用建筑的耐火等级要求，未纳入本章规定的民用建筑，可依据现行国家标准《建筑设计防火规范》GB 50016及相关专业标准的规定确定其耐火等级。

（2）本《通用规范》规定为控制性底线要求，相关标准有更高要求者，应从其规定。

示例：

①《办公建筑设计标准》JGJ/T 67—2019第5.0.1条规定，A类、B类办公建筑的

耐火等级应为一级；C类办公建筑的耐火等级不应低于二级。

②《体育建筑设计规范》JGJ 31—2003第1.0.8条规定，特级体育建筑的耐火等级不应低于一级，甲级、乙级、丙级体育建筑的耐火等级不应低于二级。

③《数据中心设计规范》GB 50174—2017第13.2.1条规定，数据中心的耐火等级不应低于二级。

④《图书馆建筑设计规范》JGJ 38—2015第6.1.3条规定，一类高层民用建筑以外的图书馆、书库，建筑耐火等级不应低于二级，特藏书库的建筑耐火等级应为一级。

⑤《电力调度通信中心工程设计规范》GB/T 50980—2014第4.1.5条规定，省、自治区、直辖市级及以上的电力调度通信中心耐火等级应为一级，地下机房的耐火等级应为一级，省辖市级电力调度机构的电力调度通信中心耐火等级不应低于二级。

⑥《展览建筑设计规范》JGJ 218—2010第5.1.1条规定，展览建筑的耐火等级不应低于二级。

⑦《博物馆建筑设计规范》JGJ 66—2015第7.1.2条规定，博物馆建筑的耐火等级不应低于二级，且当符合下列条件之一时，耐火等级应为一级：a 高层建筑；b 总建筑面积大于10000m²的单层、多层建筑；c 主管部门确定的重要博物馆建筑。

⑧《电影院建筑设计规范》JGJ 58—2008第4.1.2条规定，电影院建筑的耐火等级不宜低于二级。

⑨《城市客运交通枢纽设计标准》GB/T 51402—2021第6.4.3条规定，枢纽建筑的耐火等级地上部分不应低于二级，地下部分不应低于一级。

⑩《档案馆建筑设计规范》JGJ 25—2010第1.0.3条规定，特级、甲级档案馆的耐火等级不应低于一级，乙级档案馆的耐火等级不应低于二级。

⑪《综合医院建筑设计规范》GB 51039—2014第5.24.1条规定，医院建筑耐火等级不应低于二级。

⑫《交通客运站建筑设计规范》JGJ/T 60—2012第7.0.2条规定，交通客运站的耐火等级，一、二、三级站不应低于二级，其他站级不应低于三级。

（3）本《通用规范》及相关标准未限定耐火等级的民用建筑，其建筑耐火等级可为四级。

注：《城市消防规划规范》GB 51080—2015第3.0.3条规定，城市建设用地内，应建造一、二级耐火等级的建筑，控制三级耐火等级的建筑，严格限制四级耐火等级的建筑。

要点2：建筑分类与耐火等级。

第5.3.1条、第5.3.2条规定，一类高层民用建筑的耐火等级应为一级；二类高层民用建筑的耐火等级不应低于二级。本规定主要对应于《建筑设计防火规范（2018年版）》GB 50016—2014第5.1.3条。

（1）一类高层民用建筑包括建筑高度超过50m的公共建筑、建筑高度超过54m

的住宅建筑以及性质重要的高层公共建筑，火灾容易造成人员伤亡或财产损失，耐火等级不应低于一级。

（2）二类高层民用建筑是指除一类高层民用建筑以外的高层建筑，二类高层住宅建筑的建筑高度大于 27m，二类高层公共建筑的建筑高度大于 24m，均需要举高消防车实施灭火救援，火灾扑救难度大，耐火等级不应低于二级。

（3）有关建筑高度与耐火等级的关系，参见"5.2.3– 要点 2"。

要点 3：民用机场航站楼的耐火等级及流程分类。

第 5.3.1 条、第 5.3.2 条规定，二层和二层半式、多层式民用机场航站楼的耐火等级应为一级；一层和一层半式民用机场航站楼的耐火等级不应低于二级。本规定主要对应于《民用机场航站楼设计防火规范》GB 51236—2017 第 3.2.1 条。

为更合理地确定不同规模航站楼建筑的耐火等级、室内外消火栓用水量、火灾延续时间、疏散照明备用电源的连续供电时间、应急照明系统类型等的设计要求，需要区分航站楼的规模（包括人员和可燃物数量、人员疏散难易程度），而航站楼的剖面流程能较好地反映这些参数。根据航站楼的流程，一般可分为三大类。

1. 一层和一层半式航站楼

一层和一层半式航站楼主要用于小型机场，建筑面积较小、使用人员相对较少，耐火等级允许为二级。

（1）一层式航站楼【图示 1】：陆侧道路以及航站楼内离港和到港旅客办理手续在同一楼层。

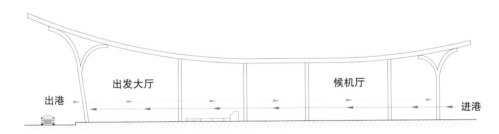

5.3.3– 图示 1　一层式航站楼

（2）一层半式航站楼【图示 2】：陆侧道路是单层的，航站楼局部两层。地面层具有混合的到港和离港处理系统，二层是离港旅客的休息厅。出发旅客在一层办理手续后上二层登机，到达旅客在二层下机后到一层提取行李，出发和到达旅客的行李处理均在一层。

2. 二层和二层半式航站楼

二层式航站楼一般适用于中型机场，二层半式旅客流程一般适合于中型及以上机场。相比一层和一层半式航站楼，二层和二层半式航站楼的建筑面积更大、使用人数更多，耐火等级应为一级。

（1）二层式航站楼【图示3】：陆侧道路及车道边为两层，旅客的出发和到达流程在剖面上分离，出发在上层，到达在下层。出发托运行李在二层办票柜台交运后通过行李系统传输设备送到一层或地下层处理，而到达的行李提取流程则是在一层或地下层进行。

（2）二层半式航站楼：二层半式即在两层式旅客流程的基础上，在指廊区域把出发到达旅客流程进行分层分流，可采用到港下夹层或到港上夹层的模式。

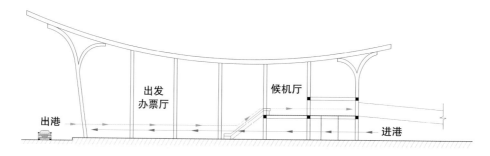

5.3.3– 图示 2　一层半式航站楼

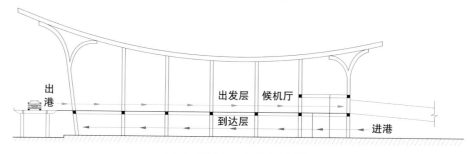

5.3.3– 图示 3　二层式航站楼

3. 多层式航站楼【图示4】

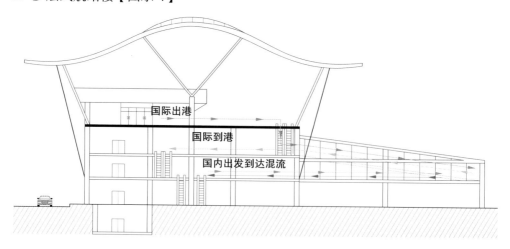

5.3.3– 图示 4　多层式航站楼

多层式流程是指少数大型机场航站楼为解决复杂的功能需求（旅客及行李）而进行特殊处理所带来的多楼层布局的情形。如上海浦东机场二号航站楼，其指廊区的旅客流程有3层，上层是国际出发，下层是国际到达，最下层是国内出发和到达混流，形成多层式的布局。多层式航站楼规模巨大，主要用于枢纽航空港，功能复杂，使用人数多，可燃物数量大、种类多，人员行走距离长，疏散路线复杂，耐火等级应为一级。

要点4：单、多层人员密集场所。

第5.3.2条规定，总建筑面积大于1500m²的单、多层人员密集场所的耐火等级不应低于二级。本规定所述的"人员密集场所"，是指人员密集场所建筑，属于建筑分类定性，相关概念参见"附录7"。

高层人员密集场所的耐火等级依高层建筑分类确定，二类高层民用建筑的耐火等级不应低于二级，一类高层民用建筑的耐火等级应为一级。

要点5：A类和B类广播电影电视建筑。

第5.3.1条、第5.3.2条规定，A类广播电影电视建筑的耐火等级应为一级；B类广播电影电视建筑的耐火等级不应低于二级。本规定主要对应于《广播电影电视建筑设计防火标准》GY 5067—2017第3.0.2条。

依据《广播电影电视建筑设计防火标准》GY 5067—2017第3.0.1条、第3.0.2条规定，广播电影电视建筑根据其重要程度、建筑高度、服务范围、火灾危险性、疏散和扑救难度等因素，分为A类和B类，参见表5.3.3-1。

表5.3.3-1 广播电影电视建筑分类

名称	A类	B类
广播电视台、传输网络中心	省级及以上的广播电视台、传输网络中心； 建筑高度超过50m的广播电视台、传输网络中心	除A类外的广播电影电视建筑
中波、短波广播发射台	省级及以上中波、短波广播发射台； 总发射功率不小于100kW的中波、短波发射台	
电视、调频广播发射台	省级及以上的电视、调频广播发射台； 总发射功率不小于10kW的电视、调频广播发射台	
广播电视监测台（站）	省级及以上的广播电视监测台（站）	
广播电视发射塔	省级及以上的广播电视发射塔； 主塔楼屋顶离室外设计地面高度不小于100m的广播电视发射塔或塔下建筑高度不小于24m的广播电视发射塔	
广播电视卫星地球站	广播电视卫星地球站	
广播电视微波站	省级及以上广播电视微波站	
摄影棚	建筑面积不小于2000m²的摄影棚	

注：表中未列入的广播电影电视建筑，其类别应根据本表类比确定。

要点 6：一级普通消防站、二级普通消防站、特勤消防站、战勤保障消防站。

第 5.3.2 条规定，一级普通消防站、二级普通消防站、特勤消防站、战勤保障消防站的耐火等级不应低于二级。本规定主要对应于《城市消防站设计规范》GB 51054—2014 第 4.1.7 条。

（1）依据《城市消防站建设标准》建标 152—2017 规定，按照业务类型，消防站分为普通消防站、特勤消防站和战勤保障消防站三类，其中，普通消防站分为一级普通消防站、二级普通消防站和小型普通消防站。

为了保障消防员的人身安全，保障消防灭火救援，消防站的耐火等级不应低于二级。

（2）不同消防站的建设要求，可依据现行标准《城市消防站建设标准》建标 152、《城市消防规划规范》GB 51080、《城市消防站设计规范》GB 51054、《消防训练基地建设标准》建标 190 等标准确定。

要点 7：设置洁净手术部的建筑。

第 5.3.2 条规定，设置洁净手术部的建筑的耐火等级不应低于二级。本规定主要对应于《医院洁净手术部建筑技术规范》GB 50333—2013 第 12.0.1 条。

（1）医院洁净手术部是医院建筑中的一个功能构成部分，是由洁净手术室、洁净辅助用房和非洁净辅助用房等一部分或全部组成的独立的功能区域。洁净手术部可与医院内其他功能的建筑合建，也可独立建造。

（2）为防止其他建筑的火灾或建筑内其他部位的火灾危及手术部安全，要求设置洁净手术部的建筑的耐火等级不低于二级。当耐火等级为二级时，其吊顶材料应采用不燃材料。

（3）依据《综合医院建筑设计规范》GB 51039—2014 第 5.24.1 条规定，医院建筑耐火等级不应低于二级。

要点 8：生物安全实验室。

第 5.3.1 条、第 5.3.2 条规定，设置有四级生物安全实验室的建筑的耐火等级应为一级；设置有三级生物安全实验室的建筑的耐火等级不应低于二级。本规定主要对应于《生物安全实验室建筑技术规范》GB 50346—2011 第 8.0.2 条。

（1）生物安全实验室是通过防护屏障和管理措施，达到生物安全要求的微生物实验室和动物实验室，包括主实验室及其辅助用房。根据实验室所处理对象的生物危害程度和采取的防护措施，生物安全实验室分为四级，一级生物安全实验室对生物安全防护的要求最低，四级生物安全实验室对生物安全防护的要求最高。有关生物安全实验室的具体分级要求，可依据现行国家标准《生物安全实验室建筑技术规范》GB 50346 确定。

（2）生物安全实验室内的设备、仪器一般比较贵重，但生物安全实验室不仅仅是考虑仪器的问题，更重要的是保护实验人员免受感染和防止致病因子的外泄。根据生物安全实验室致病因子的危害程度，同时考虑实验设备的贵重程度，要求二级生物安全实验室的耐火等级不宜低于二级，三级生物安全实验室的耐火等级不应低于二级，四级生物安全实验室的耐火等级应为一级。

要点9：用于灾时避难的建筑。

第5.3.2条规定，用于灾时避难的建筑的耐火等级不应低于二级。本规定主要对应于《防灾避难场所设计规范（2021年版）》GB 51143—2015第7.1.5条。

（1）用于灾时避难的建筑，是指用于因灾害产生的避难人员生活保障及集中救援的避难场地及避难建筑，包括建造时规划用于灾时避难的体育馆、会展中心、校舍、医院等。有关防灾避难场所的建设要求，可依据现行国家标准《防灾避难场所设计规范》GB 51143等标准确定。

（2）本条规定主要针对规划用于灾时避难的永久性建筑，不包括用于过渡安置的临时性建筑。有关灾区过渡安置点的防火设计，可依据现行国家标准《灾区过渡安置点防火标准》GB 51324等标准确定。

要点10：城市和镇中心区内的民用建筑。

第5.3.3条规定，城市和镇中心区内的民用建筑的耐火等级不应低于三级。

（1）《城市消防规划规范》GB 51080—2015第3.0.3条规定，城市建设用地内，应建造一、二级耐火等级的建筑，控制三级耐火等级的建筑，严格限制四级耐火等级的建筑。对于现有耐火等级为三级及以下或灭火救援条件差的建筑密集区（如棚户区、城中村、简易市场等），应纳入近期改造规划，采取开辟防火间距、设置防火隔离带或防火墙、打通消防通道、提高建筑耐火等级、改造供水管网、增设消火栓和消防水池等措施，改善消防安全条件，降低火灾风险。

（2）由《城市用地分类与规划建设用地标准》GB 50137—2011可知，城市建设用地是指城市（镇）内居住用地、公共管理与公共服务设施用地、商业服务业设施用地、工业用地、物流仓储用地、道路与交通设施用地、公用设施用地、绿地与广场用地的统称。

要点11：老年人照料设施、教学建筑、医疗建筑。

老年人照料设施、教学建筑、医疗建筑等均属于需要重点保护的场所，耐火等级不应低于三级，实际应用中应尽量提高其耐火等级。另外，应满足这类场所在不同耐火等级建筑中的楼层位置要求，比如，本《通用规范》第4.3.5条、第4.3.6条明确了老年人照料设施、医疗建筑在不同耐火等级建筑中的楼层位置要求；《建筑设计防火规范（2018年版）》GB 50016—2014第5.4.6条明确了教学建筑在不同耐火等级建筑中的楼层位置要求。

有关老年人照料设施、教学建筑、医疗建筑的概念及范围，参见"附录1"。

要点12：民用建筑耐火等级一览表。

民用建筑的耐火等级，参见表5.3.3–2。

表 5.3.3-2 民用建筑的耐火等级

名称	最低耐火等级	标准依据
一类高层民用建筑	一级	GB 55037（5.3.1 条第 1 款）
二类高层民用建筑	二级	GB 55037（5.3.2 条第 1 款）
二层和二层半式、多层式民用机场航站楼	一级	GB 55037（5.3.1 条第 2 款）
一层和一层半式民用机场航站楼	二级	GB 55037（5.3.2 条第 2 款）
A 类广播电影电视建筑	一级	GB 55037（5.3.1 条第 3 款）
B 类广播电影电视建筑	二级	GB 55037（5.3.2 条第 4 款）
四级生物安全实验室	一级	GB 55037（5.3.1 条第 4 款）
三级生物安全实验室	二级	GB 55037（5.3.2 条第 6 款）
总建筑面积大于 1500m² 的单、多层人员密集场所	二级	GB 55037（5.3.2 条第 3 款）
一级普通消防站、二级普通消防站、特勤消防站、战勤保障消防站	二级	GB 55037（5.3.2 条第 5 款）
设置洁净手术部的建筑	二级	GB 55037（5.3.2 条第 6 款）
用于灾时避难的建筑	二级	GB 55037（5.3.2 条第 7 款）
城市和镇中心区内的民用建筑（注 4）	三级	GB 55037（5.3.3 条第 1 款）
老年人照料设施、教学建筑、医疗建筑	三级	GB 55037（5.3.3 条第 2 款）
地下、半地下建筑（室）	一级	GB 55037（5.1.2 条）

注：1 当建筑物同时适应不同的耐火等级要求时，以较高要求为准。比如，老年人照料设施、教学建筑、医疗建筑的耐火等级不应低于三级，当符合本《通用规范》第 5.3.1 条规定时，耐火等级应为一级；当符合本《通用规范》第 5.3.2 条规定时，耐火等级不应低于二级。

2 通常情况下，同一建筑的耐火等级应一致，以较高要求为准，比如，设置在一级耐火等级建筑中的老年人照料设施，耐火等级应为一级。

3 本表仅概括了《建筑防火通用规范》GB 55037—2022（简称 GB 55037）中有关民用建筑的耐火等级要求，相关标准中有更高要求者，应从其规定。

4 《城市消防规划规范》GB 51080—2015 第 3.0.3 条规定，城市建设用地内，应建造一、二级耐火等级的建筑，控制三级耐火等级的建筑，严格限制四级耐火等级的建筑。

5.4 其他工程

5.4.1 地铁工程地下出入口通道、地上控制中心建筑、地上主变电站的耐火等级不应低于一级。地铁的地上车站建筑的耐火等级不应低于三级。

【要点解读】

本条规定了地铁工程耐火等级的基本要求。本条规定应结合《地铁设计防火标准》GB 51298—2018 第 4.1.1 条、第 4.1.2 条执行。

（1）地铁工程的地下、半地下建（构）筑物，应满足本《通用规范》第 5.1.2 条规定，耐火等级应为一级。

（2）地铁工程地下出入口通道属于地下建筑的一部分，同时属于地下工程的安全疏散通道；控制中心、主变电站是地铁极为重要的组成部分，耐火等级应为一级。

（3）本《通用规范》和现行国家标准《地铁设计防火标准》GB 51298 未涉及的建（构）筑物的耐火等级，可视为民用建筑中的公共建筑，依据现行国家标准《建筑设计防火规范》GB 50016 等标准确定。

5.4.2 交通隧道承重结构体的耐火性能应与其车流量、隧道封闭段长度、通行车辆类型和隧道的修复难度等情况相适应。

【要点解读】

本条规定了交通隧道承重结构体的耐火性能的确定原则。

（1）不同类型的交通隧道，通行的车辆类型、车流量有较大差别，且不同封闭段长度、不同位置和施工方式、交通方式等对隧道结构耐火性能的要求也不同。与交通隧道火灾危险性相关的主要因素有：

①车流量。车流量越大，火灾危险越大。

②隧道封闭段长度。隧道封闭段长度越长，排烟和逃生、救援越困难。

③通行车辆类型。通行车辆的吨位越大、运输材料的危险性越高，火灾危险越大。

④隧道的修复难度。火灾条件下的隧道结构安全，是保证火灾时灭火救援和火灾后隧道尽快修复使用的重要条件。修复难度大的隧道，需要更高的耐火性能。

（2）不同类别交通隧道承重结构体的耐火性能，需要综合上述因素，依据本《通用规范》、现行国家标准《建筑设计防火规范》GB 50016 以及相关专业技术标准执行。比如，《建筑设计防火规范（2018 年版）》GB 50016—2014 第 12.1.2 条明确了单孔和双孔隧道的分类，第 12.1.3 条明确了城市交通隧道的隧道承重结构体的耐火极限要求：

12.1.3 隧道承重结构体的耐火极限应符合下列规定：

①一、二类隧道和通行机动车的三类隧道，其承重结构体耐火极限的测定应符合本规范附录 C 的规定；对于一、二类隧道，火灾升温曲线应采用本规范附录 C 第 C.0.1 条规定的 RABT 标准升温曲线，耐火极限分别不应低于 2.00h 和 1.50h；对于通行机动车的三类隧道，火灾升温曲线应采用本规范附录 C 第 C.0.1 条规定的 HC 标准升温曲线，耐火极限不应低于 2.00h。

②其他类别隧道承重结构体耐火极限的测定应符合现行国家标准《建筑构件耐火试验方法 第 1 部分：通用要求》GB/T 9978.1 的规定；对于三类隧道，耐火极限不应

低于 2.00h；对于四类隧道，耐火极限不限。

5.4.3 城市交通隧道的消防救援出入口的耐火等级不应低于一级。城市交通隧道的地面重要设备用房、运营管理中心及其他地面附属用房的耐火等级不应低于二级。

【要点解读】

本条规定了城市交通隧道配套建（构）筑物的耐火等级要求。本条主要对应于《建筑设计防火规范（2018 年版）》GB 50016—2014 第 12.1.4 条。

（1）城市交通隧道的地面重要设备用房主要包括隧道的通风与排烟机房、水泵房、变电站、消防设备房等；其他地面附属用房主要包括收费站、道口检查亭和管理用房等。保障隧道日常运行的各类设备用房、管理用房等基础设施以及消防救援专用口、临时避难间，在火灾情况下担负着灭火救援的重要作用，需确保这些用房的防火安全。

（2）城市交通隧道的地下、半地下建（构）筑物，应满足本《通用规范》第 5.1.2 条规定，耐火等级应为一级。

（3）其他交通隧道相关用房及设施的耐火等级要求，可以比照本条规定确定，相关标准有更高要求者，应从其规定。

6 建筑构造与装修

6.1 防火墙

6.1.1 防火墙应直接设置在建筑的基础或具有相应耐火性能的框架、梁等承重结构上，并应从楼地面基层隔断至结构梁、楼板或屋面板的底面。防火墙与建筑外墙、屋顶相交处，防火墙上的门、窗等开口，应采取防止火灾蔓延至防火墙另一侧的措施。

【要点解读】

本条规定了防火墙构造及防火封堵的基本要求。本条应结合《建筑设计防火规范（2018 年版）》GB 50016—2014 第 6.1.1 条 ~ 第 6.1.6 条执行。

防火墙是防止火灾蔓延至相邻建筑或相邻水平防火分区且耐火极限不低于 3.00h 的不燃性墙体。防火墙能在火灾初期和灭火过程中，将火灾有效地限制在一定空间内，阻断火灾在防火墙一侧而不蔓延到另一侧。

要点 1：防火墙应直接设置在建筑的基础或具有相应耐火性能的框架、梁等承重结构上。

防火墙应从建筑基础部分就应与建筑物完全断开，独立建造【图示 1】。

当防火墙建造在建筑框架上时，应保证防火墙的结构安全且从上至下均应处在同一轴线位置，相应框架的耐火极限要与防火墙的耐火极限相适应。【图示 2】的建筑中，从第三层开始构造防火墙，防火墙的梁、柱框架应直接构造于地基础，应能确保防火墙的有效性。

防 火 墙

四层

三层

二层

一层

地 基 础

6.1.1– 图示 1　防火墙独立建造（从地基础开始）

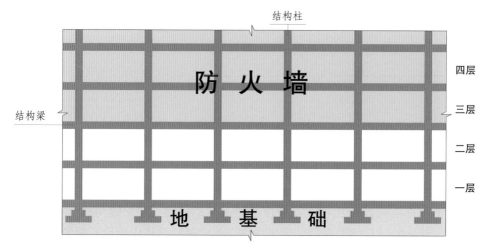

6.1.1– 图示 2　防火墙构造在建筑框架上

要点 2：防火墙应从楼地面基层隔断至结构梁、楼板或屋面板的底面。

（1）防火墙应从楼地面基层隔断至结构梁、楼板或屋面板的底面基层。当高层厂房（仓库）屋顶承重结构和屋面板的耐火极限低于 1.00h，其他建筑屋顶承重结构和屋面板的耐火极限低于 0.50h 时，防火墙应高出屋面 0.5m 以上【图示 3】。

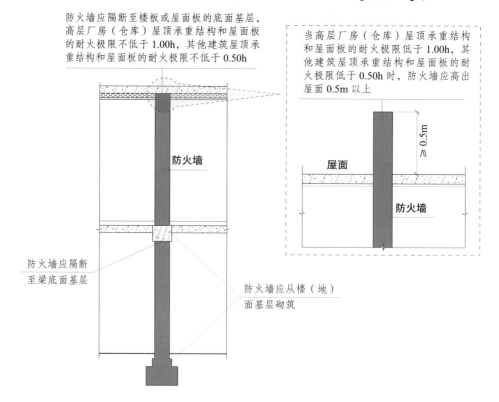

6.1.1– 图示 3　防火墙从楼地面基层隔断至结构梁、楼板、屋面板底面基层

（2）防火墙与梁、柱、楼板、屋面板之间的缝隙，以及穿越墙体的管道及其缝隙、开口等，应依据现行国家标准《建筑设计防火规范》GB 50016、《建筑防火封堵应用技术标准》GB/T 51410 等标准要求采取防火封堵措施，防止火焰和烟气通过缝隙或孔口蔓延。

要点 3：防火墙与建筑外墙、屋顶相交处，防火墙上的门、窗等开口，应采取防止火灾蔓延至防火墙另一侧的措施。

（1）防火墙与屋顶相交处应采取防止火灾蔓延至防火墙另一侧的措施，具体参见《建筑设计防火规范（2018 年版）》GB 50016—2014 第 6.1.1 条、第 6.1.2 条规定。

（2）防火墙与建筑外墙相交处应采取防止火灾蔓延至防火墙另一侧的措施，具体参见《建筑设计防火规范（2018 年版）》GB 50016—2014 第 6.1.3 条、第 6.1.4 条规定。

（3）防火墙上的门、窗等开口应采取防止火灾蔓延至防火墙另一侧的措施。除本《通用规范》及相关标准明确不允许开口的防火墙外，其他防火墙上可开设满足建筑功能需求的开口，但应采取能阻止火势和烟气蔓延的措施，如采用甲级防火窗、甲级防火门、防火卷帘、防火阀、防火分隔水幕等防火分隔设施，防火分隔设施的设置应符合相关标准规定。

6.1.2 防火墙任一侧的建筑结构或构件以及物体受火作用发生破坏或倒塌并作用到防火墙时，防火墙应仍能阻止火灾蔓延至防火墙的另一侧。

【要点解读】

本条规定了防火墙构造的本质要求，是确保防火墙自身结构安全的基本规定。本条主要对应于《建筑设计防火规范（2018 年版）》GB 50016—2014 第 6.1.7 条。

防火墙的构造应该使其能在火灾中保持足够的稳定性能，以发挥隔烟阻火作用，不会因高温或邻近结构破坏而引起防火墙的倒塌，致使火势蔓延。

防火墙的构造应能在防火墙任意一侧的屋架、梁、楼板等受到火灾的影响而破坏时，不会导致防火墙倒塌。

6.1.3 防火墙的耐火极限不应低于 3.00h。甲、乙类厂房和甲、乙、丙类仓库内的防火墙，耐火极限不应低于 4.00h。

【要点解读】

本条规定了防火墙的基本耐火性能要求。

（1）甲、乙类厂房和甲、乙、丙类仓库一旦着火，其燃烧时间较长和（或）燃烧过程中释放的热量巨大，有必要适当提高防火墙的耐火极限，耐火极限不应低于 4.00h。本规定主要对应于《建筑设计防火规范（2018 年版）》GB 50016—2014 第 3.2.9 条。

本规定适用于采用防火墙进行局部分隔的场所，比如，甲、乙、丙类中间仓库应采用防火墙与厂房内其他部位分隔，防火墙耐火极限不应低于4.00h；冷库的氨压缩机房属于乙类火灾危险性场所，当与加工车间贴邻时，应采用耐火极限不低于4.00h的防火墙分隔。

（2）在同一座厂房或仓库中，各防火分区可根据自身的火灾危险性类别确定其防火墙的最低耐火极限。

在甲、乙类厂房中，用于分隔甲、乙类防火分区的防火墙耐火极限不应低于4.00h，用于分隔丙、丁、戊类防火分区的防火墙耐火极限不应低于3.00h。

在甲、乙、丙类仓库中，用于分隔甲、乙、丙类防火分区或防火分隔间的防火墙耐火极限不应低于4.00h，用于分隔丁、戊类防火分区或防火分隔间的防火墙耐火极限不应低于3.00h。在【图示】示例的乙类仓库中，包括乙、丙、丁、戊类防火分隔间（库房），防火墙（①）的耐火极限不应低于3.00h，防火墙（②）的耐火极限不应低于4.00h。

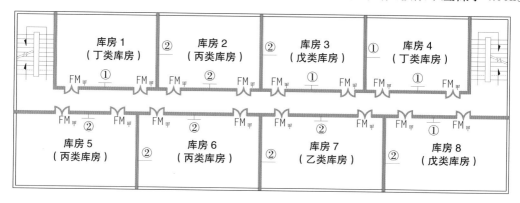

6.1.3– 图示　防火分隔间根据自身的火灾危险性类别确定防火墙的最低耐火极限

（3）相关标准有规定者，应从其规定，比如，《档案馆建筑设计规范》JGJ 25—2010第6.0.2条规定，档案库区中同一防火分区内的库房之间的隔墙均应采用耐火极限不低于3.00h的防火墙，防火分区间及库区与其他部分之间的墙应采用耐火极限不低于4.00h的防火墙，其他内部隔墙可采用耐火极限不低于2.00h的不燃烧体。

6.2　防火隔墙与幕墙

6.2.1　防火隔墙应从楼地面基层隔断至梁、楼板或屋面板的底面基层，防火隔墙上的门、窗等开口应采取防止火灾蔓延至防火隔墙另一侧的措施。

【要点解读】

本条规定了防火隔墙构造的基本要求。

防火隔墙是建筑内防止火灾蔓延至相邻区域且耐火极限不低于规定要求的墙体，主要用于同一防火分区内不同功能或不同火灾危险性的区域（房间）之间的分隔，是建筑内防火单元的主要水平分隔设施。

除相关标准中明确要求采用防火隔墙的部位外，疏散楼梯间及前室隔墙、消防电梯前室隔墙、消防专用通道隔墙、住宅建筑的分户墙和单元隔墙等，均属于防火隔墙。

防火隔墙应为不燃性墙体，确有困难时，木结构建筑和四级耐火等级建筑中的防火隔墙允许采用难燃性墙体。根据防火单元的火灾危险性和重要性，防火隔墙的耐火极限可以为 1.00h ~ 3.00h，具体应依相关标准规定确定。

要点 1：防火隔墙应从楼地面基层隔断至梁、楼板或屋面板的底面基层。

本规定主要对应于《建筑设计防火规范（2018 年版）》GB 50016—2014 第 6.2.4 条。

（1）防火隔墙应从楼地面基层隔断至梁、楼板或屋面板的底面基层【图示 1】，结构缝隙应采取防火封堵措施，参见"6.2.2- 要点解读"。

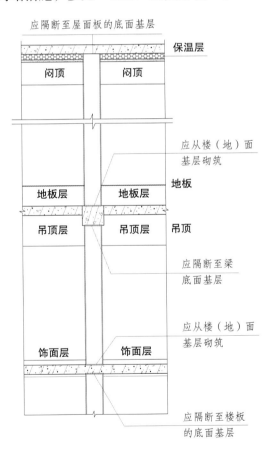

6.2.1- 图示 1　防火隔墙从楼地面基层隔断至梁、楼板、屋面板底面基层

（2）通常情况下，并不要求防火隔墙高出屋面，但当屋面耐火极限低于 0.50h 或屋面板为可燃、难燃材料时，防火隔墙应隔断屋面板，并应符合相关标准规定。比如，《汽车库、修车库、停车场设计防火规范》GB 50067—2014 规定：

第 5.2.2 条　当汽车库、修车库的屋面板为不燃材料且耐火极限不低于 0.50h 时，防火墙、防火隔墙可砌至屋面基层的底部。

第 5.2.3 条　三级耐火等级汽车库、修车库的防火墙、防火隔墙应截断其屋顶结构，并应高出其不燃性屋面不小于 0.4m；高出可燃性或难燃性屋面不小于 0.5m。

要点 2：防火隔墙上的门、窗等开口应采取防止火灾蔓延至防火隔墙另一侧的措施。

防火隔墙上不宜开设洞口，当需要开设满足建筑功能需求的开口时，应采取能阻止火势和烟气蔓延的措施，如采用防火窗、防火门、防火卷帘、防火玻璃、防火阀、防火分隔水幕等防火分隔设施，相关设施的耐火性能应根据防火隔墙耐火极限及相关规定要求确定。

要点 3：防火隔墙的两侧外墙开口应采取防止火灾蔓延的措施。

防火隔墙是控制火灾在不同防火单元（火灾危险性区域）之间蔓延的主要防火分隔设施，为确保防火分隔的有效性，应防止火灾通过防火隔墙的两侧外墙开口蔓延，常见措施有实体墙分隔、防火隔板分隔和防火门、防火窗分隔等。

（1）实体墙分隔。

当采用实体墙分隔时，防火隔墙两侧开口之间的墙体宽度不应小于 1.0m，当防火隔墙耐火极限大于 2.00h 时，宜加大实体墙宽度【图示 2】。

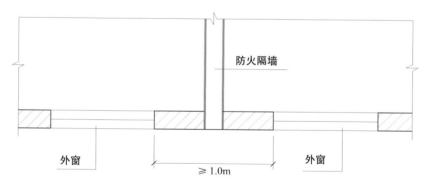

6.2.1- 图示 2　防火隔墙两侧开口之间采用实体墙分隔

（2）防火隔板分隔。

当采用防火隔板分隔时，应在开口之间设置突出外墙不小于 0.6m 的防火隔板，防火隔板应采用不燃性材料，耐火极限不应低于相应耐火等级建筑外墙的要求【图示 3】。

（3）防火门、防火窗分隔。

当防火隔墙两侧开口部位设置防火门、防火窗时，两侧开口部位的距离不限【图示 4】。

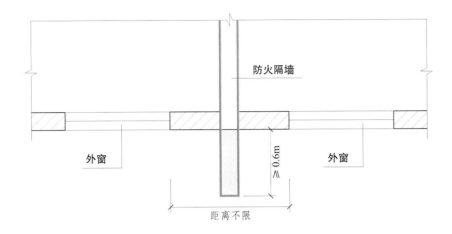

6.2.1– 图示 3　防火隔墙两侧开口之间采用防火隔板分隔

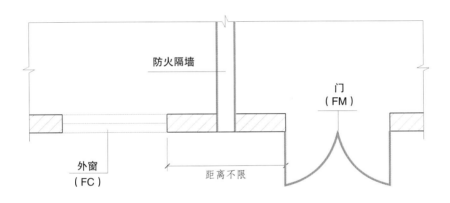

6.2.1– 图示 4　防火隔墙两侧开口采用防火门、防火窗

注：1　当防火隔墙的耐火极限不大于 2.00h 时，可在防火隔墙的任一侧开口设置耐火性能不低于乙级的防火门（防火窗）；

　　2　当防火隔墙的耐火极限大于 2.00h 时，可在防火隔墙的任一侧开口设置甲级防火门（防火窗），或在防火隔墙两侧设置耐火性能不低于乙级的防火门（防火窗）。

6.2.2　住宅分户墙、住宅单元之间的墙体、防火隔墙与建筑外墙、楼板、屋顶相交处，应采取防止火灾蔓延至另一侧的防火封堵措施。

【要点解读】

住宅分户墙和单元隔墙的构造与防火隔墙一致。本条规定了防火隔墙结构缝隙的防火封堵要求。

（1）在竖向，防火隔墙应从楼地面基层隔断至梁、楼板或屋面板的底面基层，参见"6.2.1– 要点 1"。

（2）在水平方向，防火隔墙应隔断至相交墙体、柱等建筑构件的基层，当相交墙体的耐火极限低于防火隔墙或为可燃、难燃材料时，防火隔墙应隔断相交墙体并延伸至墙体外沿。

（3）防火隔墙与梁、柱、楼板、屋面板以及相交墙体之间的缝隙，以及穿越防火隔墙墙体的管道及其缝隙、开口等，应依据现行国家标准《建筑设计防火规范》GB 50016、《建筑防火封堵应用技术标准》GB/T 51410 等标准要求采取防火封堵措施，防止火焰和烟气通过缝隙或孔口蔓延。

（4）住宅分户墙、住宅单元之间的墙体的燃烧性能和耐火极限，可依据《建筑设计防火规范（2018 年版）》GB 50016—2014 表 5.1.2 的规定确定。

6.2.3 建筑外墙上、下层开口之间应采取防止火灾沿外墙开口蔓延至建筑其他楼层内的措施。在建筑外墙上水平或竖向相邻开口之间用于防止火灾蔓延的墙体、隔板或防火挑檐等实体分隔结构，其耐火性能均不应低于该建筑外墙的耐火性能要求。住宅建筑外墙上相邻套房开口之间的水平距离或防火措施应满足防止火灾通过相邻开口蔓延的要求。

【要点解读】

本条规定了建筑外立面的基本防火性能要求，以防止火势通过外墙开口上下或横向蔓延。

要点 1：建筑外墙上、下层开口之间应采取防止火灾沿外墙开口蔓延至建筑其他楼层内的措施。

建筑外墙开口是火灾通过建筑外立面蔓延的主要途径，应采取措施防止火势从室内通过外墙开口向上、向下蔓延或横向蔓延，可采用实体墙、防火挑檐、防火门、防火窗等进行分隔，确有困难的场所也可以采用防火玻璃墙分隔，具体措施参见相关标准要求。示例：

（1）《建筑设计防火规范（2018 年版）》GB 50016—2014 第 6.2.5 条规定，除本规范另有规定外，建筑外墙上、下层开口之间应设置高度不小于 1.2m 的实体墙（窗槛墙）或挑出宽度不小于 1.0m、长度不小于开口宽度的防火挑檐；当室内设置自动喷水灭火系统时，上、下层开口之间的实体墙高度不应小于 0.8m。当上、下层开口之间设置实体墙确有困难时，可设置防火玻璃墙，但高层建筑的防火玻璃墙的耐火完整性不应低于 1.00h，多层建筑的防火玻璃墙的耐火完整性不应低于 0.50h。外窗的耐火完整性不应低于防火玻璃墙的耐火完整性要求。

（2）《建筑高度大于 250 米民用建筑防火设计加强性技术要求》（公消〔2018〕57 号）第九条规定，在建筑外墙上、下层开口之间应设置高度不小于 1.5m 的不燃性实体墙，且在楼板上的高度不应小于 0.6m；当采用防火挑檐替代时，防火挑檐的出挑宽度不应小于 1.0m、长度不应小于开口的宽度两侧各延长 0.5m。

（3）《汽车库、修车库、停车场设计防火规范》GB 50067—2014 第 5.1.6 条规定，汽车库、修车库的外墙上、下层开口之间墙的高度，不应小于 1.2m 或设置耐火极限不低于 1.00h、宽度不小于 1.0m 的不燃性防火挑檐。

（4）《物流建筑设计规范》GB 51157—2016 第 15.3.3 条规定，对于多层或高层综合型物流建筑，当存储区、作业区分层布置或在同一楼层内混合布置时，作业型楼层与存储型楼层之间应设置耐火极限不低于 1.00h、高度不小于 1.2m 的不燃烧体窗槛墙，或沿外墙设置耐火极限不低于 1.00h、宽度不小于 1.5m 的防火挑檐；第 15.3.12 条规定，办公楼与物流建筑外墙上、下层开口之间的墙体高度不应小于 1.2m 或设置挑出宽度不小于 1.0m、长度不小于开口宽度的防火挑檐。

（5）《20kV 及以下变电所设计规范》GB 50053—2013 第 6.1.9 条规定，在多层建筑物或高层建筑物裙房的首层布置油浸变压器的变电站时，首层外墙开口部位的上方应设置宽度不小于 1.0m 的不燃烧体防火挑檐或高度不小于 1.2m 的窗槛墙。

要点 2：住宅建筑外墙上相邻套房开口之间的水平距离或防火措施应满足防止火灾通过相邻开口蔓延的要求。

住宅建筑中的分户墙和单元之间的墙体应采用防火隔墙，《建筑设计防火规范（2018年版）》GB 50016—2014 第 6.2.5 条规定，住宅建筑外墙上相邻户开口之间的墙体宽度不应小于 1.0m【6.2.1- 图示 2】，当小于 1.0m 时，应在开口之间设置突出外墙不小于 0.6m 的隔板【6.2.1- 图示 3】。分隔墙体、隔板等的燃烧性能和耐火极限，参见要点 3。

要点 3：建筑外墙上水平或竖向相邻开口之间用于防止火灾蔓延的墙体、隔板或防火挑檐等实体分隔结构，其耐火性能均不应低于该建筑外墙的耐火性能要求。

建筑外墙上水平或竖向相邻开口之间，用于防止火灾蔓延的实体墙的燃烧性能和耐火极限不应低于相应耐火等级建筑外墙的要求；防火挑檐、隔板等实体分隔结构应采用不燃性材料，耐火极限不应低于相应耐火等级建筑外墙的要求。

6.2.4 建筑幕墙应在每层楼板外沿处采取防止火灾通过幕墙空腔等构造竖向蔓延的措施。

【要点解读】

本条规定了建筑幕墙的基本防火要求。本条主要对应于《建筑设计防火规范（2018年版）》GB 50016—2014 第 6.2.6 条。

（1）大部分幕墙存在空腔结构，空腔上下贯通，在火灾时会产生烟囱效应，加剧火势蔓延。幕墙与周边防火分隔构件之间的缝隙、与楼板或者隔墙外沿之间的缝隙、与相邻的实体墙洞口之间的缝隙等应采取防火封堵构造措施。

（2）幕墙的防火分隔和封堵措施应根据不同幕墙构造和材料确定，可依据现行标准《建筑设计防火规范》GB 50016、《建筑幕墙防火技术规程》T/CECS 806、《建筑防火封堵应用技术标准》GB/T 51410等标准确定。比如，《建筑防火封堵应用技术标准》GB/T 51410第4.0.3条规定，建筑幕墙的层间封堵应符合下列规定：

①幕墙与建筑窗槛墙之间的空腔应在建筑缝隙上、下沿处分别采用矿物棉等背衬材料填塞且填塞高度均不应小于200mm；在矿物棉等背衬材料的上面应覆盖具有弹性的防火封堵材料，在矿物棉下面应设置承托板。

②幕墙与防火墙或防火隔墙之间的空腔应采用矿物棉等背衬材料填塞，填塞厚度不应小于防火墙或防火隔墙的厚度，两侧的背衬材料的表面均应覆盖具有弹性的防火封堵材料。

③承托板应采用钢质承托板，且承托板的厚度不应小于1.5mm。承托板与幕墙、建筑外墙之间及承托板之间的缝隙，应采用具有弹性的防火封堵材料封堵。

④防火封堵的构造应具有自承重和适应缝隙变形的性能。

（3）设置幕墙的建筑，建筑外墙应符合第6.2.3条要求，采取防止火灾沿外墙开口蔓延的措施。

6.3 竖井、管线防火和防火封堵

6.3.1 电梯井应独立设置，电梯井内不应敷设或穿过可燃气体或甲、乙、丙类液体管道及与电梯运行无关的电线或电缆等。电梯层门的耐火完整性不应低于2.00h。

【要点解读】

本条规定了电梯井的基本防火要求。

要点1：电梯井应独立设置，电梯井内不应敷设或穿过可燃气体或甲、乙、丙类液体管道及与电梯运行无关的电线或电缆等。

本条规定主要对应于《建筑设计防火规范（2018年版）》GB 50016—2014第6.2.9条第1款。

（1）电梯是重要的垂直交通工具，其井道易成为火灾蔓延的通道，为减少火灾风险，电梯井应独立设置。

①电梯井的墙（井壁）的耐火性能应满足相关标准规定，比如《建筑设计防火规范（2018年版）》GB 50016—2014第3.2.1条、第5.1.2条、第11.0.1条等。

②消防电梯的梯井之间、消防电梯的梯井与相邻井道及房间之间应采用耐火极限不低于2.00h且无开口的防火隔墙分隔。非消防电梯的梯井之间可根据工艺需求确定是否采取防火分隔措施【2.2.9-图示2】。

（2）电梯井上下贯通，可燃气体、液体一旦泄漏，极易造成安全事故，井内严禁敷设或穿过这类管道。

（3）电线、电缆等也容易引发火灾事故，除电梯专用线路外的其他线路不得敷设于电梯井道。依据《通用用电设备配电设计规范》GB 50055—2011 第 3.3.6 条规定，向电梯供电的电源线路不得敷设在电梯井道内。除电梯的专用线路外，其他线路不得沿电梯井道敷设。在电梯井道内的明敷电缆应采用阻燃型。明敷线路的穿线管、槽应是阻燃的。

（4）电梯井的井壁除设置电梯门、安全逃生门和通气孔洞外，不应设置其他开口。

要点 2：电梯层门的耐火完整性不应低于 2.00h。

本条规定主要对应于《建筑设计防火规范（2018 年版）》GB 50016—2014 第 6.2.9 条第 5 款，相对于原规定，耐火时间提升至 2.00h，不再强调耐火隔热性能要求。

电梯层门是安装在电梯竖井每层开口位置，用于人员出入电梯的门。

（1）电梯层门的耐火性能分类。

电梯层门可分为隔热型电梯层门和非隔热型电梯层门。隔热型电梯层门是在一定时间内能同时满足耐火完整性和耐火隔热性要求的电梯层门；非隔热型电梯层门是在一定时间内能满足耐火完整性要求，根据需要还能满足热通量要求的电梯层门。本条规定的电梯层门为非隔热型电梯层门。

（2）电梯层门的耐火性能分级。

电梯层门的耐火性能，按耐火时间分为 30min、60min、90min、120min 四个等级。本条规定的电梯层门的耐火时间要求为 120min。

（3）电梯层门的耐火性能应按照现行国家标准《电梯层门耐火试验完整性、隔热性和热通量测定法》GB/T 27903 的规定和判定标准进行测试。

6.3.2　电气竖井、管道井、排烟或通风道、垃圾井等竖井应分别独立设置，井壁的耐火极限均不应低于 1.00h。

【要点解读】

本条规定了各类竖井、垃圾井的基本防火要求。本条主要对应于《建筑设计防火规范（2018 年版）》GB 50016—2014 第 6.2.9 条第 2 款。

（1）建筑中的电梯井、管道井、排烟井、通风道（井）、电气竖井、垃圾井等竖向井道易成为烟火竖向蔓延的通道，有的自身还存在一定的火灾危险性，建造时要将不同类别的竖向井道独立设置。井壁的耐火极限均不应低于 1.00h，相关标准有更高要求者，应从其规定，比如，《建筑高度大于 250 米民用建筑防火设计加强性技术要求（试行）》第二条规定，电缆井、管道井等竖井井壁的耐火极限不应低于 2.00h。

（2）各专业管井的设置，尚应符合相关专业标准的规定，比如，电气竖井的设置应符合现行国家标准《建筑电气与智能化通用规范》GB 55024、《民用建筑电气设计标准》GB 51348、《低压配电设计规范》GB 50054 等标准规定；燃气管道设置应满足现行国家标准《城镇燃气设计规范》GB 50028 等标准规定。

6.3.3 除通风管道井、送风管道井、排烟管道井、必须通风的燃气管道竖井及其他有特殊要求的竖井可不在层间的楼板处分隔外，其他竖井应在每层楼板处采取防火分隔措施，且防火分隔组件的耐火性能不应低于楼板的耐火性能。

【要点解读】

本条规定了竖井在每层楼板处的防火分隔措施要求，防止火势通过竖井蔓延。本条主要对应于《建筑设计防火规范（2018 年版）》GB 50016—2014 第 6.2.9 条第 3 款。

（1）通风管道井、防烟管道井、排烟管道井、补风管道井、必须通风的燃气管道竖井及其他有特殊要求的竖井等，因功能需要，可不在层间的楼板处进行防火分隔。

（2）竖向井道具有烟囱效应，为有效阻止火势在竖井内的蔓延，除不允许在层间隔断的竖井外，需在竖井的每层楼板处用不燃材料和防火封堵组件进行分隔和封堵，其耐火性能应与楼板相当。具体措施可依相关标准的规定确定，比如，《建筑防火封堵应用技术标准》GB/T 51410—2020 规定：

5.2.6 管道井、管沟、管廊防火分隔处的封堵应采用矿物棉等背衬材料填塞并覆盖有机防火封堵材料；或采用防火封堵板材封堵，并在管道与防火封堵板材之间的缝隙填塞有机防火封堵材料。

5.3.6 电缆井的每层水平防火分隔处应采用无机或膨胀性的防火封堵材料封堵；或采用矿物棉等背衬材料填塞并覆盖膨胀性的防火封堵材料；或采用防火封堵板材封堵，在电缆与防火封堵板材之间的缝隙填塞膨胀性防火封堵材料，并应符合本标准第 5.3.1 条、第 5.3.2 条的规定。

6.3.4 电气线路和各类管道穿过防火墙、防火隔墙、竖井井壁、建筑变形缝处和楼板处的孔隙应采取防火封堵措施。防火封堵组件的耐火性能不应低于防火分隔部位的耐火性能要求。

【要点解读】

本条规定了电线电缆、电气槽盒及各类管道在建筑内穿越防火分隔处的防火封堵要求，包括给水排水管道、通风管道、防烟排烟管道、工艺管线管路以及允许穿越的可燃气体、液体管道等。各类缝隙和孔洞封堵的具体技术措施及要求，可依据现行国家标准《建筑设计防火规范》GB 50016、《建筑防火封堵应用技术标准》GB/T 51410 等标准确定。

6.3.5 通风和空气调节系统的管道、防烟与排烟系统的管道穿过防火墙、防火隔墙、楼板、建筑变形缝处，建筑内未按防火分区独立设置的通风和空气调节系统中的竖向风管与每层水平风管交接的水平管段处，均应采取防止火灾通过管道蔓延至其他防火分隔区域的措施。

【要点解读】

本条要求各类风管在穿越建筑内防火分隔处时采取防火分隔与封堵措施，以防止烟气和火势经管道或孔隙蔓延至不同的防火分隔区域，通常的做法是在穿越防火分隔处的管道内部设置防火阀或排烟防火阀，防火阀、排烟防火阀两侧一定范围内的风管采用耐火风管或在风管外壁采取防火保护措施，管道外部采用防火封堵组件阻断洞口孔隙。具体技术措施及要求，可依据现行国家标准《消防设施通用规范》GB 55036、《建筑设计防火规范》GB 50016、《建筑防烟排烟系统技术标准》GB 51251、《通风与空调工程施工规范》GB 50738、《建筑防火封堵应用技术标准》GB/T 51410 等标准确定。示例：

（1）《建筑防火封堵应用技术标准》GB/T 51410—2020：

第 5.2.5 条　耐火风管贯穿部位的环形间隙宜采用具有弹性的防火封堵材料封堵；或采用矿物棉等背衬材料填塞并覆盖具有弹性的防火封堵材料；或采用防火封堵板材封堵，并在风管与防火封堵板材之间的缝隙填塞具有弹性的防火封堵材料。

（2）《消防设施通用规范》GB 55036—2022：

第 11.3.5 条　下列部位应设置排烟防火阀，排烟防火阀应具有在 280℃时自行关闭和联锁关闭相应排烟风机、补风机的功能：

1　垂直主排烟管道与每层水平排烟管道连接处的水平管段上；

2　一个排烟系统负担多个防烟分区的排烟支管上；

3　排烟风机入口处；

4　排烟管道穿越防火分区处。

（3）《建筑设计防火规范（2018 年版）》GB 50016—2014：

第 6.3.5 条　防烟、排烟、供暖、通风和空气调节系统中的管道及建筑内的其他管道，在穿越防火隔墙、楼板和防火墙处的孔隙应采用防火封堵材料封堵。

风管穿过防火隔墙、楼板和防火墙时，穿越处风管上的防火阀、排烟防火阀两侧各 2.0m 范围内的风管应采用耐火风管或风管外壁应采取防火保护措施，且耐火极限不应低于该防火分隔体的耐火极限。

第 9.3.11 条　通风、空气调节系统的风管在下列部位应设置公称动作温度为 70℃的防火阀：

1　穿越防火分区处；

2　穿越通风、空气调节机房的房间隔墙和楼板处；

3　穿越重要或火灾危险性大的场所的房间隔墙和楼板处；

4　穿越防火分隔处的变形缝两侧；

5　竖向风管与每层水平风管交接处的水平管段上。

注：当建筑内每个防火分区的通风、空气调节系统均独立设置时，水平风管与竖向总管的交接处可不设防火阀。

6.4 防火门、防火窗、防火卷帘和防火玻璃墙

6.4.1 防火门、防火窗应具有自动关闭的功能，在关闭后应具有烟密闭的性能。宿舍的居室、老年人照料设施的老年人居室、旅馆建筑的客房开向公共内走廊或封闭式外走廊的疏散门，应在关闭后具有烟密闭的性能。宿舍的居室、旅馆建筑的客房的疏散门，应具有自动关闭的功能。

【要点解读】

本条规定了防火门、防火窗的基本功能和性能要求，以及具有住宿功能的房间门的防烟性能要求。

生产、销售和使用的防火门、防火窗产品，均应取得国家认可授权检测机构出具的检验报告，产品材质、结构等应与检验报告一致，规格尺寸不应超过检验报告样品规格尺寸。

要点1：防火门应具有自动关闭的功能。

本规定应结合《建筑设计防火规范（2018年版）》GB 50016—2014第6.5.1条第3款执行，除竖井检查门和住宅户门外，防火门应具有自行关闭功能。双扇防火门应具有按顺序自行关闭的功能。

防火门应符合现行国家标准《防火门》GB 12955等标准规定，除特殊部位外（如管道井、户门等），防火门应安装防火门闭门器，或设置让常开防火门在火灾发生时能自动关闭门扇的闭门装置。防火门闭门器应符合现行标准《防火门闭门器》XF 93等标准规定。

1. 常开式防火门

常开式防火门在平时处于开启状态，火灾时自动关闭【图示】。

在经常有人通行的场所，为方便人员通行，防止防火门频繁开启损坏，宜采用常开式防火门。常开式防火门需采取措施使之能在着火时自行关闭，可通过防火门监控器、火灾自动报警系统和电动闭门器（或电磁门吸）等实现，并应具有信号反馈功能。

2. 常闭式防火门

除允许设置常开式防火门的位置外，其他位置的防火门均应采用常闭式防火门。

常闭式防火门在防火门闭门器或防火锁具的作用下处于关闭状态，并可通过外力开启（手动推开等），当外力消失时自动关闭。

为避免烟气或火势通过门洞扩散，防火门在平时要尽量保持关闭状态，除人员经常通行的场所外，其他位置的防火门均应采用常闭式防火门，常闭式防火门应在其明显位置设置"保持防火门关闭"等提示标识。

3. 不具备自动关闭功能的防火门

对于一些特殊部位，如管道井门、住宅户门等，可采用手动关闭的方式，可以不

使用自动闭门器，但应使用符合现行国家标准《防火门》GB 12955 等标准要求的防火锁具。

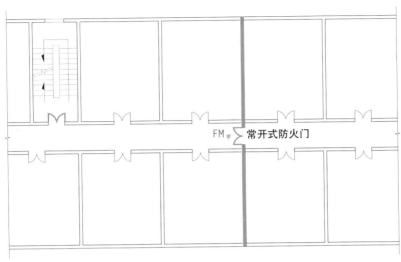

6.4.1– 图示　建筑内经常有人通行处采用常开式防火门

【视频分解】

【防火门报警联动控制】　　　　【防火门监控系统】

要点 2：常开式防火门应具有在火灾时不依靠电源和火灾自动报警系统而依靠闭门器等机构自行关闭的功能。

常开式防火门应可通过防火门监控系统、火灾自动报警系统自动关闭。考虑火灾自动报警系统的不确定性，常开式防火门应同时具备温控自动关闭功能，可通过温控释放装置（易熔合金件或玻璃球等热敏感元件）实现温控自动关闭。火灾发生时，达到预定温度时自动关闭，无须依赖火灾自动报警系统和外部电源。

要点 3：防火窗应具有自动关闭的功能。

本规定应结合《建筑设计防火规范（2018 年版）》GB 50016—2014 第 6.5.2 条执行，设置在防火墙、防火隔墙上的防火窗，应采用不可开启的窗扇或具有火灾时能自行关闭的功能。

（1）防火窗可分为固定式防火窗和活动式防火窗。固定式防火窗无可开启窗扇，处于常闭状态，可靠性高。活动式防火窗有可开启窗扇，装配有窗扇启闭控制装置。

（2）依据防火窗产品标准《防火窗》GB 16809—2008 规定，活动式防火窗应具备的基本控制功能有：

①手动控制启闭功能；

②易熔合金件或玻璃球等热敏感元件自动控制关闭的功能，达到一定温度时，防火窗自动关闭；

③防火窗的窗扇启闭控制方式可以附加电动控制方式，如：电信号控制电磁铁关闭或开启、电信号控制电机关闭或开启、电信号气动机构关闭或开启等。

（3）依现行产品标准《防火窗》GB 16809 生产并取得国家认可授权检测机构出具的检验报告的防火窗，具备自动关闭功能。

要点 4：防火门、防火窗在关闭后应具有烟密闭的性能。

防火门、防火窗的阻烟性能主要是通过防火膨胀密封件实现，防火门、防火窗的缝隙处应设置防火密封件，防火膨胀密封件的性能应符合现行国家标准《防火膨胀密封件》GB 16807 规定。

防火膨胀密封件是火灾时遇火或高温作用能够膨胀，且能辅助建筑构配件使之具有隔火、隔烟、隔热等防火密封性能的产品。火灾发生时，密封件受热膨胀自动将门、窗缝隙封堵，这种阻烟方式难以在较低温度下发挥作用。本条规定要求防火门、防火窗关闭后具有烟密闭的性能，具体实施要求，尚待后续相关标准发布。

有关防火门的防烟性能试验方法，可依据现行国家标准《门和卷帘的防烟性能试验方法》GB/T 41480 实施。

要点 5：宿舍的居室、老年人照料设施的老年人居室、旅馆建筑的客房开向公共内走廊或封闭式外走廊的疏散门，应在关闭后具有烟密闭的性能。宿舍的居室、旅馆建筑的客房的疏散门，应具有自动关闭的功能。

普通门没有严格的烟密闭性能要求，在火灾条件下难以保证宿舍、公寓、老年人照料设施、旅馆建筑中居室内人员的安全。本条规定了居住建筑等具有住宿功能的房间疏散门在正常情况下关闭后的防烟性能，以确保防火分隔的有效性，减少烟气对人员的危害。有关防烟性能试验方法，可依据现行国家标准《门和卷帘的防烟性能试验方法》GB/T 41480 实施，有关本规定场所烟密闭性能的具体实施要求，尚待后续相关标准发布。

宿舍的居室、旅馆建筑的客房的疏散门，应具有自动关闭的功能，可安装自动闭门器。

6.4.2　下列部位的门应为甲级防火门：

1　设置在防火墙上的门、疏散走道在防火分区处设置的门【要点 2】；

2　设置在耐火极限要求不低于 3.00h 的防火隔墙上的门【要点 3】；

3　电梯间、疏散楼梯间与汽车库连通的门【要点 4】；

4　室内开向避难走道前室的门【要点 5】、避难间的疏散门【要点 6】；

5　多层乙类仓库和地下、半地下及多、高层丙类仓库中从库房通向疏散走道【要点 7】或疏散楼梯间【要点 8】的门。

6.4.3　除建筑直通室外和屋面的门可采用普通门外【要点 16】，下列部位的门的耐火性能不应低于乙级防火门的要求，且其中建筑高度大于 100m 的建筑相应部位的门应为甲级防火门：

1　甲、乙类厂房，多层丙类厂房，人员密集的公共建筑和其他高层工业与民用建筑中封闭楼梯间的门【要点 9】；

2　防烟楼梯间及其前室的门【要点 10】；

3　消防电梯前室或合用前室的门【要点 11】；

4　前室开向避难走道的门【要点 5】；

5　地下、半地下及多、高层丁类仓库中从库房通向疏散走道【要点 7】或疏散楼梯【要点 8】的门；

6　歌舞娱乐放映游艺场所中的房间疏散门【要点 13】；

7　从室内通向室外疏散楼梯的疏散门【要点 12】；

8　设置在耐火极限要求不低于 2.00h 的防火隔墙上的门【要点 3】。

【第 6.4.2 条、第 6.4.3 条 要点解读】

第 6.4.2 条、第 6.4.3 条规定了建筑内防火门的基本耐火性能要求。本《通用规范》和相关标准中的防火门，均应满足本规定要求，相关标准中有更高要求者，应从其规定。

防火门仅为防火墙、防火隔墙等防火分隔设施上的局部开口，开口面积较小，综合生产成本和使用便利，通常不要求其耐火极限与防火墙、防火隔墙一致。防火门的耐火性能主要与防火隔墙的耐火极限、建筑高度、埋深以及设置部位的重要性相关。原则上，除第 6.4.4 条规定的允许使用丙级防火门的场所外，其他场所中的防火门的耐火性能不应低于乙级防火门。

【视频分解】

【防火门 – 主要功能及部件】

要点 1：防火门的主要分类。

防火门应符合现行国家标准《防火门》GB 12955 等标准规定，主要分类如下。

（1）防火门按材质分类，可分为：

①木质防火门（代号：MFM）；

②钢质防火门（代号：GFM）；

③钢木质防火门（代号：GMFM）；

④其他材质防火门（代号：**FM，** 代表其他材质的具体表述大写拼音字母）。

（2）防火门按门扇数量分类，可分为：

①单扇防火门（代号为1）；

②双扇防火门（代号为2）；

③多扇防火门（含有两个以上门扇的防火门，代号为门扇数量，用数字表示）。

（3）防火门按耐火性能分类，可分为：

①隔热防火门（A类）：在规定时间内，能同时满足耐火完整性和隔热性要求的防火门。

②部分隔热防火门（B类）：在规定大于或等于0.50h时间内，满足耐火完整性和隔热性要求，在大于0.50h后所规定的时间内，能满足耐火完整性要求的防火门。

③非隔热防火门（C类）：在规定时间内，能满足耐火完整性要求的防火门。

（4）防火门按耐火性能的分类及代号，见表6.4.3。

表6.4.3 防火门的耐火性能分类与耐火等级代号

名称	耐火性能		代号
隔热防火门（A类）	耐火隔热性≥0.50h，耐火完整性≥0.50h		A0.50（丙级）
	耐火隔热性≥1.00h，耐火完整性≥1.00h		A1.00（乙级）
	耐火隔热性≥1.50h，耐火完整性≥1.50h		A1.50（甲级）
	耐火隔热性≥2.00h，耐火完整性≥2.00h		A2.00
	耐火隔热性≥3.00h，耐火完整性≥3.00h		A3.00
部分隔热防火门（B类）	耐火隔热性≥0.50h	耐火完整性≥1.00h	B1.00
		耐火完整性≥1.50h	B1.50
		耐火完整性≥2.00h	B2.00
		耐火完整性≥3.00h	B3.00
非隔热防火门（C类）	耐火完整性≥1.00h		C1.00
	耐火完整性≥1.50h		C1.50
	耐火完整性≥2.00h		C2.00
	耐火完整性≥3.00h		C3.00

（5）隔热防火门（A类）是目前常用的防火门。本条规定及现行标准所述的甲级、乙级、丙级防火门，即耐火完整性和耐火隔热性分别不小于1.50h、1.00h、0.50h的防火门，

耐火等级代号分别为 A1.50（甲级）、A1.00（乙级）、A0.50（丙级）。

要点 2：防火墙上的门。

防火墙的耐火极限不低于 3.00h，应采用耐火性能不低于甲级的防火门。对于耐火极限不低于 4.00h 的防火墙，仍可采用甲级防火门，但对于火灾负荷较大的场所，宜采用更高耐火性能的防火门，可采用耐火极限不小于 2.00h 或 3.00h 的隔热防火门（代号分别为 A2.00、A3.00）。

不同防火分区之间应采用防火墙分隔，因此第 6.4.2 条第 1 款所述的"疏散走道在防火分区处设置的门"，其实质仍属于防火墙上的门，应为甲级防火门，参见【6.4.1–图示】。有关疏散走道在防火分区处的防火分隔设施，参见"7.1.5–要点 5"。

要点 3：防火隔墙上的门。

（1）设置在耐火极限要求不低于 3.00h 的防火隔墙上的门，应为甲级防火门。

（2）设置在耐火极限要求不低于 2.00h 的防火隔墙上的门，门的耐火性能不应低于乙级防火门。

（3）原则上，设置在防火隔墙上的门，耐火性能均不应低于乙级防火门，即使防火隔墙耐火极限低于 2.00h，隔墙上的门的耐火性能也不应低于乙级防火门。

（4）在建筑高度大于 100m 的建筑中，应设置防火门的部位均应采用甲级防火门。

要点 4：电梯间、疏散楼梯间与汽车库连通的门。

汽车库的火灾风险较为复杂，内燃机汽车多采用汽油作为燃料，而电动汽车的火灾风险往往高于内燃机汽车。汽车库一旦发生火灾，会产生大量可燃、有毒烟气，消防救援困难。因此要求电梯间与汽车库连通的门和疏散楼梯间与汽车库连通的门为甲级防火门【图示 1】【图示 2】。

要点 5：避难走道及前室的门。

室内开向避难走道前室的门应为甲级防火门；前室开向避难走道的门，其耐火性能不应低于乙级防火门，在建筑高度大于 100m 的建筑中，应为甲级防火门【图示 3】。

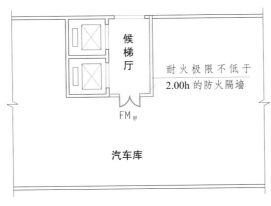

6.4.3– 图示 1　设置在汽车库的电梯间

6.4.3- 图示 2　设置在汽车库的
封闭楼梯间

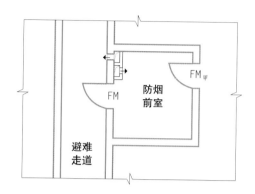

6.4.3- 图示 3　避难走道及前室

要点 6：避难间的门。

避难间与室内其他部位的连通门和疏散门应为甲级防火门【7.1.16- 图示 】，避难间直通前室或疏散楼梯间的疏散门，可以采用耐火性能不低于乙级的防火门【图示 4】。

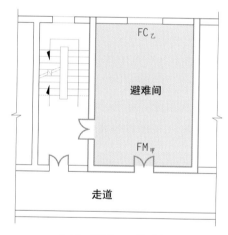

6.4.3- 图示 4　避难间

要点 7：仓库库房（防火分隔间）通向疏散走道的门。

（1）本规定的库房主要是指仓库内的防火分隔间，防火分隔间由防火墙或外墙围合而成，其功能和要求与防火分区类似。仓库内的多个防火分隔间可共用疏散走道，通过疏散走道进入共用的疏散楼梯间（安全出口）【4.2.6- 图示 2】。有关防火分区和防火分隔间的概念，参见"4.2.6- 要点 1"。

本规定所述的"从库房通向疏散走道的门"，是指仓库内防火分隔间通向疏散走道的门。

（2）当库房作为防火分隔间时，不同库房之间、库房与疏散走道之间应采用防火墙分隔，防火墙上的门应为甲级防火门【4.2.6- 图示 2】。

要点 8：仓库库房通向疏散楼梯间的门。

乙、丙类仓库中从库房通向疏散楼梯间的门，应为甲级防火门；其他仓库中从库房通向疏散楼梯间的门，应采用耐火性能不低于乙级的防火门，在建筑高度大于 100m 的建筑中，应为甲级防火门。

本规定所述的"从库房通向疏散楼梯间的门"，是指疏散楼梯间直接设置于防火分区或防火分隔间内的情形，当疏散楼梯间直接设置于防火分区或防火分隔间时，应采用封闭楼梯间，疏散门耐火性能按本条规定处置【图示 5】。

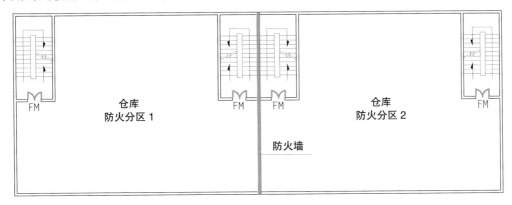

6.4.3– 图示 5   疏散楼梯间直接设置于防火分区或防火分隔间

要点 9：封闭楼梯间的门。

（1）在建筑高度大于 100m 的建筑中，封闭楼梯间应为甲级防火门。

（2）以下建筑的封闭楼梯间，进入楼梯间的门的耐火性能不应低于乙级防火门：①甲、乙、丙类厂房；②人员密集的公共建筑；③高层工业与民用建筑。

（3）车间、库房、房间等直通疏散楼梯间的门【图示 6】，其耐火性能不应低于乙级防火门。

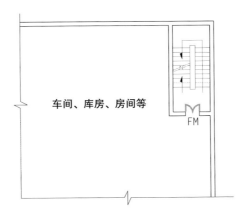

6.4.3– 图示 6   设置在车间、库房、房间的疏散楼梯间

当疏散楼梯间直接设置于车间、库房、房间等场所时，进入疏散楼梯间的门的耐火性能不应低于乙级防火门。其中，乙、丙类仓库中从库房通向疏散楼梯间的门应为甲级防火门。

（4）以上规定以外的建筑及场所中的封闭楼梯间，可采用开向疏散楼梯间的普通门或双向普通门，门应具备自动关闭功能。

要点 10：防烟楼梯间的门。

防烟楼梯间的门包括进入前室（含合用前室）的门和前室进入疏散楼梯间的门，通常情况下，两者的耐火性能要求相同。

（1）在建筑高度大于 100m 的建筑中，防烟楼梯间应为甲级防火门。

（2）《建筑设计防火规范（2018 年版）》GB 50016—2014 第 5.3.5 条规定，总建筑面积大于 20000m² 的地下或半地下商店，应采用无门、窗、洞口的防火墙和耐火极限不低于 2.00h 的楼板分隔为多个建筑面积不大于 20000m² 的区域。当采用防烟楼梯间连通相邻区域时，防烟楼梯间的门应采用甲级防火门。

（3）以上规定以外的建筑及场所中的防烟楼梯间，门的耐火性能不应低于乙级防火门。

要点 11：消防电梯前室的门。

进入消防电梯前室的门，其耐火性能不应低于乙级防火门。在建筑高度大于 100m 的建筑中，应为甲级防火门。

要点 12：室外疏散楼梯的门。

进入室外疏散楼梯的门，其耐火性能不应低于乙级防火门。在建筑高度大于 100m 的建筑中，应为甲级防火门。

要点 13：歌舞娱乐放映游艺场所中的房间疏散门。

歌舞娱乐放映游艺场所的房间之间及与其他部位之间应采用耐火极限不低于 2.00h 的防火隔墙分隔，房间疏散门的耐火性能不应低于乙级防火门。在建筑高度大于 100m 的建筑中，应为甲级防火门。

要点 14：建筑高度大于 100m 的建筑中的防火门。

目前举高消防车的最大工作高度约为 100m，建筑高度大于 100m 的建筑，称为超高层建筑，以自救为主，有必要提高防火分隔设施的耐火性能。因此，在建筑高度大于 100m 的建筑中，应设置防火门的部位均应采用甲级防火门。

要点 15：其他需要甲级防火门的场所。

（1）本《通用规范》第 4.1.4 条规定，燃油或燃气锅炉、可燃油油浸变压器、充有可燃油的高压电容器和多油开关、柴油发电机房等附设在建筑内时，设备用房应采用耐火极限不低于 2.00h 的防火隔墙和耐火极限不低于 1.50h 的不燃性楼板与其他部位分隔，防火隔墙上的门、窗应为甲级防火门、窗；第 4.3.6 条规定，医疗建筑中住院病房的相邻护理单元之间应采用耐火极限不低于 2.00h 的防火隔墙和甲级防火门分隔；第 7.1.16 条规定，避难间应采用耐火极限不低于 2.00h 的防火隔墙和甲级防火门与其他部位分隔。

（2）本《通用规范》规定为控制性底线要求，相关标准有更高要求者，应从其规定，示例：

①现行国家标准《建筑设计防火规范》GB 50016 等标准规定，进出防火隔间及防爆门斗的门，应为甲级防火门。

②《建筑设计防火规范（2018 年版）》GB 50016—2014 第 5.3.2 条规定，当中庭作为独立的防火单元时，与中庭相连通的门、窗，应采用火灾时能自行关闭的甲级防火门、窗；第 5.4.7 条规定，剧场、电影院、礼堂确需设置在其他民用建筑内时，应采用耐火极限不低于 2.00h 的防火隔墙和甲级防火门与其他区域分隔；第 5.4.14 条规定，供建筑内使用的丙类液体燃料，当设置中间罐时，中间罐的容量不应大于 1m³，并应设置在一、二级耐火等级的单独房间内，房间门应采用甲级防火门；第 6.2.7 条规定，通风、空气调节机房和变配电室开向建筑内的门应采用甲级防火门。

③《汽车库、修车库、停车场设计防火规范》GB 50067—2014 第 5.2.6 条规定，防火墙或防火隔墙上不宜开设门、窗、洞口，当必须开设时，应设置甲级防火门、窗、或耐火极限不低于 3.00h 的防火卷帘。

④《办公建筑设计标准》JGJ/T 67—2019 第 5.0.4 条规定，机要室、档案室、电子信息系统机房和重要库房等隔墙的耐火极限不应小于 2h，楼板不应小于 1.50h，并应采用甲级防火门。

⑤《电影院建筑设计规范》JGJ 58—2008 第 6.2.3 条规定，观众厅疏散门应采用甲级防火门。

⑥《建筑设计防火规范（2018 年版）》GB 50016—2014 第 3.4.1 条、第 5.2.2 条；《汽车库、修车库、停车场设计防火规范》GB 50067—2014 第 4.2.2 条等规定，减少防火间距的两座建筑外墙上的开口部位，应设置为甲级防火门、窗。

⑦现行标准《人民防空工程设计防火规范》GB 50098、《剧场建筑设计规范》JGJ 57、《地铁设计防火标准》GB 51298、《20kV 及以下变电所设计规范》GB 50053、《火力发电厂与变电站设计防火标准》GB 50229、《钢铁冶金企业设计防火标准》GB 50414 以及其他相关专业标准中，均明确了需要采用甲级防火门的场所及部位。

要点 16：建筑直通室外和屋面的门可采用普通门。

（1）本规定所述的"直通室外的门"，是指直通室外安全区域的门，直通室外安全区域的门可以采用普通门，但当室外属于非安全区域时，仍应采用防火门。示例：《建筑设计防火规范（2018 年版）》GB 50016—2014 第 3.4.1 条第 3 款、第 5.2.2 条第 5 款中，要求相邻两座建筑较高一面外墙采用甲级防火门、窗，是因为两座建筑减少防火间距后，彼此相邻的区域属于非安全区域，可能造成火灾在两座建筑间蔓延，也可能对疏散人群造成伤害，有必要在开口部位采用甲级防火门、窗。

（2）本规定所述的"直通屋面的门"，是指疏散楼梯间等直通屋面安全区域的门，直通屋面安全区域的门可以采用普通门，但当屋面区域处于非安全状态时，仍应采用防火门。示例，当疏散楼梯间直通屋面的门距离屋顶设备用房的开口部位较近时，可能受到设备用房火灾的侵害，此时的设备用房开口有必要采用防火门、窗，楼梯间直通屋面的门的耐火性能不应低于乙级防火门。

（3）当疏散楼梯间直通室外和屋面的门采用普通门时，应满足楼梯间功能要求。比如，当疏散楼梯间设置有机械加压送风系统时，直通室外和屋面的门应可自动关闭并满足楼梯间送风压力要求。

6.4.4 电气竖井、管道井、排烟道、排气道、垃圾道等竖井井壁上的检查门，应符合下列规定：

1 对于埋深大于 10m 的地下建筑或地下工程，应为甲级防火门；

2 对于建筑高度大于 100m 的建筑，应为甲级防火门；

3 对于层间无防火分隔的竖井和住宅建筑的合用前室，门的耐火性能不应低于乙级防火门的要求；

4 对于其他建筑，门的耐火性能不应低于丙级防火门的要求，当竖井在楼层处无水平防火分隔时，门的耐火性能不应低于乙级防火门的要求。

【要点解读】

埋深大于 10m 的地下建筑和建筑高度大于 100m 的建筑，疏散和救援难度大，有必要强化竖向井道的防火分隔措施，当需要设置检查门时，应采用甲级防火门。

要点 1：层间无防火分隔的竖井（竖井在楼层处无水平防火分隔），检查门的耐火性能不应低于乙级防火门。

本条第 3 款所述的"层间无防火分隔的竖井"和第 4 款所述的"竖井在楼层处无水平防火分隔"，主要针对本《通用规范》第 6.3.3 条规定的通风管道井、防烟管道井、排烟管道井、补风管道井、必须通风的燃气管道竖井及其他有特殊要求的竖井，这类竖井无法在层间的楼板处进行分隔，火灾竖向蔓延风险大，有必要强化竖向井道的防火分隔措施，当需要设置检查门时，门的耐火性能不应低于乙级防火门。

而对于其他竖井，依据本《通用规范》第 6.3.3 条规定，应在每层楼板处采取防火分隔措施，且防火分隔组件的耐火性能不应低于楼板的耐火性能。在此情况下，每层竖井段均为相对独立的防火单元，火灾竖向蔓延风险小，可以采用丙级防火门。

要点 2：竖井检查门开向住宅建筑的合用前室，检查门的耐火性能不应低于乙级防火门。

本条第 3 款所述的"住宅建筑的合用前室",是指竖井检查门直接开向合用前室的情形,包括独立前室和合用(共用)前室,合用(共用)前室即常说的三合一前室。

(1)前室等属于室内安全区域,前室安全是人员疏散的基本保证,竖向井道具备较大的火灾传播风险,不应在前室等部位开设电气竖井、管道井等竖井检查门。

(2)依据《建筑设计防火规范(2018 年版)》GB 50016—2014 第 5.5.27 条规定,户门不宜直接开向前室,确有困难时,允许每层开向同一前室的户门不大于 3 樘【7.3.2–图示 7】【7.3.2– 图示 8】。对于这类户门直接开向前室的情形,可能不会设置疏散走道,因不超过 3 户,风险相对较低,可允许在这类住宅的前室开设电气竖井、管道井等竖井检查门。其他建筑的竖井检查门应尽量开设在走道等公共区域,不应设置在前室内。

6.4.5 平时使用的人民防空工程中代替甲级防火门的防护门、防护密闭门、密闭门,耐火性能不应低于甲级防火门的要求,且不应用于平时使用的公共场所的疏散出口处。

【要点解读】

本条主要对应于《人民防空工程设计防火规范》GB 50098—2009 第 4.4.2 条第 4 款。

(1)防护门是指能阻挡爆炸冲击波作用的门,密闭门是能够阻挡毒剂通过的门,防护密闭门是既能阻挡冲击波又能阻挡毒剂通过的门,防护门、密闭门、防护密闭门等统称为人防门。人防门主要用于战时防护,一般设置于防护单元之间的连通口、人防工程的人员出入口、人防工程的车辆出入口等部位。在供平时使用的人民防空工程中,人防门不应受到影响,应能满足战时防护要求。

(2)本规定中的公共场所,是指对人防工程内部环境不熟悉的人可进出的场所,如商场、展览厅、歌舞娱乐放映游艺场所等。人防门厚重、不灵活,不便于紧急情况下开启,不能代替公共场所中疏散出口的防火门,应分别独立设置【图示】。

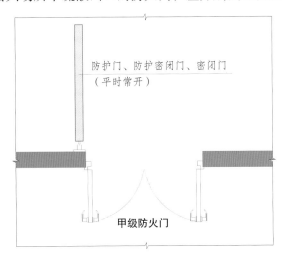

6.4.5– 图示 人防门和防火门分别独立设置

（3）本规定中的非公共场所，是指仅内部工作人员进出的场所，这些人员熟悉工程内部情况和人防门的开启关闭功能。在非公共场所中，当防护门、密闭门、防护密闭门等满足现行国家标准《防火门》GB 12955要求时，可兼用于防火门。

6.4.6 设置在防火墙和要求耐火极限不低于3.00h的防火隔墙上的窗应为甲级防火窗。

6.4.7 下列部位的窗的耐火性能不应低于乙级防火窗的要求：
1 歌舞娱乐放映游艺场所中房间开向走道的窗；
2 设置在避难间或避难层中避难区对应外墙上的窗；
3 其他要求耐火极限不低于2.00h的防火隔墙上的窗。

【第6.4.6条、第6.4.7条 要点解读】

第6.4.6条、第6.4.7条规定了建筑内防火窗的耐火性能要求。与防火门类似，防火窗开口面积较小，通常不要求其耐火极限与防火墙、防火隔墙一致。

要点1：防火窗的主要分类。

防火窗应符合现行国家标准《防火窗》GB 16809等标准规定，主要分类如下。

1. 按使用功能分类

按使用功能分类，防火窗可分为固定式防火窗（代号：D）和活动式防火窗（代号：H）。

（1）固定式防火窗是指无可开启窗扇的防火窗。

（2）活动式防火窗是指有可开启窗扇，且装配有窗扇启闭控制装置的防火窗，该装置具有手动控制启闭窗扇功能，且至少具有易熔合金件或玻璃球等热敏感元件自动控制关闭窗扇的功能。

活动式防火窗的窗扇启闭控制方式，可以附加有电动控制方式，如：电信号控制电磁铁关闭或开启、电信号控制电机关闭或开启、电信号控制气动机构关闭或开启等。

2. 按耐火性能与耐火等级分类

（1）防火窗按耐火性能分类，可分为隔热防火窗（A类）和非隔热防火窗（C类）。

隔热防火窗（A类）：在规定时间内，能同时满足耐火隔热性和耐火完整性要求的防火窗。

非隔热防火窗（C类）：在规定时间内，能满足耐火完整性要求的防火窗。

（2）防火窗的耐火性能分类与耐火等级代号见表6.4.7。

表6.4.7 防火窗的耐火性能分类与耐火等级代号

耐火性能分类	耐火等级代号	耐火性能
隔热防火窗（A类）	A0.50（丙级）	耐火隔热性≥0.50h，且耐火完整性≥0.50h
	A1.00（乙级）	耐火隔热性≥1.00h，且耐火完整性≥1.00h

续表 6.4.7

耐火性能分类	耐火等级代号	耐火性能
隔热防火窗 （A 类）	A1.50（甲级）	耐火隔热性 ≥ 1.50h，且耐火完整性 ≥ 1.50h
	A2.00	耐火隔热性 ≥ 2.00h，且耐火完整性 ≥ 2.00h
	A3.00	耐火隔热性 ≥ 3.00h，且耐火完整性 ≥ 3.00h
非隔热防火窗 （C 类）	C0.50	耐火完整性 ≥ 0.50h
	C1.00	耐火完整性 ≥ 1.00h
	C1.50	耐火完整性 ≥ 1.50h
	C2.00	耐火完整性 ≥ 2.00h
	C3.00	耐火完整性 ≥ 3.00h

（3）目前常用的防火窗为 A1.50、A1.00、A0.50 隔热防火窗，简称甲级、乙级、丙级防火窗。对仅要求耐火完整性的外窗等，也可应用 C1.50、C1.00、C0.50 的非隔热防火窗。

【视频分解】

【防火窗 – 概述】

要点 2：设置在防火墙和要求耐火极限不低于 3.00h 的防火隔墙上的窗应为甲级防火窗。

防火墙的耐火极限不低于 3.00h，应采用耐火性能不低于甲级的防火窗。对于耐火极限大于 3.00h 的防火墙，比如耐火极限不低于 4.00h 的甲、乙类厂房和甲、乙、丙类仓库的防火墙，仍可采用甲级防火窗，但对于火灾负荷较大的场所，宜采用更高耐火性能的防火窗，可采用耐火极限不小于 2.00h 或 3.00h 的隔热防火窗（代号分别为 A2.00、A3.00）。

要点 3：设置在避难间或避难层中避难区对应外墙上的窗的耐火性能不应低于乙级防火窗。

不同于建筑内的其他场所，避难间和避难层的避难区需要同时防范内部火灾危害和外部火灾危害（包括相邻建筑和上、下楼层的火灾烟气危害等），其外窗应采用防火窗。即使采用自然通风方式防烟的避难间和避难区，通风窗也应采用防火窗。当温度达到一定值时，应自动关闭防火窗，防范来自外部的高温及烟气侵害。

需要说明的是，对于通过自然通风方式防烟的防烟楼梯间及前室部位，其通风窗不得采用防火窗，排烟系统的自然排烟窗也不得采用防火窗，以利自然通风和烟气排放。

要点4：设置在耐火极限不低于2.00h的防火隔墙上的窗，耐火性能不应低于乙级防火窗。

原则上，设置在防火隔墙上的窗，耐火性能均不应低于乙级防火窗，即使防火隔墙耐火极限低于2.00h，隔墙上的窗的耐火性能也不应低于乙级防火窗。

歌舞娱乐放映游艺场所与走道之间应采用耐火极限不低于2.00h的防火隔墙分隔，防火隔墙上的窗的耐火性能不应低于乙级防火窗。

要点5：其他需要甲级防火窗的场所。

本条规定为控制性底线要求，相关标准有更高要求者，应从其规定。通常情况下，"6.4.3-要点15"中所述的需要设置甲级防火门的场所，当需要采用防火窗时，应采用甲级防火窗。

6.4.8 用于防火分隔的防火卷帘应符合下列规定：
1 应具有在火灾时不需要依靠电源等外部动力源而依靠自重自行关闭的功能；
2 耐火性能不应低于防火分隔部位的耐火性能要求；
3 应在关闭后具有烟密闭的性能；
4 在同一防火分隔区域的界限处采用多樘防火卷帘分隔时，应具有同步降落封闭开口的功能。

【要点解读】

本条规定了防火卷帘用于防火分隔时的基本功能和性能要求，以确保防火分隔的有效性和可靠性。本条主要对应于《建筑设计防火规范（2018年版）》GB 50016—2014第6.5.3条。

【视频分解】

【防火卷帘–主要结构及工作原理】　【防火卷帘–报警联动控制】　【防火卷帘的应用】

要点1：防火卷帘应具有在火灾时不需要依靠电源等外部动力源而依靠自重自行关闭的功能。

（1）防火卷帘主要依靠防火卷帘控制器和火灾自动报警系统控制，系统可靠性受制于火灾报警区域的合理划分和火灾自动报警系统、防火卷帘控制器等的稳定性，为确保火灾条件下可靠关闭，应具备在火灾时不需要依靠电源等外部动力源而依靠自重自行关闭的功能。

（2）防火卷帘在火灾时不需要依靠电源等外部动力源而依靠自重自行关闭的功能，主要通过防火卷帘的温控释放装置实现。

温控释放装置是防火卷帘用卷门机的关键部件，是利用动作温度为 73℃±0.5℃ 的感温元件控制防火卷帘依靠自重下降或关闭的装置，是卷门机的制动与手动操作总成中的离合释放拉杆连接，可通过其自带的感温元件连锁解除卷门机制动。在建筑发生火灾并断电的紧急情况下，当温控释放装置的环境温度达到所规定的公称动作温度（73℃±0.5℃）时，感温元件受热动作，通过机械传动机构（钢丝绳传动等）连锁离合释放拉杆，使防火卷帘用卷门机的制动部件与传动机构分离，解除制动，防火卷帘帘面依自重下降并封闭洞口。这种控制方式的启动过程与电源和电气控制线路无关。

（3）侧向式、水平式防火卷帘不具备依靠自重自行关闭的功能，将不再使用。

要点2：防火卷帘耐火性能不应低于防火分隔部位的耐火性能要求。

防火卷帘一般用于防火墙、防火隔墙上尺寸较大且在正常使用情况下需保持敞开的开口，其耐火性能不应低于防火分隔部位的耐火性能要求。

（1）依本规定要求，当乙类厂房和丙类仓库内的防火墙上需要设置防火卷帘时，耐火极限不应低于4.00h，而防火卷帘产品标准《防火卷帘》GB 14102—2005 中所规定的最高耐火极限为3.00h。因此，乙类厂房和丙类仓库内的防火墙上尽量不要设置防火卷帘，确有需要时，应取得国家认可授权检测机构出具的耐火极限不低于4.00h 的检验报告。

（2）本《通用规范》规定为控制性底线要求，相关标准有更高要求者，应从其规定，比如：

《建筑设计防火规范（2018年版）》GB 50016—2014 第5.3.2 条规定，当中庭作为独立的防火单元时，中庭与周围连通空间应进行防火分隔，采用防火隔墙时，其耐火极限不应低于1.00h；采用防火卷帘时，其耐火极限不应低于3.00h，并应符合该规范第6.5.3 条的规定。

《汽车库、修车库、停车场设计防火规范》GB 50067—2014 第5.2.6 条规定，防火墙或防火隔墙上不宜开设门、窗、洞口，当必须开设时，应设置甲级防火门、窗、或耐火极限不低于3.00h 的防火卷帘。

要点3：防火卷帘应在关闭后具有烟密闭的性能。

本规定要求防火卷帘关闭后具有烟密闭的性能，帘面漏烟量应满足现行国家标准《防火卷帘》GB 14102 的规定。

要点4：在同一防火分隔区域的界限处采用多樘防火卷帘分隔时，应具有同步降落封闭开口的功能。

（1）防火卷帘可局部替代防火墙或防火隔墙，其联动条件为防火卷帘所在防火分区同一报警区域内任两只独立的火灾探测器的报警信号。火灾发生时，着火点所处防火分区和防火单元的所有卷帘均应同步下降，此功能主要通过火灾自动报警系统实现，消防联动控制器应向同一防火分隔区域的所有防火卷帘同时发出控制指令，确保同步下降。在【图示1】中，当防火分区1发生火灾时，①③④号防火卷帘应同步下降；当防火分区2发生火灾时，⑤⑥⑧号防火卷帘应同步下降；当防火分区3发生火灾时，①②⑦⑧⑨⑩号防火卷帘应同步下降。

需要注意的是，当防火分区内包含设置防火卷帘的防火单元时，任意一点发生火灾，该防火分区内所有卷帘均应同步降落。在【图示1】中，防火分区3内的任意一点发生火灾，用于防火单元分界的⑨号防火卷帘、⑩号防火卷帘和用于防火分区分界的①②⑦⑧号防火卷帘应同步下降。

（2）本规定所述的"同步降落"，包括两步降落和一步降落，依据《火灾自动报警系统设计规范》GB 50116—2013规定，疏散通道上设置的防火卷帘需要执行两步降落，非疏散通道上设置的防火卷帘需要执行一步降落，同一防火分区内的防火卷帘允许根据所处位置采用不同的降落方式。

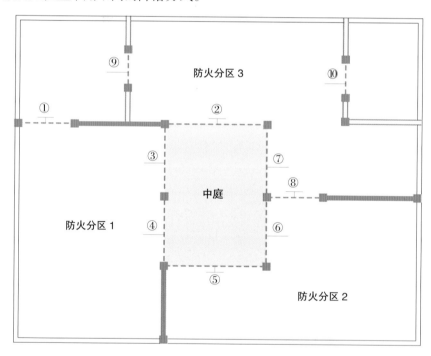

6.4.8- 图示1 同一防火分隔区域的界限处采用多樘防火卷帘

要点5：防火卷帘、防火玻璃应用于防火墙部位的原则性要求。

依据本《通用规范》第6.1.2条规定，防火墙任一侧的建筑结构或构件以及物体受火作用发生破坏或倒塌并作用到防火墙时，防火墙应仍能阻止火灾蔓延至防火墙的另一侧。很明显，防火卷帘、防火玻璃等非承重防火分隔构件无法满足防火墙性能要求。

因此，防火卷帘、防火玻璃等仅可应用于防火墙局部洞口【图示 2】，当防火卷帘、防火玻璃应用面积较大时，应设置于梁、柱等框架结构内，且应严格限制设置规模。依据《建筑设计防火规范（2018 年版）》GB 50016—2014 第 6.5.3 条规定，当防火分隔部位的宽度不大于 30m 时，防火卷帘的宽度不应大于 10m；当防火分隔部位的宽度大于 30m 时，防火卷帘的宽度不应大于该部位宽度的 1/3，且不应大于 20m。

当采用防火玻璃时，应采用耐火性能不低于防火墙的镶玻璃构件，参见"6.4.9- 要点 2"。

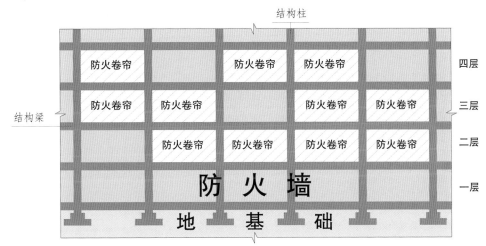

6.4.8- 图示 2　防火卷帘设置于防火墙梁、柱框架结构内

要点 6：有关防火卷帘的其他要求。

防火卷帘应符合产品标准《防火卷帘》GB 14102 规定，并应符合其他相关标准的规定，比如，《建筑设计防火规范（2018 年版）》GB 50016—2014 第 6.5.3 条规定，防火分隔部位设置防火卷帘时，应符合下列规定：

（1）除中庭外，当防火分隔部位的宽度不大于 30m 时，防火卷帘的宽度不应大于 10m；当防火分隔部位的宽度大于 30m 时，防火卷帘的宽度不应大于该部位宽度的 1/3，且不应大于 20m。

（2）除本规范另有规定外，防火卷帘的耐火极限不应低于本规范对所设置部位墙体的耐火极限要求。

当防火卷帘的耐火极限符合现行国家标准《门和卷帘的耐火试验方法》GB/T 7633 有关耐火完整性和耐火隔热性的判定条件时，可不设置自动喷水灭火系统保护。

当防火卷帘的耐火极限仅符合现行国家标准《门和卷帘的耐火试验方法》GB/T 7633 有关耐火完整性的判定条件时，应设置自动喷水灭火系统保护。自动喷水灭火系统的设计应符合现行国家标准《自动喷水灭火系统设计规范》GB 50084 的规定，但火灾延续时间不应小于该防火卷帘的耐火极限。

（3）防火卷帘应具有防烟性能，与楼板、梁、墙、柱之间的空隙应采用防火封堵材料封堵。

（4）需在火灾时自动降落的防火卷帘，应具有信号反馈的功能。

6.4.9 用于防火分隔的防火玻璃墙，耐火性能不应低于所在防火分隔部位的耐火性能要求。

【要点解读】

本条规定了防火玻璃墙作为防火分隔构件应具备的基本耐火性能要求。

防火玻璃具有良好的透光性能和防火性能，在部分场所中可用于替代防火隔墙，实际应用中，需关注防火玻璃的固定构件及密封措施，其防火性能不应低于防火玻璃。与防火卷帘类似，防火玻璃仅可应用于防火墙的局部洞口，参见"6.4.8–要点5"。

要点1：防火玻璃的主要分类。

防火玻璃应符合现行国家标准《建筑用安全玻璃 第1部分：防火玻璃》GB 15763.1，主要分类如下。

（1）按耐火性能分类，防火玻璃可分为隔热型防火玻璃（A类）和非隔热型防火玻璃（C类）。

隔热型防火玻璃是耐火性能同时满足耐火完整性、耐火隔热性要求的防火玻璃，简称A类防火玻璃。

非隔热型防火玻璃是耐火性能仅满足耐火完整性要求的防火玻璃，简称C类防火玻璃。

（2）按耐火极限分类，防火玻璃可分为五个等级：0.50h、1.00h、1.50h、2.00h、3.00h，参见表6.4.9。

表6.4.9 防火玻璃按耐火极限分类

分类名称	耐火极限等级	耐火性能要求
隔热型防火玻璃（A类）	3.00h	耐火隔热性时间≥3.00h，且耐火完整性时间≥3.00h
	2.00h	耐火隔热性时间≥2.00h，且耐火完整性时间≥2.00h
	1.50h	耐火隔热性时间≥1.50h，且耐火完整性时间≥1.50h
	1.00h	耐火隔热性时间≥1.00h，且耐火完整性时间≥1.00h
	0.50h	耐火隔热性时间≥0.50h，且耐火完整性时间≥0.50h
非隔热型防火玻璃（C类）	3.00h	耐火完整性时间≥3.00h，耐火隔热性无要求
	2.00h	耐火完整性时间≥2.00h，耐火隔热性无要求
	1.50h	耐火完整性时间≥1.50h，耐火隔热性无要求
	1.00h	耐火完整性时间≥1.00h，耐火隔热性无要求
	0.50h	耐火完整性时间≥0.50h，耐火隔热性无要求

要点2：防火玻璃隔墙、镶玻璃构件。

防火玻璃主要应用形式有防火窗和防火玻璃墙，防火玻璃墙主要包括防火玻璃隔墙和镶玻璃构件，不论何种应用形式，均应取得国家认可授权检测机构出具的检验报告，产品材质、结构等应与检验报告一致，规格尺寸不应超过检验报告样品规格尺寸（产品标准另有说明者除外）。

1. 防火玻璃隔墙

防火玻璃隔墙是由防火玻璃、镶嵌框架和防火密封材料组成，在一定时间内满足耐火稳定性、完整性和隔热性要求的非承重隔墙。防火玻璃隔墙应采用隔热型防火玻璃，目前适用标准为《防火玻璃非承重隔墙通用技术条件》XF 97—1995，耐火极限不大于1.00h，可应用于替代耐火极限不高于1.00h的防火隔墙的部分场所。

2. 镶玻璃构件

镶玻璃构件是由一块或几块透明或半透明玻璃镶嵌在玻璃框中而组成的分隔构件，目前适用标准为《镶玻璃构件耐火试验方法》GB/T 12513—2006。

镶玻璃构件可分为隔热性镶玻璃构件和非隔热性镶玻璃构件。隔热性镶玻璃构件是在一定时间内能同时满足耐火完整性和耐火隔热性要求的镶玻璃构件；非隔热性镶玻璃构件是在一定时间内能满足耐火完整性要求，若需要还能满足热通量要求，但不能满足耐火隔热性要求的镶玻璃构件。

镶玻璃构件的耐火极限最高可达3.00h，可应用于替代防火隔墙的部分场所，也可应用于防火墙的局部洞口。

6.5　建筑的内部和外部装修

6.5.1　建筑内部装修不应擅自减少、改动、拆除、遮挡消防设施或器材及其标识、疏散指示标志、疏散出口、疏散走道或疏散横通道，不应擅自改变防火分区或防火分隔、防烟分区及其分隔，不应影响消防设施或器材的使用功能和正常操作。

【要点解读】

本条规定了建筑内部装修涉及消防安全的禁止性要求。本条主要对应于《建筑内部装修设计防火规范》GB 50222—2017第4.0.1条。

建筑内部装修是指为满足功能需求，对建筑内部空间所进行的修饰、保护及固定设施安装等活动。这类活动的实施，必须考虑对建筑防火和消防设施的影响，对于必须的调整和变更，应经设计复核并应提供相关技术文件，经核准后实施。本规定同样适用于建筑内部功能布局等的调整。

内部装修和功能布局的影响主要包括以下方面。

（1）对建筑耐火等级的影响。

不同耐火等级的建筑，其房间隔墙、疏散走道隔墙、吊顶等建筑构件，均有燃烧性能和耐火极限要求，降低标准可能导致建筑耐火等级降低。

（2）对材料燃烧性能的影响。

装修材料按其使用部位和功能，可划分为顶棚装修材料、墙面装修材料、地面装修材料、隔断装修材料、固定家具、装饰织物、其他装修装饰材料。其中，其他装修装饰材料系指楼梯扶手、挂镜线、踢脚板、窗帘盒、暖气罩等。

现行国家标准《建筑内部装修设计防火规范》GB 50222、《建筑设计防火规范》GB 50016 等标准明确了建筑内部装修材料的燃烧性能要求，不得擅自改变。

（3）对安全疏散的影响。

建筑内房间和疏散走道、疏散通道的布局调整，可导致安全疏散距离、疏散门和安全出口变化。尤其是，在商店营业厅、多功能厅、展览厅等大空间场所中，不得随意对疏散通道进行调整。

（4）对消防设施功能的影响。

减少、改动、拆除、遮挡消防设施或器材及其标识，可能影响消防设施或器材的使用功能和正常操作，示例：

①影响消防设施识别。消防设施上或附近应设置区别于环境的明显标识，当被遮挡时，火灾时将难以及时、准确地找到相应设施和组件。

②影响消防设施功能。比如，喷涂洒水喷头的玻璃球或易熔元件，可能影响响应时间系数（RTI）；遮挡洒水喷头，可能影响洒水分布；点型探测器距离空调送风口太近，可能影响火灾探测；遮挡应急照明灯，可能影响场所照度等。

③影响消防设施保护距离。依据现行标准要求，消火栓、灭火器等消防设施应能实现被保护场所的全保护，比如，室内消火栓的布置应满足同一平面有 2 支消防水枪的 2 股充实水柱同时达到任何部位的要求（满足一定条件可 1 支水枪 1 股充实水柱同时达到任何部位）；灭火器的布置应保证最不利点至少在 1 具灭火器的保护范围内。当平面布局等发生变化时，消防设施的保护距离可能难以满足最不利点保护要求。

（5）对防火分区或防火分隔区域（防火单元）的影响。

拆除或变更防火墙，可能造成整体防火结构失效；拆除或变更防火隔墙、防火卷帘，影响防火分隔区域（防火单元）的划分；防火墙或防火隔墙等部位擅自用防火卷帘替代，可能影响防火分隔的有效性。

（6）对防烟分区的影响。

在防烟分区中，拆除或调整隔墙、挡烟垂壁等，均可能影响防烟分区的划分。

6.5.2 下列部位不应使用影响人员安全疏散和消防救援的镜面反光材料：

1 疏散出口的门；

2 疏散走道及其尽端、疏散楼梯间及其前室的顶棚、墙面和地面；

3 供消防救援人员进出建筑的出入口的门、窗；

4 消防专用通道、消防电梯前室或合用前室的顶棚、墙面和地面。

【要点解读】

本条规定了镜面反光材料在疏散、救援通道上的禁止性要求。本条主要对应于《建筑内部装修设计防火规范》GB 50222—2017 第4.0.3条。

疏散救援通道、疏散指示标志和安全出口等应易于辨认，镜面等反光材料容易让人产生错觉，导致人员在紧急情况下产生疑问和发生误解，甚至引发误判，因此不能在疏散和救援通道上使用镜面等反光材料。同时，不少镜面反光材料在高温烟气作用下易炸裂，也不宜用于疏散和救援通道。

本条规定的"疏散出口的门"，包括房间疏散门和安全出口的疏散门。

6.5.3 下列部位的顶棚、墙面和地面内部装修材料的燃烧性能均应为 A 级：

1 避难走道、避难层、避难间；

2 疏散楼梯间及其前室；

3 消防电梯前室或合用前室。

【要点解读】

本条规定了室内安全区域、避难间、消防电梯前室等部位的装修材料燃烧性能要求。

室内安全区域也称为相对安全区域，主要包括敞开楼梯间、封闭楼梯间、防烟楼梯间及前室（含合用前室）、避难层的避难区、避难走道及前室等。有关室内安全区域的概念，参见"附录11"。

（1）本条规定的避难走道，包括避难走道前室和避难走道直通地面的出口。

（2）本条规定的避难层，不仅包括避难区，也包括避难区以外的设备用房、走道等部位【7.1.15–图示2】，目的是提高避难层的整体安全水平。

（3）本规定的避难间，主要是指医疗（养老）建筑中，为了解决难以在火灾中及时疏散人员的避难问题而设置的避难间，主要用于解决特定人群的平面疏散问题。本《通用规范》第7.4.8条和《建筑设计防火规范（2018年版）》GB 50016—2014 第5.5.24A条明确了需要设置避难间的场所。

（4）本条规定的疏散楼梯间及其前室，包括敞开楼梯间、封闭楼梯间、防烟楼梯间及前室，包括合用前室。

（5）消防电梯前室是消防救援的重要通道，也是消防员灭火救援的桥头堡，其室内装修材料的燃烧性能与室内安全区域一致。

6.5.4 消防控制室地面装修材料的燃烧性能不应低于 B₁ 级，顶棚和墙面内部装修材料的燃烧性能均应为 A 级。下列设备用房的顶棚、墙面和地面内部装修材料的燃烧性能均应为 A 级：

1 消防水泵房、机械加压送风机房、排烟机房、固定灭火系统钢瓶间等消防设备间；

　　2 配电室、油浸变压器室、发电机房、储油间；

　　3 通风和空气调节机房；

　　4 锅炉房。

【要点解读】

　　本条规定了建筑中保障消防设施正常运行的重要房间和火灾危险性大的房间的内部装修材料的燃烧性能。本条主要对应于《建筑内部装修设计防火规范》GB 50222—2017 第4.0.9条、第4.0.10条。

　　本条规定的场所均为保障消防系统正常运行的重要场所和具有一定火灾风险的场所，这类场所本身没有太多的装修效果要求，故要求顶棚、墙面和地面等内部装修材料使用 A 级材料。

　　消防控制室的地面有防静电要求，同时考虑实际工作环境需要，允许地面装修材料的燃烧性能为 B_1 级。

6.5.5 歌舞娱乐放映游艺场所内部装修材料的燃烧性能应符合下列规定：

　　1 顶棚装修材料的燃烧性能应为 A 级；

　　2 其他部位装修材料的燃烧性能均不应低于 B_1 级；

　　3 设置在地下或半地下的歌舞娱乐放映游艺场所，墙面装修材料的燃烧性能应为 A 级。

【要点解读】

　　本条规定了歌舞娱乐放映游艺场所内部装修材料的燃烧性能要求。本条主要对应于《建筑内部装修设计防火规范》GB 50222—2017 表5.1.1、表5.2.1、表5.3.1 中有关歌舞娱乐放映游艺场所的要求。

　　（1）歌舞娱乐放映游艺场所火灾诱发因素多，装修装饰材料复杂，一直是容易发生火灾并且常导致人员伤亡的场所，是消防安全监管的重点场所，有必要严格控制其内部装修材料的燃烧性能。火灾发生时，热烟气首先波及顶棚、墙面等部位，因此有必要提高这些部位装修材料的燃烧性能要求。综合《建筑内部装修设计防火规范》GB 50222—2017 可知，歌舞娱乐放映游艺场所内部各部位装修材料的燃烧性能等级，参见表6.5.5。

表6.5.5　歌舞娱乐放映游艺场所内部装修材料的燃烧性能等级

主要部位	顶棚	墙面	地面	隔断	固定家具	装饰织物				其他装修装饰材料（楼梯扶手、挂镜线、踢脚板、窗帘盒、暖气罩等）
						窗帘	帷幕	床罩	家具包布	
燃烧性能	A	B_1（注1）	B_1	B_1	B_1	B_1	B_1	B_1	B_1	B_1

注：1　设置在地下或半地下的歌舞娱乐放映游艺场所，墙面装修材料的燃烧性能应为 A 级。

　　2　无窗房间内部装修材料的燃烧性能均应为 A 级。

（2）对于设置在地下、半地下的歌舞娱乐放映游艺场所，考虑到火灾烟气不易排除，疏散条件较差，要求墙面装修材料的燃烧性能为 A 级。

6.5.6　下列场所设置在地下或半地下时，室内装修材料不应使用易燃材料、石棉制品、玻璃纤维、塑料类制品，顶棚、墙面、地面的内部装修材料的燃烧性能均应为 A 级：

　　1　汽车客运站、港口客运站、铁路车站的进出站通道、进出站厅、候乘厅；

　　2　地铁车站、民用机场航站楼、城市民航值机厅的公共区；

　　3　交通换乘厅、换乘通道。

【要点解读】

本条规定了地下、半地下的交通建筑公共区域装修材料燃烧性能的基本要求。

本条规定所列交通建筑中的公共区，属于公众聚集场所，火灾排烟、人员疏散和灭火救援的难度都很大，特别是位于地下、半地下的区域，通风条件差，更容易因火灾产生严重后果，有必要严格控制和减少可燃材料使用，不应使用易燃材料。石棉制品、玻璃纤维对人体有害，也不得应用于这类人员密集的公共场所。

本条未涉及部位和地上建筑公共区域的装修材料燃烧性能等级，可依据相关专业标准确定，比如现行标准《建筑内部装修设计防火规范》GB 50222、《地铁设计防火标准》GB 51298、《铁路工程设计防火规范》TB 10063 等。

6.5.7　除有特殊要求的场所外，下列生产场所和仓库的顶棚、墙面、地面和隔断内部装修材料的燃烧性能均应为 A 级：

　　1　有明火或高温作业的生产场所；

　　2　甲、乙类生产场所；

　　3　甲、乙类仓库；

　　4　丙类高架仓库、丙类高层仓库；

　　5　地下或半地下丙类仓库。

【要点解读】

本条规定了甲、乙类生产储存场所，高层、高架、地下或半地下丙类储存场所，部分丙、丁类明火或高温作业场所中内部装修材料的燃烧性能要求。本条主要对应于《建筑内部装修设计防火规范》GB 50222—2017 表 6.0.1、表 6.0.5 的相关要求。

本条规定所述的"有特殊要求的场所"主要是指生产或储存工艺有特殊要求的场所，比如在某些静电防护要求等级较高的场所，地面、作业面等的材料可能难以满足燃烧性能 A 级要求。

（1）第 1 款所述的有明火或高温作业的生产场所，主要存在于丁类厂房和部分丙类厂房，这类场所应确保明火和高温作业影响范围内的装修材料的燃烧性能，其他区域可依据其火灾危险性类别确定装修材料的燃烧性能。

（2）第2款所述的甲、乙类生产场所，主要包括甲、乙类厂房和丙、丁、戊类厂房中的甲、乙类生产场所。

对于甲、乙类厂房，各防火分区可依据其自身的火灾危险性类别确定装修材料的燃烧性能，比如，甲类厂房中火灾危险性类别为丙、丁、戊类的防火分区，并不受本条规定限制。

对于丙、丁、戊类厂房中的甲、乙类生产场所，当采取有效防火处置措施，即使发生火灾也不足以蔓延到其他区域时，可按照其影响范围或防火单元确定装修材料的燃烧性能。比如，在《建筑设计防火规范（2018年版）》GB 50016—2014第3.1.2条中，满足该条文第1款、第2款条件的火灾危险性较大的生产场所，可按照该生产场所的影响范围或防火单元确定装修材料的燃烧性能。

（3）第3款、第4款、第5款的仓库中，各防火分区或防火分隔间可依据其自身的火灾危险性类别确定装修材料的燃烧性能。比如，地下或半地下丙类仓库中，火灾危险性类别为丁、戊类的防火分区或防火分隔间，并不受本条规定限制。

（4）本条规定未涉及部位（比如固定家具、装饰织物、其他装修装饰材料等）的装修材料燃烧性能，依现行国家标准《建筑内部装修设计防火规范》GB 50222及相关标准确定。

6.5.8 建筑的外部装修和户外广告牌的设置，应满足防止火灾通过建筑外立面蔓延的要求，不应妨碍建筑的消防救援或火灾时建筑的排烟与排热，不应遮挡或减小消防救援口。

【要点解读】

要点1：建筑的外部装修和户外广告牌的设置，应满足防止火灾通过建筑外立面蔓延的要求。

（1）外部装修和户外广告牌的设置，不得改变或破坏建筑立面防火构造。立面防火构造主要是指建筑外墙上设置的防止火灾蔓延的窗槛墙、窗间墙、防火挑檐、防火隔离带等；

（2）不应采用受热易熔化的装修和广告牌材料；

（3）不应采用或形成可能导致火灾蔓延的空腔构造，确有需要时，应做好防火封堵措施；

（4）户外电致发光广告牌不应直接设置在有可燃、难燃材料的墙体上。"可燃、难燃材料的墙体"主要指墙体本身是由可燃或难燃材料构成，或该部位的墙体表面设置有由难燃或可燃的保温材料构成的外保温层或外装饰层。

要点2：不应妨碍建筑的消防救援或火灾时建筑的排烟与排热，不应遮挡或减小消防救援口。

（1）建筑的外部装修和户外广告牌不应妨碍建筑的消防救援，不得影响消防车的灭火救援行动，不得遮挡、隐蔽消防救援口等。

消防救援口是为方便消防救援人员灭火救援，设置在建筑外墙，可供消防救援人员进入的窗口，参见本《通用规范》第 2.2.3 条。

（2）建筑的外部装修和户外广告牌不得影响建筑排烟、排热设施的功能发挥。建筑排烟、排热设施主要是指楼梯间顶部的应急排烟窗和建筑外墙的应急排烟排热设施，参见本《通用规范》第 2.2.4 条、第 2.2.5 条。

6.6 建筑保温

6.6.1 建筑的外保温系统不应采用燃烧性能低于 B_2 级的保温材料或制品。当采用 B_1 级或 B_2 级燃烧性能的保温材料或制品时，应采取防止火灾通过保温系统在建筑的立面或屋面蔓延的措施或构造。

【要点解读】

本条规定了建筑外保温系统的基本防火要求。

有关保温材料燃烧性能，参见"附录 15"。

要点 1：建筑内、外保温系统保温材料的燃烧性能要求。

依据《建筑材料及制品燃烧性能分级》GB 8624—2012 规定，建筑材料及制品的燃烧性能基本分级为不燃材料（A 级）、难燃材料（B_1 级）、可燃材料（B_2 级）、易燃材料（B_3 级）。易燃材料（B_3 级）很容易被低能量的火源或电焊渣等点燃，而且火焰传播速度极为迅速。在建筑的内、外保温系统中，宜采用燃烧性能为 A 级的保温材料，不宜采用 B_2 级保温材料，严禁采用 B_3 级保温材料。

（1）依据本《通用规范》第 6.6.3 条、第 6.6.4 条、第 6.6.9 条、第 6.6.10 条规定，建筑内保温系统中保温材料及制品的燃烧性能均不应低于 B_1 级，部分场所不得低于 A 级。

（2）依据本《通用规范》第 6.6.3 条、第 6.6.4 条、第 6.6.5 条、第 6.6.6 条、第 6.6.7 条、第 6.6.8 条规定，建筑外保温系统中保温材料及制品的燃烧性能均不应低于 B_2 级，部分场所不得低于 A 级。

（3）本《通用规范》为控制性底线要求，相关标准有更高要求者，应从其规定。比如，《精细化工企业工程设计防火标准》GB 51283—2020 第 8.1.3 条规定，甲、乙类厂房（仓库）以及设有人员密集场所的其他厂房（仓库），外墙保温材料的燃烧性能等级应为 A 级。

要点 2：防止火灾通过保温系统在建筑的立面或屋面蔓延的措施或构造。

采用 B₁ 级或 B₂ 级保温材料的建筑外墙和屋面外保温系统，火势容易沿建筑外立面或屋面蔓延，应采取防止火灾通过保温系统在建筑的外立面或屋面蔓延的措施或构造，可设置防火隔离带、防火保护层，提高外墙门、窗的耐火性能，具体参见现行国家标准《建筑设计防火规范》GB 50016 等标准规定。

防火隔离带是设置在采用可燃、难燃保温材料的建筑立面或屋面保温系统中，采用不燃保温材料制成，阻止火灾沿建筑立面或屋面蔓延的防火构造。防火隔离带的工程技术要求，参见现行标准《建筑外墙外保温防火隔离带技术规程》JGJ 289 等标准规定。

6.6.2 建筑的外围护结构采用保温材料与两侧不燃性结构构成无空腔复合保温结构体时，该复合保温结构体的耐火极限不应低于所在外围护结构的耐火性能要求。当保温材料的燃烧性能为 B₁ 级或 B₂ 级时，保温材料两侧不燃性结构的厚度均不应小于 50mm。

【要点解读】

本条规定了保温结构一体化外围护结构的基本防火要求。本条主要对应于《建筑设计防火规范（2018 年版）》GB 50016—2014 第 6.7.3 条。

（1）本条规定所述的"保温材料与两侧不燃性结构构成无空腔复合保温结构体"，俗称夹芯保温系统，属于保温结构一体化系统，是一种保温层与建筑结构同步施工完成的构造技术。该系统的保温材料与两侧不燃性结构构成无空腔复合保温结构体，形成一体化的结构受力体系，共同作为建筑墙体使用【图示 1】。依据本条规定，当保温材料的燃烧性能为 B₁ 级或 B₂ 级时，保温材料两侧不燃性结构的厚度均不应小于 50mm【图示 2】。满足本条规定要求的复合保温结构体可视为燃烧性能为 A 级的一体化保温结构墙体，可应用于人员密集场所和老年人照料设施等场所。

（2）本条规定所述的"所在外围护结构的耐火性能要求"，是指现行国家标准规定的有关建筑外墙或屋面板的燃烧性能和耐火极限，比如：《建筑设计防火规范（2018 年版）》GB 50016—2014 第 3.2 节、第 5.1 节；《汽车库、修车库、停车场设计防火规范》GB 50067—2014 第 3 章等，明确了不同类别建筑墙体和屋面板的燃烧性能和耐火极限要求。

示例，某耐火等级为一级（或二级）的老年人照料设施建筑，采用保温结构一体化系统（无空腔复合保温结构体）的非承重外墙，当夹芯保温材料的燃烧性能为 B₂ 级，保温材料两侧不燃性结构的厚度均不小于 50mm 时，该外墙可视为燃烧性能为 A 级的不燃性墙体。依据本条规定，该外墙（无空腔复合保温结构体）的耐火极限不应低于所在外围护结构的耐火性能要求，由《建筑设计防火规范（2018 年版）》GB 50016—2014 表 5.1.2 可知，该外墙（无空腔复合保温结构体）耐火极限不应低于 1.00h。

（3）有关复合保温结构体（夹芯保温系统）的概念，参见"附录 14"。

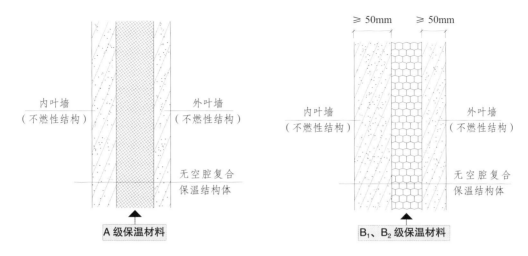

6.6.2- 图示 1 　A 级保温材料与两侧不燃
性结构构成无空腔复合保温结构体

6.6.2- 图示 2 　B₁ 级、B₂ 级保温材料与两侧
不燃性结构构成无空腔复合保温结构体

6.6.3 飞机库的外围护结构、内部隔墙和屋面保温隔热层，均应采用燃烧性能为 A 级的材料，飞机库大门及采光材料的燃烧性能均不应低于 B₁ 级。

【要点解读】

本条规定了飞机库的内、外墙体和屋面内、外保温系统等的防火要求。本条主要对应于《飞机库设计防火规范》GB 50284—2008 第 5.0.2 条。

飞机库的价值高，建设周期长，是重要的工业建筑，其外围护结构、内部隔墙和屋面保温隔热层等均应采用燃烧性能为 A 级的材料。

随着技术的发展，国内外已有一些机库采用了难燃烧材料（B₁ 级）的大门，为满足实际功能要求，并考虑到门的火灾负荷和火灾风险较小，允许飞机库的大门及采光材料采用 B₁ 级燃烧性能的材料。

对于飞机喷漆机库，应满足《飞机喷漆机库设计规范》GB 50671—2011 第 5.3.1 条规定，飞机喷漆机库的外围护结构、内部隔墙和屋面保温隔热层，均应采用不燃烧材料。飞机喷漆机库大门主体结构及采光材料应采用不燃烧材料。

6.6.4 除本规范第 6.6.2 条规定的情况外，下列老年人照料设施的内、外保温系统和屋面保温系统均应采用燃烧性能为 A 级的保温材料或制品：

　　1 　独立建造的老年人照料设施；

　　2 　与其他功能的建筑组合建造且老年人照料设施部分的总建筑面积大于 500m² 的老年人照料设施。

【要点解读】

本条规定了老年人照料设施保温系统的保温材料及制品的燃烧性能要求。本条主要对应于《建筑设计防火规范（2018年版）》GB 50016—2014第6.7.4A条。

要点1：独立建造的老年人照料设施。

对于独立建造的老年人照料设施，不论建筑面积大小，内、外保温系统和屋面保温系统均应采用燃烧性能为A级的保温材料或制品。

要点2：与其他功能建筑合建的老年人照料设施。

当老年人照料设施与其他功能建筑合建时，保温系统材料的燃烧性能要求如下：

（1）对于外保温系统，保温材料的燃烧性能要求可只针对老年人照料设施部分，其他功能部分可根据其建筑功能及建筑高度确定。当老年人照料设施部分的建筑面积不大于500m²时，考虑规模较小，保温系统材料的燃烧性能可按照该建筑的主要功能及建筑高度确定。

（2）对于内保温系统，老年人照料设施部分的保温系统材料的燃烧性能应为A级，其他功能部分的保温系统材料的燃烧性能可根据其实际功能确定。

依据本《通用规范》第4.1.3条规定，老年人照料设施应采用防火门、防火窗、防火隔墙和楼板与其他区域分隔，防火分隔区域范围内的内保温系统均应采用A级保温材料。

要点3：满足第6.6.2条规定的保温结构一体化系统（复合保温结构体）可应用于老年人照料设施。

由"6.6.2–要点解读"可知，满足第6.6.2条规定要求的复合保温结构体可视为燃烧性能为A级的保温结构墙体，其夹芯保温材料的燃烧性能可以为B_1级或B_2级，可应用于老年人照料设施场所。

6.6.5 除本规范第6.6.2条规定的情况外，下列建筑或场所的外墙外保温材料的燃烧性能应为A级：

1 人员密集场所；
2 设置人员密集场所的建筑。

【要点解读】

本条规定了人员密集场所外墙外保温系统的材料燃烧性能要求。本条主要对应于《建筑设计防火规范（2018年版）》GB 50016—2014第6.7.4条。有关"人员密集场所"和"人员密集的场所"的区别，参见"附录7"。

（1）设置人员密集场所的建筑，包括人员密集场所，也包括人员密集场所与其他建筑合建的建筑，比如旅馆、商店等人员密集场所与办公、住宅等非人员密集场所合建的建筑等，这类建筑的外墙外保温材料的燃烧性能均应为A级。

（2）需要说明的是，对于非人员密集场所建筑中附设的人员密集的场所，当仅供自用且面积有限时，可不列入设置人员密集场所的民用建筑。比如，办公建筑中附设自用的会议室，虽然会议室属于人员密集的场所，但整体建筑仍属于办公建筑，并不属于设置人员密集场所的建筑。

（3）由"6.6.2– 要点解读"可知，满足第 6.6.2 条规定要求的复合保温结构体可视为燃烧性能为 A 级的保温结构墙体，可采用燃烧性能为 B_1 级或 B_2 级的夹芯保温材料，可应用于人员密集场所。

6.6.6　除本规范第 6.6.2 条规定的情况外，住宅建筑采用与基层墙体、装饰层之间无空腔的外墙外保温系统时，保温材料或制品的燃烧性能应符合下列规定：

　　1　建筑高度大于 100m 时，应为 A 级；

　　2　建筑高度大于 27m、不大于 100m 时，不应低于 B_1 级。

6.6.7　除本规范第 6.6.3 条 ~ 第 6.6.6 条规定的建筑外，其他建筑采用与基层墙体、装饰层之间无空腔的外墙外保温系统时，保温材料或制品的燃烧性能应符合下列规定：

　　1　建筑高度大于 50m 时，应为 A 级；

　　2　建筑高度大于 24m、不大于 50m 时，不应低于 B_1 级。

【 第 6.6.6 条、第 6.6.7 条 要点解读 】

　　第 6.6.6 条、第 6.6.7 条规定了不同高度建筑中无空腔外墙外保温系统的保温材料及制品的燃烧性能要求，主要对应于《建筑设计防火规范（2018 年版）》GB 50016—2014 第 6.7.5 条，有关外保温系统的概念，参见"附录 14"。

　　（1）本条规定中的"无空腔的外墙外保温系统"，主要是指保温材料与基层墙体及保护层、装饰层之间均无空腔的保温系统（比如薄抹灰外保温系统等）。其中，采用粘贴方式施工法在保温材料与墙体找平层之间形成的空隙，可不视为本条规定所指的空腔。

　　（2）结合本章节相关规定，不同高度建筑中无空腔外墙外保温系统保温材料及制品的燃烧性能要求，参见表 6.6.7。

表 6.6.7　无空腔外墙外保温系统保温材料及制品的燃烧性能要求

建筑类型		建筑高度（H）	保温材料燃烧性能
设置人员密集场所的建筑		—	A 级
老年人照料设施	独立建造	—	A 级
	与其他建筑合建，且老年人照料设施部分的总建筑面积 > 500m²	—	A 级
住宅建筑		$H > 100m$	A 级
		$27m < H \leq 100m$	不应低于 B_1 级
		$H \leq 27m$	不应低于 B_2 级

续表 6.6.7

建筑类型	建筑高度（H）	保温材料燃烧性能
其他建筑	H > 50m	A 级
	24m < H ≤ 50m	不应低于 B₁ 级
	H ≤ 24m	不应低于 B₂ 级

注：1 "—"表示条件不限。

　　2 本表仅为控制性底线要求，相关标准中有更高要求者，应从其规定。

（3）对于建筑屋面的外保温系统，可依据《建筑设计防火规范（2018 年版）》GB 50016—2014 第 3.2.16 条、第 5.1.5 条、第 6.7.10 条等规定执行。

6.6.8　除本规范第 6.6.3 条 ~ 第 6.6.5 条规定的建筑外，其他建筑采用与基层墙体、装饰层之间有空腔的外墙外保温系统时，保温系统应符合下列规定：

1　建筑高度大于 24m 时，保温材料或制品的燃烧性能应为 A 级；

2　建筑高度不大于 24m 时，保温材料或制品的燃烧性能不应低于 B₁ 级；

3　外墙外保温系统与基层墙体、装饰层之间的空腔，应在每层楼板处采取防火分隔与封堵措施。

【要点解读】

本条规定了不同高度建筑中有空腔外墙外保温系统的保温材料及制品的燃烧性能要求。本条主要对应于《建筑设计防火规范（2018 年版）》GB 50016—2014 第 6.7.6 条、第 6.7.9 条。

（1）本条规定中的"有空腔的外墙外保温系统"，包括幕墙与建筑外墙基层墙体之间的空腔、保温材料与基层墙体及保护层、装饰层之间的空腔等，可不包括采用粘贴方式施工时在保温材料与墙体找平层之间形成的空隙。

（2）结合本章节相关规定，不同高度建筑中有空腔外墙外保温系统保温材料及制品的燃烧性能要求，参见表 6.6.8。

表 6.6.8　有空腔外墙外保温系统保温材料及制品的燃烧性能要求

建筑类型		建筑高度（H）	保温材料燃烧性能
设置人员密集场所的建筑		—	A 级
老年人照料设施	独立建造	—	A 级
	与其他建筑合建，且老年人照料设施部分的总建筑面积 > 500m²	—	A 级
其他建筑		H > 24m	A 级
		H ≤ 24m	不应低于 B₁ 级

注：1 "—"表示条件不限。

2　本表仅为控制性底线要求，相关标准中有更高要求者，应从其规定。

（3）外墙外保温系统与基层墙体、装饰层之间的空腔，应在每层楼板处采取防火分隔与封堵措施【附录 14- 图示 6】【附录 14- 图示 7】。具体要求可依据现行标准《建筑防火封堵应用技术标准》GB/T 51410、《建筑幕墙防火技术规程》T/CECS 806 等的规定确定。

6.6.9　下列场所或部位内保温系统中保温材料或制品的燃烧性能应为 A 级：

1　人员密集场所；

2　使用明火、燃油、燃气等有火灾危险的场所；

3　疏散楼梯间及其前室；

4　避难走道、避难层、避难间；

5　消防电梯前室或合用前室。

【要点解读】

本条规定了人员密集场所、室内安全区域、消防电梯前室以及火灾风险较高部位的内保温系统保温材料及制品的燃烧性能要求。本条主要对应于《建筑设计防火规范（2018 年版）》GB 50016—2014 第 6.7.2 条第 1 款。

（1）有关疏散楼梯间及其前室、避难走道、避难层等室内安全区域以及消防电梯前室、避难间等的解读，与 "6.5.3- 要点解读" 一致。

（2）避难走道包括避难走道前室和避难走道直通地面的出口。

（3）避难层不仅包括避难区，也包括避难区以外的设备用房、走道等部位【7.1.15- 图示 2】，目的是提高避难层的整体安全水平。

（4）疏散楼梯间及前室包括敞开楼梯间、封闭楼梯间、防烟楼梯间及前室（含合用前室）。

（5）使用明火、燃油、燃气等的场所，火灾危险性较高，内保温系统中保温材料及制品的燃烧性能应为不燃材料。这类场所中不燃性保温材料的设置范围，可以防火单元为单位，当这类场所通过防火隔墙、防火门或防火窗与室内其他区域隔离时，其他区域的保温材料及制品的燃烧性能可依据实际功能确定。而对于丁、戊类厂房场所，当无法对明火、燃油、燃气等部位进行防火分隔时，可根据其可能影响的区域确定不燃保温材料的设置范围。

（6）当人员密集场所建筑与非人员密集场所建筑合建时，第 1 款可仅限于人员密集场所部分，其保温材料及制品的燃烧性能不应低于 A 级；非人员密集场所部分的保温材料及制品的燃烧性能可根据本条第 2 款～第 5 款以及第 6.6.10 条确定。比如，当商场、酒店与办公建筑、住宅建筑合建时，商场、酒店部分适用人员密集场所要求，保温材料及制品的燃烧性能应为 A 级，办公建筑、住宅建筑部分的保温材料及制品的燃烧性能可根据本条第 2 款～第 5 款以及第 6.6.10 条确定。

6.6.10 除本规范第 6.6.3 条和第 6.6.9 条规定的场所或部位外，其他场所或部位内保温系统中保温材料或制品的燃烧性能均不应低于 B₁ 级。当采用 B₁ 级燃烧性能的保温材料时，保温系统的外表面应采取使用不燃材料设置防护层等防火措施。

【要点解读】

本条规定了建筑外墙内保温系统的保温材料及制品的燃烧性能要求。本条主要对应于《建筑设计防火规范（2018 年版）》GB 50016—2014 第 6.7.2 条第 2 款、第 3 款。

（1）在建筑外墙的内保温系统中，保温材料设置在建筑外墙的室内侧，如采用可燃、难燃保温材料，火灾时遇热分解的烟气直接威胁人员安全，故宜采用不燃保温材料【图示 1】，禁止采用可燃保温材料，确有需要时可采用难燃保温材料。当采用难燃保温材料时，应尽量采用低烟、低毒的材料，且应设置不燃材料防护层，防护层厚度不应小于 10mm【图示 2】。

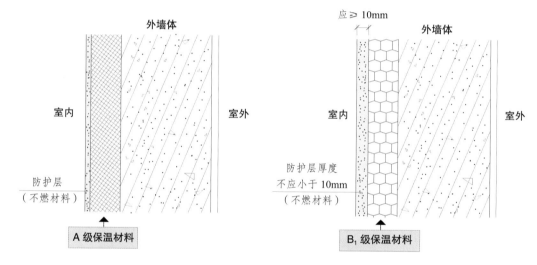

6.6.10- 图示 1　采用 A 级保温材料的内保温系统

6.6.10- 图示 2　采用 B₁ 级保温材料的内保温系统

（2）结合本章节相关规定，内保温系统中保温材料及制品的燃烧性能要求，参见表 6.6.10。

表 6.6.10　内保温系统中保温材料及制品的燃烧性能要求

场所	保温材料及制品的燃烧性能
人员密集场所	A 级
老年人照料设施	A 级
使用明火、燃油、燃气等有火灾危险的场所	A 级
疏散楼梯间及其前室	A 级
避难走道、避难层、避难间	A 级

续表 6.6.10

场所	保温材料及制品的燃烧性能
消防电梯前室或合用前室	A 级
其他场所	不低于 B_1 级

注：本表仅为控制性底线要求，相关标准中有更高要求者，应从其规定。

（3）有关内保温系统的概念，参见"附录14"。

7 安全疏散与避难设施

7.1 一般规定

7.1.1 建筑的疏散出口数量、位置和宽度，疏散楼梯（间）的形式和宽度，避难设施的位置和面积等，应与建筑的使用功能、火灾危险性、耐火等级、建筑高度或层数、埋深、建筑面积、人员密度、人员特性等相适应。

【要点解读】

本条规定了建筑安全疏散与避难设施的基本设置原则和性能要求。

安全疏散的目的是确保人员在火灾发展到威胁人身安全（耐受极限）之前疏散至安全区域，需要通过合理的安全疏散措施来保证，比如安全疏散距离、疏散出口数量和位置、疏散通道宽度、疏散楼梯（间）的形式，以及避难间、避难层、避难走道等设施的位置和面积等。安全疏散措施应与建筑的使用功能、火灾危险性、耐火等级、建筑高度或层数、埋深、建筑面积、人员密度、人员特征等相适应。

（1）安全疏散距离。

建筑中的最大疏散距离主要与建筑耐火等级、火灾危险性、使用功能、建筑高度和层数、埋深和人员特征等相关，参见"7.1.3- 要点解读"。

（2）疏散出口数量、位置。

疏散出口主要包括房间疏散门和安全出口，其数量和位置主要与安全疏散距离、建筑面积、人员密度、人员特征等相关。

（3）疏散通道宽度。

疏散通道宽度包括房间疏散门、安全出口、疏散走道、疏散楼梯等的净宽度，主要与使用功能、耐火等级、建筑层数、埋深、建筑面积、人员密度、人员特征等相关。

（4）疏散楼梯（间）的形式。

疏散楼梯间的主要形式有敞开楼梯间、封闭楼梯间、防烟楼梯间和室外疏散楼梯等，疏散楼梯间的形式主要与火灾危险性、建筑分类、使用功能、建筑高度和层数、埋深等相关。有关疏散楼梯（间）的主要形式，参见"附录9"。

（5）避难设施的位置和面积。

避难设施主要包括避难层、避难间和避难走道，避难层的位置和面积主要与建筑高度、避难人数等相关；避难间的位置和面积主要与建筑功能、建筑高度、建筑面积和层数等相关。

7.1.2 建筑中的疏散出口应分散布置，房间疏散门应直接通向安全出口，不应经过其他房间。疏散出口的宽度和数量应满足人员安全疏散的要求。各层疏散楼梯的净宽度应符合下列规定：

1 对于建筑的地上楼层，各层疏散楼梯的净宽度均不应小于其上部各层中要求疏散净宽度的最大值；

2 对于建筑的地下楼层或地下建筑、平时使用的人民防空工程，各层疏散楼梯的净宽度均不应小于其下部各层中要求疏散净宽度的最大值。

【要点解读】

本条规定了建筑内疏散出口、疏散楼梯设置的关键性能要求。

房间疏散门是房间直接通向疏散走道的门、直接开向疏散楼梯间或室外的门；安全出口是直接通向室内或室外安全区域的出口。有关疏散门、疏散出口和安全出口的概念，参见"附录1"；有关室内、室外安全区域概念，参见"附录11"。

要点1：建筑中的疏散出口应分散布置。

本规定主要对应于《建筑设计防火规范（2018年版）》GB 50016—2014第3.7.1条、第3.8.1条、第5.5.2条；《人民防空工程设计防火规范》GB 50098—2009第5.1.4条；《地铁设计防火标准》GB 51298—2018第5.1.4条。

安全出口和疏散门的布置，一般要使人员在建筑着火后能有多个不同方向的疏散路线可供选择和疏散，要尽量将疏散出口均匀分散布置在平面上的不同方位。如果两个疏散出口之间距离太近，在火灾中实际上只能起到1个出口的作用。现行标准中，主要通过"疏散出口最近边缘之间的水平距离"和"区域内任一点至疏散出口的疏散夹角"来保证疏散出口分散布置要求。

（1）两个疏散出口（疏散门或安全出口）最近边缘之间的水平距离。

对于需要设置两个或以上疏散出口的房间，要求相邻两个疏散门最近边缘之间保持一定水平距离，一般不应小于5m【图示1】；对于需要设置两个安全出口的楼层或防火分区，要求相邻两个安全出口最近边缘之间保持一定水平距离，一般不应小于5m；在地铁站厅公共区等场所，不应小于20m。相关标准要求如下：

①《建筑设计防火规范（2018年版）》GB 50016—2014。

3.7.1 厂房的安全出口应分散布置。每个防火分区或一个防火分区的每个楼层，其相邻两个安全出口最近边缘之间的水平距离不应小于5m。

3.8.1 仓库的安全出口应分散布置。每个防火分区或一个防火分区的每个楼层，其相邻两个安全出口最近边缘之间的水平距离不应小于5m。

5.5.2 建筑内的安全出口和疏散门应分散布置，且建筑内每个防火分区或一个防火分区的每个楼层、每个住宅单元每层相邻两个安全出口以及每个房间相邻两个疏散门最近边缘之间的水平距离不应小于5m。

②《人民防空工程设计防火规范》GB 50098—2009。

5.1.4 每个防火分区的安全出口,宜按不同方向分散设置;当受条件限制需要同方向设置时,两个安全出口最近边缘之间的水平距离不应小于 5m。

③《地铁设计防火标准》GB 51298—2018。

5.1.4 每个站厅公共区应至少设置两个直通室外的安全出口。安全出口应分散布置,且相邻两个安全出口之间的最小水平距离不应小于 20m。换乘车站共用一个站厅公共区时,站厅公共区的安全出口应按每条线不少于两个设置。

(2)区域内任一点至疏散出口的疏散夹角不小于 45°。

很多情况下,仅满足两个疏散出口的水平距离并不能达到"多个不同方向疏散路线"的目的,由此提出"区域内任一点至疏散出口的疏散夹角不小于 45°"的要求【图示 2】,这是广泛认同的多个不同方向疏散路线的条件。现行标准中,该要求主要应用于需要扩大疏散距离的大空间场所,比如,在《建筑设计防火规范(2018 年版)》GB 50016—2014 第 5.5.17 条第 4 款中,满足一定条件的大空间场所的室内疏散距离可扩大全 30m(37.5m),此规定需要满足的条件之一,就是"区域内任一点至疏散出口的疏散夹角不小于 45°"。

注:本书中,有关疏散距离的表述,括号内的数值为设置自动灭火系统后增加 25% 后的值。

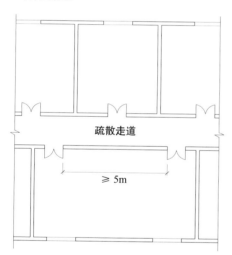

7.1.2- 图示 1 两个疏散门最近边缘之间的水平距离不小于 5m

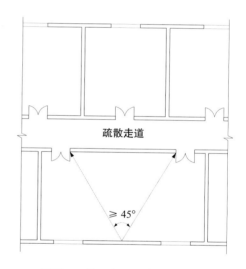

7.1.2- 图示 2 某一点至两个疏散出口的疏散夹角不小于 45°

要点 2:房间疏散门应直接通向安全出口,不应经过其他房间。

疏散路径的确立,应以"危险区域→次危险区域→室内安全区域→室外安全区域"为基本原则。风险逐级递减,是所有安全疏散路径须遵行的基本准则,是安全疏散设计的基础,房间疏散门应直通安全出口,或通过疏散走道直达安全出口【图示 3】。有关疏散路径、疏散距离的确立原则,参见"附录 12"。

(1)在公共建筑等场所中,房间不应采用嵌套(穿套)设置的方式,确因功能需要，仅可以嵌套（穿套）一级相对面积较小的房间【图示4】，且嵌套（穿套）房间应满足疏散距离要求。禁止多级嵌套（穿套）的方式，在多级嵌套（穿套）的设计中，外部房间失火将直接阻断内部房间的疏散路径。

（2）在厂房、汽车库等场所中，因生产工艺和功能所需的嵌套（穿套）房间，应满足疏散距离要求。比如，汽车库内的设备用房【7.1.18-图示】、车间内的操控室【图示5】等，疏散距离应考虑墙体遮挡的影响。

7.1.2-图示3　房间疏散门通过疏散走道直达安全出口

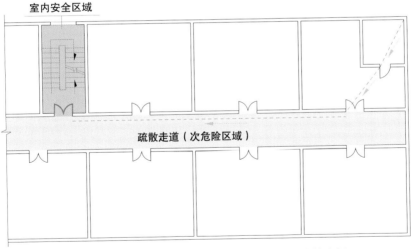

7.1.2-图示4　嵌套（穿套）一级相对面积较小的房间

要点3：疏散出口的宽度和数量应满足人员安全疏散的要求。

疏散出口主要包括房间疏散出口（疏散门）和安全出口。

（1）疏散出口的宽度。

疏散出口的宽度，即疏散出口的净宽度，主要是指房间疏散门和安全出口的净宽度，

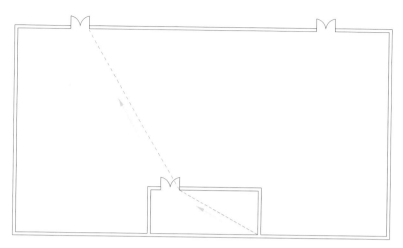

7.1.2- 图示 5　嵌套（穿套）房间应满足疏散距离要求

决定净宽度的主要因素为疏散人数和最小净宽度。

①疏散出口和疏散通道的净宽度应满足最小净宽度要求，除第 7.1.4 条要求外，尚应符合现行国家标准《建筑设计防火规范》GB 50016 以及相关标准规定。

②疏散出口（疏散门、安全出口等）和疏散通道（疏散走道、疏散楼梯等）的净宽度，在满足最小净宽度要求的前提下，尚应依据疏散人数和每 100 人所需最小疏散净宽度经计算确定。

③剧场、电影院、礼堂、体育馆和中小学校等人员密集场所，在确定疏散净宽度时，需与疏散时的人流股数相匹配。

④疏散出口（疏散门、安全出口等）的净宽度应与疏散通道（疏散走道、疏散楼梯等）的净宽度相匹配。

（2）疏散出口的数量。

①本《通用规范》明确了安全出口和疏散门数量的基本要求。

②在民用建筑中，当房间内任一点至房间疏散门的疏散距离（"7.1.3- 要点解读"）不满足要求，或当房间疏散门至安全出口的距离不满足要求时，可增设疏散门或安全出口数量。

③在汽车库、生产车间等场所中，当室内任一点至安全出口的距离不满足规范要求时，可增设安全出口数量。

要点 4：对于建筑的地上楼层，各层疏散楼梯的净宽度均不应小于其上部各层中要求疏散净宽度的最大值；对于建筑的地下楼层或地下建筑、平时使用的人民防空工程，各层疏散楼梯的净宽度均不应小于本层及下部各层中要求疏散净宽度的最大值。

本条规定主要对应于《建筑设计防火规范（2018 年版）》GB 50016—2014 第 3.7.5 条、第 5.5.21 条第 1 款；《人民防空工程设计防火规范》GB 50098—2009 第 5.2.7 条；《民用建筑设计统一标准》GB 50352—2019 第 6.1.3 条。

建筑各层的疏散人数可能各不相同，且每100人所需最小疏散净宽度可能有别，实际应用中，可根据不同楼层的疏散人数和每100人所需最小疏散净宽度确定各自所需的疏散净宽度。

（1）对于大部分地上建筑，各楼层的疏散路径通常向下，各层梯段承载本层以上各楼层的疏散人数（不含本层），各层楼梯梯段的净宽度不应小于其上部各层中要求疏散净宽度的最大值。示例，在【图示6】中，三层楼梯梯段的净宽度不应小于四层及以上各层中要求疏散净宽度的最大值。

（2）对于地下建筑、人民防空工程、部分坡地建筑等，各楼层的疏散路径通常向上，各层梯段承载本层及下部各楼层的疏散人数（含本层），各层楼梯梯段的净宽度不应小于本层及下部各层中要求疏散净宽度的最大值。示例，在【图示7】中，地下二层楼梯梯段的净宽度不应小于地下二层及下部各层中要求疏散净宽度的最大值。

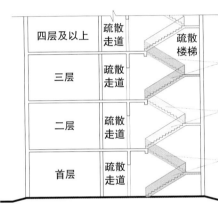

7.1.2– 图示 6　疏散路径向下楼层的各层梯段净宽度计算示意

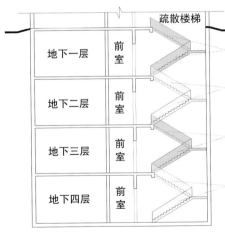

7.1.2– 图示 7　疏散路径向上楼层的各层梯段净宽度计算示意

7.1.3 建筑中的最大疏散距离应根据建筑的耐火等级、火灾危险性、空间高度、疏散楼梯（间）的形式和使用人员的特点等因素确定，并应符合下列规定：

　　1 疏散距离应满足人员安全疏散的要求；

　　2 房间内任一点至房间疏散门的疏散距离，不应大于建筑中位于袋形走道两侧或尽端房间的疏散门至最近安全出口的最大允许疏散距离。

【要点解读】

本条规定了建筑中安全疏散距离的确定原则和基本性能要求。

安全疏散的目的是确保人员在火灾发展到威胁人身安全（耐受极限）之前疏散至安全区域。有关疏散路径、疏散距离的确立原则，参见"附录12"。

要点1：影响最大允许疏散距离的主要因素。

影响最大允许疏散距离的因素，主要如下。

（1）建筑高度、层数及埋深。

根据建筑高度、建筑层数及埋深，通常可分为单层建筑、多层建筑、高层建筑及地下（半地下）建筑，不同类别建筑的最大允许疏散距离有别，通常情况下，高层建筑、地下（半地下）建筑严于单、多层建筑。有关建筑高度、层数等的分类，参见"附录4"。

（2）耐火等级。

耐火等级越低，最大允许疏散距离越小。

（3）火灾危险性类别。

有关火灾危险性类别的区分，主要体现在工业建筑中，火灾危险性类别越高，最大允许疏散距离越小。

（4）使用功能、人员特征。

不同的使用功能和人员特征，对疏散距离的要求有别，民用建筑、工业建筑、汽车库、人防工程、地铁工程等均适用不同的技术标准。

民用建筑可分为住宅建筑和公共建筑两大类，由《建筑设计防火规范（2018年版）》GB 50016—2014 表5.5.17可知，依据不同使用功能和人员特点，公共建筑可分为以下6类：①托儿所、幼儿园、老年人照料设施；②歌舞娱乐放映游艺场所；③医疗建筑；④教学建筑；⑤高层旅馆、展览建筑；⑥其他建筑。

（5）空间高度。

空间高度越大，蓄烟功能越好，烟气沉降到危险状态的时间越长，有利于疏散逃生。比如，《民用机场航站楼设计防火规范》GB 51236—2017 第3.4.2条规定：公共区内任一点均应至少有2条不同方向的疏散路径。当公共区的室内平均净高小于6.0m时，公共区内任一点至最近安全出口的直线距离不应大于40.0m；当公共区的室内平均净高大于20.0m时，可为90.0m；其他情形，不应大于60.0m。

（6）疏散楼梯间的形式。

敞开楼梯间容易受到火灾烟气侵害，在民用建筑中，当采用敞开楼梯间作为安全出口时，最大允许疏散距离应酌情减少，参见《建筑设计防火规范（2018 年版）》GB 50016—2014 第 5.5.17 条第 2 款。

（7）疏散走道的形式。

在敞开式外廊中，火灾烟气较少侵害疏散楼梯间，在民用建筑中，敞开式外廊最大允许疏散距离可适当增加，参见《建筑设计防火规范（2018 年版）》GB 50016—2014 第 5.5.17 条第 1 款。

（8）自动灭火系统。

设置自动灭火系统的建筑，其安全性能提高，有利于安全疏散，《建筑设计防火规范（2018 年版）》GB 50016—2014 第 5.5.17 条、第 5.5.29 条，以及本《通用规范》第 7.1.18 条等，均规定设置自动灭火系统可增加最大允许疏散距离。在本书中，有关疏散距离的表述，括号内的数值为设置自动灭火系统后增加 25% 后的值。

要点 2：安全疏散时间和安全疏散距离的控制原则。

安全疏散时间和安全疏散距离的控制，通常是指危险区域和次危险区域的疏散时间和疏散距离控制。

（1）安全疏散的目的是确保人员在火灾发展到威胁人身安全（耐受极限）之前疏散至安全区域，室外安全区域是人员的疏散目标，但实际应用中，除首层的部分区域外，不可能严格控制其他楼层或区域直通室外的距离和时间。为此，有必要设立室内安全区域，室内安全区域是相对于室外安全区域的概念，通常情况下，室内安全区域是相对独立的防火单元，并直通室外安全区域，室内安全区域可视为室外安全区域的延伸。有关危险区域、次危险区域、室内安全区域、室外安全区域的概念，参见"附录 11"。

（2）通常认为，进入室内安全区域即到达安全地点，不再考虑室内安全区域疏散至室外的距离和时间。依此规则，将室内任意点直通室外的距离，简化为室内任意点直通室内安全区域的距离，并以此作为疏散设计指标。比如，采用敞开楼梯间【图示 1】、封闭楼梯间【图示 2】、防烟楼梯间【图示 3】的建筑，安全疏散距离可简化为室内任意点至本层疏散楼梯间或前室的疏散距离（L_1、L_2）。

（3）为方便应用，现行工程建设标准明确了室内任意一点至安全出口的疏散距离，并以此作为疏散设计指标。可以认为，当某座建筑的建筑防火和消防设施满足标准要求，安全疏散距离满足相关规定时，安全疏散时间可以得到保证。

要点 3：疏散距离的计算原则，与行走距离的区别。

（1）疏散距离的计算原则。

现行标准所规定的疏散距离，通常是指直线距离，当设备、家具、办公桌椅、车辆等障碍物不影响疏散视线时，可不考虑其影响，但需要考虑室内墙体（包括影响疏

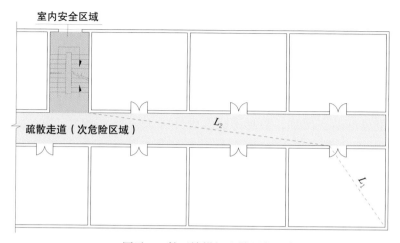

7.1.3- 图示 1　敞开楼梯间疏散距离示意图

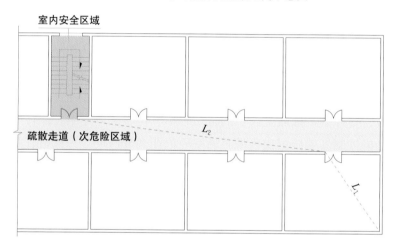

7.1.3- 图示 2　封闭楼梯间疏散距离示意图

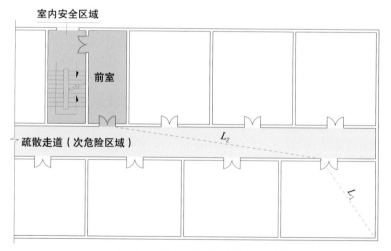

7.1.3- 图示 3　防烟楼梯间疏散距离示意图

散视线的隔断等）的影响，当疏散路线上有这类墙体或隔断时，应按遮挡后的折线距离计算【7.1.2-图示5】【7.1.18-图示】。

（2）疏散距离与行走距离的区别。

行走距离是指安全疏散路线上的实际行走距离，需要考虑货架、家具、固定办公桌椅等障碍物的影响，在商店营业厅、地铁站厅公共区等人员密集的场所，需要考虑行走距离控制。比如：《人员密集场所消防安全管理》GB/T 40248—2021 第 8.3.3 条规定，营业厅内任一点至最近安全出口或疏散门的行走距离不应大于 45m；《地铁设计防火标准》GB 51298—2018 第 5.1.10 条规定，站厅公共区任一点至最近出入通道口走行距离不大于 50m；另外，满足《建筑设计防火规范（2018 年版）》GB 50016—2014 第 5.5.17 条第 4 款要求的大空间场所，当应用 30m（37.5m）的直线疏散距离时，其行走距离也不应大于 45m。

要点 4：疏散距离应满足人员安全疏散的要求。

安全疏散的目的是确保人员在火灾发展到威胁人身安全（耐受极限）之前疏散至安全区域，由要点 2 可知，当安全疏散距离满足相关规定时，安全疏散时间可以得到保证。

最大允许疏散距离的确定，应综合考虑影响疏散距离的主要因素，既要保障人员疏散的安全，也要兼顾建筑功能和平面布置等要求。现行工程建设标准明确了室内任意一点至安全出口的疏散距离，可作为疏散设计的控制指标。示例：

①汽车库：本《通用规范》第 7.1.18 条；

②厂房、公共建筑、住宅建筑：《建筑设计防火规范（2018 年版）》GB 50016—2014 第 3.7.4 条、第 5.5.17 条、第 5.5.29 条；

③平时使用的人民防空工程：《人民防空工程设计防火规范》GB 50098—2009 第 5.1.5 条；

④民用机场航站楼：《民用机场航站楼设计防火规范》GB 51236—2017 第 3.4.2 条、第 3.4.3 条；

⑤地铁和轻轨交通工程：《地铁设计防火标准》GB 51298—2018 第 5.1.10 条、第 5.2.5 条、第 5.2.6 条、第 5.3.4 条、第 5.5.4 条。

要点 5：房间内任一点至房间疏散门的疏散距离，不应大于建筑中位于袋形走道两侧或尽端房间的疏散门至最近安全出口的最大允许疏散距离。

本规定主要对应于《建筑设计防火规范（2018 年版）》GB 50016—2014 第 5.5.17 条第 3 款和第 5.5.29 条第 3 款。袋形走道两侧或尽端房间疏散门至最近安全出口的最大允许疏散距离，可依据《建筑设计防火规范（2018 年版）》GB 50016—2014 表 5.5.17、表 5.5.29 确定。

（1）本规定主要针对民用建筑中的公共建筑和住宅建筑，工业建筑的附属办公室、休息室等也可参照本规定执行。

在民用建筑的安全疏散设计中，安全疏散距离包括房间内任一点至房间疏散门的疏散距离（L_1）和房间疏散门至最近安全出口的疏散距离（L_2）。【图示 1～图示 3】中，房间内任一点至房间疏散门的疏散距离（L_1）应满足本条规定要求；房间疏散门至最近安全出口的疏散距离（L_2）应满足《建筑设计防火规范（2018 年版）》GB 50016—2014 表 5.5.17、表 5.5.29 的规定。

（2）本规定不适用于以下建筑及场所：

①满足《建筑设计防火规范（2018 年版）》GB 50016—2014 第 5.5.17 条第 4 款要求的观众厅、展览厅、多功能厅、餐厅、营业厅等。

《建筑设计防火规范（2018 年版）》GB 50016—2014 第 5.5.17 条第 4 款规定，一、二级耐火等级建筑内疏散门或安全出口不少于 2 个的观众厅、展览厅、多功能厅、餐厅、营业厅等，其室内任一点至最近疏散门或安全出口的直线距离不应大于 30m；当疏散门不能直通室外地面或疏散楼梯间时，应采用长度不大于 10m 的疏散走道通至最近的安全出口。当该场所设置自动喷水灭火系统时，室内任一点至最近安全出口的安全疏散距离可分别增加 25%。

②生产厂房中的生产车间。

在厂房的安全疏散设计中，安全疏散距离是指车间内任一点至安全出口的距离，当设置有疏散走道时，疏散距离为车间疏散距离和走道疏散距离的叠加，无须分开控制。【图示 4】中，车间内任一点至安全出口的疏散距离（L_1+L_2）应满足《建筑设计防火规范（2018 年版）》GB 50016—2014 第 3.7.4 条的规定。

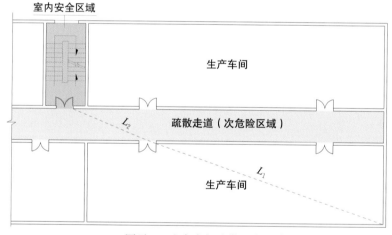

7.1.3- 图示 4　生产车间疏散距离示意图

③仓库。

仓库人员较少，现行标准未限定仓库场所的最大允许疏散距离，实际应用中，仍应满足安全疏散的需要。

④相关专业标准中的特定场所。

比如航站楼、地铁车站等，应依据现行国家标准《民用机场航站楼设计防火规范》GB 51236、《地铁设计防火标准》GB 51298 等标准确定。

7.1.4 疏散出口门、疏散走道、疏散楼梯等的净宽度应符合下列规定：

1 疏散出口门、室外疏散楼梯的净宽度均不应小于 0.80m；

2 住宅建筑中直通室外地面的住宅户门的净宽度不应小于 0.80m，当住宅建筑高度不大于 18m 且一边设置栏杆时，室内疏散楼梯的净宽度不应小于 1.0m，其他住宅建筑室内疏散楼梯的净宽度不应小于 1.1m；

3 疏散走道、首层疏散外门、公共建筑中的室内疏散楼梯的净宽度均不应小于 1.1m；

4 净宽度大于 4.0m 的疏散楼梯、室内疏散台阶或坡道，应设置扶手栏杆分隔为宽度均不大于 2.0m 的区段。

【要点解读】

本条规定了疏散出口门、疏散走道、疏散楼梯等的最小净宽度要求。

疏散出口门、疏散走道、疏散楼梯等的净宽度应经计算确定，且不得小于本条规定的最小净宽度要求。

要点 1：疏散出口门、疏散走道、疏散楼梯净宽度的确定原则。

（1）本条规定的最小净宽度为控制性底线要求，针对特殊功能场所或特定关联条件，相关标准有更高要求者，应予执行。

（2）疏散出口、疏散楼梯、疏散走道的净宽度，除满足本条规定的最小净宽度要求外，尚应根据疏散人数和每 100 人所需最小疏散净宽度经计算确定。

要点 2：疏散出口门、疏散走道、疏散楼梯等的净宽度测量方法。

1. 疏散出口门（疏散门）的净宽度测量

（1）疏散出口门的开启角度与疏散净宽度的关系。

疏散出口门（简称疏散门）主要包括防火门和普通平开门，正常开启角度均在 120° 以上（甚至大于 150°），但在确定疏散门的最大疏散净宽度时，应按开启角度 90° 计算。主要原因如下：

①由现行国家标准《防火门》GB 12955 可知，在进行防火门启闭耐久性能试验时，门扇开启角度为 70°，目前尚无更大开启角度的试验数据依据，为确保疏散门反复开启的可靠性，开启角度不宜过大；

②疏散门的开启角度直接关系其有效净宽度，对于大部分平开门来说，当开启角度为 90° 时，净宽度已充分利用；

③在闭门器作用下，防火门需要较大的开启力度，部分人群不具备达到更大开启角度的能力，老弱人员更甚。

综上可知，在测量疏散出口净宽度时，将疏散门开启角度确定在 90° 是相对合理的，本开启角度也称为"疏散门完全开启"角度，本《通用规范》第 7.1.7 条中所述的"开向疏散楼梯（间）或疏散走道的门在完全开启时"，即指疏散门开启角度为 90° 时的状态，参见"7.1.7– 要点 2"。

（2）疏散出口门净宽度测量示例。

①单扇门（单开门）的净宽度测量。

对于单扇门，疏散出口门的净宽度为门扇呈 90° 角打开时，门框内缘至门表面的水平距离【图示 1】。

②双扇门（双开门）的净宽度测量。

对于双扇门，疏散出口门的净宽度为两扇门同时呈 90° 角打开时，两扇门相对表面之间的水平距离【图示 2】。

③子母门的净宽度测量。

子母门是一种特殊类型的双扇门，由一个宽度较宽的门扇（母门）和一个宽度较窄的门扇（子门）构成，当子门采用门栓固定在门框或地面上时，子门门扇的宽度不应计入疏散宽度，疏散出口门的净宽度应为子门门扇边缘至母门门扇开启 90° 后的门内表面的水平距离【图示 3】。

需要说明的是，防火门属于需要取得国家认可授权检测机构检验报告的产品，产品材质、结构等应与取得的检验报告一致，不允许在子门上临时加装闭门器。

（3）门把手等附件对疏散净宽度的影响。

通常认为，当门把手等附件凸出门表面的尺寸不大于 80mm 时（$L \leqslant 80mm$），可不考虑其对疏散净宽度的影响【图示 4】。

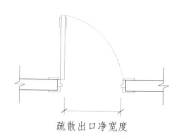

7.1.4-图示 1　单开门净宽度示意图

7.1.4-图示 2　双开门净宽度示意图

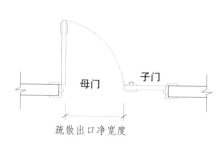

7.1.4-图示 3　子母门净宽度示意图

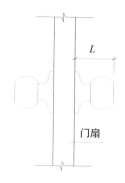

7.1.4-图示 4　门把手附件示意图

2. 疏散走道的净宽度测量

障碍物(柱、扶手、栏杆、挡台等)及装饰涂层的厚度不得计入疏散走道的净宽度。【图示5】的疏散走道不应计入柱、饰面层厚度;【图示6】的外廊走道,应从挡台、栏杆、扶手的最内缘起算,取 w_1、w_2、w_3 最小值。

7.1.4– 图示 5 疏散走道净宽度示意图

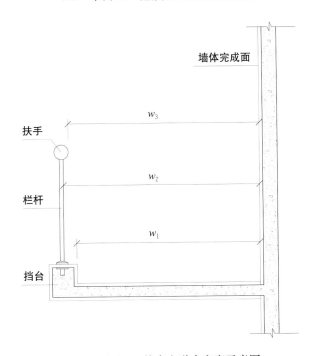

7.1.4– 图示 6 外廊走道净宽度示意图

注：栏杆、扶手、挡台等应符合现行国家标准《民用建筑通用规范》GB 55031、《民用建筑设计统一标准》GB 50352 的规定。

3. 疏散楼梯的净宽度测量

疏散楼梯的梯段、楼梯平台、梯裙、栏杆、扶手以及楼梯踏步等的设置要求,应符合现行标准《民用建筑通用规范》GB 55031、《民用建筑设计统一标准》GB 50352、《楼梯栏杆及扶手》JG/T 558 等标准规定。

需要注意的是,虽然《民用建筑设计统一标准》GB 50352—2019 第 6.8.2 条规定楼梯梯段净宽度为墙体装饰面至扶手中心线的水平距离,但与消防安全疏散相关的净宽度计算，应符合本《通用规范》和现行国家标准《建筑设计防火规范》GB 50016 的规定，疏散楼梯的疏散净宽度不得计入梯裙、栏杆、扶手、障碍物（柱等突出物）及装饰涂层的厚度【图示 7】。【图示 8】为两侧设置扶手的楼梯梯段，净宽度应取 w_1、w_2、w_3 最小值。

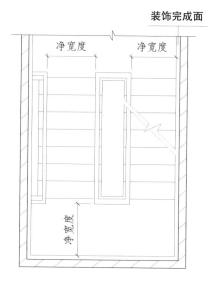

7.1.4- 图示 7　疏散楼梯净宽度示意图

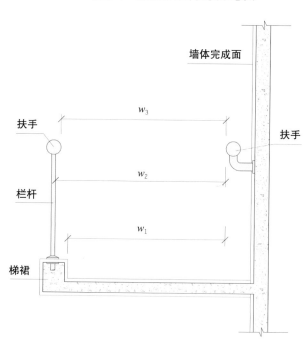

7.1.4- 图示 8　两侧设置扶手的楼梯净宽度示意图

要点 3：疏散出口门的最小净宽度。

疏散出口门是指设置于疏散出口的门，主要包括房间疏散门和安全出口门，统称疏散门，比如：①房间直接通向疏散走道的门；②进出封闭楼梯间的门；③进出防烟楼梯间及前室的门；④通向室外疏散楼梯的门；⑤住宅建筑的户门等。对于消防电梯独立前室的门，也适用本规定要求。

疏散出口门的净宽度决定疏散出口的净宽度，对于没有设置门的疏散出口，净宽度要求与疏散出口门相同。

1. 疏散出口门净宽度不应小于 0.80m

依本条规定，疏散出口门净宽度不应小于 0.80m，一方面是因为每股人流所需宽度约为 0.55m，0.80m 净宽度已完全满足单股人流的疏散要求；另一方面是考虑房间疏散门预留洞口的宽度多为 1.00m，扣除门框尺寸后可基本满足疏散出口 0.80m 的净宽度要求。

（1）依据本规定要求，在《建筑设计防火规范（2018 年版）》GB 50016—2014 中，原规定为 0.90m 的疏散门最小净宽度可调整为 0.80m，主要包括以下条款：

①第 3.7.5 条，厂房内疏散门的最小净宽度，可由 0.90m 调整为 0.80m；

②第 5.5.18 条，公共建筑内疏散门和安全出口的最小净宽度，可由 0.90m 调整为 0.80m（另有规定者除外）；

③第 5.5.30 条，住宅建筑的户门和安全出口的最小净宽度，可由 0.90m 调整为 0.80m；

④对于消防电梯独立前室的门，最小净宽度也可调整为 0.80m。

（2）本规定为控制性底线要求，针对特殊功能场所或特定关联条件，相关标准有更高要求者，应予执行。示例：

①《建筑设计防火规范（2018 年版）》GB 50016—2014 第 5.5.19 条规定，人员密集的公共场所、观众厅的疏散门不应设置门槛，其净宽度不应小于 1.40m，且紧靠门口内外各 1.40m 范围内不应设置踏步。

②供平时使用的人民防空工程的安全出口的最小净宽度，应符合《人民防空工程设计防火规范》GB 50098—2009 表 5.1.6 的规定。

③《托儿所、幼儿园建筑设计规范（2019 年版）》JGJ 39—2016 第 4.1.6 条规定，活动室、寝室、多功能活动室等幼儿使用的房间应设双扇平开门，门净宽不应小于 1.20m。

④老年人照料设施中供老年人使用的门，开启净宽度应符合《老年人照料设施建筑设计标准》JGJ 450—2018 第 5.7.3 条规定。

⑤《综合医院建筑设计规范》GB 51039—2014 第 5.5.5 条规定，病房门净宽不应小于 1.10m，门扇宜设观察窗。

2. 首层疏散外门的净宽度不应小于 1.1m

本规定适用民用建筑、工业建筑、汽车库等建筑及场所，考虑住宅建筑中每住户的人数有限，允许直通室外地面的住宅户门的净宽度不小于 0.80m。

本规定为控制性底线要求，相关标准有更高要求者，应予执行。比如，《建筑设计防火规范（2018 年版）》GB 50016—2014 表 5.5.18 规定，楼梯间的首层疏散门和首层疏散外门的净宽度，高层医疗建筑不应小于 1.30m，其他高层公共建筑不应小于 1.20m。

3. 门洞口宽度与疏散出口门净宽度

（1）门洞口宽度通常是指门洞的预留洞口宽度，在《办公建筑设计标准》JGJ/T 67—2019 第 4.1.7 条规定中，要求办公用房的门洞口宽度不应小于 1.00m，即为门洞的预留洞口宽度。

（2）疏散出口门净宽度为扣除门框及障碍物后的净宽度，参见要点 2。

要点 4：疏散走道的最小净宽度。

疏散走道的最小净宽度应按不少于 2 股人流的宽度确定，不应小于 1.10m。

本规定为控制性底线要求，针对特殊功能场所或特定关联条件，相关标准有更高要求者，应予执行。示例：

（1）《民用建筑通用规范》GB 55031—2022 第 5.3.12 条规定，除住宅外，民用建筑的公共走廊净宽应满足各类型功能场所最小净宽要求，且不应小于 1.30m。

（2）高层公共建筑内疏散走道的最小净宽度，应符合《建筑设计防火规范（2018年版）》GB 50016—2014 表 5.5.18 的规定。

（3）厂房内疏散走道的最小净宽度，应符合《建筑设计防火规范（2018年版）》GB 50016—2014 第 3.7.5 条的规定，不宜小于 1.40m。

（4）供平时使用的人民防空工程的疏散走道最小净宽度，应符合《人民防空工程设计防火规范》GB 50098—2009 表 5.1.6 的规定。

（5）托儿所、幼儿园建筑走廊最小净宽，应符合《托儿所、幼儿园建筑设计规范（2019年版）》JGJ 39—2016 表 4.1.14 的规定。

（6）《老年人照料设施建筑设计标准》JGJ 450—2018 第 5.6.3 条规定，老年人使用的走廊，通行净宽不应小于 1.80m，确有困难时不应小于 1.40m；当走廊的通行净宽大于 1.40m 且小于 1.80m 时，走廊中应设通行净宽不小于 1.80m 的轮椅错车空间，错车空间的间距不宜大于 15.00m。

要点 5：疏散楼梯的最小净宽度。

1. 室外疏散楼梯的净宽度不应小于 0.80m

（1）室外疏散楼梯多悬挑于建筑外墙，且较多增设于后期消防改造中，较小的梯段宽度有利于结构设计，考虑室外疏散楼梯通常不作为主要疏散楼梯，因此要求净宽度不小于 0.80m。

（2）本条有关室外疏散楼梯的规定，适用民用建筑、工业建筑、汽车库等建筑及场所。

2. 公共建筑和住宅建筑的室内疏散楼梯的净宽度不应小于 1.1m，当住宅建筑高度不大于 18m 且一边设置栏杆时，室内疏散楼梯的净宽度不应小于 1.0m

（1）公共建筑和住宅建筑的室内疏散楼梯，梯段最小净宽应按不少于 2 股人流的宽度确定，不应小于 1.1m。

住宅建筑疏散人数较少，当住宅建筑高度不大于 18m 且疏散楼梯的一边设置栏杆时，考虑栏杆上侧有一部分空间可利用，因而允许净宽度不小于 1.0m，需要说明的是，疏散楼梯的净宽度不得计入栏杆宽度，具体计算方式参见要点 2。

（2）本规定为控制性底线要求，针对特殊功能场所或特定关联条件，相关标准有更高要求者，应予执行。示例：

①《建筑设计防火规范（2018 年版）》GB 50016—2014 表 5.5.18 规定，高层医疗建筑室内疏散楼梯最小净宽度不应小于 1.30m，其他高层公共建筑室内疏散楼梯最小净宽度不应小于 1.20m。

②《中小学校设计规范》GB 50099—2011 第 8.7.2 条规定，中小学校教学用房的楼梯梯段宽度应为人流股数的整数倍。梯段宽度不应小于 1.20m，并应按 0.60m 的整数倍增加梯段宽度。每个梯段可增加不超过 0.15m 的摆幅宽度。

③《老年人照料设施建筑设计标准》JGJ 450—2018 第 5.6.7 条规定，老年人使用的楼梯梯段通行净宽不应小于 1.20m。

3．汽车库、修车库的室内疏散楼梯的最小净宽度

汽车库、修车库的室内疏散楼梯的最小净宽度，可依本条规定确定，不应小于 1.10m。

4．厂房、人防工程等场所的室内疏散楼梯最小净宽度

（1）厂房疏散楼梯的最小净宽度，应符合《建筑设计防火规范（2018 年版）》GB 50016—2014 第 3.7.5 条规定，不宜小于 1.10m。

（2）供平时使用的人民防空工程的室内疏散楼梯最小净宽度，应符合《人民防空工程设计防火规范》GB 50098—2009 表 5.1.6 的规定。

要点 6：净宽度大于 4.0m 的疏散楼梯、室内疏散台阶或坡道，应设置扶手栏杆分隔为宽度均不大于 2.0m 的区段。

在疏散楼梯等的中间设置栏杆扶手，可以保证通行宽度不至过宽，防止人群疏散时因失稳跌倒而发生踩踏等意外情况。

对于供平时使用的疏散楼梯，尚应符合现行国家标准《民用建筑通用规范》GB 55031、《民用建筑设计统一标准》GB 50352、《城市客运交通枢纽设计标准》GB/T 51402、《地铁设计规范》GB 50157 等标准规定。比如，《民用建筑通用规范》GB 55031—2022 第 5.3.4 条规定，公共楼梯应至少于单侧设置扶手，梯段净宽达 3 股人流的宽度时应两侧设扶手；《民用建筑设计统一标准》GB 50352—2019 第 6.8.7 条规定，楼梯应至少于一侧设扶手，梯段净宽达 3 股人流时应两侧设扶手，达 4 股人流时宜加设中间扶手。

7.1.5 **在疏散通道、疏散走道、疏散出口处，不应有任何影响人员疏散的物体，并应在疏散通道、疏散走道、疏散出口的明显位置设置明显的指示标志。疏散通道、疏散走道、疏散出口的净高度均不应小于 2.1m。疏散走道在防火分区分隔处应设置疏散门。**

【要点解读】

本条规定了疏散通道、疏散走道、疏散出口的基本要求。

要点1：疏散通道和疏散走道。

（1）疏散通道。

疏散通道是个宽泛的概念，可以认为，能引导人员进入相对安全区域的通道，均可视为疏散通道。

疏散通道贯穿疏散路径的全过程，既包括室内安全区域的前室、疏散楼梯间，也包括次危险区域的疏散走道，还包括危险区域（房间、观众厅、营业厅、多功能厅、展览厅、大开间办公室等）中未设置围护结构但具备疏散功能的通道，比如通过营业厅货架、展览厅展架、观众厅坐席分隔形成的人员通道等【图示1】。

火灾条件下，人员通过危险区域的疏散通道，疏散至次危险区域的疏散走道、室内安全区域的前室、疏散楼梯间，直至室外安全区域。可以认为，疏散路径所经空间，包括火灾危险区域的室内通道，次危险区域的疏散走道，以及室内安全区域的前室、疏散楼梯等，均可视为疏散通道，疏散通道贯穿疏散路径的全过程。

（2）疏散走道。

疏散走道是火灾时用于人员疏散并具有防火、防烟性能的走道，是人员疏散通行至安全出口的通道，通常是指房间疏散门至安全出口的疏散通道，是位于次危险区域的疏散通道【图示1】。

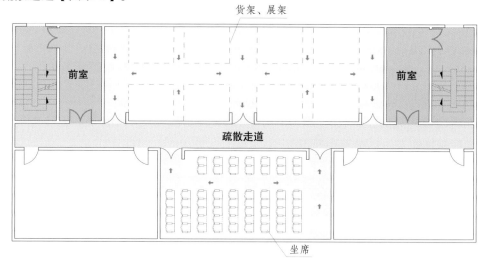

7.1.5- 图示1　疏散通道示意图

疏散走道通常用于平面疏散，是人员在楼层疏散过程中的一个重要环节，是人员疏散汇集的通道。

疏散走道的两侧隔墙、楼板和吊顶等，应满足相应耐火等级建筑的燃烧性能和耐火极限要求，可依据《建筑设计防火规范（2018年版）》GB 50016—2014第3.2节、5.1节及相关规定确定。

要点 2：在疏散通道、疏散走道、疏散出口处，不应有任何影响人员疏散的物体。

（1）为提高疏散效率，防范安全事故，疏散走道、疏散出口、疏散楼梯等疏散通道上不应设置影响人员疏散的障碍物和设施，比如：

①疏散通道上不应设置卷帘等其他设施；

②疏散走道应减少曲折，不宜设置门槛、阶梯；

③对于人员密集的场所，疏散门不应设置门槛，疏散走道不应设置门槛、阶梯；

④禁止占用、堵塞、封闭疏散通道等。

（2）疏散通道上常见的障碍物有柱、管道、消火栓箱、灭火器（箱）、广告牌等，其中，可移动障碍物（灭火器箱、广告牌等）对疏散的影响更大，一旦散落可能对疏散人员造成更大危害。对于无法避免的柱、管道、消火栓箱等固定障碍物，不得计入疏散走道和疏散楼梯净宽度。

（3）实际应用中，对于特定的功能场所，应满足相关标准的规定，示例：

①《建筑设计防火规范（2018 年版）》GB 50016—2014 第 5.5.19 条规定，人员密集的公共场所、观众厅的疏散门不应设置门槛，其净宽度不应小于 1.40m，且紧靠门口内外各 1.40m 范围内不应设置踏步。人员密集的公共场所的室外疏散通道的净宽度不应小于 3.00m，并应直接通向宽敞地带。

②《托儿所、幼儿园建筑设计规范（2019 年版）》JGJ 39—2016 第 4.1.13 条规定，幼儿经常通行和安全疏散的走道不应设有台阶，当有高差时，应设置防滑坡道，其坡度不应大于 1 ∶ 12。疏散走道的墙面距地面 2m 以下不应设有壁柱、管道、消火栓箱、灭火器、广告牌等突出物。

③人员密集场所应符合现行国家标准《人员密集场所消防安全管理》GB/T 40248 等标准规定。

要点 3：在疏散通道、疏散走道、疏散出口的明显位置设置明显的指示标志。

合理设置疏散指示标志有利于人员快速、安全地疏散。疏散指示标志用图形和（或）文字指示安全出口、楼层、避难层（间），指示疏散方向，指示灭火器材、消火栓箱、消防电梯、残疾人楼梯位置及其方向，指示禁止入内的通道、场所及危险品存放处。疏散指示标志主要包括消防应急标志灯具和消防安全标志牌，有关消防应急标志灯具，参见"10.1.8 要点解读"。

（1）本《通用规范》第 10.1.8 条要求设置灯光疏散指示标志的场所，应采用满足现行国家标准《消防应急照明和疏散指示系统》GB 17945 要求的消防应急标志灯具，并应符合现行国家标准《建筑设计防火规范》GB 50016、《消防应急照明和疏散指示系统技术标准》GB 51309 等标准规定。

（2）其他场所中，可设置消防安全标志牌。

要点 4：疏散通道、疏散走道、疏散出口的净高度均不应小于 2.1m。

疏散出口包括房间疏散门和进出安全出口的疏散门，也包括不设置疏散门的疏散出口（比如敞开楼梯间和直通室外的敞开安全出口等）。

（1）净高度的计算方法。

疏散通道、疏散走道、疏散出口的净高度，为地板面至顶板面、吊顶、梁、门框或其他障碍物底部的净高度，【图示2】中，房间疏散门的净高度为 h_1，疏散走道的净高度为 h_2、h_3、h_4，前室入口疏散门的净高度为 h_5，前室出口疏散门的净高度为 h_6。疏散路径上的所有净高度均应满足标准要求。

（2）疏散通道、疏散走道、疏散出口的净高度均不应小于2.1m，【图示2】中，h_1 ~ h_6 均不应小于2.1m。

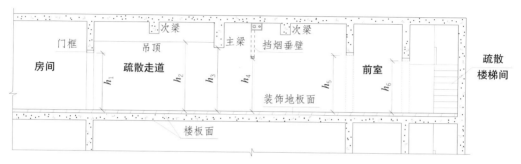

7.1.5- 图示2　疏散通道净高度示意图

（3）怎样协调本《通用规范》与《民用建筑通用规范》GB 55031、《民用建筑设计统一标准》GB 50352等标准的关系。

①主要问题。

本条规定疏散通道、疏散走道、疏散出口的净高度均不应小于2.1m；而《民用建筑通用规范》GB 55031—2022第5.3.7条规定，公共楼梯休息平台上部及下部过道处的净高不应小于2.0m，梯段净高不应小于2.2m【图示3】；《民用建筑设计统一标准》GB 50352—2019第6.3.3条规定，建筑用房的室内净高应符合国家现行相关建筑设计标准的规定，地下室、局部夹层、走道等有人员正常活动的最低处净高不应小于2.0m。

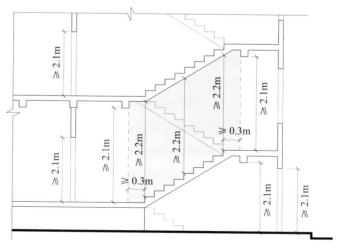

7.1.5- 图示3　梯段净高示意图

注：梯段净高不应小于2.2m，为自踏步前缘（包括每个梯段最低和最高一级踏步前缘线以外0.3m范围内）量至上方突出物下缘间的垂直高度。本图示中，阴影部分的净高不应小于2.2m。

②处置原则。

对于疏散通道上的疏散楼梯、疏散走道、疏散门等，净高度应同时满足本《通用规范》及相关标准要求，不应小于2.1m，梯段部分净高不应小于2.2m【图示3】。

要点5：疏散走道在防火分区分隔处应设置疏散门。

依据相关规定可知，不同防火分区的分隔处应采用防火墙分隔，确因功能需要，可通过防火卷帘、甲级防火门、防火分隔水幕等防火分隔设施连通。

通常情况下，不同防火分区的安全出口和疏散走道是相互独立的，当不同防火分区的疏散走道互相连通时，主要存在以下2种情况：

（1）连通两个防火分区的疏散走道，当连通处作为安全出口时，疏散走道在防火分区分隔处应设置甲级防火门。

对于地下、半地下厂房和一、二级耐火等级的公共建筑，允许利用通向相邻防火分区的甲级防火门作为安全出口，防火门应向疏散方向开启【图示4】。具体设置要求，应符合《建筑设计防火规范（2018年版）》GB 50016—2014第3.7.3条、第5.5.9条等相关规定。

（2）连通两个防火分区的疏散走道，当仅用于日常交通，不作为安全出口时，疏散走道在防火分区分隔处可设置防火墙、甲级防火门、防火卷帘或防火分隔水幕【图示5】。

7.1.5– 图示4　利用通向相邻防火分区的甲级防火门作为安全出口

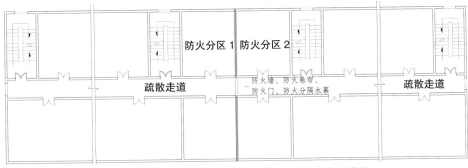

7.1.5– 图示5　疏散走道在防火分区的防火分隔措施

7.1.6 除设置在丙、丁、戊类仓库首层靠墙外侧的推拉门或卷帘门可用于疏散门外，疏散出口门应为平开门或在火灾时具有平开功能的门，且下列场所或部位的疏散出口门应向疏散方向开启：

    1 甲、乙类生产场所；

    2 甲、乙类物质的储存场所；

    3 平时使用的人民防空工程中的公共场所；

    4 其他建筑中使用人数大于 60 人的房间或每樘门的平均疏散人数大于 30 人的房间；

    5 疏散楼梯间及其前室的门；

    6 室内通向室外疏散楼梯的门。

【要点解读】

本条规定了疏散出口门的开启形式和基本性能要求。本条规定主要对应于《建筑设计防火规范（2018 年版）》GB 50016—2014 第 6.4.2 条第 3 款、第 6.4.5 条第 4 款、第 6.4.11 条第 1 款和第 2 款；《人民防空工程设计防火规范》GB 50098—2009 第 4.4.2 条。

要点 1：疏散出口门应为平开门或火灾时具有平开功能的门。

疏散出口的门（简称疏散门）应为平开门或火灾时具有平开功能的门，不应采用推拉门、吊门、旋转门、折叠门、电动门、卷帘门、帘中门。

1. 平开门

（1）平开门由门框、门扇和铰链、锁具等五金配件构成，铰链装于门侧面，可以铰链为轴向内或向外开启。平开门通过向外推或向里拉的方式开启，符合人们的开门习惯，不易发生堵塞，疏散出口应为平开门。

（2）平开门的开启方式有单向开启和双向开启，单向开启的平开门只能朝一个方向开，只能向里拉【图示 1】或向外推，向外推的平开门即为向疏散方向开启的平开门【图示 2】；双向开启的平开门可以向两个方向开，既可向里拉也可向外推（如弹簧门等）【图示 3】，双向开启的平开门不宜作为疏散门，自动复位的双向门（弹簧门等）不得用于中小学校教学用房的疏散通道上。

依《防火门》GB 12955—2008 规定，防火门属于单向开启的平开门。

（3）除防火门外，其他平开门并无明确的材质要求，但在人员密集的公共场所中，大玻璃门是不宜作为疏散门的。《中小学校设计规范》GB 50099—2011 第 8.1.8 条规定，教学用房的疏散通道上的门不得使用弹簧门、旋转门、推拉门、大玻璃门等不利于疏散通畅、安全的门。

2. 火灾时具有平开功能的门

（1）火灾时具有平开功能的门，主要应用于无法设置常规平开门的场所，比如，平开式自动感应门和"7.1.7- 要点 4"中需要设置门禁系统的疏散出口门等。这种门可通过手动控制和火灾自动报警系统自动控制的方式，紧急情况下转换为具有平开功能的门。

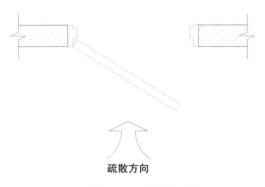

7.1.6– 图示 1　向内开的平开门

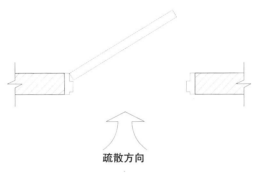

7.1.6– 图示 2　向外开的平开门

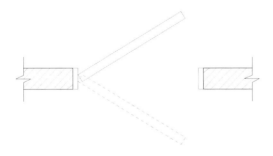

7.1.6– 图示 3　双向平开门

（2）在一些无法设置平开门的特殊功能场所，相关标准有规定者，可从其规定，比如，《医院洁净手术部建筑技术规范》GB 50333—2013 第 12.0.6 条规定，当洁净手术室设置的自动感应门停电后能手动开启时，可作为疏散门。

自动感应门主要有平移式、平开式和旋转式。如上所述，平开式自动感应门应在火灾时转换为具有平开功能的门；除非专业标准特别规定，平移式自动感应门不应作为疏散门；旋转式门不得作为疏散门。

当平移式、平开式感应门作为疏散门时，应同时具备手动开启功能，应能在任何情况下随时方便打开，门上醒目位置要有使用说明标识。

要点2：丙、丁、戊类仓库首层靠墙外侧的疏散门可采用推拉门或卷帘门。

对于设置在丙、丁、戊类仓库首层靠墙外侧的疏散门，当仓库内部主要为管理值班人员时，可以采用推拉门或卷帘门。

（1）为方便货物进出，仓库首层往往会设置推拉门【图示4】或卷帘门【图示5】，考虑丙、丁、戊类仓库的火灾蔓延速度相对较慢，仓库管理值班人员熟悉现场环境和推拉门、卷帘门的操作，且人数较少，故允许其首层外墙部位的推拉门或卷帘门兼作疏散门。但当仓库内部的非管理人员较多时（比如分拣、理货人员等工作人员），仍有必要设置平开疏散门。

7.1.6– 图示 4　推拉门

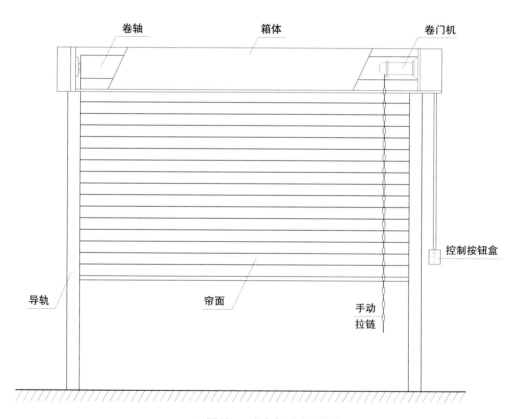

7.1.6– 图示 5　卷帘门（立面图）

（2）当推拉门和卷帘门兼作疏散门时，应设置在仓库外墙的外侧，不允许设置在外墙内侧，以防止因货物翻倒等原因压住或阻碍而无法开启。

（3）当推拉门和卷帘门兼作疏散门时，应具备任何情况下的手动开启功能，应能随时方便开启，不应受控制设备和电源等影响，并应在醒目位置标识使用说明。对于卷帘门和自动推拉门，除设置手动开启按钮外，尚应设置断电状态下的手动开启机构。

要点3：疏散出口门应向疏散方向开启的场所或部位。

疏散门向疏散方向开启，是指向外推的平开门【图示2】。

紧急疏散情况下，人群易出现惊慌、拥挤，当疏散门向内开启时，可能出现压紧门扇无法开门的情况。因此，在火灾风险较高的场所、疏散人数较多的场所、通向室内安全区域和室外疏散楼梯的场所及部位，疏散出口门（疏散门）应向疏散方向开启。主要如下：

（1）甲、乙类生产场所和甲、乙类物质的储存场所，疏散出口门应向疏散方向开启。

这类场所一旦发生火灾，往往具备爆燃、爆炸风险，为方便人员紧急疏散，疏散门应向疏散方向开启。

（2）平时使用的人民防空工程中的公共场所，疏散出口门应向疏散方向开启。

由《人民防空工程设计防火规范》GB 50098—2009可知，平时使用的人民防空工程中的公共场所，主要功能为商场、医院、旅馆、餐厅、展览厅、公共娱乐场所、健身体育场所和其他适用的民用场所，多属于人员密集场所，疏散出口门应向疏散方向开启。

（3）其他建筑中使用人数大于60人的房间或每樘门的平均疏散人数大于30人的房间，疏散出口门应向疏散方向开启。

本规定的"使用人数"为正常运营过程中可控的核定人数，当不能核定或不能控制人数时，可根据建筑面积和人员密度（人均面积）确定，参见"附录8"。

当房间内疏散人数较少时，考虑实际需要，允许疏散门向内开启。依本条规定，在本条第1款、第2款、第3款以外的其他场所中，使用人数不大于60人且每樘门的平均疏散人数不大于30人的房间，疏散出口门可向内开启。

综合本条规定可知，以下场所的房间疏散门应向疏散方向开启：

①当房间疏散人数大于60人时，疏散出口门应向疏散方向开启；

②对于设置一个疏散门的房间，当房间疏散人数大于30人时，疏散出口门应向疏散方向开启。

（4）设置于安全出口的门，应向疏散方向开启。

设置于安全出口的门，包括封闭楼梯间的门、防烟楼梯间及前室的门、避难走道及前室的门、室内通向室外疏散楼梯的门，以及疏散楼梯间直通室外的门等，这类疏散门均应向疏散方向开启。

设置于安全出口的门，可不包括住宅住户直通室外安全区域的户门和其他建筑房间直通室外安全区域的疏散门，虽然这类疏散门属于安全出口，但仍可根据上述第（3）项要求确定开启方向。

（5）进出避难间的门，进出避难层（避难区）的门等，疏散出口门也应向疏散方向开启。

7.1.7 疏散出口门应能在关闭后从任何一侧手动开启。开向疏散楼梯（间）或疏散走道的门在完全开启时，不应减少楼梯平台或疏散走道的有效净宽度。除住宅的户门可不受限制外，建筑中控制人员出入的闸口和设置门禁系统的疏散出口门应具有在火灾时自动释放的功能，且人员不需使用任何工具即能容易地从内部打开，在门内一侧的显著位置应设置明显的标识。

【要点解读】

本条规定了疏散出口门的基本性能要求。

要点 1：疏散出口门应能在关闭后从任何一侧手动开启。

本规定主要对应于《建筑设计防火规范（2018 年版）》GB 50016—2014 第 6.5.1 条第 4 款、《人民防空工程设计防火规范》GB 50098—2009 第 4.4.2 条第 2 款。

（1）疏散出口门不仅应方便人们应急疏散，也应方便救援人员开门救援，应能在关闭后从任何一侧手动开启。尤其在公共场所中，应考虑在疏散出口关闭后仍可能有个别人员未能及时疏散，及外部人员进入着火区进行扑救的需要，因此必须保证疏散出口门关闭后能从任何一侧手动开启。

（2）本规定的疏散出口门主要针对设置于安全出口上的疏散门、公共场所的疏散门，以及人员密集的场所的疏散门（比如会议室、多功能厅、营业厅、展厅、观众厅等）。对于因功能需要而必须配置锁具的疏散出口门可酌情处置。比如：①住宅建筑的户门；②使用人数少，且因管理需要而必须配置锁具的办公室、资料室、档案室、库房、设备用房等；③建筑中控制人员出入的闸口和设置门禁系统的疏散出口门（要点 4）。

要点 2：开向疏散楼梯（间）的门在完全开启时，不应减少楼梯平台的有效净宽度。

本规定主要对应于《建筑设计防火规范（2018 年版）》GB 50016—2014 第 6.4.11 条第 3 款。

（1）"开向疏散楼梯（间）或疏散走道的门完全开启"，是指疏散门开启角度为 90°时的状态。

开向疏散楼梯（间）的门为疏散出口门，由"7.1.4- 要点 2"可知，在确定疏散门的最大疏散净宽度时，应按开启角度 90°计算，本开启角度也称为"疏散门完全开启"角度。

（2）开向疏散楼梯（间）的门在完全开启时，不应减少楼梯平台的有效净宽度。

【图示 1】中，楼梯平台的有效净宽度不小于梯段净宽度；【图示 2】中，楼梯平台的有效净宽度小于梯段净宽度，不应许可。

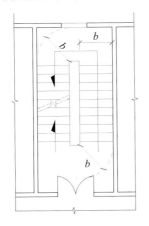

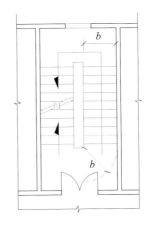

7.1.7– 图示 1   楼梯平台的有效净宽度
不小于梯段净宽度

7.1.7– 图示 2   楼梯平台的有效净宽度
小于梯段净宽度（不许可）

（3）对于非人员密集场所，开向疏散楼梯或疏散楼梯间的门，只需要保证完全开启时，不减少楼梯平台的有效宽度即可【图示 3】；对于人员密集场所，当开门过程影响楼梯平台的有效宽度时，可能会影响人员疏散，甚至造成严重堵塞或踩踏事故。因此，这类场所开向疏散楼梯或疏散楼梯间的门，应尽量保证开门过程不减少楼梯平台的有效宽度【图示 4】。

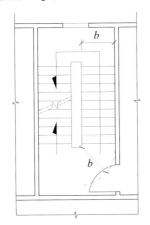

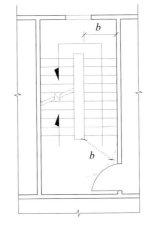

7.1.7– 图示 3   疏散门完全开启时不减
少楼梯平台的有效宽度

7.1.7– 图示 4   疏散门开启过程中不减
少楼梯平台的有效宽度

（4）楼梯平台的净宽度，尚应满足相关标准规定，比如，《民用建筑通用规范》GB 55031—2022 规定：

第 5.3.5 条   当梯段改变方向时，楼梯休息平台的最小宽度不应小于梯段净宽，并不应小于 1.20m；当中间有实体墙时，扶手转向端处的平台净宽不应小于 1.30m。直跑楼梯的中间平台宽度不应小于 0.90m。

第 5.3.6 条 公共楼梯正对（向上、向下）梯段设置的楼梯间门距踏步边缘的距离不应小于 0.60m。

要点 3：开向疏散走道的门在完全开启时，不应减少疏散走道的有效净宽度。

疏散走道的净宽度，不得计入障碍物（柱、扶手、栏杆等）宽度及装饰涂层的厚度，应从障碍物或装饰涂层的最外缘起算【7.1.4- 图示 5】。开向疏散走道的门在完全开启时，不应减少疏散走道的有效净宽度【图示 5】【图示 6】。

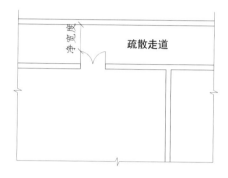

7.1.7- 图示 5　走道净宽度应考虑疏散
门开启的影响

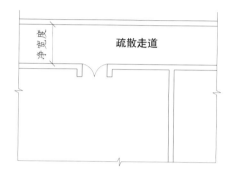

7.1.7- 图示 6　走道净宽度应考虑疏散
门开启的影响（采用内嵌式疏散门）

要点 4：除住宅的户门可不受限制外，建筑中控制人员出入的闸口和设置门禁系统的疏散出口门应具有在火灾时自动释放的功能，且人员不需使用任何工具即能容易地从内部打开，在门内一侧的显著位置应设置明显的标识。

本规定主要对应于《建筑设计防火规范（2018 年版）》GB 50016—2014 第 6.4.11 条第 4 款。

（1）控制人员出入的闸口，多采用闸口机（闸机），主要设置于办公楼、学校、商场、体育馆、影剧院、车站及站厅等人行通道部位，具备门禁、检票、流量统计等功能。闸口机多设置于人流量较大的场所，应具备自动和手动释放闸门（闸板）的功能，以防人群拥堵踩踏。疏散通道上的闸口机应具备火灾自动报警系统联动释放、现场手动释放、断电自释放和消防控制中心（值班室）远程释放等功能，闸口机启闭状态应反馈至消防控制中心（或值班室），确保人员紧急疏散。

（2）对于需要设置门禁系统的疏散出口门，同样应具备火灾自动报警系统联动释放、现场手动释放、断电自释放和消防控制中心（值班室）远程释放等功能，疏散门启闭状态应反馈至消防控制中心（或值班室）。

设置门禁系统的疏散出口门，较多采用推闩式逃生门锁，推闩式逃生门锁通过人力推压门闩的方式实现逃生开启功能，主要由触发部件、锁闭部件等部件组成【图示 7】。在任何情况下，无须借助钥匙或其他工具，用手或身体推动推闩式逃生门锁，即可直接、迅速推开门扇。

按使用功能分类，推闩式逃生门锁可分为推闩式机械逃生门锁、推闩式联动报警逃生门锁和推闩式非联动报警逃生门锁，参见表7.1.7。对于设置有火灾自动报警系统的建筑，应采用推闩式联动报警逃生门锁。推闩式逃生门锁应符合现行国家标准《推闩式逃生门锁通用技术要求》GB 30051等标准规定。

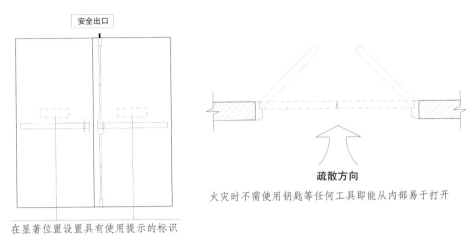

7.1.7- 图示7　推闩式逃生门锁

表7.1.7　推闩式逃生锁的分类及功能

推闩式逃生门锁	安装在疏散门逃生方向一侧，通过人力推压门闩方式实现逃生方向开启功能的锁具。包括推闩式机械逃生门锁、推闩式联动报警逃生门锁和推闩式非联动报警逃生门锁
推闩式机械逃生门锁	仅具有通过机械装置实现启闭功能的推闩式逃生门锁，不附带自身电子报警功能以及与火灾报警控制器或消防联动控制器的联动报警功能
推闩式联动报警逃生门锁	具有通过机械装置实现启闭功能，并附带自身电子报警功能以及与火灾报警控制器或消防联动控制器联动报警功能的推闩式逃生门锁
推闩式非联动报警逃生门锁	具有通过机械装置实现启闭功能，并附带自身电子报警功能，但不附带与火灾报警控制器或消防联动控制器联动报警功能的推闩式逃生门锁

7.1.8　室内疏散楼梯间应符合下列规定：

　　1　疏散楼梯间内不应设置烧水间、可燃材料储藏室、垃圾道及其他影响人员疏散的凸出物或障碍物。

　　2　疏散楼梯间内不应设置或穿过甲、乙、丙类液体管道。

　　3　在住宅建筑的疏散楼梯间内设置可燃气体管道和可燃气体计量表时，应采用敞开楼梯间，并应采取防止燃气泄漏的防护措施；其他建筑的疏散楼梯间及其前室内不应设置可燃或助燃气体管道。

　　4　疏散楼梯间及其前室与其他部位的防火分隔不应使用卷帘。

　　5　除疏散楼梯间及其前室的出入口、外窗和送风口，住宅建筑疏散楼梯间前室或合用前室内的管道井检查门外，疏散楼梯间及其前室或合用前室内的墙上不应设置其他门、窗等开口。

6 自然通风条件不符合防烟要求的封闭楼梯间，应采取机械加压防烟措施或采用防烟楼梯间。

7 防烟楼梯间前室的使用面积，公共建筑、高层厂房、高层仓库、平时使用的人民防空工程及其他地下工程，不应小于 $6.0m^2$；住宅建筑，不应小于 $4.5m^2$。与消防电梯前室合用的前室的使用面积，公共建筑、高层厂房、高层仓库、平时使用的人民防空工程及其他地下工程，不应小于 $10.0m^2$；住宅建筑，不应小于 $6.0m^2$。

8 疏散楼梯间及其前室上的开口与建筑外墙上的其他相邻开口最近边缘之间的水平距离不应小于 1.0m。当距离不符合要求时，应采取防止火势通过相邻开口蔓延的措施。

【要点解读】

本条规定了室内疏散楼梯间的基本设置要求。本条应结合《建筑设计防火规范（2018 年版）》GB 50016—2014 第 6.4.1 条 ~ 第 6.4.3 条执行。

疏散楼梯的楼梯踏步及相关要求，可依据现行国家标准《民用建筑通用规范》GB 55031、《民用建筑设计统一标准》GB 50352 等标准执行。

要点 1：疏散楼梯间内不应设置烧水间、可燃材料储藏室、垃圾道及其他影响人员疏散的凸出物或障碍物。

本规定主要对应于《建筑设计防火规范（2018 年版）》GB 50016—2014 第 6.4.1 条第 2 款、第 3 款。

（1）疏散楼梯间及前室内不应设置其他功能用房（比如卫生间等），禁止设置烧水间、储藏室、垃圾道等可能存在火灾风险的用房【图示 1】【图示 2】。

（2）疏散楼梯间及前室内不应设置影响人员疏散的凸出物或障碍物。允许设置在楼梯间内的消火栓箱、消防立管等不应影响人员疏散，不得减少梯段及平台的疏散净宽度【图示 3】；需要设置在楼梯间的灭火器，不应直接放置在地面，宜设置在固定的灭火器箱内或挂钩、托架上，并应方便取用。

要点 2：疏散楼梯间内不应设置或穿过甲、乙、丙类液体管道。在住宅建筑的疏散楼梯间内设置可燃气体管道和可燃气体计量表时，应采用敞开楼梯间，并应采取防止燃气泄漏的防护措施；其他建筑的疏散楼梯间及其前室内不应设置可燃或助燃气体管道。

本规定主要对应于《建筑设计防火规范（2018 年版）》GB 50016—2014 第 6.4.1 条第 5 款、第 6 款。

按火灾危险性分类，可燃、易燃液体可分为甲、乙、丙类液体，可燃、助燃气体可分为甲、乙类气体，均具有较大的火灾危险性。

疏散楼梯间及前室属于室内安全区域，空间较小，尤其是楼梯间上下贯通，具有较强的烟囱效应，一旦发生火灾，将直接阻断安全疏散通道，后果严重。因此，疏散楼梯间及前室不得设置可燃物品及设施，禁止设置可燃、易燃液体（甲、乙、丙类液体）和可燃、助燃气体管道及装置。

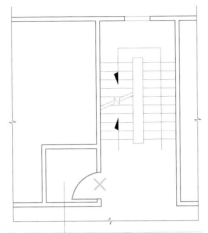

疏散楼梯间不应设置其他功能用房，禁止设置烧水间、储藏室、垃圾道等可能存在火灾风险的用房

7.1.8– 图示 1　疏散楼梯间不应设置存在火灾风险的用房

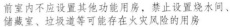

前室内不应设置其他功能用房，禁止设置烧水间、储藏室、垃圾道等可能存在火灾风险的用房

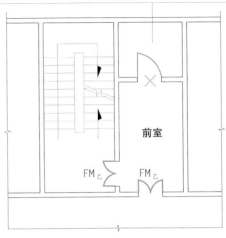

7.1.8– 图示 2　前室内不应设置存在火灾风险的用房

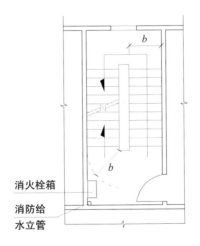

消火栓箱
消防给
水立管

7.1.8– 图示 3　消火栓箱、消防立管等不应减少梯段及平台的疏散净宽度

对于采用敞开楼梯间的住宅建筑，确有困难时允许在敞开楼梯间内设置可燃气体管道和可燃气体计量表，楼梯间应保证良好的通风效果，确保不会形成火灾或爆炸危险环境，管道及装置不得影响人员通行和疏散。为防范意外损伤发生泄漏，可燃气体管道应采用金属管，应在计量表前或管道进入建筑物前安装切断气源的紧急切断阀，

并且该阀门应具备可手动操作关断气源的装置,有条件时可设置自动切断管路的装置。相关设计应符合现行国家标准《建筑设计防火规范》GB 50016、《城镇燃气设计规范》GB 50028 等标准规定。

要点 3: 疏散楼梯间及其前室与其他部位的防火分隔不应使用卷帘。

本规定主要对应于《建筑设计防火规范(2018 年版)》GB 50016—2014 第 6.4.1 条第 4 款。

疏散楼梯间及前室、疏散走道等,均应采用固定围护结构,以强化人们的日常印象,有利于紧急情况下的安全疏散,不得采用防火卷帘、防火分隔水幕等防火分隔措施。另外,防火卷帘的控制受制于火灾报警区域的合理划分和火灾自动报警系统、防火卷帘控制器等的稳定性,可靠性相对较低,也不应作为室内安全区域的分隔设施。

同理,防火玻璃的可靠性受制于镶嵌框架和防火密封材料影响,其透明、反光性能易导致紧急情况下的误判,不应作为疏散楼梯间及前室的围护结构。

要点 4: 除疏散楼梯间及其前室的出入口、外窗和送风口,住宅建筑疏散楼梯间前室或合用前室内的管道井检查门外,疏散楼梯间及其前室或合用前室内的墙上不应设置其他门、窗等开口。

本规定主要对应于《建筑设计防火规范(2018 年版)》GB 50016—2014 第 6.4.2 条第 2 款、第 6.4.3 条第 5 款。

(1)疏散楼梯间及其前室的出入口,是指人员进出前室及疏散楼梯的疏散出口,疏散门耐火性能应满足本《通用规范》及相关标准要求。疏散楼梯间及前室不得设置疏散出口以外的其他出入口。

(2)疏散楼梯间及其前室的外窗,是指直接开向室外用于自然通风采光功能的外窗,外窗与建筑外墙上的其他相邻开口最近边缘之间的距离应满足要求(要点 8)。

(3)疏散楼梯间及其前室的送风口,是指加机械加压送风系统的送风口,送风口的设置应满足现行国家标准《建筑防烟排烟系统技术标准》GB 51251 的规定。

(4)本条规定中的“住宅建筑疏散楼梯间前室或合用前室”,包括合用(共用)前室,即常说的三合一前室。住宅建筑疏散楼梯间前室或合用前室内开设电气竖井、管道井等竖井检查门,一般仅限于户门直接开向前室的住宅建筑,说明如下:

①前室等属于室内安全区域,前室安全是人员疏散的基本保证,竖向井道具备较大的火灾传播风险,不应在前室等部位开设电气竖井、管道井等竖井检查门。

②依据《建筑设计防火规范(2018 年版)》GB 50016—2014 第 5.5.27 条规定,户门不宜直接开向前室,确有困难时,允许每层开向同一前室的户门不大于 3 樘【7.3.2- 图示 7】【7.3.2- 图示 8】。对于这类户门直接开向前室的情形,可能不会设置疏散走道,因不超过 3 樘户门,风险相对较低,允许在这类住宅的前室开设电气竖井、管道井等竖井检查门。一般情况下,其他建筑的防烟楼梯间的前室或合用前室,不应开设除疏散门、外窗、机械加压系统送风口以外的其他开口,也不应开设竖井检查门。

要点 5：自然通风条件不符合防烟要求的封闭楼梯间，应采取机械加压防烟措施或采用防烟楼梯间。

本规定主要对应于《建筑设计防火规范（2018 年版）》GB 50016—2014 第 6.4.2 条第 1 款。

疏散楼梯间应设置防烟设施，防烟设施包括自然通风设施和机械加压送风设施。当敞开楼梯间的自然通风设施无法满足要求时，应采用封闭楼梯间；当封闭楼梯间的自然通风设施无法满足要求时，应设置机械加压送风设施或采用防烟楼梯间，并应符合现行国家标准《建筑防烟排烟系统技术标准》GB 51251 等标准规定。

要点 6：前室使用面积概念及计算方法。

依据《民用建筑设计术语标准》GB/T 50504—2009 规定，建筑面积是指建筑物（包括墙体）所形成的楼地面面积；使用面积是建筑面积中减去公共交通面积、结构面积等，留下可供使用的面积。

（1）前室的使用面积，不应计入障碍物面积，常见的前室障碍物包括突出墙面的消火栓箱、柱、立管等。【图示 4】的消火栓箱和【图示 5】的柱、管道等，均不得计入前室使用面积。

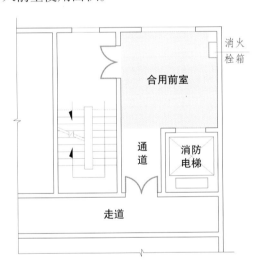

7.1.8- 图示 4　防烟楼梯间（合用前室）　　　7.1.8- 图示 5　防烟楼梯间（独立前室）

（2）前室的使用面积，不应计入不能有效使用的局部空间。【图示 4】和【图示 5】中，消火栓箱、管道等与墙面之间的空档等，无法有效使用，不应计入前室使用面积。

（3）前室内的人员通道，应满足疏散走道最小净宽度要求。防烟楼梯间独立前室和消防电梯独立前室中的人员通道，不宜计入前室使用面积；合用前室需同时满足人员疏散和消防救援人员整装要求，人员通道面积不应计入前室使用面积。【图示 4】为防烟楼梯间合用前室，通道面积不应计入前室使用面积；【图示 5】为防烟楼梯间独立前室，通道面积不宜计入前室使用面积。

要点 7：防烟楼梯间独立前室、合用前室、共用前室、合用（共用）前室、消防电梯独立前室的使用面积要求。

防烟楼梯间独立前室、合用前室、共用前室、合用（共用）前室（三合一前室）、消防电梯独立前室的概念，参见"附录10"。

依本《通用规范》第 2.2.8 条可知，消防电梯独立前室的使用面积不应小于 6.0m²；依《建筑设计防火规范（2018 年版）》GB 50016—2014 第 5.5.28 条可知，住宅建筑共用前室的使用面积不应小于 6.0m²，共用合用前室的使用面积不应小于 12.0m²。综合本条规定，不同前室的最小使用面积参见表 7.1.8。

表 7.1.8　不同前室的使用面积要求

前室类型		使用面积（m²）
防烟楼梯间独立前室	住宅建筑	4.5
	其他建筑	6.0
合用前室	住宅建筑	6.0
	其他建筑	10.0
共用前室		6.0
合用（共用）前室（三合一前室）		12.0
消防电梯独立前室		6.0

要点 8：疏散楼梯间及其前室上的开口与建筑外墙上的其他相邻开口最近边缘之间的水平距离不应小于 1.0m。当距离不符合要求时，应采取防止火势通过相邻开口蔓延的措施。

本规定主要对应于《建筑设计防火规范（2018 年版）》GB 50016—2014 第 6.4.1 条第 1 款。

为防范疏散楼梯间及前室被烟火侵袭，要求楼梯间及前室开口与相邻开口之间保持必要的距离，当距离不符合要求时，应采取防止火势通过相邻开口蔓延的措施。本规定的开口，主要包括门、窗等开口。

1. 楼梯间及前室开口与相邻开口之间的距离

本条规定要求疏散楼梯间及其前室上的开口与建筑外墙上的其他相邻开口最近边缘之间的水平距离不应小于 1.0m，实际应用中，水平距离还与开口的立面位置相关。

（1）疏散楼梯间及前室开口与同一立面外墙开口的距离。

位于同一建筑立面上的两个外墙洞口，洞口平面的法线平行，发生火灾时，洞口喷出的火焰和辐射热通常不会直接威胁另一个洞口。依本条规定，疏散楼梯间及前室开口与同一立面外墙开口的距离，相邻开口最近边缘之间的水平距离不应小于 1.0m【图示 6】。

对于楼梯间开口与前室开口之间的距离，考虑两者同属于室内安全区域，因此不做严格限定。但是，楼梯间和前室的安全等级仍有区别，两者应采用防火隔墙和防火门分隔，因此楼梯间开口与前室开口之间仍有必要保证一定的距离，在【图示6】中，L 不宜小于1.0m，确有困难时可适当减少。

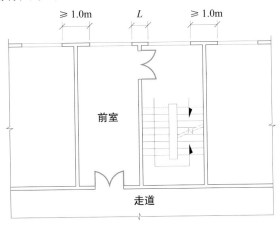

7.1.8- 图示6　疏散楼梯间及前室开口与同一立面外墙开口的距离

（2）疏散楼梯间及前室开口与侧向立面外墙开口的距离。

分别位于侧向立面上的外墙开口，当两个开口平面的法线交叉时，洞口喷出的火焰或辐射热可能直接威胁另一个开口，有必要适当加大两个开口边缘之间的水平距离。疏散楼梯间及前室开口与侧向立面外墙开口的距离，最近边缘之间的水平距离不宜小于2.0m，【图示7】中，L_1 不宜小于2.0m。

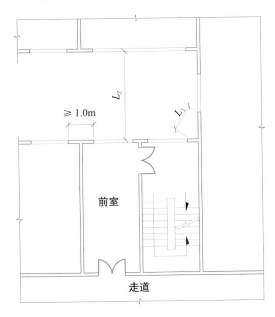

7.1.8- 图示7　疏散楼梯间及前室开口与侧向立面、相对立面外墙开口的距离

（3）疏散楼梯间及前室开口与相对立面外墙开口的距离。

当疏散楼梯间及前室开口与同一建筑中其他立面的开口相对时，一面开口喷出的火焰和辐射热直接威胁对面开口，具备较大的火灾危险性。疏散楼梯间及前室开口与同一建筑中相对立面外墙开口的距离，最近边缘之间的水平距离不宜小于 6.0m，【图示 7】中，L_2 距离不宜小于 6.0m。

2. 防止火势通过相邻开口蔓延的措施

当疏散楼梯间及其前室上的开口与建筑外墙上的其他相邻开口最近边缘之间的水平距离不符合要求时，应采取防止火势通过相邻开口蔓延的措施，可在开口之间增加防火隔板【6.2.1- 图示 3】，也可在开口部位采用耐火性能不低于乙级的防火门、防火窗。需要说明的是，当疏散楼梯间和前室的防烟系统采用自然通风方式时，通风窗不得采用防火窗，可在房间一侧采用耐火性能不低于乙级的防火窗【图示 8】。

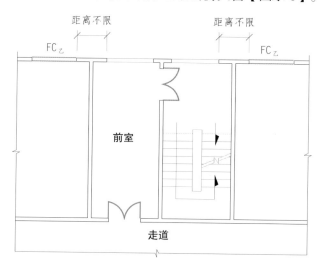

7.1.8- 图示 8　疏散楼梯间及前室开口与相邻外墙开口的距离

要点 9：同一建筑中的不同疏散楼梯间，可依据其服务楼层的实际情况确定其疏散设计要求。

建筑中仅服务部分楼层的安全出口或疏散楼梯，可依据其服务楼层的楼层数量、建筑高度（埋深）、使用功能、火灾危险性类别等确定其疏散设计要求，包括疏散楼梯间形式、疏散净宽度，以及部分情形的每 100 人所需最小疏散净宽度（参见"7.4.7-要点 2"）。

示例 1：【7.4.3- 图示】的儿童活动场所，可依据该场所的建筑高度、层数确定其安全疏散要求，即使设置在一类高层公共建筑内，也可以采用敞开楼梯间。

示例 2：【7.4.1- 图示 10】的局部区域，可依据该场所的使用功能、建筑高度、层数等确定其疏散楼梯间形式。

示例3：【7.4.7-图示5】【7.4.7-图示6】的建筑中，不开设连通洞口的不同区域（电梯井、管道井、电缆井等必需的竖向井道除外），安全疏散要求（安全出口、疏散楼梯、每100人所需最小疏散净宽度、疏散净宽度等）可根据各自功能和建筑高度、层数分别确定。

要点10：同一疏散楼梯间的设置形式应一致，疏散楼梯间形式不受楼层防火分区划分形式的影响。

同一疏散楼梯间的设置形式应一致，即使位于同一防火分区的多个楼层，疏散楼梯形式也应与其他楼层一致。当某疏散楼梯间为防烟楼梯间时，除首层直通室外的情形外，其所服务的所有楼层均应采用防烟楼梯间，不能在部分楼层采用封闭楼梯间；当某疏散楼梯间为封闭楼梯间时，其所服务的所有楼层均应采用封闭楼梯间，不能在部分楼层采用敞开楼梯间。

示例1：某5层建筑，一、二层为商店或汽车库，三层~五层为办公建筑，该建筑应采用封闭楼梯间，不能在三层~五层采用敞开楼梯间。

示例2：【7.4.1-图示2】的建筑中，一、二、三层通过中庭连通，中庭四周未采取防火分隔措施，属于同一防火分区，一、二、三层均应设置安全出口（疏散楼梯），当其他楼层采用防烟楼梯间或封闭楼梯间时，一、二、三层也应采用防烟楼梯间或封闭楼梯间。

示例3：【图示9】中的2层商店建筑，一、二层属于同一防火分区，虽然一、二层通过无防火分隔的共享空间（中庭、扶梯、敞开楼梯等）连通，但每层仍应设置安全出口（疏散楼梯），且应采用封闭楼梯间，不应采用敞开楼梯间。

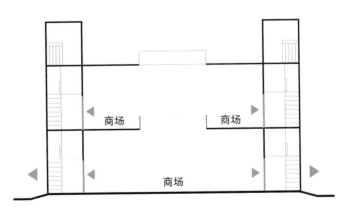

7.1.8-图示9 设置中庭等共享空间的商店建筑

7.1.9 通向避难层的疏散楼梯应使人员在避难层处必须经过避难区上下。除通向避难层的疏散楼梯外，疏散楼梯（间）在各层的平面位置不应改变或应能使人员的疏散路线保持连续。

【要点解读】

本条规定了建筑内疏散楼梯间的平面位置要求。

要点1：通向避难层的疏散楼梯应使人员在避难层处必须经过避难区上下。

本规定主要对应于《建筑设计防火规范（2018年版）》GB 50016—2014第5.5.23条第2款。

（1）通向避难层的所有疏散楼梯，应使人员在避难层处必须经过避难区上下，以使人员不会错过避难层，可以选择继续通过疏散楼梯疏散还是停留在避难区避难。为确保人员经过避难层的避难区上下，疏散楼梯应在避难层分隔【图示1】、上下层断开【图示2】或同层错位【图示3】。

（2）在"避难层分隔"的方式中，进出避难区的门相隔较近，有利于疏散人员的判断和选择。当"避难层分隔"方式难以实施时，可采用"同层错位"或"上下层断开"的方式。不论采用哪种方式，均应确保进入避难区的人员能迅速判断避难区的出口方向和出口位置。

要点2：除通向避难层的疏散楼梯外，疏散楼梯（间）在各层的平面位置不应改变或应能使人员的疏散路线保持连续。

本规定主要对应于《建筑设计防火规范（2018年版）》GB 50016—2014第6.4.4条。

疏散楼梯（间）属于室内安全区域，为保证人员疏散安全顺畅，疏散路径应连续且不应穿越危险区域（房间）和次危险区域（疏散走道）。

（1）除通向避难层的疏散楼梯和建筑的地下室与地上楼层的疏散楼梯外，疏散楼梯在各层均不应改变平面位置或断开。

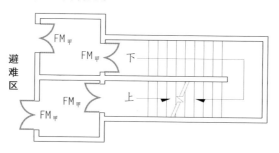

7.1.9–图示1　疏散楼梯在避难层分隔平面示意图

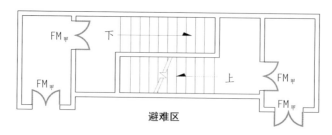

7.1.9–图示2　疏散楼梯在避难层上下层断开平面示意图

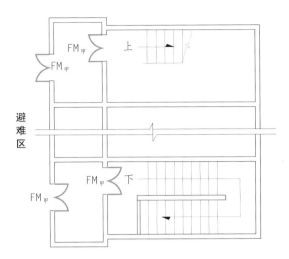

7.1.9– 图示 3　疏散楼梯在避难层同层错位平面示意图

　　疏散路径的确立，以规避风险为原则，疏散路径的风险只能递减，禁止从安全区域进入危险区域或次危险区域。疏散楼梯属于室内安全区域，禁止通过危险区域（房间等）或次危险区域（疏散走道）疏散。【图示 4】【图示 5】的疏散楼梯改变了平面位置，通过疏散走道（次危险区域）转换，不应许可；【图示 6】的疏散楼梯虽然没有改变平面位置，但采用了类似于同层错位的方式，人员要通过疏散走道（次危险区域）或房间（危险区域）转换，不应许可。

　　（2）对于室外疏散楼梯，在确保人员疏散路线保持连续的前提下，允许平面位置改变【图示 7】。

　　（3）对于室内疏散楼梯，不允许疏散楼梯的平面位置改变，确有需要时，应能使人员的疏散路线保持连续，确保疏散路径的安全等级不会降低，并严格限制转换平台或通道的长度（宜与楼梯间休息平台相当），对于较长的转换通道，可参照避难走道的相关要求设置。

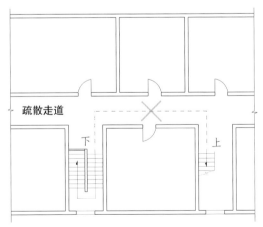

7.1.9– 图示 4　疏散楼梯通过疏散走道转换（不应许可）

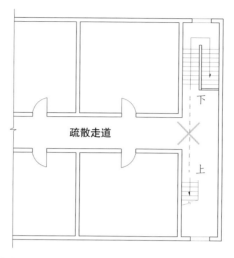

7.1.9– 图示 5　疏散楼梯通过疏散走道转换（不应许可）

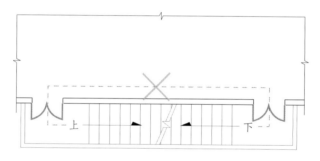

7.1.9– 图示 6　疏散楼梯通过疏散走道或房间转换（不应许可）

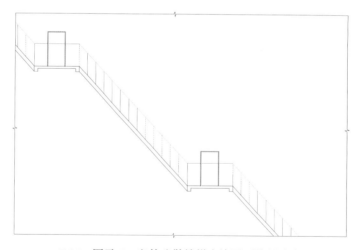

7.1.9– 图示 7　室外疏散楼梯允许平面位置改变

7.1.10　除住宅建筑套内的自用楼梯外，建筑的地下或半地下室、平时使用的人民防空工程、其他地下工程的疏散楼梯间应符合下列规定：

　　1　当埋深不大于 10m 或层数不大于 2 层时，应为封闭楼梯间；

　　2　当埋深大于 10m 或层数不小于 3 层时，应为防烟楼梯间；

　　3　地下楼层的疏散楼梯间与地上楼层的疏散楼梯间，应在直通室外地面的楼层采用耐火极限不低于 2.00h 且无开口的防火隔墙分隔；

　　4　在楼梯的各楼层入口处均应设置明显的标识。

【要点解读】

本条规定了地下、半地下建筑（室）的疏散楼梯形式及设置要求。本条主要对应于《建筑设计防火规范（2018 年版）》GB 50016—2014 第 6.4.4 条。

　　要点 1：地下、半地下室及建（构）筑物的疏散楼梯形式。

地下、半地下室的采光通风条件差，通常不具备阳台、外廊或外墙开口等逃生条件，疏散路径单一，疏散楼梯间内的人员疏散方向与烟气扩散方向相同，因此对疏散楼梯间形式提出较高要求。埋深大于 10m 或层数不小于 3 层的地下、半地下室，应采用防烟楼梯间，其他应采用封闭楼梯间。

有关埋深的概念及确定方法，参见"附录 3"。

　　要点 2：住宅建筑套内自用楼梯的疏散楼梯形式。

（1）住宅建筑套内自用楼梯，即住宅户内楼梯，通过户内楼梯连通的各楼层，户内任一点至直通疏散走道的户门的直线距离不应大于《建筑设计防火规范（2018 年版）》GB 50016—2014 表 5.5.29 规定的袋形走道两侧或尽端的疏散门至最近安全出口的最大直线距离。户内楼梯的距离可按其梯段水平投影长度的 1.50 倍计算。

（2）受制于住宅建筑户内任一点的疏散距离，户内地下、地上楼层的规模相对有限。同时，考虑户内楼梯本身处于室内危险区域，不具备构建室内安全区域的条件，因此无须限定户内自用楼梯的设置形式，可以采用敞开楼梯。

　　要点 3：地下楼层的疏散楼梯间与地上楼层的疏散楼梯间，应在直通室外地面的楼层采用耐火极限不低于 2.00h 且无开口的防火隔墙分隔。

（1）地下、半地下楼层的疏散楼梯间与地上楼层的疏散楼梯间，应在直通室外地面的楼层采用耐火极限不低于 2.00h 且无开口的防火隔墙分隔，地下、半地下楼层的疏散楼梯应直通室外安全区域【图示 1】【图示 2】。

（2）当地下、半地下楼层的疏散楼梯间确因条件限制难以直通室外时，可在首层通过与地上楼层疏散楼梯共用的门厅直通室外。门厅的设置应满足扩大前室的相关要求，地下、半地下楼层的疏散楼梯间出口与地上楼层的疏散楼梯间出口应位于不同方位，以尽量减少地下楼层火灾烟气对地上楼层的影响，同时防止地上楼层向下疏散的人员误入地下、半地下楼层的疏散楼梯间【图示 3】。

　　要点 4：各楼层入口处均应设置明显的标识。

（1）紧急情况下人们习惯向下疏散，而地下、半地下室疏散楼梯往往只能向上疏散。现实情况中，人们可能并不清楚自己所处的楼层位置，为防止误判耽误逃生时机，因此要求地下疏散楼梯的各楼层入口处均应设置明显的标识，清晰标识所在楼层、疏散方向等。

（2）对于地上楼层，也要标识所在楼层位置，尤其对于不能直通上人屋面的疏散楼梯，应予提示。

（3）《消防应急照明和疏散指示系统技术标准》GB 51309—2018 第 3.2.10 条规定，楼梯间每层应设置指示该楼层的标志灯（楼层标志灯）。

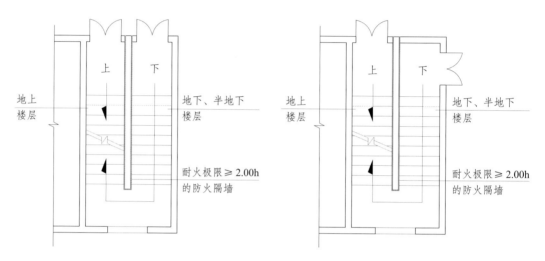

7.1.10- 图示1　地下、半地下楼层
的疏散楼梯间在首层直通室外

7.1.10- 图示2　地下、半地下楼层
的疏散楼梯间在首层直通室外

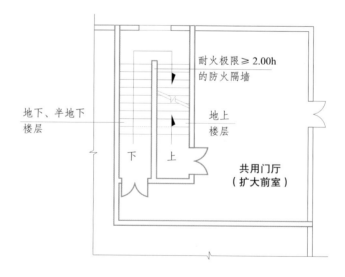

7.1.10- 图示3　地下、半地下楼梯间通过首层扩大前室直通室外

7.1.11　室外疏散楼梯应符合下列规定：

　　1　室外疏散楼梯的栏杆扶手高度不应小于1.10m，倾斜角度不应大于45°；

　　2　除3层及3层以下建筑的室外疏散楼梯可采用难燃性材料或木结构外，室外疏散楼梯的梯段和平台均应采用不燃材料；

　　3　除疏散门外，楼梯周围2.0m内的墙面上不应设置其他开口，疏散门不应正对梯段。

【要点解读】

本条规定了建筑室外疏散楼梯的基本设置要求。本条主要对应于《建筑设计防火规范（2018年版）》GB 50016—2014第6.4.5条。

室外疏散楼梯设置于建筑外墙部位且多面开敞【图示1】【图示2】，能较好地防止烟气积聚，在确定疏散楼梯形式时，室外疏散楼梯可作为防烟楼梯间或封闭楼梯间使用。

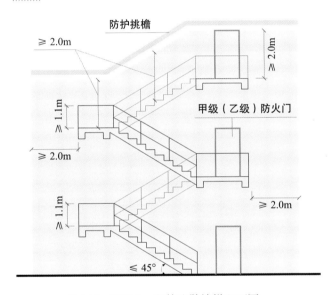

7.1.11-图示1　室外疏散楼梯立面图

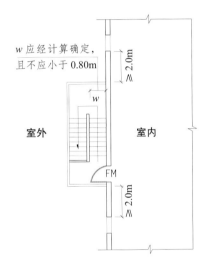

7.1.11-图示2　室外疏散楼梯平面图

要点1：室外疏散楼梯的安全防护。

（1）为有利安全疏散，防范火灾通过外墙洞口对室外疏散楼梯造成侵害，楼梯周围2.0m内的墙面上不应设置除疏散门外的其他开口，且疏散门不应正对梯段。【图示1】的阴影区域不得开设除疏散门外的其他开口。

（2）室外疏散楼梯应满足全天候安全疏散要求，其上部应设置防护挑檐，防范高处落物及雨雪侵袭。室外疏散楼梯应设置应急照明疏散指示系统。

要点2：室外疏散楼梯的栏杆扶手高度不应小于1.10m。

依据《民用建筑通用规范》GB 55031—2022第6.6.1条规定，阳台、外廊、室内回廊、中庭、内天井、上人屋面及楼梯等处的临空部位应设置防护栏杆（栏板），并应符合下列规定：

（1）栏杆（栏板）应以坚固、耐久的材料制作，应安装牢固，并应能承受相应的水平荷载；

（2）栏杆（栏板）垂直高度不应小于1.10m。栏杆（栏板）高度应按所在楼地面或屋面至扶手顶面的垂直高度计算【图示3】，如底面有宽度大于或等于0.22m（$b \geq 0.22m$），且高度不大于0.45m（$h \leq 0.45m$）的可踏部位，应按可踏部位顶面至扶手顶面的垂直高度计算【图示4】。

注：本规定适用本书所涉及的阳台、外廊、室内回廊、中庭、内天井、上人屋面及楼梯等处的临空部位，相关标准中有更高要求者，应从其规定。

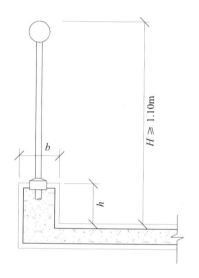

7.1.11- 图示3　室外疏散楼梯的栏
杆扶手高度

注：$b < 0.22m$ 或 $h > 0.45m$

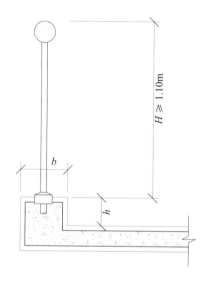

7.1.11- 图示4　室外疏散楼梯的栏
杆扶手高度（从可踏部位顶面起算）

注：$b \geq 0.22m$ 且 $h \leq 0.45m$

7.1.12　火灾时用于辅助人员疏散的电梯及其设置应符合下列规定：

　　1　应具有在火灾时仅停靠特定楼层和首层的功能；

　　2　电梯附近的明显位置应设置标示电梯用途的标志和操作说明；

　　3　其他要求应符合本规范有关消防电梯的规定。

【要点解读】

本条规定了辅助人员疏散的电梯的基本要求。

除消防电梯外，建筑高度大于250m民用建筑高层主体内应设置在火灾时可用于人员疏散的电梯，简称辅助疏散电梯。辅助疏散电梯平时兼作普通的客梯或货梯，但需要制定相应的消防应急响应模式与操作管理规程，确保辅助疏散电梯在火灾时的安全使用。

辅助疏散电梯应具有在火灾时仅停靠特定楼层和首层的功能，特定楼层是指避难层以及根据操作管理规程需要在火灾时紧急停靠的楼层。

除本条规定外，辅助疏散电梯尚应符合消防电梯的相关规定，可依据本《通用规范》和现行国家标准《建筑设计防火规范》GB 50016、《消防员电梯制造与安装安全规范》GB/T 26465，以及《建筑高度大于 250 米民用建筑防火设计加强性技术要求》（公消〔2018〕57 号）等的规定执行。

7.1.13　设置在消防电梯或疏散楼梯间前室内的非消防电梯，防火性能不应低于消防电梯的防火性能。

【要点解读】

本条规定了非消防电梯设置于前室内的防火性能要求。

要点 1：公共建筑的消防电梯前室和疏散楼梯间前室内不应设置非消防电梯；住宅建筑和非人员密集的工业建筑等场所，允许非消防电梯设置在防烟楼梯间前室或消防电梯前室。

（1）防烟楼梯间前室和消防电梯前室应为相对独立的空间，是灭火救援的桥头堡，不应设置非消防电梯，主要原因如下。

①客货电梯人流量大且相对繁杂，电梯和前室均容易挪为他用，当客货电梯设置于防烟楼梯间前室或消防电梯前室时，严重影响前室的安全性和密闭性。

②客货电梯及电梯厅的管理难度大，监管难以到位，普遍存在设置广告、灯箱、售货机、信报箱及其他可燃物件的情形，火灾风险较大，严重挤占前室有效使用面积，导致实际使用面积难以满足要求。在某些项目中，为方便评审和验收，制定了一些与实际应用相悖的假设和规定，仅能敷衍一时，不可能长期有效。

③虽然电梯层门的耐火完整性不低于 2.00h，但依据《火灾自动报警系统设计规范》GB 50116—2013、《民用建筑电气设计标准》GB 51348—2019 及相关规定，火灾发生时，客货电梯应强制停于首层或电梯转换层，并应自动敞开层门。因此对于最重要的首层（或电梯转换层）前室来说，火灾发生后客货电梯层门直接对前室敞开，完全处于无保护状态，带来巨大风险，也违背本《通用规范》第 7.1.8 条要求的"疏散楼梯间及其前室或合用前室内的墙上不应设置其他门、窗等开口"规定。

综上，消防电梯和疏散楼梯间前室内不应设置非消防电梯，不应挤占本来有限的前室空间，以利灭火救援。

（2）对于住宅建筑和非人员密集的工业建筑等场所，客货电梯的使用人数较少，使用人员相对熟悉现场情况，确有困难时，允许非消防电梯设置在防烟楼梯间前室或消防电梯前室，非消防电梯防火性能不应低于消防电梯的防火性能。

要点2：非消防电梯的防火性能及联动控制要求。

（1）非消防电梯的防火性能不应低于消防电梯的防火性能。

设置在消防电梯或疏散楼梯间前室内的非消防电梯，防火性能不应低于消防电梯的防火性能，主要是指电梯轿厢、电梯井及前室的相关防火要求，客货电梯的轿厢、电梯井、电线电缆、装饰装修以及相关部件等，防火要求均应与消防电梯一致。同时，电梯及前室均不应附加广告、灯箱、售货机、信报箱及其他可燃物件，不得挤占前室使用面积。

（2）设置在消防电梯或疏散楼梯间前室内的非消防电梯，非消防电梯的用电负荷等级、联动控制要求等，可依自身需要确定，比如，客货电梯的供配电及联动控制线路等，其耐火性能应与消防电梯的要求一致，但客货电梯并不需要消防电源回路供电，可根据自身需求确定用电负荷等级，可按自身需求确定合适的控制方式。火灾发生时，非消防电梯应依据现行国家标准《火灾自动报警系统设计规范》GB 50116、《民用建筑电气设计标准》GB 51348 等标准规定，强制停于首层或电梯转换层，并应自动敞开层门。

要点3：将非消防电梯设置为消防电梯的方案，宜予慎重！

当客货电梯等非消防电梯设置于消防电梯前室或疏散楼梯间前室时，应按要点2要求做好防火处置措施，不宜勉强设置为消防电梯。

消防电梯需要消防电源保证，同时涉及层层停靠等诸多功能，将非消防电梯设置为消防电梯的方案，可能不利于管理，也较难以实施。实际应用中，非消防电梯往往会采用更加灵活的控制方式，比如分层停靠、封闭某些楼层的电梯层门出口、投放广告设施等，这些都是违反消防电梯规程的，将带来巨大安全隐患。

当确认实际运行可满足消防电梯要求时，可将非消防电梯设置为消防电梯，但应有切实可靠的保障措施，确保实际运行与消防电梯要求一致。

7.1.14 建筑高度大于100m的工业与民用建筑应设置避难层，且第一个避难层的楼面至消防车登高操作场地地面的高度不应大于50m。

【要点解读】

本条规定了避难层的基本设置要求，应结合《建筑设计防火规范（2018年版）》GB 50016—2014 第 5.5.23 条、第 5.5.31 条等规定执行。

避难层是建筑内用于人员临时躲避火灾及其烟气危害的楼层，避难层中用于避难的区域称为避难区。建筑高度超过100m的工业与民用建筑，为了解决人员竖向疏散距离过长的问题，应设置避难层，以便为人员安全疏散和避难提供必要的停留场所。根据普通人爬楼梯的体力消耗情况，结合各种机电设备及管道等的布置和使用管理要求，规定每个避难层服务的高度不宜大于50m。考虑我国目前主战举高消防车的救援能力，要求第一个避难层的楼面至消防车登高操作场地地面的高度不应大于50m【图示】。

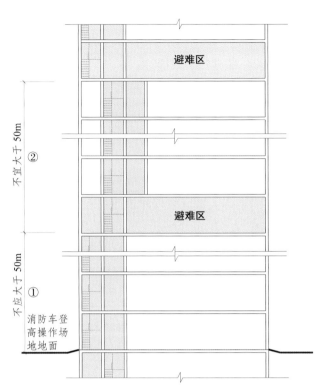

① 第一个避难区的楼面至消防车登高操作场地地面的高度不
　应大于 50m。
② 其他每个避难区服务的高度不宜大于 50m。

7.1.14– 图示　避难层设置示意图

7.1.15　避难层应符合下列规定：

　　1　避难区的净面积应满足该避难层与上一避难层之间所有楼层的全部使用人数避
难的要求。

　　2　除可布置设备用房外，避难层不应用于其他用途。设置在避难层内的可燃液体
管道、可燃或助燃气体管道应集中布置，设备管道区应采用耐火极限不低于 3.00h 的
防火隔墙与避难区及其他公共区分隔。管道井和设备间应采用耐火极限不低于 2.00h
的防火隔墙与避难区及其他公共区分隔。设备管道区、管道井和设备间与避难区或疏
散走道连通时，应设置防火隔间，防火隔间的门应为甲级防火门。

　　3　避难层应设置消防电梯出口、消火栓、消防软管卷盘、灭火器、消防专线电话
和应急广播。

　　4　在避难层进入楼梯间的入口处和疏散楼梯通向避难层的出口处，均应在明显位
置设置标示避难层和楼层位置的灯光指示标识。

　　5　避难区应采取防止火灾烟气进入或积聚的措施，并应设置可开启外窗。

　　6　避难区应至少有一边水平投影位于同一侧的消防车登高操作场地范围内。

【要点解读】

本条规定了避难层的基本防火性能要求，应结合《建筑设计防火规范（2018年版）》GB 50016—2014第5.5.23条、第5.5.31条执行。

避难层中用于避难的区域，称为避难区，避难区是用于人员暂时躲避火灾及其烟气危害的区域。

要点1：避难区的净面积应满足该避难层与上一避难层之间所有楼层的全部使用人数避难的要求。

（1）避难区的设计避难人数应为该避难层与上一避难层之间各楼层的全部使用人数之和【图示1】。各楼层的使用人数可依据建筑面积和人员密度（人均面积）确定，人员密度和人均面积参见"附录8"。

（2）避难区的净面积不得小于设计避难人数与人均净面积之积，人均净面积可依据现行国家标准《建筑设计防火规范》GB 50016确定。

（3）避难区的净面积为有效使用面积，【图示2】中，绿色区域为避难区净面积，不包括墙体、柱以及前室、走道等区域面积。

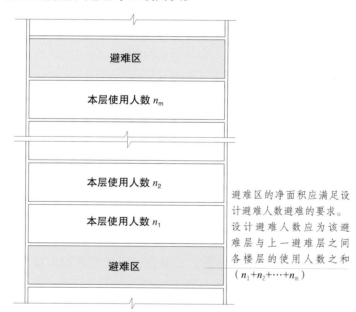

7.1.15- 图示1　避难区设计避难人数计算

要点2：除可布置设备用房外，避难层不应用于其他用途。

（1）当建筑内的避难人数较少而不需将整个楼层用作避难层时，可将避难层的部分区域作为火灾危险性较小的设备用房，不能用于其他使用功能。火灾危险性小的设备用房是指火灾危险性类别与丁、戊类生产场所相当的设备用房。

（2）对于住宅建筑，当避难区和设备用房的面积较小时，可将避难层的局部区域作为其他功能（比如作为跃层户型空间等），但应采用不开设任何洞口的防火墙与避难区和设备用房分隔，避难区应至少有两个面靠外墙。

要点3：设备管道区、管道井和设备间等与避难区的防火分隔要求。

（1）设置在避难层内的可燃液体管道、可燃或助燃气体管道应集中布置，设备管道区应采用耐火极限不低于3.00h的防火隔墙与避难区及其他公共区分隔【图示2-①】。其他管道井和设备间应采用耐火极限不低于2.00h的防火隔墙与避难区及其他公共区分隔【图示2-②】。

（2）设备管道区、管道井和设备间与避难区或疏散走道连通时，应设置防火隔间【图示2-③】，进出防火隔间的门应为甲级防火门，防火隔间的墙应为耐火极限不低于3.00h的防火隔墙，并应符合现行国家标准《建筑设计防火规范》GB 50016的规定。

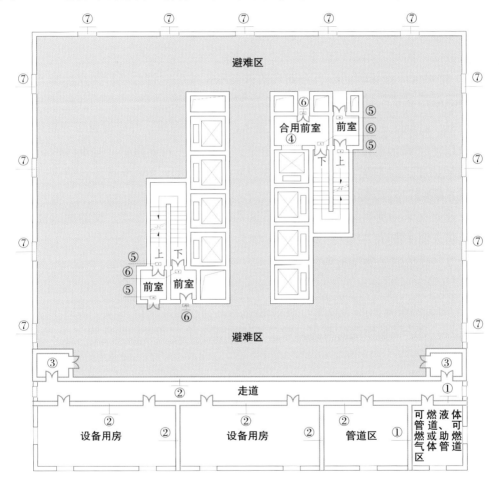

7.1.15- 图示2　避难层平面示意图

注：图示中的防火门均为甲级防火门。

要点4：避难层和避难区的消防设施。

（1）避难层中的设备用房等部位，应依本《通用规范》第8章和现行国家标准《建筑设计防火规范》GB 50016 等标准要求设置消防设施。

（2）避难层中的避难区域属于室内安全区域，不允许放置可燃物，应采用不燃装饰装修材料，火灾风险小，因此无须设置自动灭火系统，但应设置防烟系统、应急照明疏散指示系统以及消火栓、消防软管卷盘、灭火器等手动灭火设施。为方便日常安全监控，可考虑设置火灾自动报警系统。

避难区的消火栓、消防软管卷盘、灭火器等手动灭火设施，应作为独立单元配置，不应和设备用房等其他区域合用。

（3）为方便救援，保障信息通畅，避难区应设置消防专线电话和应急广播。

要点5：避难区的消防应急照明和疏散指示。

（1）在疏散楼梯通向避难区的入口处，应在明显位置设置标示避难区和楼层位置的灯光指示标识【图示2-⑤】；在避难区进入疏散楼梯间的入口处，应在明显位置设置标示疏散出口的灯光指示标识【图示2-⑥】。

（2）避难区应设置消防应急照明和疏散指示系统，应符合现行国家标准《消防应急照明和疏散指示系统技术标准》GB 51309 的规定。

要点6：避难区应采取防止火灾烟气进入或积聚的措施，并应设置可开启外窗。

避难层的避难区应设置防烟系统，防止火灾烟气进入或积聚。避难区的防烟系统可分为机械加压送风系统和自然通风系统，应符合现行国家标准《建筑防烟排烟系统技术标准》GB 51251 等标准规定。

不论避难区采用哪种防烟方式，避难区均应设置可开启外窗，窗的耐火性能不应低于乙级防火窗【图示2-⑦】。

要点7：避难层的消防救援要求。

（1）避难层的避难区应设置消防电梯出口【图示2-④】。

（2）为方便举高消防车救援，避难区应至少有一边水平投影位于消防车登高操作场地范围内，对应区域的消防救援口数量不应少于2个，布置间距不宜大于20m。

7.1.16 避难间应符合下列规定：

1 避难区的净面积应满足避难间所在区域设计避难人数避难的要求；

2 避难间兼作其他用途时，应采取保证人员安全避难的措施；

3 避难间应靠近疏散楼梯间，不应在可燃物库房、锅炉房、发电机房、变配电站等火灾危险性大的场所的正下方、正上方或贴邻；

4 避难间应采用耐火极限不低于2.00h的防火隔墙和甲级防火门与其他部位分隔；

5 避难间应采取防止火灾烟气进入或积聚的措施，并应设置可开启外窗，除外窗和疏散门外，避难间不应设置其他开口；

6 避难间内不应敷设或穿过输送可燃液体、可燃或助燃气体的管道；

7 避难间内应设置消防软管卷盘、灭火器、消防专线电话和应急广播；

8 在避难间入口处的明显位置应设置标示避难间的灯光指示标识。

【要点解读】

本条规定了避难间的基本防火性能要求。避难间是火灾时建筑内人员临时躲避火灾及其烟气的房间。

本条规定的避难间，是指设置在医疗建筑和老年人照料设施中，为解决楼层平面疏散问题而设置的避难间。依据本《通用规范》第 7.4.8 条、《建筑设计防火规范（2018 年版）》GB 50016—2014 第 5.5.24A 条规定，满足一定条件的医疗建筑和老年人照料设施应设置避难间，供临时避难使用，以解决部分人员在火灾时难以及时疏散的问题。

要点 1：避难区的净面积应满足避难间所在区域设计避难人数避难的要求。

避难间的净面积应考虑消防员、医护人员、家属所占面积和病床所占面积。

（1）对于医疗建筑的避难间，避难区净面积应根据护理单元的床位数、每床位面积等参数确定，依据本《通用规范》第 7.4.8 条规定，为 1 个护理单元服务的避难间，避难区净面积不应小于 25.0m²；为 2 个护理单元服务的避难间，避难区净面积不应小于 50.0m²。

（2）对于老年人照料设施的避难间，净面积大小需根据所服务区域的老年人数量和老年人实际身体状况等确定。依据《建筑设计防火规范（2018 年版）》GB 50016—2014 第 5.5.24A 条规定，避难间内可供避难的净面积不应小于 12m²。

要点 2：避难间兼作其他用途时，应采取保证人员安全避难的措施。

满足一定条件的功能房间，可以兼作避难间，但应采取保证人员安全避难的措施，应保证避难区域的净面积要求，应能满足救援中移动担架（床）等的要求。兼用于其他功能的避难间，装饰装修材料、防火分隔设施等均应满足避难间的相关要求。

（1）医疗建筑的避难间可以利用平时使用的房间，如每层的监护室，也可以利用消防电梯前室，但不应利用合用前室，以防止病床影响人员通过楼梯疏散。

（2）老年人照料设施的避难间可以利用疏散楼梯间前室和消防电梯前室，以及公共就餐室、休息室等房间，当利用疏散楼梯间的前室或消防电梯的前室时，该前室的使用面积不应小于 12m²，不需另外增加 12m² 避难面积。考虑到救援与上下疏散的人流交织情况，疏散楼梯间与消防电梯的合用前室不适合兼作避难间。

要点 3：避难间应靠近疏散楼梯间，不应在可燃物库房、锅炉房、发电机房、变配电站等火灾危险性大的场所的正下方、正上方或贴邻。

（1）避难间供无法及时疏散的人员临时避难，不应设置于可燃物库房、锅炉房、发电机房、变配电站等火灾危险性大的场所的正下方、正上方，也不应贴邻。

（2）为方便救援疏散，避难间宜直通疏散楼梯间或楼梯间前室【7.4.8- 图示 1】

【7.4.8- 图示 2】【7.4.8- 图示 3】，应尽量避免避难人员再经过走道等火灾时的非安全区域进入疏散楼梯间或楼梯间的前室。当避难间无法直通疏散楼梯间或楼梯间前室时，应尽量靠近疏散楼梯间设置，考虑甲级防火门开启不便，为方便担架和病床进出，避难间宜分别设置向内和向外开启的疏散门【图示】。

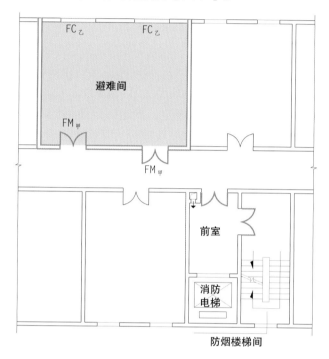

7.1.16- 图示　避难间尽量靠近疏散楼梯间设置

要点 4：避难间应采用耐火极限不低于 2.00h 的防火隔墙和甲级防火门与其他部位分隔。

避难间应采用耐火极限不低于 2.00h 的防火隔墙和甲级防火门与建筑内部的其他部位分隔。避难间外墙的燃烧性能和耐火极限应满足《建筑设计防火规范（2018 年版）》GB 50016—2014 第 5.1.2 条规定。

要点 5：避难间应采取防止火灾烟气进入或积聚的措施，并应设置可开启外窗，除外窗和疏散门外，避难间不应设置其他开口。

避难间应靠外墙布置，并应设置防烟系统，以防火灾烟气进入或积聚。避难间的防烟系统可分为机械加压送风系统和自然通风系统，应符合现行国家标准《建筑防烟排烟系统技术标准》GB 51251 等标准规定。

不论避难间采用哪种防烟方式，均应设置可开启外窗，窗的耐火性能不应低于乙级防火窗。

要点 6：避难间的消防设施。

虽然避难间采用耐火极限不低于 2.00h 的防火隔墙和甲级防火门与其他部位分隔，但考虑放置移动担架（床）等设施以及兼用于其他功能的客观事实，因此有必要设置自动灭火系统和火灾自动报警系统，避难间的自动灭火系统应采用自动喷水灭火系统。

避难间内应设置防烟系统、应急照明疏散指示系统、消防软管卷盘、灭火器、消防专线电话和应急广播。避难间的消防软管卷盘、灭火器应作为独立单元配置，不得与室内其他区域共用。

避难间面积较小，不需要单独配置消火栓，但应确保在其他室内消火栓的保护范围内。室内消火栓的布置应满足同一平面有 2 支消防水枪的 2 股充实水柱同时达到避难间内的任何部位。

要点 7：避难间的消防应急照明和疏散指示。

（1）在避难间的入口处，应在明显位置设置标示避难间的灯光指示标识；在避难间的出口处，应在明显位置设置标示疏散出口的灯光指示标识。

（2）避难间应设置消防应急照明和疏散指示系统，应符合现行国家标准《消防应急照明和疏散指示系统技术标准》GB 51309 的规定。

7.1.17 汽车库或修车库的室内疏散楼梯应符合下列规定：

1 建筑高度大于 32m 的高层汽车库，应为防烟楼梯间；

2 建筑高度不大于 32m 的汽车库，应为封闭楼梯间：

3 地上修车库，应为封闭楼梯间；

4 地下、半地下汽车库，应符合本规范第 7.1.10 条的规定。

【要点解读】

本条规定了汽车库、修车库的疏散楼梯形式要求。汽车库、修车库不允许采用敞开楼梯间。本条主要对应于《汽车库、修车库、停车场设计防火规范》GB 50067—2014 第 6.0.3 条。

（1）当汽车库与其他建筑组合建造，汽车库的疏散楼梯独立设置且仅服务于汽车库部分时，疏散楼梯形式可根据汽车库的建筑高度确定。

（2）修车库不可避免地要有明火作业和使用易燃物品，火灾危险性较大，地下、半地下建筑（室）的通风条件较差，散发的可燃气体或蒸气不易排除，遇火源易引起燃烧爆炸，因此修车库不应设置于地下、半地下建筑（室）。

7.1.18 汽车库内任一点至最近人员安全出口的疏散距离应符合下列规定：

1 单层汽车库、位于建筑首层的汽车库，无论汽车库是否设置自动灭火系统，均不应大于 60m。

2 其他汽车库，未设置自动灭火系统时，不应大于 45m；设置自动灭火系统时，不应大于 60m。

【要点解读】

本条规定了汽车库内的最大安全疏散距离。本条主要对应于《汽车库、修车库、停车场设计防火规范》GB 50067—2014 第 6.0.6 条。

（1）对于单层汽车库和安全疏散直通室外的首层汽车库，无须通过疏散楼梯疏散，要比楼层停车库疏散方便，因此无论是否设置自动灭火系统，汽车库内任一点至最近人员安全出口的最大疏散距离可以为 60m。

（2）对于需要通过疏散楼梯疏散的汽车库，汽车库内任一点至最近人员安全出口的疏散距离，未设置自动灭火系统时不应大于 45m；设置自动灭火系统时，汽车库安全性较高，不应大于 60m。

（3）疏散距离均为直线距离，通常不考虑车辆等障碍物的影响，但需要考虑墙体遮挡的影响，当疏散路线上有墙体或隔断时，应按遮挡后的折线距离计算。【图示】中的汽车库，未设置自动喷水灭火系统，$a_1+a_2+a_3$ 和 b 均不应大于 45m。有关安全疏散距离的计算，参见"附录 12"。

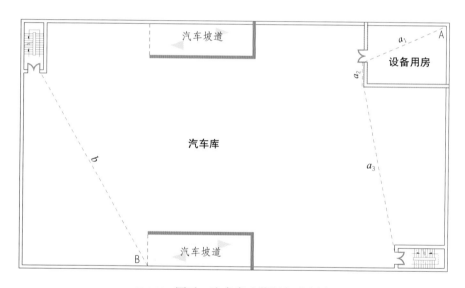

7.1.18- 图示　汽车库疏散距离示意图

7.2　工业建筑

7.2.1　厂房中符合下列条件的每个防火分区或一个防火分区的每个楼层，安全出口不应少于 2 个：

1　甲类地上生产场所，一个防火分区或楼层的建筑面积大于 100m² 或同一时间的使用人数大于 5 人；

2 乙类地上生产场所，一个防火分区或楼层的建筑面积大于 150m² 或同一时间的使用人数大于 10 人；

3 丙类地上生产场所，一个防火分区或楼层的建筑面积大于 250m² 或同一时间的使用人数大于 20 人；

4 丁、戊类地上生产场所，一个防火分区或楼层的建筑面积大于 400m² 或同一时间的使用人数大于 30 人；

5 丙类地下或半地下生产场所，一个防火分区或楼层的建筑面积大于 50m² 或同一时间的使用人数大于 15 人；

6 丁、戊类地下或半地下生产场所，一个防火分区或楼层的建筑面积大于 200m² 或同一时间的使用人数大于 15 人。

【要点解读】

本条规定了厂房安全出口的基本设置数量要求，实际应用中，安全出口的数量和具体设置位置，还需要根据疏散距离和疏散净宽度等经计算后确定。本条主要对应于《建筑设计防火规范（2018 年版）》GB 50016—2014 第 3.7.2 条。

本条规定的"使用人数"为正常生产过程中可控的核定人数，包括作业人员和管理人员。

（1）符合本条规定的生产场所，每个防火分区或一个防火分区的每个楼层应设置不少于 2 个安全出口，并应分散布置，以使人员有两个不同方向的疏散出口。当某层分为一个或多个防火分区时，每个防火分区的安全出口不应少于 2 个；当一个防火分区包括多个楼层时，每个楼层的安全出口不应少于 2 个。具体要求，可参照"7.4.1– 要点 2"理解。

（2）对于火灾危险性较低、面积较小和疏散人数较少的防火分区或楼层，允许设置 1 个安全出口。由本条规定可知，满足一定条件的防火分区或楼层，安全出口可以为 1 个，参见表 7.2.1。

表 7.2.1　以下条件的生产场所，允许设置一个安全出口

生产场所	一个防火分区或楼层
甲类地上生产场所	建筑面积 ≤ 100m² 且同一时间的使用人数 ≤ 5 人
乙类地上生产场所	建筑面积 ≤ 150m² 且同一时间的使用人数 ≤ 10 人
丙类地上生产场所	建筑面积 ≤ 250m² 且同一时间的使用人数 ≤ 20 人
丁、戊类地上生产场所	建筑面积 ≤ 400m² 且同一时间的使用人数 ≤ 30 人
丙类地下或半地下生产场所	建筑面积 ≤ 50m² 且同一时间的使用人数 ≤ 15 人
丁、戊类地下或半地下生产场所	建筑面积 ≤ 200m² 且同一时间的使用人数 ≤ 15 人

（3）本条规定的场所是以防火分区或楼层为单位，当一座建筑中存在不同建筑面积、使用人数或火灾危险性类别的防火分区时，每个防火分区或楼层可依据各自的火

灾危险性类别、建筑面积和使用人数确定安全出口数量。

示例1：某乙类厂房包含有乙类、丙类、丁类、戊类防火分区，各防火分区（或楼层）可根据自身的火灾危险性类别、建筑面积和使用人数确定安全出口数量。

示例2：某4层丙类厂房，每层建筑面积均为400m²，其中第三层、第四层为丁类生产车间且每层同一时间的使用人数不大于30人，该厂房第一层、第二层需要设置两个安全出口（疏散楼梯间），第三层、第四层允许设置1个安全出口（疏散楼梯间）【图示1】。

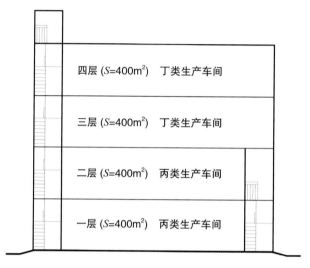

7.2.1- 图示1　每个楼层可依据其火灾危险性类别、建筑面积和使用人数确定安全出口数量

示例3：某3层丁类厂房，一、二、三层互相连通属于同一防火分区，当该建筑满足每层建筑面积不大于400m²且每层同一时间的使用人数不大于30人时，允许设置1个安全出口（疏散楼梯间）【图示2】。

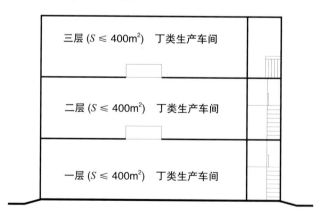

7.2.1- 图示2　同一防火分区的不同楼层可依据其火灾危险性类别、建筑面积和使用人数确定安全出口数量

7.2.2　高层厂房和甲、乙、丙类多层厂房的疏散楼梯应为封闭楼梯间或室外楼梯。建筑高度大于 32m 且任一层使用人数大于 10 人的厂房，疏散楼梯应为防烟楼梯间或室外楼梯。

【要点解读】

本条规定了厂房的疏散楼梯形式要求，对于地下、半地下建筑（室）的疏散楼梯，应符合本《通用规范》第 7.1.10 条的规定。本条主要对应于《建筑设计防火规范（2018年版）》GB 50016—2014 第 3.7.6 条。

本条规定的"使用人数"为正常生产过程中可控的核定人数，包括作业人员和管理人员。

（1）在厂房内，疏散楼梯可设置于疏散走道，也可设置在车间区域，两者的疏散楼梯间形式有所区别。

①设置于疏散走道的疏散楼梯间。

当厂房通过疏散走道进入疏散楼梯间疏散时，丁、戊类多层厂房可采用敞开楼梯间或室外疏散楼梯；高层厂房和甲、乙、丙类多层厂房的疏散楼梯应为封闭楼梯间或室外疏散楼梯；建筑高度大于 32m 且任一层使用人数大于 10 人的厂房的疏散楼梯应为防烟楼梯间或室外疏散楼梯【图示】。楼梯间及前室疏散门的耐火性能应依本《通用规范》第 6.4.2 条、第 6.4.3 条规定确定。

厂房内任一点至最近安全出口的距离、疏散走道净宽度、疏散走道两侧隔墙耐火极限等，应满足本《通用规范》和现行国家标准《建筑设计防火规范》GB 50016 及相关标准规定。

②设置于车间区域的疏散楼梯间。

除《建筑设计防火规范（2018 年版）》GB 50016—2014 第 6.4.6 条所述的敞开楼梯和金属梯外，其他设置于车间区域的疏散楼梯间，不得采用敞开楼梯间，应为封闭楼梯间【图示】，其中，建筑高度大于 32m 且任一层使用人数大于 10 人的厂房应为防烟楼梯间。楼梯间及前室疏散门的耐火性能应依本《通用规范》第 6.4.2 条、第 6.4.3 条规定确定，并不得低于乙级防火门。

（2）建筑中仅服务部分楼层的安全出口或疏散楼梯，可依据其服务楼层的楼层数量、建筑高度（埋深）、火灾危险性类别等确定其疏散设计要求，但同一疏散楼梯间的设置形式应一致，参见"7.1.8- 要点 9"。

（3）疏散楼梯间形式不受楼层防火分区划分形式的影响。每个防火分区或一个防火分区的每个楼层均应设置安全出口（疏散楼梯），即使位于同一防火分区的多个楼层，疏散楼梯形式也应与其他楼层一致，参见"7.1.8- 要点 10"。

7.2.3　占地面积大于 300m² 的地上仓库，安全出口不应少于 2 个；建筑面积大于 100m² 的地下或半地下仓库，安全出口不应少于 2 个。仓库内每个建筑面积大于 100m² 的房间的疏散出口不应少于 2 个。

当厂房通过疏散走道进入疏散楼梯间疏散时，丁、戊类多层厂房可采用敞开楼梯间或室外疏散楼梯；高层厂房和甲、乙、丙类多层厂房应为封闭楼梯间或室外疏散楼梯，其中，建筑高度大于 32m 且任一层使用人数大于 10 人的厂房，应为防烟楼梯间或室外疏散楼梯

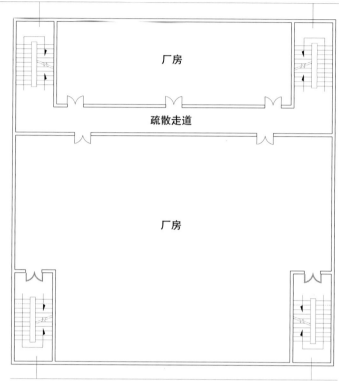

设置于车间区域的疏散楼梯间应为封闭楼梯间，其中，建筑高度大于 32m 且任一层使用人数大于 10 人的厂房，应为防烟楼梯间

7.2.2- 图示　厂房的疏散楼梯间形式

【要点解读】

本条规定了仓库安全出口和疏散出口设置数量的基本要求。本条主要对应于《建筑设计防火规范（2018 年版）》GB 50016—2014 第 3.8.2 条、第 3.8.3 条。

现行标准未限定库房场所的安全疏散距离，实际应用中，对于人员较多的仓库场所，仍有必要控制合适的安全疏散距离，适当增加安全出口数量，确保人员安全疏散。

要点 1：占地面积大于 $300m^2$ 的地上仓库，安全出口不应少于 2 个；建筑面积大于 $100m^2$ 的地下或半地下仓库，安全出口不应少于 2 个。

本规定明确了仓库建筑的安全出口（疏散楼梯）数量要求，对于按本规定要求需要设置 2 个安全出口（疏散楼梯）的仓库，实施原则如下：

（1）当仓库建筑的一个楼层划分为一个防火分区，或多个楼层划分为一个防火分区时，每个楼层的安全出口不应少于 2 个【图示 1】【7.4.1- 图示 2】。

（2）当仓库建筑的楼层划分为多个防火分区时，建筑面积大于 $100m^2$ 的防火分区

的安全出口不应少于 2 个。

示例：【4.2.6–图示 1】的仓库楼层分为 2 个防火分区，每个防火分区的建筑面积均大于 $100m^2$，安全出口均不应少于 2 个。

（3）当仓库建筑的楼层划分为多个防火分隔间时，楼层的安全出口不应少于 2 个，建筑面积大于 $100m^2$ 的防火分隔间的疏散出口数量不应少于 2 个。

不同于厂房和民用建筑，仓库建筑的楼层允许分隔为防火分隔间，多个防火分隔间可通过疏散走道共用安全出口（疏散楼梯）。示例：【4.2.6–图示 2】的仓库楼层分为 4 个防火分隔间，每个防火分隔间的建筑面积均大于 $100m^2$，该仓库楼层的安全出口数量不应少于 2 个，每个防火分隔间的疏散出口均不应少于 2 个。

除安全出口外，防火分隔间的其他防火要求与防火分区相同。有关防火分区和防火分隔间的概念，参见"4.2.6–要点 1"。

要点 2：仓库内每个建筑面积大于 $100m^2$ 的房间的疏散出口不应少于 2 个。

（1）本规定所述的房间，可以是没有内部分隔的独立防火分区或防火分隔间，也可能是一个防火分区或防火分隔间内部的普通房间、库房。示例：

【图示 1】的楼层库房属于同一防火分区，上部区域的库房建筑面积均不大于 $100m^2$，每个库房疏散出口均不应少于 1 个；下部区域的库房建筑面积均大于 $100m^2$，每个库房疏散出口均不应少于 2 个。

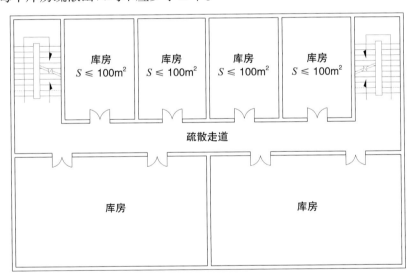

7.2.3–图示 1　仓库每个楼层的安全出口数量不应少于 2 个

【4.2.6–图示 1】中，左侧防火分区建筑面积大于 $100m^2$，不应少于 2 个疏散出口，右侧防火分区分为 4 个库房，每个库房的建筑面积均大于 $100m^2$，疏散出口均不应少于 2 个。

【4.2.6–图示 2】中，每个楼层分为 4 个防火分隔间，每个防火分隔间的建筑面积均大于 $100m^2$，疏散出口均不应少于 2 个。

（2）对于需要设置2个疏散出口的房间，相邻2个疏散出口最近边缘之间的水平距离不应小于5m，并应分散布置。

要点3：在确定安全出口数量时，可按楼层建筑面积确定需要的安全出口数量。

通常情况下，建筑的占地面积以投影面积计。虽然本条规定要求按占地面积确定安全出口数量，但实际应用中，仍可根据各楼层的实际建筑面积确定安全出口数量。示例，【图示2】的地上仓库，占地面积大于300m²，当第三层、第四层的建筑面积不大于300m²时，第三层、第四层允许设置1个安全出口（疏散楼梯）；【图示3】的地下建筑，地下一层的建筑面积大于100m²，当地下二层、地下三层的建筑面积不大于100m²时，地下二层、地下三层允许设置1个安全出口（疏散楼梯）。

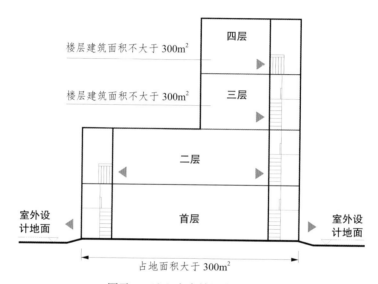

7.2.3- 图示2　地上仓库楼层安全出口示意图

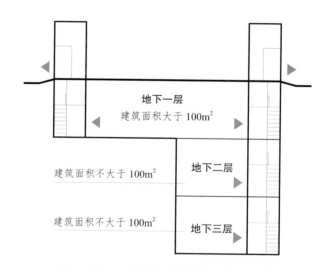

7.2.3- 图示3　地下仓库楼层安全出口示意图

7.2.4 高层仓库的疏散楼梯应为封闭楼梯间或室外楼梯。

【要点解读】

本条规定了高层仓库的疏散楼梯间形式，对于地下、半地下建筑（室）的疏散楼梯，应符合本《通用规范》第 7.1.10 条的规定。本条主要对应于《建筑设计防火规范（2018年版）》GB 50016—2014 第 3.8.7 条。

（1）在仓库内，疏散楼梯可设置于疏散走道，也可设置在库房区域，两者的疏散楼梯间形式有所区别。

①设置于疏散走道的疏散楼梯间。

当仓库通过疏散走道进入疏散楼梯间疏散时，多层仓库可采用敞开楼梯间或室外疏散楼梯，高层仓库应采用封闭楼梯间或室外疏散楼梯【图示】。楼梯间疏散门的耐火性能应依本《通用规范》第 6.4.2 条、第 6.4.3 条规定确定。

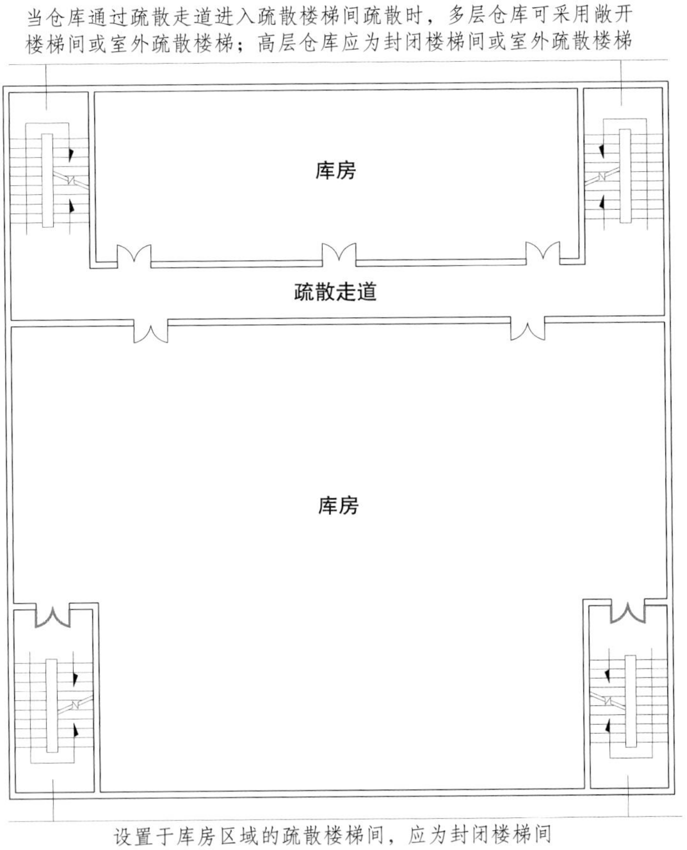

7.2.4- 图示　仓库的疏散楼梯间形式

疏散走道两侧隔墙的耐火极限等，应满足现行国家标准《建筑设计防火规范》GB 50016 的规定。

②设置于库房区域的疏散楼梯间。

设置于库房区域的疏散楼梯间，应为封闭楼梯间【图示】，楼梯间疏散门的耐火性能应依本《通用规范》第 6.4.2 条、第 6.4.3 条规定确定，并不得低于乙级防火门。

（2）建筑中仅服务部分楼层的安全出口或疏散楼梯，可依据其服务楼层的建筑高度（埋深）等确定疏散楼梯形式，但同一疏散楼梯间的设置形式应一致，参见"7.1.8-要点 9"。

（3）疏散楼梯间形式不受楼层防火分区划分形式的影响。每个防火分区或一个防火分区的每个楼层均应设置安全出口（疏散楼梯），即使位于同一防火分区的多个楼层，疏散楼梯形式也应与其他楼层一致，参见"7.1.8-要点 10"。

7.3 住宅建筑

7.3.1 住宅建筑中符合下列条件之一的住宅单元，每层的安全出口不应少于 2 个：

1 任一层建筑面积大于 650m^2 的住宅单元；

2 建筑高度大于 54m 的住宅单元；

3 建筑高度不大于 27m，但任一户门至最近安全出口的疏散距离大于 15m 的住宅单元；

4 建筑高度大于 27m、不大于 54m，但任一户门至最近安全出口的疏散距离大于 10m 的住宅单元。

【要点解读】

本条规定了单元式住宅建筑中每个住宅单元安全出口的基本设置数量要求。本条主要对应于《建筑设计防火规范（2018 年版）》GB 50016—2014 第 5.5.25 条。住宅建筑的安全出口数量，除满足本条规定的基本要求外，尚应根据安全疏散距离经计算确定。

本条第 3 款、第 4 款规定的"任一户门至最近安全出口的距离"为定值，即使建筑内全部设置自动喷水灭火系统也不得增加。

要点 1：不同类型住宅建筑（单元式、塔式、通廊式）的防火处置措施。

住宅建筑主要分为单元式住宅、塔式住宅、通廊式住宅等，本条规定主要针对单元式住宅建筑，塔式住宅、通廊式住宅亦可依据本条规定处置。分述如下：

1. 单元式住宅建筑

（1）单元式住宅的概念。

单元式住宅由 1 个或多个住宅单元组合而成，每个单元均设有楼梯或电梯【图示 1】。

（2）单元式住宅的防火处置措施。

单元式住宅的每个住宅单元应为独立的防火分隔区域（防火单元），不同单元之间不得开设连通洞口，主要要求如下：

①不同住宅单元的安全疏散和交通设施（楼梯、电梯等）应完全独立；

②不同住宅单元的消防设施应相对独立，比如，不同住宅单元的防烟、排烟竖井相互独立，不同住宅单元的楼层不得共用水流指示器，不得划分为同一火灾报警区域等；

③不同住宅单元之间的单元隔墙，应采用不开设任何洞口的防火隔墙；

④每个住宅单元每层的建筑面积不应大于一个防火分区的最大允许建筑面积，否则应划分为不同的防火分区。

7.3.1- 图示 1　单元式住宅建筑

2．塔式住宅建筑

（1）塔式住宅的概念。

塔式住宅以共用楼梯或共用楼梯、电梯为核心布置多套住房，其主要朝向建筑长度与次要朝向建筑长度之比小于 2【图示 2】。

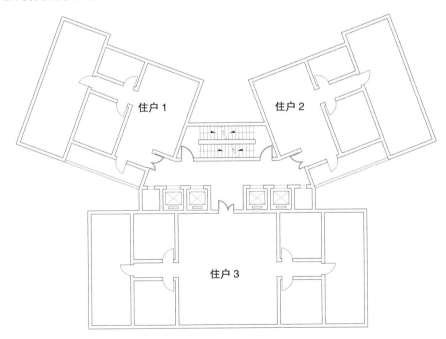

7.3.1– 图示 2　塔式住宅建筑

（2）塔式住宅的防火处置措施。

塔式住宅的住户共用楼梯或共用楼梯、电梯，可视为仅 1 个住宅单元的单元式住宅建筑，应符合单元式住宅建筑的相关规定。

3．通廊式住宅建筑

（1）通廊式住宅的概念。

通廊式住宅共用楼梯或共用楼梯、电梯，通过内廊或外廊进入各套住房【图示 3】。

（2）通廊式住宅的防火处置措施。

通廊式住宅通常作为一个住宅单元【图示 3】，应符合单元式住宅建筑的相关规定。

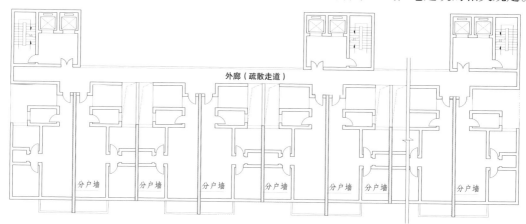

外廊（疏散走道）

分户墙　分户墙　分户墙　分户墙　分户墙　分户墙　　　分户墙

7.3.1- 图示 3　通廊式住宅建筑

实际上，通廊式住宅也可以通过不开设任何洞口的单元隔墙划分为多个不同的住宅单元，同样适用单元式住宅建筑的相关规定，这种情况较为少见。

要点 2：任一层建筑面积大于 $650m^2$ 的住宅单元，每层的安全出口不应少于 2 个。

本条规定的建筑面积，是指某一住宅单元的任一层建筑面积，并非指整座住宅建筑的建筑面积。

当住宅建筑由多个住宅单元组成时，不同住宅单元的安全出口数量可根据各自建筑面积分别确定。

要点 3：建筑高度大于 54m 的住宅单元，每层的安全出口不应少于 2 个。

建筑高度大于 54m 的住宅建筑属于一类高层民用建筑。

建筑高度越高，疏散人员越多，疏散路径越长，且目前大部分消防车的最大工作高度不超过 55m，因此有必要加强人员疏散设施，建筑高度大于 54m 的住宅单元每层的安全出口不应少于 2 个，以利人员安全疏散。

当住宅建筑由多个住宅单元组成时，不同住宅单元的安全出口数量可根据各自建筑高度分别确定。

要点 4：建筑高度不大于 27m，但任一户门至最近安全出口的疏散距离大于

15m 的住宅单元，每层的安全出口不应少于 2 个。

建筑高度不大于 27m 住宅建筑，竖向疏散距离较短，当任一户门至最近安全出口的疏散距离不大于 15m 且住宅单元的任一层建筑面积不大于 650m²（要点 2）时，允许设置 1 个安全出口。

要点 5：建筑高度大于 27m、不大于 54m，但任一户门至最近安全出口的疏散距离大于 10m 的住宅单元，每层的安全出口不应少于 2 个。

建筑高度大于 27m 且不大于 54m 的建筑，当任一户门至最近安全出口的疏散距离不大于 10m，住宅单元的任一层建筑面积不大于 650m²（要点 2），且满足第 7.3.2 条第 4 款和第 5 款要求时，允许设置 1 个安全出口。

要点 6：允许设置 1 个安全出口的住宅单元。

由本条规定可知，住宅建筑的安全出口数量，与建筑高度、住宅单元的建筑面积、任一户门至最近安全出口的疏散距离等条件相关，允许设置 1 个安全出口的住宅单元，参见表 7.3.1。

表 7.3.1　住宅单元允许设置 1 个安全出口的基本条件

建筑高度 H	基本条件	每个单元每层
H ≤ 27m	每个单元任一层建筑面积 ≤ 650m²，且任一户门至最近安全出口的距离 ≤ 15m	1 个
27m < H ≤ 54m （注 1）	每个单元任一层建筑面积 ≤ 650m²，且任一户门至最近安全出口的距离 ≤ 10m	1 个

注：1　建筑高度大于 27m、不大于 54m 且每层仅设置 1 部疏散楼梯的住宅单元，户门的耐火完整性不应低于 1.00h，疏散楼梯应通至屋面，多个单元的住宅建筑中通至屋面的疏散楼梯应能通过屋面连通（仅一个单元的住宅除外）。

　　2　"任一户门至最近安全出口的距离"（10m，15m）为定值，即使建筑内全部设置自动喷水灭火系统也不得增加。

7.3.2　住宅建筑的室内疏散楼梯应符合下列规定：

1　建筑高度不大于 21m 的住宅建筑，当户门的耐火完整性低于 1.00h 时，与电梯井相邻布置的疏散楼梯应为封闭楼梯间；

2　建筑高度大于 21m、不大于 33m 的住宅建筑，当户门的耐火完整性低于 1.00h 时，疏散楼梯应为封闭楼梯间；

3　建筑高度大于 33m 的住宅建筑，疏散楼梯应为防烟楼梯间，开向防烟楼梯间前室或合用前室的户门应为耐火性能不低于乙级的防火门；

4　建筑高度大于 27m、不大于 54m 且每层仅设置 1 部疏散楼梯的住宅单元，户门的耐火完整性不应低于 1.00h，疏散楼梯应通至屋面；

5　多个单元的住宅建筑中通至屋面的疏散楼梯应能通过屋面连通。

【要点解读】

本条规定了住宅建筑的疏散楼梯间形式以及疏散楼梯间直通屋面的要求。本条主要对应于《建筑设计防火规范（2018年版）》GB 50016—2014第5.5.26条、第5.5.27条。

要点1：耐火完整性不低于1.00h的户门和乙级防火门。

住宅建筑的户门，即住户疏散门。

（1）相对于原《建筑设计防火规范（2018年版）》GB 50016—2014规定，本条规定降低了住宅建筑部分户门的耐火性能要求，有利于户门的装饰和花样效果，满足不同住户的个性化需求。

（2）本条规定的"耐火完整性不低于1.00h的户门"，目前尚无相关产品标准，宜采用符合现行国家标准《防火门》GB 12955的非隔热防火门（C1.00）或乙级防火门，或提供国家认可授权检测机构出具的检验报告。

由"6.4.3-要点1"可知，耐火完整性不低于1.00h的门为非隔热防火门，产品代号为C1.00。乙级防火门为耐火隔热性和完整性均不低于1.00h的防火门，产品代号为A1.00，乙级防火门可以替代耐火完整性不低于1.00h的非隔热防火门。

要点2：建筑高度不大于21m的住宅建筑，当户门的耐火完整性低于1.00h时，与电梯井相邻布置的疏散楼梯应为封闭楼梯间。

（1）建筑高度不大于21m的住宅建筑可以采用敞开楼梯间，但与电梯井相邻布置的疏散楼梯应为封闭楼梯间。

火灾烟气易通过电梯竖井蔓延，为防范火灾和高温烟气侵犯疏散楼梯间，疏散楼梯位置要尽量远离电梯井，当需与电梯井相邻布置时，应采用封闭楼梯间。本条规定的相邻布置，包括贴邻布置【图示1】和相对布置【图示2】。

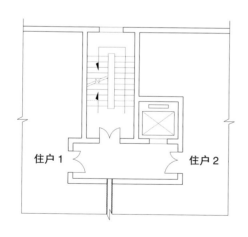

7.3.2- 图示1　疏散楼梯与电梯贴邻布置

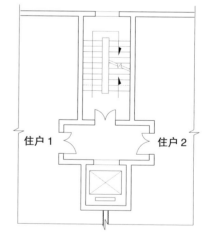

7.3.2- 图示2　疏散楼梯与电梯相对布置

（2）当户门的耐火完整性不低于1.00h时，可一定程度上防范火灾侵害，仍可采用敞开楼梯间【图示 3】【图示 4】。

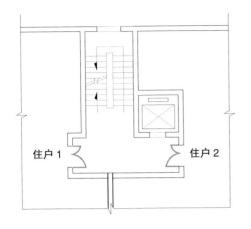

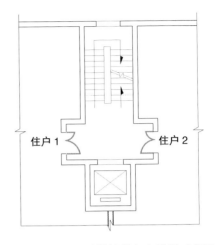

7.3.2- 图示 3　疏散楼梯与电梯贴邻布置　　　　7.3.2- 图示 4　疏散楼梯与电梯相对布置

要点 3：建筑高度大于 21m、不大于 33m 的住宅建筑，当户门的耐火完整性低于 1.00h 时，疏散楼梯应为封闭楼梯间。

建筑高度大于 21m、不大于 33m 的住宅建筑，应采用封闭楼梯间【图示 5】，当户门的耐火完整性不低于 1.00h 时，可以采用敞开楼梯间【图示 6】。

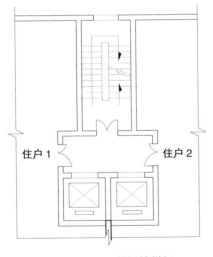

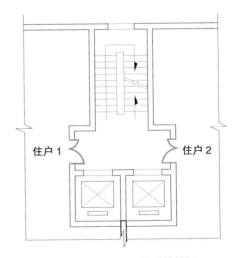

7.3.2- 图示 5　封闭楼梯间　　　　　　　　　　7.3.2- 图示 6　敞开楼梯间

（1）这类建筑的竖向疏散距离较短，当每户通向楼梯间的门具有一定的耐火性能时，能一定程度防范外部火灾对户内的侵害，也可以降低户内火灾烟气进入楼梯间的风险，因此仍可以采用敞开楼梯间。

（2）对于建筑高度大于 27m 的住宅建筑，封闭楼梯间应采用耐火极限不低于乙级的防火门，当住宅单元仅设置 1 部疏散楼梯时，应满足本条第 4 款规定。

要点 4：建筑高度大于 33m 的住宅建筑，疏散楼梯应为防烟楼梯间，开向防烟楼梯间前室或合用前室的户门应为耐火性能不低于乙级的防火门，且其中建筑高度大于 100m 的建筑相应部位的门应为甲级防火门。

本规定应结合《建筑设计防火规范（2018 年版）》GB 50016—2014 第 5.5.27 条第 3 款执行。建筑高度大于 33m 的住宅建筑应采用防烟楼梯间。户门不宜直接开向前室，确有困难时，每层开向同一前室的户门不应大于 3 樘且应为耐火性能不低于乙级的防火门【图示 7】【图示 8】。

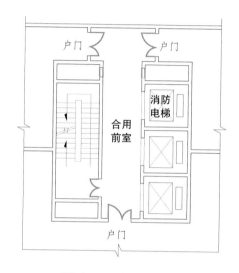

7.3.2– 图示 7　开向合用前室的户门
不大于 3 樘

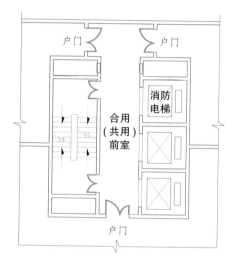

7.3.2– 图示 8　开向合用（共用）前室的户门
不大于 3 樘

依据本《通用规范》第 6.4.3 条规定，防烟楼梯间及其前室的门的耐火性能不应低于乙级防火门，且其中建筑高度大于 100m 的建筑相应部位的门应为甲级防火门。

要点 5：建筑高度大于 27m、不大于 54m 且每层仅设置 1 部疏散楼梯的住宅单元，户门的耐火完整性不应低于 1.00h，疏散楼梯应通至屋面；多个单元的住宅建筑中通至屋面的疏散楼梯应能通过屋面连通。

建筑高度大于 27m、不大于 54m 的住宅单元，竖向疏散距离较长，应尽量设置 2 部疏散楼梯，当仅设置 1 部疏散楼梯时，有必要提升户门耐火性能，降低户内火灾烟气对疏散楼梯间的影响，同时疏散楼梯应通至屋面，多个单元的住宅建筑中通至屋面的疏散楼梯应能通过屋面连通【图示 9】，形成双向的竖向疏散通道。紧急情况下，人员可以通过屋面进入其他疏散楼梯间疏散。

对于仅有一个单元的住宅建筑，只需将疏散楼梯通至屋顶，屋面应满足人员临时避难要求【图示 10】。

7.3.2- 图示 9　疏散楼梯通过住宅建筑屋面连通

7.3.2- 图示 10　仅有一个单元的住宅建筑只需将疏散楼梯通至屋顶

7.4　公共建筑

7.4.1　公共建筑内每个防火分区或一个防火分区的每个楼层的安全出口不应少于 2 个；仅设置 1 个安全出口或 1 部疏散楼梯的公共建筑应符合下列条件之一：

　　1　除托儿所、幼儿园外，建筑面积不大于 200m² 且人数不大于 50 人的单层公共建筑或多层公共建筑的首层；

　　2　除医疗建筑、老年人照料设施、儿童活动场所、歌舞娱乐放映游艺场所外，符合表 7.4.1 规定的公共建筑。

表 7.4.1　仅设置 1 个安全出口或 1 部疏散楼梯的公共建筑

建筑的耐火等级或类型	最多层数	每层最大建筑面积（m²）	人数
一、二级	3 层	200	第二、三层的人数之和不大于 50 人
三级、木结构建筑	3 层	200	第二、三层的人数之和不大于 25 人
四级	2 层	200	第二层人数不大于 15 人

【要点解读】

　　本条规定了公共建筑内每个防火分区或一个防火分区的每个楼层的安全出口设置数量的基本要求。本条主要对应于《建筑设计防火规范（2018 年版）》GB 50016—2014 第 5.5.8 条、第 11.0.7 条第 1 款。地下、半地下建筑（室）的安全出口数量，参见要点 4。

有关歌舞娱乐放映游艺场所、儿童活动场所、老年人照料设施、医疗建筑的概念及范围，参见"附录1"。

要点1：实施要点。

（1）公共建筑的安全出口数量，除满足本条规定的基本要求外，尚应根据安全疏散距离和疏散净宽度经计算确定。

（2）即使满足本条规定允许设置1个安全出口的防火分区或楼层，房间疏散门数量仍应符合第7.4.2条规定。

（3）本条规定的"人数"为正常运营过程中可控的核定人数，当不能核定或不能控制人数时，可根据建筑面积和人员密度（人均面积）确定，参见"附录8"。

要点2：公共建筑内每个防火分区或一个防火分区的每个楼层的安全出口不应少于2个。

（1）当一个楼层包括1个或多个防火分区时，每个防火分区的安全出口不应少于2个【图示1】。

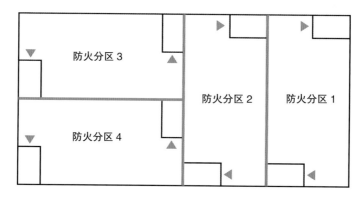

7.4.1- 图示1　防火分区安全出口平面示意图

（2）当一个防火分区包括多个楼层时，每个楼层的安全出口不应少于2个。

示例1：在【图示2】中，第一层至第三层为同一防火分区，每个楼层的安全出口不应少于2个。

示例2：在【7.1.8- 图示9】中，整座建筑为同一防火分区，每个楼层的安全出口不应少于2个。

要点3：除托儿所、幼儿园外，建筑面积不大于 $200m^2$ 且人数不大于50人的单层公共建筑或多层公共建筑的首层，可设置1个安全出口。

除托儿所、幼儿园外，其他单层公共建筑或多层公共建筑的首层，当符合下列条件之一时可设置1个安全出口。

（1）当建筑面积不大于 $200m^2$ 且人数不大于50人时，可以设1个安全出口【图示3】。

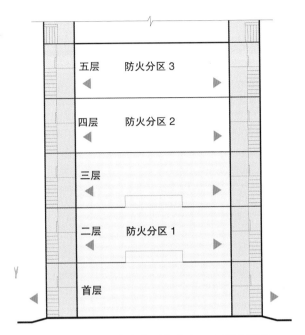

7.4.1- 图示 2　防火分区安全出口立面示意图

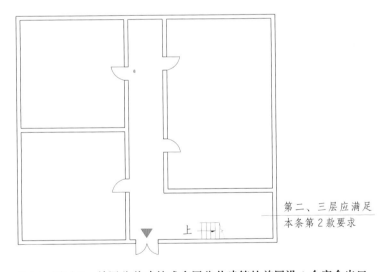

第二、三层应满足本条第 2 款要求

7.4.1- 图示 3　单层公共建筑或多层公共建筑的首层设 1 个安全出口

（2）当防火分区的建筑面积不大于 200m^2 且人数不大于 50 人时，可以设 1 个安全出口【图示 4】。实际应用中，当防火分隔区域的建筑面积不大于 200m^2 且人数不大于 50 人，该区域与建筑内其他部位采用不开设任何洞口的防火隔墙分隔时，也可以设置 1 个安全出口【图示 5】。

（3）对于单层建筑或多层建筑的首层来说，安全出口可以是疏散走道直通室外的出口，也可以是房间直通室外的疏散门。

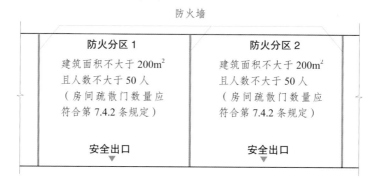

7.4.1-图示 4　单层公共建筑或多层公共建筑的首层每个防火分区设置 1 个安全出口

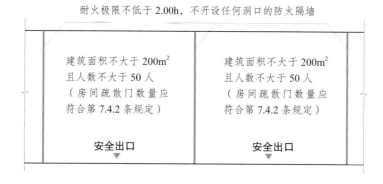

7.4.1-图示 5　单层公共建筑或多层公共建筑的首层每个防火分隔区域设置 1 个安全出口

要点 4：除医疗建筑、老年人照料设施、儿童活动场所、歌舞娱乐放映游艺场所外，符合表 7.4.1 规定的公共建筑，可设置 1 个安全出口或 1 部疏散楼梯。

（1）对于建筑层数为 2 至 3 层的多层建筑，首层可依本条第 1 款确定安全出口数量，第二层、第三层可依第 2 款确定安全出口数量【图示 6】【图示 7】。

当第二层、第三层的疏散楼梯完全独立且在首层直通室外时，首层的建筑面积可不限【图示 8】。

（2）本条第 2 款规定为独立建造的不超过 3 层的公共建筑，实际应用中，可扩展至以下组合建造或贴邻建造的方式：

①满足本款条件的多座建筑可贴邻建造，依不同建筑贴邻建造的规定，应采用防火墙分隔。实际应用中，也可以采用不开设任何洞口的防火隔墙分隔，防火隔墙的耐火极限不低于 2.00h【图示 9】。

②满足本款条件的建筑内局部区域，当采用防火墙和耐火极限不低于 1.00h 的不燃性楼板分隔时，可设置一部疏散楼梯。实际应用中，可以采用不开设任何洞口的防火隔墙分隔【图示 10】。

（3）建筑中仅服务部分楼层的安全出口或疏散楼梯，可依据其服务楼层的楼层数量、建筑高度（埋深）、使用功能、火灾危险性类别等确定其疏散设计要求，但同一疏散楼梯间的设置形式应一致，参见"7.1.8- 要点 9"。

要点 5：公共建筑的地下、半地下建筑（室）的安全出口数量。

对于公共建筑的地下、半地下建筑（室），每个防火分区或一个防火分区的每个楼层的安全出口不应少于 2 个，允许设置 1 个安全出口的场所，可依相关标准确定。

（1）《建筑设计防火规范（2018 年版）》GB 50016—2014。

5.5.5　除人员密集场所外，建筑面积不大于 500m²、使用人数不超过 30 人且埋深不大于 10m 的地下或半地下建筑（室），当需要设置 2 个安全出口时，其中 1 个安全出口可利用直通室外的金属竖向梯。

除歌舞娱乐放映游艺场所外，防火分区建筑面积不大于 200m² 的地下或半地下设备间、防火分区建筑面积不大于 50m² 且经常停留人数不超过 15 人的其他地下或半地下建筑（室），可设置 1 个安全出口或 1 部疏散楼梯。

（2）《人民防空工程设计防火规范》GB 50098—2009。

5.1.1　每个防火分区安全出口设置的数量，应符合下列规定之一：

1　每个防火分区的安全出口数量不应少于 2 个；

3　建筑面积不大于 500m²，且室内地面与室外出入口地坪高差不大于 10m，容纳人数不大于 30 人的防火分区，当设置有仅用于采光或进风用的竖井，且竖井内有金属梯直通地面、防火分区通向竖井处设置有不低于乙级的常闭防火门时，可只设置 1 个通向室外、直通室外的疏散楼梯间或避难走道的安全出口；也可设置 1 个与相邻防火分区相通的防火门；

4　建筑面积不大于 200m²，且经常停留人数不超过 3 人的防火分区，可只设置 1 个通向相邻防火分区的防火门。

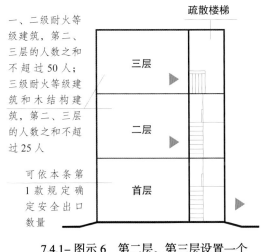

7.4.1- 图示 6　第二层、第三层设置一个
安全出口的建筑

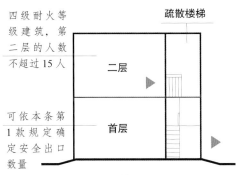

7.4.1- 图示 7　第二层设置一个
安全出口的建筑

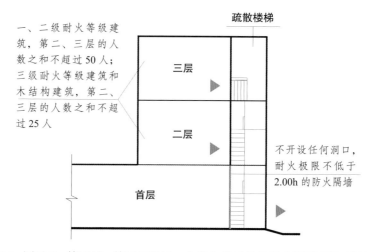

7.4.1– 图示 8　第二层、第三层设置一个安全出口的建筑（首层面积不限）

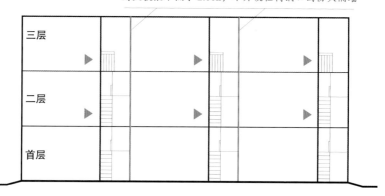

7.4.1– 图示 9　采用防火隔墙分隔的多个建筑单元

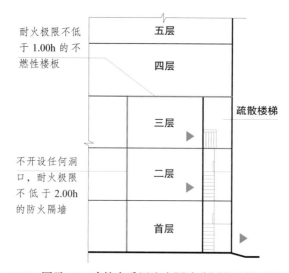

7.4.1– 图示 10　建筑内采用防火隔墙分隔的局部区域

7.4.2 公共建筑内每个房间的疏散门不应少于 2 个；儿童活动场所、老年人照料设施中的老年人活动场所、医疗建筑中的治疗室和病房、教学建筑中的教学用房，当位于走道尽端时，疏散门不应少于 2 个；公共建筑内仅设置 1 个疏散门的房间应符合下列条件之一：

   1 对于儿童活动场所、老年人照料设施中的老年人活动场所，房间位于两个安全出口之间或袋形走道两侧且建筑面积不大于 50m²；

   2 对于医疗建筑中的治疗室和病房、教学建筑中的教学用房，房间位于两个安全出口之间或袋形走道两侧且建筑面积不大于 75m²；

   3 对于歌舞娱乐放映游艺场所，房间的建筑面积不大于 50m² 且经常停留人数不大于 15 人；

   4 对于其他用途的场所，房间位于两个安全出口之间或袋形走道两侧且建筑面积不大于 120m²；

   5 对于其他用途的场所，房间位于走道尽端且建筑面积不大于 50m²；

   6 对于其他用途的场所，房间位于走道尽端且建筑面积不大于 200m²、房间内任一点至疏散门的直线距离不大于 15m、疏散门的净宽度不小于 1.40m。

【要点解读】

本条规定了公共建筑内房间疏散门设置数量的基本要求。本条主要对应于《建筑设计防火规范（2018 年版）》GB 50016—2014 第 5.5.15 条。

房间疏散门，包括房间通向疏散走道的疏散门，也包括房间直通室外的疏散门，直接通向疏散楼梯间及前室、室外疏散楼梯的疏散门。

依本条规定，允许设置 1 个疏散门的公共建筑房间，见表 7.4.2。

表 7.4.2 设置 1 个疏散门的公共建筑房间

房间位置	建筑或场所	房间条件	疏散门数量
位于两个安全出口之间或袋形走道两侧的房间	儿童活动场所、老年人照料设施中的老年人活动场所	房间建筑面积≤50m²	1 个
	医疗建筑中的治疗室和病房、教学建筑中的教学用房	房间建筑面积≤75m²	1 个
	其他用途的场所	房间建筑面积≤120m²	1 个
位于走道尽端的房间	其他用途的场所	房间建筑面积≤50m²	1 个
		房间建筑面积≤200m²、房间内任一点至疏散门的直线距离≤15m、疏散门的净宽度≥1.40m	1 个
歌舞娱乐放映游艺场所的房间		房间建筑面积≤50m² 且经常停留人数不超过 15 人	1 个

注: 1　有关教学建筑、歌舞娱乐放映游艺场所、儿童活动场所、老年人照料设施、医疗建筑的
　　　　概念及范围，参见"附录1"。
　　2　本条规定的"其他用途的场所"是指除儿童活动场所、老年人照料设施中的老年人活动
　　　　场所、医疗建筑中的治疗室和病房、教学建筑中的教学用房和歌舞娱乐放映游艺场所外
　　　　的场所。
　　3　本条规定中的使用功能，主要针对房间的使用功能，同一建筑中的不同功能用房，可分
　　　　别适用不同的规定。比如，老年人照料设施、教学建筑、医疗建筑中的办公用房和配套
　　　　辅助用房等，可视为其他用途的场所。

要点1：决定房间疏散门数量的主要因素。

除本条规定的基本要求外，决定房间疏散门数量的主要因素有使用功能、使用人员特征、房间平面位置、疏散人数、疏散距离等。

（1）使用功能。

在确定房间疏散门数量时，建筑使用功能分类主要有：①医疗建筑中的治疗室和病房；②歌舞娱乐放映游艺场所；③教学建筑中的教学用房；④儿童活动场所；⑤老年人照料设施中的老年人活动场所；⑥其他用途的场所。

老年人照料设施中的老年人活动场所，是指供老年人使用的主要用房，包括生活用房、文娱与健身用房、康复与医疗用房。生活用房是为满足老年人居住、就餐等基本生活需求以及为其提供生活照料服务而设置的用房；文娱与健身用房是为满足老年人文娱、健身活动需求而设置的用房；康复与医疗用房是为老年人提供康复服务及医疗服务而设置的用房。

（2）使用人员特征。

使用人员特征，主要包括儿童、老年人活动场所以及其他人员场所等。

（3）房间平面位置。

房间的平面位置，主要是相对疏散走道和安全出口的平面位置，包括房间位于疏散走道的两个安全出口之间、位于疏散走道的袋形走道两侧和位于疏散走道的尽端等情形【图示1】【图示2】。

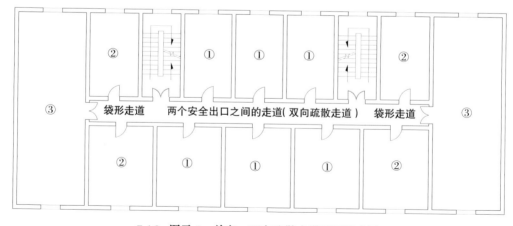

7.4.2-图示1　单向、双向疏散走道平面示意图

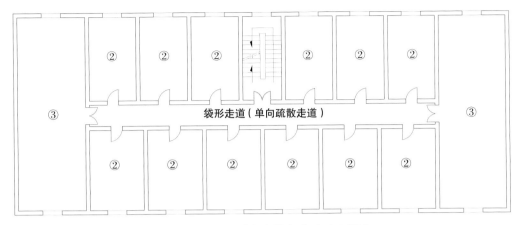

7.4.2– 图示 2　单向疏散走道平面示意图

注：房间①为位于两个安全出口之间的房间；房间②为位于袋形走道两侧的房间；房间③为位于走道尽端的房间。

（4）疏散人数。

房间疏散门的净宽度，应满足房间内疏散人员的疏散净宽度要求，尤其在剧场、电影院、礼堂和体育馆的观众厅或多功能厅，以及候机（车、船）厅及医院的门诊大厅等人员密集公共场所，疏散出口净宽度应满足人员疏散要求。

（5）疏散距离。

依据本《通用规范》第 7.1.3 条规定，房间内任一点至房间疏散门的疏散距离，不应大于建筑中位于袋形走道两侧或尽端房间的疏散门至最近安全出口的最大允许疏散距离。当房间内任一点的疏散距离不满足要求时，需要增加疏散门。

要点 2：两个安全出口之间的走道（双向疏散走道）和袋形走道（单向疏散走道）。

按疏散方向分类，疏散走道可分为双向疏散走道和单向疏散走道。

（1）双向疏散走道是位于两个安全出口之间的走道，从疏散走道的两个方向均可到达安全出口。

（2）单向疏散走道俗称袋形走道，是仅 1 个方向能到达安全出口的走道。袋形走道的尽头没有出口，只有 1 个疏散方向，类似于一个袋子，因而得名袋形走道。

单向疏散走道不利于安全疏散，在单向走道内人员存在折返的可能。从《建筑设计防火规范（2018 年版）》GB 50016—2014 表 5.5.17 和表 5.5.29 可知，大部分单向疏散走道均考虑了走道折返距离，以高层教学建筑为例，疏散门至最近安全出口的允许直线距离，双向疏散走道区域为 30m，单向疏散走道区域为 15m。

（3）示例：【图示 1】中，中间为双向疏散走道区域，左右两侧为单向疏散走道区域，即袋形走道。【图示 2】仅 1 个疏散楼梯间，为单向疏散走道。其中，房间①为位于两个安全出口之间的房间；房间②为位于袋形走道两侧的房间；房间③为位于走道尽端的房间。

要点3：儿童活动场所、老年人照料设施中的老年人活动场所、医疗建筑中的治疗室和病房、教学建筑中的教学用房，当位于走道尽端时，疏散门不应少于2个。

这类场所位于走道尽端时疏散门不应少于2个，除走道尽端的疏散门外，其他疏散出口可以是通向室内其他疏散走道的疏散门，也可以是室外疏散楼梯或设置在房间内的专用疏散楼梯间。

要点4：对于歌舞娱乐放映游艺场所，房间的建筑面积不大于$50m^2$且经常停留人数不大于15人，疏散门不应少于1个。

本规定的"经常停留人数"为正常运营过程中可控的核定人数，包括服务人员人数，当不能核定或不能控制人数时，可根据建筑面积和第7.4.7条第3款的人员密度确定经常停留人数。由此可知，当歌舞娱乐放映游艺场所不能核定或不能控制人数时，建筑面积大于$15m^2$的录像厅和建筑面积大于$30m^2$的其他房间需要不少于2个疏散门。

要点5：公共建筑的地下或半地下建筑（室）的房间疏散门。

公共建筑的地下或半地下建筑（室）的房间疏散门设置，除本条规定外，尚应满足现行国家标准《建筑设计防火规范》GB 50016、《人民防空工程设计防火规范》GB 50098等标准规定。比如：《建筑设计防火规范（2018年版）》GB 50016—2014第5.5.5条规定，每个房间的疏散门不应少于2个，建筑面积不大于$200m^2$的地下或半地下设备间、建筑面积不大于$50m^2$且经常停留人数不超过15人的其他地下或半地下房间，可设置1个疏散门；《人民防空工程设计防火规范》GB 50098—2009第5.1.2条规定，房间建筑面积不大于$50m^2$，且经常停留人数不超过15人时，可设置一个疏散出口。

7.4.3 位于高层建筑内的儿童活动场所，安全出口和疏散楼梯应独立设置。

【要点解读】

本条规定了高层建筑内儿童活动场所的安全出口（疏散楼梯）设置要求。本条应结合《建筑设计防火规范（2018年版）》GB 50016—2014第5.4.4条执行。

（1）儿童活动场所与其他功能场所共用安全疏散设施时，不利于儿童疏散和消防救援，应严格控制，避免儿童与其他场所的疏散人群混合。示例，设置于高层建筑第三层的儿童活动场所，安全出口和疏散楼梯应独立设置，不得在第二层、第一层开设连通门或疏散门【图示】。

（2）依据《建筑设计防火规范（2018年版）》GB 50016—2014第5.4.4条规定，当儿童活动场所设置在单、多层建筑内时，宜设置独立的安全出口和疏散楼梯。

（3）依据"应急管理部关于贯彻实施新修改《中华人民共和国消防法》全面实行公众聚集场所投入使用营业前消防安全检查告知承诺管理的通知"（应急〔2021〕34号）要求，儿童活动场所设置在多层建筑内时，安全出口和疏散楼梯应至少1个独立设置。

（4）由本《通用规范》4.3.4条可知，儿童活动场所的设置楼层不会超过三层，且不应布置在地下或半地下。综合"7.1.8-要点9"可知，当儿童活动场所的疏散楼梯独立设置时，可以采用敞开楼梯间。

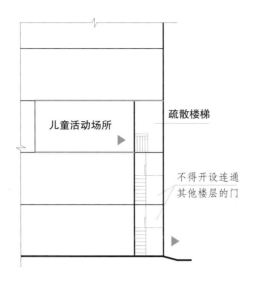

7.4.3- 图示　儿童活动场所设置独立疏散楼梯

注：儿童活动场所楼层布置及防火分隔要求，应符合本《通用规范》第4章规定。

7.4.4　下列公共建筑的室内疏散楼梯应为防烟楼梯间：

1　一类高层公共建筑；

2　建筑高度大于32m 的二类高层公共建筑。

7.4.5　下列公共建筑中与敞开式外廊不直接连通的室内疏散楼梯均应为封闭楼梯间：

1　建筑高度不大于32m 的二类高层公共建筑；

2　多层医疗建筑、旅馆建筑、老年人照料设施及类似使用功能的建筑；

3　设置歌舞娱乐放映游艺场所的多层建筑；

4　多层商店建筑、图书馆、展览建筑、会议中心及类似使用功能的建筑；

5　6 层及 6 层以上的其他多层公共建筑。

【第 7.4.4 条、第 7.4.5 条要点解读】

第 7.4.4 条、第 7.4.5 条规定了公共建筑疏散楼梯的基本形式，对于地下、半地下建筑（室）的疏散楼梯，应符合本《通用规范》第 7.1.10 条的规定。本条应结合《建筑设计防火规范（2018 年版）》GB 50016—2014 第 5.5.12 条、第 5.5.13A 条执行。

（1）本条第 2 款、第 4 款所述的"类似使用功能的建筑"，是指使用功能与前述建筑或场所类似的建筑，或疏散人员数量、特性及火灾危险性与前述建筑或场所类似的建筑。

（2）本条第 5 款所述的"其他多层公共建筑"，是指除本条第 2 款～第 4 款规定以外的多层公共建筑。

（3）综合《建筑设计防火规范（2018 年版）》GB 50016—2014 第 5.5.12 条、第 5.5.13A 条等规定可知，公共建筑中的疏散楼梯形式要求，参见表 7.4.5。

表 7.4.5　公共建筑的室内疏散楼梯形式

建筑高度、建筑功能	楼梯间形式	备注
一类高层公共建筑	防烟楼梯间	
建筑高度大于 32m 的二类高层公共建筑		
建筑高度不大于 32m 的二类高层公共建筑	封闭楼梯间	允许采用封闭楼梯间的建筑，当封闭楼梯间直通敞开式外廊时，具备较好的通风条件，可以采用敞开楼梯间
多层医疗建筑、旅馆建筑、老年人照料设施及类似使用功能的建筑		
设置歌舞娱乐放映游艺场所的多层建筑		
多层商店建筑、图书馆、展览建筑、会议中心及类似使用功能的建筑		
6 层及 6 层以上的其他多层公共建筑		
5 层及 5 层以下的其他多层公共建筑	敞开楼梯间	

注：1　室外楼梯可作为防烟楼梯间或封闭楼梯间使用。

　　2　高层建筑的裙房，疏散楼梯应采用封闭楼梯间，当与敞开式外廊直接连通时，可采用敞开楼梯间；当在裙房与高层建筑主体之间采用防火墙和甲级防火门分隔时，裙房的疏散楼梯可按有关多层建筑的要求确定。

　　3　地下、半地下建筑（室）的疏散楼梯，应符合本《通用规范》第 7.1.10 条的规定。

（4）建筑中仅服务部分楼层的安全出口或疏散楼梯，可依据其服务楼层的楼层数量、建筑高度（埋深）、使用功能、火灾危险性类别等确定其疏散设计要求，但同一疏散楼梯间的设置形式应一致，参见"7.1.8- 要点 9"。

（5）疏散楼梯间形式不受楼层防火分区划分形式的影响。每个防火分区或一个防火分区的每个楼层均应设置安全出口（疏散楼梯），即使位于同一防火分区的多个楼层，疏散楼梯形式也应与其他楼层一致，参见"7.1.8- 要点 10"。

7.4.6　剧场、电影院、礼堂和体育馆的观众厅或多功能厅的疏散门不应少于 2 个，且每个疏散门的平均疏散人数不应大于 250 人；当容纳人数大于 2000 人时，其超过 2000 人的部分，每个疏散门的平均疏散人数不应大于 400 人。

【要点解读】

本条规定了剧场、电影院、礼堂和体育馆的观众厅或多功能厅的疏散门设置要求。本条应结合《建筑设计防火规范（2018 年版）》GB 50016—2014 第 5.5.16 条执行。

剧场、电影院、礼堂和体育馆的观众厅或多功能厅均属于人员密集的公共场所，应具备足够数量的疏散门并应合理分布，应根据每个疏散门的疏散人数、人流股数，依据疏散时间要求校核和调整净宽度。

要点 1：每个疏散门的平均疏散人数不应大于 250 人；当容纳人数大于 2000 人时，其超过 2000 人的部分，每个疏散门的平均疏散人数不应大于 400 人。

（1）每个疏散门的平均疏散人数不应大于 250 人，是以人员从一、二级耐火等级建筑的观众厅疏散出去的时间不大于 2min 为原则确定的。剧场、电影院等观众厅的疏散门宽度多在 1.65m 以上，可通过 3 股疏散人流。一座容纳人数不大于 2000 人的剧场或电影院，如果池座和楼座的每股人流通过能力按 40 人 /min 计算（池座平坡地面按 43 人 /min，楼座阶梯地面按 37 人 /min），则 250 人需要的疏散时间为 250/（3×40）=2.08（min），与规定的控制疏散时间基本吻合。

（2）如果剧场或电影院的容纳人数大于 2000 人，则大于 2000 人的部分，每个疏散门的平均人数可按不大于 400 人考虑，最终每个疏散门的疏散人数按平均疏散人数计。为满足疏散时间要求，可适当增加疏散门净宽度。

（3）实际应用中，疏散门的净宽度应结合疏散时间和人流股数确定。如一座容纳人数为 3000 人的剧场，按规定需要的疏散门数量为：2000/250+1000/400=10.5（个），按 11 个计，则每个疏散门的平均疏散人数约为：3000/11≈273（人），按 2min 控制疏散时间计算出每个疏散门所需通过的人流股数为：273/（2×40）=3.4（股）。此时，宜按 4 股通行能力来考虑设计疏散门的宽度，即采用 4×0.55=2.20（m）较为合适。

要点 2：影响疏散门净宽度的主要因素。

（1）安全出口和疏散门的疏散净宽度应与人流股数相匹配。

通常认为，有效的疏散方式是以单股或多股人流的形式有序进行，可确保较高的疏散效率。剧场、电影院、礼堂、体育馆、地铁和中小学校等人员密集场所，在确定疏散净宽度时，需与疏散人流股数相匹配。其他场所中，虽然没有强调人流股数，但在人员密集的场所中，人流股数仍为疏散宽度计算的重要依据。

每股人流宽度是指疏散时每股人流所需的宽度，每股人流宽度与疏散人群的年龄、建筑物特征等条件相关，在剧场、电影院、礼堂和体育馆的观众厅或多功能厅等场所中，每股人流宽度通常按 0.55m 计，在体育建筑中，大于 4 股人流时每股宽度按 0.50m 计。

在观众厅等人员密集场所中，疏散净宽度宜为人流股数的整数倍，比如 1.10m（2 股人流）【图示 1】、1.65m（3 股人流）【图示 2】、2.20m（4 股人流）【图示 3】，以更好地发挥疏散功能。

（2）在疏散路径上，疏散门和安全出口需要与疏散通道的人流股数匹配，以发挥较好的疏散效率。

观众席中纵、横走道通向安全出口或疏散门的设计人流股数，应与安全出口或疏散门的设计通行股数匹配。比如，当通向疏散门的通道设计为 4 股人流时，则对应的疏散门净宽度宜为 2.20m，如小于 2.20m，出口处会造成堵塞，延误疏散时间；如大于 2.20m，则不能充分发挥安全出口或疏散门的作用。

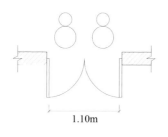

7.4.6- 图示 1　疏散门通过 2 股
人流示意图

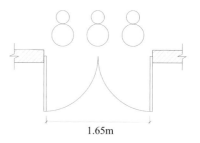

7.4.6- 图示 2　疏散门通过 3 股
人流示意图

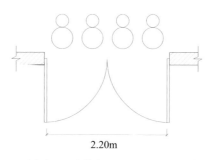

7.4.6- 图示 3　疏散门通过 4 股人流示意图

7.4.7　除剧场、电影院、礼堂、体育馆外的其他公共建筑，疏散出口、疏散走道和疏散楼梯各自的总净宽度，应根据疏散人数和每 100 人所需最小疏散净宽度计算确定，并应符合下列规定：

　　1　疏散出口、疏散走道和疏散楼梯每 100 人所需最小疏散净宽度不应小于表 7.4.7 的规定值。

　　2　除不用作其他楼层人员疏散并直通室外地面的外门总净宽度，可按本层的疏散人数计算确定外，首层外门的总净宽度应按该建筑疏散人数最大一层的人数计算确定。

　　3　歌舞娱乐放映游艺场所中录像厅的疏散人数，应根据录像厅的建筑面积按不小于 1.0 人 /m² 计算；歌舞娱乐放映游艺场所中其他用途房间的疏散人数，应根据房间的建筑面积按不小于 0.5 人 /m² 计算。

表 7.4.7　疏散出口、疏散走道和疏散楼梯每 100 人所需最小疏散净宽度（m/100 人）

建筑层数或埋深		建筑的耐火等级或类型		
		一、二级	三级、木结构建筑	四级
地上楼层	1 层 ~ 2 层	0.65	0.75	1.00
	3 层	0.75	1.00	—
	不小于 4 层	1.00	1.25	—

续表 7.4.7

建筑层数或埋深		建筑的耐火等级或类型		
		一、二级	三级、木结构建筑	四级
地下、半地下楼层	埋深不大于 10m	0.75	—	—
	埋深大于 10m	1.00	—	—
	歌舞娱乐放映游艺场所及其他人员密集的房间	1.00	—	—

【要点解读】

本条规定了公共建筑的疏散出口、疏散走道和疏散楼梯各自的总净宽度的确定方法和计算指标。本条应结合《建筑设计防火规范（2018 年版）》GB 50016—2014 第5.5.21 条、第 11.0.7 条执行。

本条规定不包括独立建造的剧场、电影院、礼堂、体育馆，也不包括与其他功能建筑组合建造但安全疏散完全独立的剧场、电影院、礼堂、体育馆。相关执行原则，参见要点 5。

要点 1：疏散出口、疏散走道和疏散楼梯的净宽度确定原则。

疏散出口、疏散走道和疏散楼梯的各自净宽度，应满足人员安全疏散的要求，主要原则如下：

（1）疏散出口、疏散走道、疏散楼梯的净宽度，不得小于各自的最小净宽度要求。

本《通用规范》第 7.1.4 条及相关标准规定，明确了不同建筑及功能场所疏散出口、疏散走道、疏散楼梯的最小净宽度要求，参见"7.1.4- 要点解读"。

（2）疏散出口、疏散走道、疏散楼梯的各自总净宽度，不得小于每 100 人所需最小疏散净宽度（要点 2）与疏散人数之积。

疏散人数可依据建筑面积和人员密度（人均面积）确定，本条第 2 款明确了疏散外门的疏散人数确定原则，本条第 3 款明确了歌舞娱乐放映游艺场所的疏散人数计算要求，其他功能场所的人员密度和人均面积参见"附录 8"。

各层疏散楼梯的净宽度，应依据本《通用规范》第 7.1.2 条的规定确定。

要点 2：疏散出口、疏散走道和疏散楼梯每 100 人所需最小疏散净宽度不应小于表 7.4.7 的规定值。

每 100 人所需最小疏散净宽度（b），也称为百人宽度指标，是计算疏散净宽度的基本要素。

（1）地上楼层的每 100 人所需最小疏散净宽度【图示 1】【图示 2】【图示 3】。

地上楼层的每 100 人所需最小疏散净宽度与耐火等级、结构形式和总楼层数相关，与建筑功能、建筑面积和体积无关，同一建筑中的所有地上楼层的每 100 人所需最小疏散净宽度相同。比如，建筑层数为 2 层的木结构建筑，所有地上楼层的每 100 人所

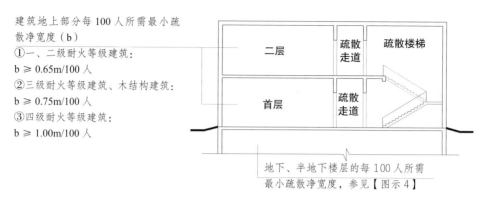

7.4.7- 图示 1　1 层～ 2 层建筑的每 100 人所需最小疏散净宽度示意图

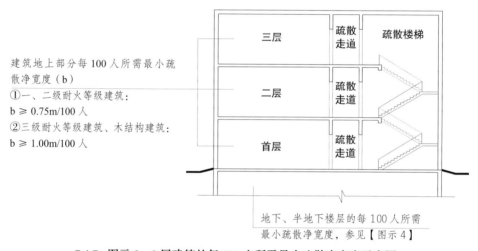

7.4.7- 图示 2　3 层建筑的每 100 人所需最小疏散净宽度示意图

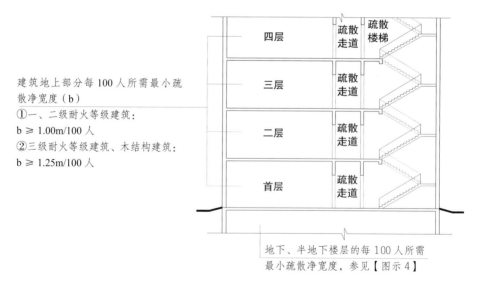

7.4.7- 图示 3　4 层及以上建筑的每 100 人所需最小疏散净宽度示意图

需最小疏散净宽度均为 0.75m/ 百人；建筑层数为 4 层及以上的一、二级耐火等级建筑，其所有地上楼层的每 100 人所需最小疏散净宽度均为 1.00m/ 百人。

（2）地下、半地下楼层的每 100 人所需最小疏散净宽度【图示 4】。

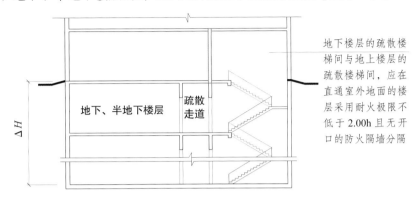

地下楼层的疏散楼梯间与地上楼层的疏散楼梯间，应在直通室外地面的楼层采用耐火极限不低于 2.00h 且无开口的防火隔墙分隔

7.4.7– 图示 4　地下、半地下楼层示意图

注：ΔH 的计算，参见"附录 3"。

地下、半地下楼层的疏散楼梯间与地上楼层的疏散楼梯间应在直通室外地面的楼层采用无开口的防火隔墙分隔（参见"7.1.10– 要点解读"），地下、半地下楼层的每 100 人所需最小疏散净宽度与地上楼层无关。地下、半地下楼层的每 100 人所需最小疏散净宽度与埋深和建筑功能相关，与地下楼层的层数无关。基本原则如下：

①地下、半地下楼层的埋深（ΔH）大于 10m 时，每 100 人所需最小疏散净宽度为 1.00m/ 百人。

②地下、半地下楼层的埋深（ΔH）不大于 10m 时，每 100 人所需最小疏散净宽度为 0.75m/ 百人。其中，歌舞娱乐放映游艺场所及其他人员密集的房间的每 100 人所需最小疏散净宽度为 1.00m/ 百人。本规定所述的"人员密集的房间"，主要包括会议室、多功能厅、观众厅、展览厅、营业厅、餐厅等。

③对于埋深（ΔH）不大于 10m 的地下、半地下楼层，当同时存在歌舞娱乐放映游艺场所、人员密集的房间以及其他功能的房间时，歌舞娱乐放映游艺场所所在区域（以防火分隔区域为界）的每 100 人所需最小疏散净宽度为 1.00m/ 百人，人员密集的房间的每 100 人所需最小疏散净宽度为 1.00m/ 百人，其他功能部分房间的每 100 人所需最小疏散净宽度可以为 0.75m/ 百人。但对于不同功能交叉或共用的疏散走道、安全出口、疏散楼梯等，每 100 人所需最小疏散净宽度应为 1.00m/ 百人。

（3）同一建筑中，对于疏散体系完全独立，且不开设连通洞口的不同区域（电梯井、管道井、电缆井等竖向井道除外），每 100 人所需最小疏散净宽度可分别确定。示例：【图示 5】建筑为层数不少于 4 层的一、二级耐火等级建筑，当一层、二层与三层及以上楼层完全分隔且安全疏散设施彼此独立时，该建筑一层、二层的每 100 人所需最小疏散净宽度可按 2 层计算，取值 0.65m/ 百人，三层及以上楼层的每 100 人所需最小疏散净宽度应按地上总层数计算，取值 1.00m/ 百人。需要说明的是，在该示例中，即使仅为 3 层建筑【图示 6】，在计算第三层的每 100 人所需最小疏散净宽度时，楼层数应计算为 3 层，不能计算为 1 层，第三层的每 100 人所需最小疏散净宽度应为 0.75m/ 百人。

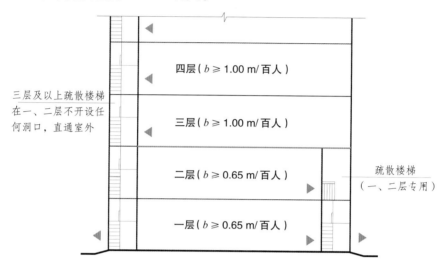

7.4.7- 图示 5　一、二级耐火等级建筑每 100 人所需最小疏散净宽度示意图（完全分隔的不同区域）

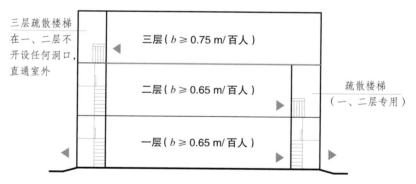

7.4.7- 图示 6　一、二级耐火等级建筑每 100 人所需最小疏散净宽度示意图（完全分隔的不同区域）

要点 3：除不用作其他楼层人员疏散并直通室外地面的外门总净宽度，可按本层的疏散人数计算确定外，首层外门的总净宽度应按该建筑疏散人数最大一层的人数计算确定。

首层外门总净宽度，可根据其所服务楼层中疏散人数最大一层的人数计算确定。示例：

（1）【图示 7】的建筑，各楼层均通过首层外门疏散，首层外门的总净宽度应按该建筑疏散人数最大一层的人数计算确定。

（2）【图示 8】的建筑，二层及以上楼层通过疏散楼梯疏散，疏散楼梯首层外门的总净宽度应按该建筑二层及以上楼层中疏散人数最多一层的人数计算确定；该建筑的首层设置独立的外门直通室外，其总净宽度可按首层疏散人数计算确定。

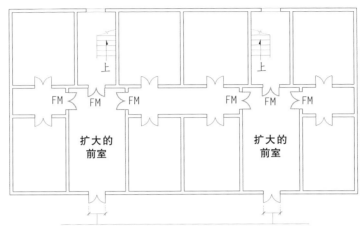

首层外门的总净宽度应按该建筑疏散人数最大一层的人数计算确定

7.4.7- 图示 7　首层外门总净宽度按疏散人数最大一层的人数计算

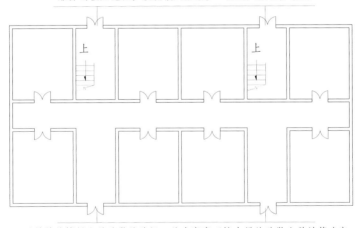

疏散楼梯直通室外的外门总净宽度，应根据该疏散楼梯服务的楼层范围，按疏散人数最多一层的人数计算确定

不供其他楼层人员疏散的外门，总净宽度可按本层的疏散人数计算确定

7.4.7- 图示 8　外门总净宽度按服务楼层中疏散人数最大一层的人数计算

要点 4：歌舞娱乐放映游艺场所中录像厅的疏散人数，应根据录像厅的建筑面积按不小于 1.0 人 /m² 计算；歌舞娱乐放映游艺场所中其他用途房间的疏散人数，应根据房间的建筑面积按不小于 0.5 人 /m² 计算。

歌舞娱乐放映游艺场所在计算疏散人数时，可不计算该场所内疏散走道、办公室、卫生间等辅助用房的建筑面积，而可以只根据该场所内具有娱乐功能的各厅、室的建筑面积确定【图示 9】，内部服务、办公和管理人员的数量可根据核定人数确定。

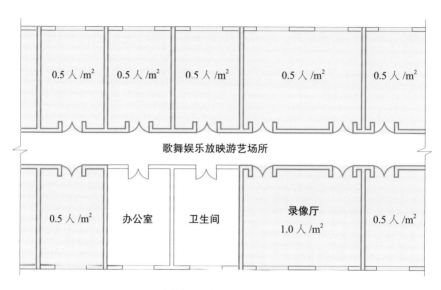

7.4.7- 图示 9 歌舞娱乐放映游艺场所人员密度示意图

要点 5：剧场、电影院、礼堂、体育馆外的疏散出口、疏散走道和疏散楼梯各自的总净宽度。

（1）本条规定不包括独立建造的剧场、电影院、礼堂、体育馆，也不包括与其他功能建筑组合建造但安全疏散完全独立的剧场、电影院、礼堂、体育馆。

（2）剧场、电影院、礼堂、体育馆等场所的疏散出口、疏散走道和疏散楼梯的净宽度，可依据本《通用规范》第 7.4.6 条、《建筑设计防火规范（2018 年版）》GB 50016—2014 第 5.5.20 条，以及现行标准《电影院建筑设计规范》JGJ 58、《剧场建筑设计规范》JGJ 57、《体育建筑设计规范》JGJ 31 等标准确定。

（3）当剧场、电影院、礼堂、体育馆与其他功能建筑组合建造且安全疏散未完全独立时，疏散出口、疏散走道和疏散楼梯的净宽度应综合不同功能确定，以最大值为准。示例：某公共建筑内的局部区域设置有电影院，电影院观众厅内的疏散通道、座位排数和疏散出口门等可依据第（2）项所涉规定确定，与其他功能存在交叉或共用的疏散走道、疏散出口和疏散楼梯的净宽度，应依据本条规定和第（2）项所涉规定综合确定，以最大值为准。

7.4.8 医疗建筑的避难间设置应符合下列规定：

1 高层病房楼应在第二层及以上的病房楼层和洁净手术部设置避难间；

2 楼地面距室外设计地面高度大于 24m 的洁净手术部及重症监护区，每个防火分区应至少设置 1 间避难间；

3 每间避难间服务的护理单元不应大于 2 个，每个护理单元的避难区净面积不应小于 25.0m^2；

4　避难间的其他防火要求，应符合本规范第 7.1.16 条的规定。

【要点解读】

本条规定了医疗建筑的避难间设置要求。本条应结合《建筑设计防火规范（2018年版）》GB 50016—2014 第 5.5.24 条、《医院洁净手术部建筑技术规范》GB 50333—2013 第 12.0.4 条执行。

为了满足难以在火灾中及时疏散人员的避难需要，满足一定条件的医疗建筑和老年人照料设施，需要设置避难间。这类避难间通常称为"解决平面疏散问题的避难间"，以区别"解决竖向疏散距离过长而设置的避难层"。

（1）医疗建筑的避难间可以利用平时使用的房间，如每层的监护室【图示1】，也可以利用消防电梯前室【图示2】，但合用前室不适合用作避难间，以防止病床影响人员通过楼梯疏散。当利用平时使用的房间作为避难间时，应保证需要时可立即转化为避难间。

（2）避难间的避难区净面积应考虑消防员、医护人员、家属所占面积和病床所占面积，每个护理单元的避难区净面积不应小于 25.0m^2。

每间避难间服务的护理单元不应大于 2 个，当避难间服务的护理单元为 2 个时，避难区净面积不应小于 50.0m^2【图示3】。

（3）进入避难间后，应尽量避免再经过走道等火灾时的非安全区进入疏散楼梯间或楼梯间的前室。避难间的疏散出口门宜直接开向前室或疏散楼梯间【图示1】【图示2】【图示3】。

（4）医疗建筑的避难间应满足相关标准规定，比如，《洁净手术部通用技术要求》GB/T 42392—2023 第 4.12.2 条规定，设立避难间（可是一间以上）应能容纳下本区域人员（考虑在患者手术床所占空间），应满足病人从手术室（间）到避难间的顺利转运。

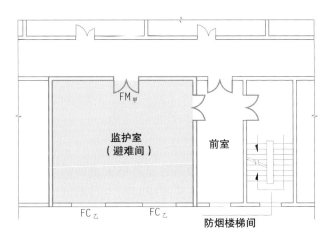

7.4.8– 图示 1　医疗建筑的监护室兼作避难间

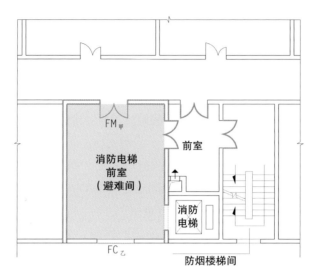

7.4.8- 图示 2　医疗建筑的消防电梯前室兼作避难间

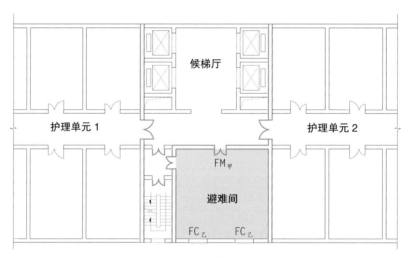

7.4.8- 图示 3　2 个护理单元共用一个避难间

7.5　其他工程

7.5.1　地铁车站中站台公共区至站厅公共区或其他安全区域的疏散楼梯、自动扶梯和疏散通道的通过能力，应保证在远期或客流控制期中超高峰小时最大客流量时，一列进站列车所载乘客及站台上的候车乘客能在 4min 内全部撤离站台，并应能在 6min 内全部疏散至站厅公共区或其他安全区域。

【要点解读】

本条规定了地铁车站公共区疏散设施的基本性能要求。本条主要对应于《地铁设计防火标准》GB 51298—2018 第 5.1.1 条。

随着地铁的发展，地铁车站不限制于仅设在地下。根据空间位置，地铁车站可以分为地下车站、地面车站和高架车站等。车站由车站主体（站台、站厅、设备用房、管理用房等）、出入口及通道、通风道及地面通风亭（仅地下车站）等部分组成。

（1）考虑站台现实情况和人们的行为习惯，站厅公共区与站台公共区可划分为一个防火分区。站厅公共区内的可燃物很少，且封闭的地下车站均设置事故通风和排烟系统，当站台层或区间隧道发生火灾时，站厅公共区在一定时间内能为站台层上的人员疏散提供较高的安全保障。因此允许站台公共区人员通过站厅公共区疏散至室外。但是，站厅公共区并非真正意义的室内安全区域，公共区内人员需及时疏散至室外安全区域。

（2）站台公共区往往难以设置足够数量的直通室内、室外安全区域的疏散出口，需要充分利用自动扶梯的疏散能力，但火灾工况时逆向运转的自动扶梯不能计入疏散用。当站台至站厅和站厅至地面的上、下行方式采用自动扶梯时，应增设步行楼梯；作为事故疏散用的自动扶梯，应采用一级负荷供电。

自动扶梯的通过能力可依据现行国家标准《地铁设计防火标准》GB 51298 确定。

（3）一般情况下，远期超高峰小时最大客流量大于初、近期超高峰小时最大客流量，但当线网未形成前，已通车的线路往往近期超高峰小时最大客流量会大于本线远期超高峰小时最大客流量。因此提出按远期或客流控制期中超高峰小时最大断面客流量计算的原则。

高峰小时客流量是指一天中地铁线路客流量最大的 1h 内的客流量，超高峰设计客流量为预测远期高峰小时客流量或客流控制期高峰小时客流量乘以 1.1 ～ 1.4 超高峰系数，各站超高峰系数取值视车站位置的客流特征和客流量大小取值。

（4）一列进站列车所载乘客及站台上的全部候车乘客人数，为站台层上的疏散总人数。要求站台层上的疏散总人数能在 4min 内全部撤离站台并应能在 6min 内全部疏散至站厅公共区或其他安全区域，并以此来匹配站台上疏散楼梯、扶梯的设置位置、数量和宽度与自站台到达站厅或其他安全区的高度或长度等之间的关系。

7.5.2　地铁车站的安全出口应符合下列规定：

　　1　车站每个站厅公共区直通室外的安全出口不应少于 2 个；

　　2　地下一层与站厅公共区同层布置侧式站台的车站，每侧站台直通室外的安全出口不应少于 2 个；

　　3　位于站厅公共区同方向相邻两个安全出口之间的水平净距不应小于 20m；

　　4　设备区的安全出口应独立设置，有人值守的设备和管理用房区域的安全出口不应少于 2 个，其中有人值守的防火分区应至少有 1 个直通室外的安全出口。

【要点解读】

本条规定了地铁车站的安全出口设置要求。本条应结合现行国家标准《地铁设计防火标准》GB 51298 执行。

要点 1：车站每个站厅公共区直通室外的安全出口不应少于 2 个。

《地铁设计防火标准》GB 51298—2018 第 5.1.4 条规定，每个站厅公共区应至少设置 2 个直通室外的安全出口。安全出口应分散布置，且相邻两个安全出口之间的最小水平距离不应小于 20m。换乘车站共用一个站厅公共区时，站厅公共区的安全出口应按每条线不少于 2 个设置。

（1）每个站厅公共区应设置不少于 2 处直通室外的安全出口，包括当一座车站采用了分离式站厅时，每个分离式站厅仍应满足不少于 2 个安全出口。

（2）换乘车站共用一个站厅公共区时，其安全出口按每条线不应少于 2 个。如两条线换乘站不应少于 4 个，三条线换乘站不应少于 6 个。

要点 2：地下一层与站厅公共区同层布置侧式站台的车站，每侧站台直通室外的安全出口不应少于 2 个。

《地铁设计防火标准》GB 51298—2018 第 5.2.2 条规定，地下一层侧式站台车站，每侧站台应至少设置 2 个直通地面或其他室外空间的安全出口。与站厅公共区同层布置的站台应符合下列规定：

（1）当站台与站厅公共区之间设置防火隔墙时，应在该防火隔墙上设置至少 2 个门洞，相邻两门洞之间的最小水平距离不应小于 10m【图示】。

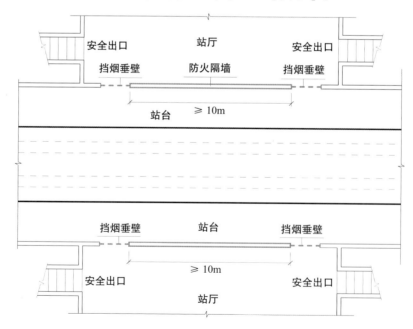

7.5.2- 图示　地下一层侧式站台车站

当地下一层的侧式站台连通同层标高地下一层的站厅公共区时，要求在连通的临界面处设置的防火隔墙上设置2个或2个以上的疏散门洞。该门口可以视为站台至站厅的通道口，门洞口处需设置挡烟垂壁，阻延烟气蔓延。

（2）当站台与站厅公共区之间未设置防火隔墙时，站台上任一点至地面或其他室外空间的疏散时间不应大于6min。

要点3：位于站厅公共区同方向相邻两个安全出口之间的水平净距不应小于20m。

本规定主要对应于《地铁设计防火标准》GB 51298—2018第5.1.4条。

站厅公共区的建筑面积一般较大，属于同一时间有大量人员需要疏散的建筑或场所，要求同方向相邻两个安全出口之间的水平净距不应小于20m，以防范紧急情况下疏散拥堵，也可以尽量避免火灾烟气同时影响相邻安全出口的情况发生。

对于站台公共区，可能难以满足本规定要求，不做严格限定，但应尽量加大相邻两个安全出口之间的间距。

要点4：设备区的安全出口应独立设置，有人值守的设备和管理用房区域的安全出口不应少于2个，其中有人值守的防火分区应至少有1个直通室外的安全出口。

本规定应结合《地铁设计防火标准》GB 51298—2018第5.1.7条、第5.2.1条、第5.2.7条执行。

有人值守的防火分区应至少有1个直通室外的安全出口，另一个安全出口可利用通向相邻防火分区的甲级防火门作为安全出口，当利用通向相邻防火分区的甲级防火门作为安全出口时，应采用防火墙与相邻防火分区进行分隔，不得采用防火卷帘、防火分隔水幕等防火分隔设施。

7.5.3　两条单线载客运营地下区间之间应设置联络通道，载客运营地下区间内应设置纵向疏散平台。

【要点解读】

本条规定了地铁区间隧道的疏散设施设置要求。本条应结合《地铁设计防火标准》GB 51298—2018第5.4.2条、第5.4.3条执行。

区间安全疏散可采用道床疏散和纵向疏散平台疏散两种方式，当列车在区间内着火不能行驶到前方车站时，乘客可通过道床或纵向疏散平台步行撤离至安全区。疏散通道应平整、连续、无障碍物，并应满足人员疏散行走的要求。

纵向疏散平台是在地铁区间内平行于地铁线路并靠站台侧设置，用于人员疏散的纵向连续走道。对于载客运营轨道区，不论纵向疏散平台设置与否，利用道床面疏散是不可缺少的。

要点1：载客运营地下区间内应设置纵向疏散平台。

本规定主要对应于《地铁设计防火标准》GB 51298—2018 第 5.4.3 条。

就地下区间而言，除轨道区的道床面可作为乘客疏散通道外，设置纵向疏散平台通道，可以为乘客多提供一条疏散路径，使人员能够尽快离开着火区域。例如，当列车中间节发生火灾时，根据通风排烟方向，可以利用列车端门疏散到道床面进行疏散，但后几节车厢乘客则无法穿越中间着火的车厢到达列车端门进行疏散。当列车车头、车尾节无法设置疏散门时，需要依靠打开侧门并通过纵向疏散平台迎风进行疏散【图示 1】【图示 2】。

有关纵向疏散平台的具体设置要求，可依据相关标准确定，比如：

（1）《地铁设计防火标准》GB 51298—2018 第 6.2.4 条规定，区间纵向疏散平台应符合下列规定：①单侧临空时，平台的宽度不宜小于 0.6m；双侧临空时，平台的宽度不宜小于 0.9m。②平台的设置高度宜低于车辆地板面 0.10m ～ 0.15m。③靠区间壁的墙上应设置靠墙扶手，高度宜为 0.9m。④纵向疏散平台面标高与联络通道地坪标高宜接平。⑤纵向疏散平台的耐火极限不应低于 1.00h。

（2）《地铁设计规范》GB 50157—2013 第 5.4.4 条规定，当区间隧道设有疏散平台时，平台宜设在行车方向左侧，消防设备、排水管宜布置在行车方向右侧；疏散平台上方应保持不小于 2000mm 的疏散空间。

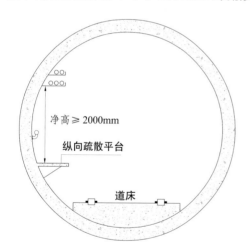

7.5.3– 图示 1　纵向疏散平台、道床示意图

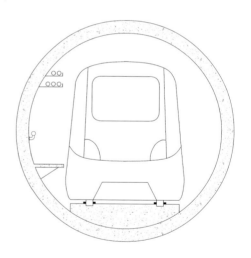

7.5.3– 图示 2　纵向疏散平台示意图

要点 2：两条单线载客运营地下区间之间应设置联络通道。

本规定主要对应于《地铁设计防火标准》GB 51298—2018 第 5.4.2 条。

本条规定的联络通道，是隧道中连接相邻两条单洞单线隧洞，并在火灾时用于人员疏散的通道。

当列车在地下区间发生火灾，又不能牵引到相邻车站时，乘客需要利用道床面和纵向疏散平台疏散，可利用相邻区间之间的联络通道，将乘客分流到另一条非着火区间内疏散到邻近车站。另外，联络通道的设置也可为救援人员通过非着火区间经联络通道到达火灾区间进行灭火救援提供条件。对于非载客运营区间（比如两条出入线之间），则不需要设置联络通道。对于二线叠合的换乘车站，区间之间的联络通道要设置在同一条线路的上、下行区间内。

（1）《地铁设计防火标准》GB 51298—2018 第 5.4.2 条规定，两条单线载客运营地下区间之间应设置联络通道，相邻两条联络通道之间的最小水平距离不应大于600m，通道内应设置一道并列二樘且反向开启的甲级防火门【图示3】。

联络通道应满足相邻两条隧洞的相互疏散要求，因此应设置一道并列二樘且反向开启的甲级防火门，门扇的开启不得侵入限界和阻挡人员疏散，防火门应能抵挡过往列车及隧道通风系统的正压和负压。

（2）《地铁快线设计标准》CJJ/T 298—2019 第 7.4.4 条规定，区间联络通道应符合下列规定：①对于载客运营的单洞单线区间隧道，联络通道布置间距不应大于600m，通道内应设置一组反向开启的甲级防火门，防火门的强度、刚度及安装方式应能承受隧道内空气压力波的不利影响。超长区间隧道相邻两个联络通道的间距不宜大于300m。②对于载客运营的单洞双线区间隧道，应设置耐火极限不小于3h的防火隔墙。联络通道处的防火隔墙上应设置一组反向开启的甲级防火门，门扇的开启不得侵入设备限界。每组甲级防火门布置间距不应大于300m。③联络通道的地坪标高与纵向疏散平台面应平顺衔接，道床面与联络通道处宜设置疏散平台连接楼梯。

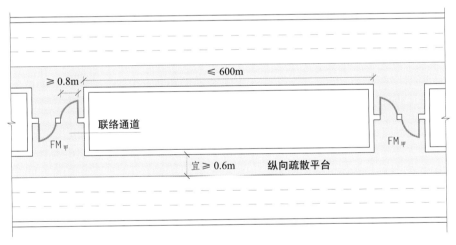

7.5.3- 图示 3　载客运营地下区间之间的联络通道

7.5.4　地铁工程中的出入口控制装置，应具有与火灾自动报警系统联动控制自动释放和断电自动释放的功能，并应能在车站控制室或消防控制室内手动远程控制。

【要点解读】

本条规定了地铁工程中出入口控制装置的控制功能要求。本条应结合《地铁设计防火标准》GB 51298—2018 第 9.5.3 条、第 9.5.4 条执行。

地铁车站的出入口大多具有人员进出控制功能，这些控制人员进出的设施应具备火灾自动报警系统联动控制自动释放功能和断电自动释放功能，同时应具备现场和远程手动控制释放等功能。地铁的出入口包括公共区的出入口门、进出口闸、设备区的出入口和消防专用出入口等。

（1）《地铁设计防火标准》GB 51298—2018 第 9.5.3 条规定，站台门的联动开启应由车站控制室值班人员确认后人工控制。自动检票机的联动控制应能联动控制自动检票机的释放，并应能接收自动检票机的状态反馈信息。

车站站台门开启涉及站台人员的安全，因此要通过车站值班人员根据排烟工况来确定是否需要开启车站的站台门。当需要开启车站站台门时，要由车站值班人员在广播提示、确认安全后再人工打开，不能通过联动控制系统直接自动联动开启。

自动检票机在平时处于受限的启闭状态，火灾发生时，所有进、出站的自动检票闸机均应能通过火灾信号联动自动打开，并且消防控制中心或车站值班室内应能通过闸机的状态信息监控其是否处于正确的启闭状态，确保安全疏散。

（2）《地铁设计防火标准》GB 51298—2018 第 9.5.4 条规定，门禁的联动控制应符合下列规定：①火灾自动报警系统应能将火灾信息发送至门禁系统，由门禁系统控制门解禁；②门禁系统应能在车站控制室或消防控制室内手动控制；③当供电中断时，门禁系统应能自动解禁。

为确保设置门禁系统的通道和出入口在火灾时可以自由使用，要求门禁系统在车站发生火灾、失电等情况下自动释放，且可以在控制室内通过手动控制的方式远程释放。

（3）《地铁设计规范》GB 50157—2013 第 23.1.7 条规定，设有门禁装置的通道门、设备及管理用房门的电子锁，应满足防冲撞和消防疏散的要求。电子锁应具备断电自动释放功能，设备及管理用房门电子锁还应具备手动机械解锁功能。

地铁设置门禁是保证地铁设施日常工作环境安全以及运营安全的需要，因此门禁系统应具备一定的防冲撞的安全防护要求；为确保紧急情况下的安全疏散，规定门禁装置的电子锁均应具备断电自动释放功能。根据使用性质和管理要求的不同，通常地铁车站设备管理区的通道门可考虑采用磁力锁，确保紧急情况下断电时的可靠释放；设备及管理用房可考虑采用机电一体锁（电控插芯锁），并能在必要情况下可在门外使用钥匙、门内使用执手开启房门实现紧急逃生，以避免因不利于疏散而造成重大人身伤害。

（4）《地铁设计规范》GB 50157—2013 第 23.1.8 条规定，门禁系统应实现与火灾自动报警系统的联动控制。车站控制室综合后备控制盘（IBP）上应设置门禁紧急开门控制按钮，并应具备手动、自动切换功能。

火灾或紧急情况下门禁系统的开放应根据实际情况进行，原则上设备管理区公共通道门、有人长期值守的设备、管理用房应处于开放状态，存有现金、票证、重要的设备用房以及正在实施自动灭火的房间不宜进行开放。当操作终端出现故障时作为后备手段，在车站控制室综合后备控制盘（IBP）上应设门禁系统紧急开门控制按钮，为防止误动作和便于管理，IBP 盘上还应设置联动的手动、自动切换开关。紧急开门控制按钮应能可靠地切断门禁电子锁的电源，当电子锁设有备用电源（UPS）时，也应一并切除。

7.5.5 城市综合管廊工程的每个舱室均应设置人员逃生口和消防救援出入口。人员逃生口和消防救援出入口的尺寸应方便人员进出，其间距应根据电力电缆、热力管道、燃气管道的敷设情况，管廊通风与消防救援等需要综合确定。

【要点解读】

本条应结合现行国家标准《城市综合管廊工程技术规范》GB 50838 执行。

本条规定了城市综合管廊的出入口设置要求，这些出入口包括不同舱室的人员逃生口和消防救援出入口，有关出入口的间距和具体尺寸等要求，可以根据城市管廊工程中不同舱室的火灾危险性及管廊的建设位置环境条件等，按照相关标准的规定确定。比如，《城市综合管廊工程技术规范》GB 50838—2015 规定：

5.4.1 综合管廊的每个舱室应设置人员出入口、逃生口、吊装口、进风口、排风口、管线分支口等。

5.4.3 综合管廊人员出入口宜与逃生口、吊装口、进风口结合设置，且不应少于 2 个。

5.4.4 综合管廊逃生口的设置应符合下列规定：

1 敷设电力电缆的舱室，逃生口间距不宜大于 200m。

2 敷设天然气管道的舱室，逃生口间距不宜大于 200m。

3 敷设热力管道的舱室，逃生口间距不应大于 400m。当热力管道采用蒸汽介质时，逃生口间距不应大于 100m。

4 敷设其他管道的舱室，逃生口间距不宜大于 400m。

5 逃生口尺寸不应小于 1m×1m，当为圆形时，内径不应小于 1m。

注：逃生口尺寸是考虑消防人员救援进出的需要。

5.4.5 综合管廊吊装口的最大间距不宜超过 400m。吊装口净尺寸应满足管线、设备、人员进出的最小允许限界要求。

5.4.8 露出地面的各类孔口盖板应设置在内部使用时易于人力开启，且在外部使用时非专业人员难以开启的安全装置。

8 消防设施

8.1 消防给水和灭火设施

8.1.1 建筑应设置与其建筑高度（埋深），体积、面积、长度，火灾危险性，建筑附近的消防力量布置情况，环境条件等相适应的消防给水设施、灭火设施和器材。除地铁区间、综合管廊的燃气舱和住宅建筑套内可不配置灭火器外，建筑内应配置灭火器。

【要点解读】

本条规定了消防给水设施、灭火设施和器材配置的基本原则和灭火器设置要求。

要点 1：建筑应设置与其建筑高度（埋深），体积、面积、长度，火灾危险性，建筑附近的消防力量布置情况，环境条件等相适应的消防给水设施、灭火设施和器材。

本规定主要对应于《建筑设计防火规范（2018 年版）》GB 50016—2014 第 8.1.1 条。具体要求可依据本《通用规范》及相关标准确定。

（1）消防给水设施。

消防给水设施由消防水源、供水设施、管道、控制阀门及配套组件组成，是火灾时向各类水灭火系统、防护冷却系统、防火分隔系统和消防车或其他移动式装备供水的基础设施。

（2）灭火设施和器材。

灭火设施和器材主要包括手动灭火设施和自动灭火系统（装置）。

手动灭火设施主要包括灭火器、消火栓、固定消防炮、轻便消防水龙、消防软管卷盘以及其他消防器材，其他消防器材包括灭火毯、消防沙箱（沙池）等。

自动灭火设施主要包括自动喷水灭火系统、水喷雾灭火系统、细水雾灭火系统、自动跟踪定位射流灭火系统、气体灭火系统、泡沫灭火系统、干粉灭火系统、探火管灭火装置、厨房自动灭火设施等。

要点 2：除地铁区间、综合管廊的燃气舱和住宅建筑套内可不配置灭火器外，建筑内应配置灭火器。

本规定主要对应于《建筑设计防火规范（2018 年版）》GB 50016—2014 第 8.1.10 条，较原规定有所加强。

地铁区间、综合管廊的燃气舱多属于平时无人的场所，不强制要求配置灭火器；住宅建筑的公共部位应设置灭火器，套内部位属于私人住所，不强制要求配置灭火器。除此之外的其他建（构）筑物，包括城市交通隧道、储罐（区）和堆场等，均应配置灭火器。

灭火器的配置设计应符合现行国家标准《消防设施通用规范》GB 55036、《建筑灭火器配置设计规范》GB 50140 等标准规定，在一些特殊场所中，尚应符合相关标准要求，比如：

（1）《建筑设计防火规范（2018 年版）》GB 50016—2014 第 12.2.4 条明确了城市交通隧道内灭火器的配置要求；

（2）《汽车加油加气加氢站技术标准》GB 50156—2021 第 12.1.1 条明确了加油加气加氢站的灭火器配置要求；

（3）《地铁设计防火标准》GB 51298—2018 第 7.4.3 条规定了地铁工程内的灭火器配置要求；

（4）《石油化工企业设计防火标准（2018 年版）》GB 50160—2008 第 8.9 节明确了石油化工企业的灭火器配置要求；

（5）《城镇燃气设计规范（2020 年版）》GB 50028—2006 第 9.5.6 条规定了液化天然气气化站内的灭火器配置要求。

8.1.2　建筑中设置的消防设施与器材应与所设置场所的火灾危险性、可燃物的燃烧特性、环境条件、设置场所的面积和空间净高、使用人员特征、防护对象的重要性和防护目标等相适应，满足设置场所灭火、控火、早期报警、防烟、排烟、排热等需要，并应有利于人员安全疏散和消防救援。

【要点解读】

本条规定了消防设施与器材的基本功能目标和性能要求，是确定消防设施类型的基本原则。

建筑中设置的灭火、控火、报警、防烟、排烟、排热等消防设施，应与所设置场所的火灾危险性、可燃物的燃烧特性、环境条件、设置场所的面积和空间净高、使用人员特征、防护对象的重要性和防护目标等相适应。

（1）灭火器的配置类型应与配置场所的火灾种类、危险等级以及使用人员特征相适应。比如，青年男工人较多的车间可适当配置大规格的手提式灭火器和推车式灭火器，体质较弱的女护士较多的医院病房、女教师较多的小学校、幼儿园内，可选择配置小规格的手提式灭火器。

（2）自动灭火系统的主要类型有自动喷水灭火系统、水喷雾灭火系统、细水雾灭火系统、自动跟踪定位射流灭火系统、气体灭火系统、干粉灭火系统、泡沫灭火系统等，选型应用中，应与保护对象的火灾危险性、可燃物的燃烧特性、环境条件、设置场所的面积和空间净高、防护对象的重要性和防护目标等相适应。原则上，适用设置自动喷水灭火系统的部位或场所，均需设置自动喷水灭火系统。对于不适用自动喷水灭火系统的场所，可酌情采用其他自动灭火系统，比如：超过自动喷水灭火系统保护高度的大空间场所可采用自动跟踪定位射流灭火系统；计算机房、精密设备用房、交换机房等可采用气体灭火系统；档案库房、变配电室等可采用气体灭火系统或细水雾灭火系统；柴油发电机房可采用气体灭火系统或水喷雾灭火系统；丙类液体场所可采用水喷雾火系统或泡沫灭火系统；室外油浸式变压器可采用水喷雾灭火系统；甲、乙、丙类可燃液体储罐可采用泡沫灭火系统；适用水介质灭火的部分甲类场所可采用雨淋系统（第8.1.11条）等。

（3）火灾自动报警系统的火灾探测器，主要有感烟类火灾探测器、感温类火灾探测器、火焰探测器、一氧化碳火灾探测器、图像型火灾探测器等【8.3-图示2】。选型应用中，应与保护对象的火灾危险性、可燃物的燃烧特性、环境条件、空间净高等相适应。比如，常规场所较多选用点型感烟火灾探测器和点型感温火灾探测器；火灾发展迅速有强烈火焰辐射的场所可采用火焰探测器；火灾时产生大量烟的高大空间场所可采用红外光束感烟火灾探测器；可能散发可燃气体、可燃蒸气的场所应选择可燃气体探测器等。

8.1.3 设置在建筑内的固定灭火设施应符合下列规定：

1 灭火剂应适用于扑救设置场所或保护对象的火灾类型，不应用于扑救遇灭火介质会发生化学反应而引起燃烧、爆炸等物质的火灾；

2 灭火设施应满足在正常使用环境条件下安全、可靠运行的要求；

3 灭火剂储存间的环境温度应满足灭火剂储存装置安全运行和灭火剂安全储存的要求。

【要点解读】

本条规定了固定灭火设施的选型原则和基本要求。

设置在建筑内的固定灭火设施主要包括室内消火栓、固定消防炮、自动喷水灭火系统、水喷雾灭火系统、细水雾灭火系统、自动跟踪定位射流灭火系统、气体灭火系统、泡沫灭火系统、干粉灭火系统、探火管灭火装置、厨房自动灭火设施等，主要用于抑制、扑灭建筑内初起火灾或对防护对象实施防护冷却。

要点1：灭火剂应适用于扑救设置场所或保护对象的火灾类型，不应用于扑救遇灭火介质会发生化学反应而引起燃烧、爆炸等物质的火灾。

不同固定灭火设施的灭火剂，均有其特定的适用场所，不应用于扑救遇灭火介质会发生化学反应而引起燃烧、爆炸等物质的火灾，比如，水灭火剂（包括泡沫等水基灭火剂）不得用于扑救遇水发生反应的保护对象（电石、钾、钠、浓硫酸、浓硝酸等）。在各类固定灭火设施的技术标准中，一般也会明确适用场所和禁忌场所。示例：

（1）《固定消防炮灭火系统设计规范》GB 50338—2003第3章；

（2）《自动喷水灭火系统设计规范》GB 50084—2017第4.1.2条；

（3）《水喷雾灭火系统技术规范》GB 50219—2014第1.0.3条、第1.0.4条；

（4）《细水雾灭火系统技术规范》GB 50898—2013 第 1.0.3 条；

（5）《自动跟踪定位射流灭火系统技术标准》GB 51427—2021 第 3.1 节；

（6）《气体灭火系统设计规范》GB 50370—2005 第 3.2.1 条、第 3.2.2 条；

（7）《二氧化碳灭火系统设计规范（2010 版）》GB/T 50193—1993 第 1.0.4 条、第 1.0.5 条；

（8）《泡沫灭火系统技术标准》GB 50151—2021 第 1.0.3 条；

（9）《干粉灭火系统设计规范》GB 50347—2004 第 1.0.4 条、第 1.0.5 条；

（10）《探火管灭火装置技术规程》CECS 345—2013 第 3.1.1 条、第 3.1.2 条。

要点 2：灭火设施应满足在正常使用环境条件下安全、可靠运行的要求。

影响消防设施的环境条件，主要有温度、水、粉尘，以及腐蚀性、爆炸性环境等，灭火设施应能满足使用环境条件下安全、可靠运行的要求。比如：在环境温度低于 4℃ 或高于 70℃ 的场所，应采用干式或预作用自动喷水灭火系统；在需要防尘、防水的环境中采用更高 IP 防护等级的设备；在爆炸性环境中采用防爆型设备等。

要点 3：灭火剂储存间的环境温度应满足灭火剂储存装置安全运行和灭火剂安全储存的要求。

灭火剂储存间的环境温度，直接关系灭火装置及灭火剂的有效性和安全性。示例：

（1）大部分气体灭火装置的工作温度范围为 0℃ ～ 50℃，低于其规定的温度范围时可能影响灭火效能，高于其规定的温度范围可能导致储存装置内部的压缩气体（或液化气体）压力过高，甚至发生装置爆裂事故。当产品设计工作温度范围超过其规定的温度界限时，应在产品标牌、瓶组等主要部件上做出明显永久性标志，系统和零部件的相关性能要求和试验方法也应按实际温度范围作相应调整。

（2）泡沫灭火剂（泡沫液）应储存在通风、阴凉处，储存温度应低于 45℃，且高于其最低使用温度。储存条件应满足现行国家标准《泡沫灭火剂》GB 15308 规定和生产厂家提出的储存条件要求。

（3）环境温度超出灭火剂使用温度或储存温度范围，也可能影响灭火剂的灭火效能，缩短有效期，甚至带来安全风险。

8.1.4　除居住人数不大于 500 人且建筑层数不大于 2 层的居住区外，城镇（包括居住区、商业区、开发区、工业区等）应沿可通行消防车的街道设置市政消火栓系统。

【要点解读】

本条规定了市政消火栓系统的基本设置范围。本条主要对应于《建筑设计防火规范（2018 年版）》GB 50016—2014 第 8.1.2 条。

本条规定中的市政消火栓系统，即为市政消防给水系统。

为方便消防车从市政给水管网取水，应沿可供消防车通行的街道设置市政消火栓系统。市政消火栓系统主要包括市政给水管网和市政消火栓。市政消火栓是设置于市政给水管网上的室外消火栓，是最重要的市政消防给水设施。在严寒地区，市政给水管网上宜增设消防水鹤。

要点1：市政消火栓系统的设置要求。

（1）城镇规划设计时，难以准确预知具体的建筑类型和规模，通常根据规划人口数量确定市政消防给水设计流量（《消防给水及消火栓系统技术规范》GB 50974—2014 第3.2节），并限定市政消火栓的保护半径和最大设置间距（《消防给水及消火栓系统技术规范》GB 50974—2014 第7.2节），按基础设施标准建设市政给水管网和市政消火栓系统。

综合本条规定及《建筑设计防火规范（2018年版）》GB 50016—2014 第7.1.1条规定可知，街区内的道路应考虑消防车的通行，道路中心线间的距离不宜大于160m。除居住人数不大于500人且建筑层数不大于2层的居住区外，城镇（包括居住区、商业区、开发区、工业区等）应沿可通行消防车的街道设置市政消火栓系统。

（2）市政消火栓的设置要求，可依现行国家标准《消防设施通用规范》GB 55036、《消防给水及消火栓系统技术规范》GB 50974 等标准确定，比如：

①市政消火栓宜在道路的一侧设置，并宜靠近十字路口，但当市政道路宽度超过60m时，应在道路的两侧交叉错落设置市政消火栓；

②市政消火栓的保护半径不应超过150m，间距不应大于120m；

③设置市政消火栓的市政给水管网，平时运行工作压力不应小于0.14MPa，应保证市政消火栓用于消防救援时的出水流量大于或等于15L/s，供水压力（从地面算起）大于或等于0.10MPa。

（3）示例：【图示】的城镇街区，道路中心线间的距离不宜大于160m，应沿道路设置市政消火栓系统，市政消火栓的保护半径不应超过150m，布置间距不应大于120m。本示例中，市政消火栓系统可满足A、B建筑的室外消防用水量要求。

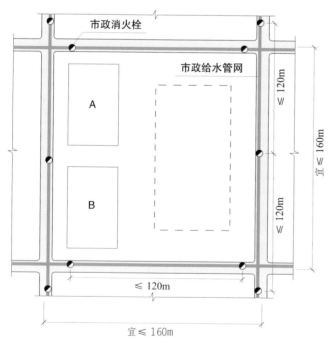

8.1.4- 图示　市政消火栓系统平面示意图

要点2：符合消防水源条件和消防车取水条件的蓄水池（消防水池）、水井，以及江、河、湖、海、水库等天然水源，可视为市政消火栓。

依据现行国家标准《镇规划标准》GB 50188、《消防给水及消火栓系统技术规范》GB 50974等标准规定，不具备给水管网条件时可利用河湖、池塘、水渠等水源规划建设消防给水设施；对于蓄水池（消防水池）、水井，以及江、河、湖、海、水库等天然水源，当符合消防水源条件和消防车取水条件时，每个消防取水口可按一个市政消火栓计算，或根据可同时停靠取水的消防车停放数量确定。

8.1.5 除城市轨道交通工程的地上区间和一、二级耐火等级且建筑体积不大于3000m³的戊类厂房可不设置室外消火栓外，下列建筑或场所应设置室外消火栓系统：

1 建筑占地面积大于300m²的厂房、仓库和民用建筑；

2 用于消防救援和消防车停靠的建筑屋面或高架桥；

3 地铁车站及其附属建筑、车辆基地。

【要点解读】

本条规定了应设置室外消火栓系统的建筑。建（构）筑物的室外消防给水系统，通常是指室外消火栓系统。

室外消火栓系统包括室外消防给水管网和室外消火栓，通常服务于特定的建（构）筑物或小区。室外消火栓系统的功能与市政消火栓系统类似，主要供消防车从室外消防给水管网取水向建筑室内消防给水系统供水，也可以直接连接水带、水枪出水灭火，是消防队到场后需要使用的基本消防设施之一。

要点1：建筑占地面积大于300m²的厂房、仓库和民用建筑；用于消防救援和消防车停靠的建筑屋面或高架桥，应设置室外消火栓系统。

本规定主要对应于《建筑设计防火规范（2018年版）》GB 50016—2014第8.1.2条。

（1）对于较大规模的建筑物的火灾，消防车水罐的自带水难以满足灭火救援要求，需要在火灾现场取水灭火，有必要设置室外消防给水系统，通常采用室外消火栓系统。

（2）占地面积不大于300m²的厂房、仓库和民用建筑，建筑物规模较小，市政给水和消防车水罐的自带水可基本满足灭火救援要求，可不设置室外消防给水系统；戊类厂房的可燃物很少，当为一、二级耐火等级且建筑体积不大于3000m³时，也可不设置室外消防给水系统。

（3）本条规定的"建筑屋面"，包括用于消防救援和消防车停靠的裙房屋面、坡地建筑延伸屋面等。

（4）本条规定的"高架桥"，主要为在灭火救援时用于消防车停靠取水或灭火救援场地的市政高架道路、车站候车楼或民用机场航站楼等建筑中的高架桥。

要点2：地铁车站及其附属建筑、车辆基地，应设置室外消火栓系统。

本规定主要对应于《地铁设计防火标准》GB 51298—2018 第 7.2.1 条。

不论是地下车站、地上车站，除不能用水扑救的部位外，均需要设置室内、室外消火栓系统。

城市轨道交通工程的地上区间可不设置室外消火栓系统，应尽量利用市政消防设施，满足一定条件的市政消火栓可作为室外消火栓，参见要点 4。

要点 3：室外消火栓系统的设置要求。

（1）室外消火栓的设置要求，除满足《消防给水及消火栓系统技术规范》GB 50974—2014 第 7.3 节室外消火栓的规定外，还应满足该规范第 7.2 节市政消火栓的要求，室外消火栓的布置方式、布置间距和保护半径等，均与市政消火栓相同。

（2）室外消防给水管网通常由市政给水管网供水【图示】，当市政给水的压力、流量或给水形式不满足要求时，也可由消防水池、消防水泵等设施供水。

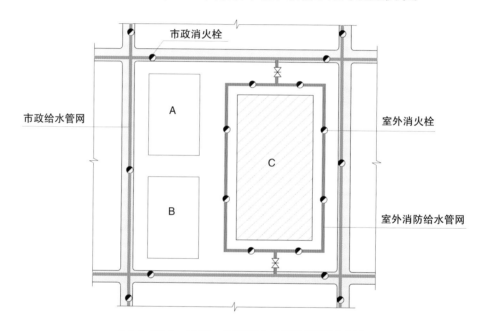

8.1.5- 图示 市政、室外消火栓系统平面示意图

（3）室外消火栓设计流量依相关标准确定。比如：《消防给水及消火栓系统技术规范》GB 50974—2014 第 3.3 节、第 3.4 节明确了常规工业、民用、市政等建设工程的室外消火栓设计流量要求；《汽车库、修车库、停车场设计防火规范》GB 50067—2014 第 7.1.5 条明确了汽车库、修车库、停车场的室外消火栓设计流量要求。

要点 4：满足一定条件的市政消火栓、消防水池取水口、天然水源等，可作为室外消火栓。

室外消火栓和市政消火栓产品相同，功能基本一致，适用相同的产品标准（《室外消火栓》GB 4452）。

（1）依据《消防给水及消火栓系统技术规范》GB 50974—2014第6.1.5条要求，市政消火栓或消防车从消防水池吸水向建筑供应室外消防给水时，应符合下列规定：①供消防车吸水的室外消防水池的每个取水口宜按一个室外消火栓计算，且其保护半径不应大于150m；②距建筑外缘5m～150m的市政消火栓可计入建筑室外消火栓的数量，但当为消防水泵接合器供水时，距建筑外缘5m～40m的市政消火栓可计入建筑室外消火栓的数量；③当市政给水管网为环状时，符合本条上述内容的室外消火栓出流量宜计入建筑室外消火栓设计流量；但当市政给水管网为枝状时，计入建筑的室外消火栓设计流量不宜超过一个市政消火栓的出流量。

依此可知，当市政消火栓系统可满足室外消防给水系统需求时，可不另外设置室外消火栓系统。示例：【图示】中的A、B、C三座建筑，市政消火栓系统可满足A、B建筑的室外消防用水量要求，这2栋建筑无须单独设置室外消防给水系统（室外消火栓系统）；市政消火栓系统不能满足C建筑的室外消防用水量要求，C建筑需要设置室外消防给水系统，即室外消火栓系统，符合规定要求的市政消火栓可以计入室外消火栓数量。

（2）依据"8.1.4– 要点2"可知，符合消防水源条件和消防车取水条件的蓄水池（消防水池）、水井，以及江、河、湖、海、水库等天然水源，可视为市政消火栓。当满足第（1）款条件时，可作为室外消火栓。

8.1.6　除四类城市交通隧道、供人员或非机动车辆通行的三类城市交通隧道可不设置消防给水系统外，城市交通隧道应设置消防给水系统。

【要点解读】

本条规定了城市交通隧道应设置消防给水系统的范围。本条主要对应于《建筑设计防火规范（2018年版）》GB 50016—2014第12.2.1条。

（1）城市交通隧道的防火设计应综合考虑隧道内的交通组成、隧道的用途、自然条件、长度等因素。城市交通隧道的分类，参见《建筑设计防火规范（2018年版）》GB 50016—2014第12.1.2条。

（2）城市交通隧道大部分处于市政给水管网覆盖范围内，隧道的消防给水主要依靠市政给水系统保证。依据《消防给水及消火栓系统技术规范》GB 50974—2014第7.2.4条规定，市政桥桥头和城市交通隧道出入口等市政公用设施处，应设置市政消火栓。

四类隧道和通行人员或非机动车辆的三类隧道，通常隧道长度较短或火灾危险性较小，可以利用城市公共消防系统或者灭火器进行灭火、控火，而不需单独设置消防给水系统。

（3）城市交通隧道的消防给水系统，主要是指消火栓系统，也包括其他水基消防设施，具体设置要求，可依据现行国家标准《建筑设计防火规范》GB 50016、《消防给水及消火栓系统技术规范》GB 50974、《泡沫灭火系统技术标准》GB 50151等标准确定。

8.1.7 除不适合用水保护或灭火的场所、远离城镇且无人值守的独立建筑、散装粮食仓库、金库可不设置室内消火栓系统外，下列建筑应设置室内消火栓系统：

1 建筑占地面积大于 300m² 的甲、乙、丙类厂房；

2 建筑占地面积大于 300m² 的甲、乙、丙类仓库；

3 高层公共建筑，建筑高度大于 21m 的住宅建筑；

4 特等和甲等剧场，座位数大于 800 个的乙等剧场，座位数大于 800 个的电影院，座位数大于 1200 个的礼堂，座位数大于 1200 个的体育馆等建筑；

5 建筑体积大于 5000m³ 的下列单、多层建筑：车站、码头、机场的候车（船、机）建筑，展览、商店、旅馆和医疗建筑，老年人照料设施，档案馆，图书馆；

6 建筑高度大于 15m 或建筑体积大于 10000m³ 的办公建筑、教学建筑及其他单、多层民用建筑；

7 建筑面积大于 300m² 的汽车库和修车库；

8 建筑面积大于 300m² 且平时使用的人民防空工程；

9 地铁工程中的地下区间、控制中心、车站及长度大于 30m 的人行通道，车辆基地内建筑面积大于 300m² 的建筑；

10 通行机动车的一、二、三类城市交通隧道。

【要点解读】

本条规定了室内消火栓系统的基本设置范围。本条第 1 款~第 6 款主要对应于《建筑设计防火规范（2018 年版）》GB 50016—2014 第 8.2.1 条；本条第 7 款主要对应于《汽车库、修车库、停车场设计防火规范》GB 50067—2014 第 7.1.8 条；本条第 8 款主要对应于《人民防空工程设计防火规范》GB 50098—2009 第 7.2.1 条；本条第 9 款主要对应于《地铁设计防火标准》GB 51298—2018 第 7.3.1 条；本条第 10 款主要对应于《建筑设计防火规范（2018 年版）》GB 50016—2014 第 12.2.2 条。

室内消火栓是应用最广泛的固定式手动灭火设施，是控制建筑内初期火灾的主要灭火、控火设施，一般需要专业人员或受过训练的人员才能较好地使用和发挥作用。

要点 1：不需要设置室内消火栓系统的建筑及场所。

（1）火灾风险较低和建筑规模较小的建筑。

火灾风险较低和建筑规模较小的建筑，可通过灭火器和外部消防车扑救火灾，不要求设置室内消火栓系统。比如，建筑占地面积不大于 300m² 的甲、乙、丙类厂房、仓库；建筑高度不大于 21m 且建筑体积不大于 10000m³ 的住宅建筑等。

（2）不适合用水保护或灭火的场所。

消火栓的灭火介质为水或水基灭火剂（泡沫等），对于不适合用水保护或灭火的场所，可不设置室内消火栓，本规定的"不适合用水保护或灭火的场所"，主要包括遇水发生爆炸或加速燃烧的物品、遇水发生剧烈反应或产生有毒有害物质的物品等，比如电石、钾、钠、浓硫酸、浓硝酸等物质。

实际应用中，尚需根据具体情况确定设置方式，通常情况下，某建筑内的部分区域放置有不适合用水保护的物质，并不影响其他区域设置室内消火栓。比如，当建筑内的部分区域设置为计算机房、精密设备用房、重要资料室等不适合用水保护的场所时，如建筑内其他部位设置有室内消火栓，则这类场所的楼道等公共部位仍应设置室内消火栓。而对于发电机房等场所，消防人员可以在停电后进行灭火操作，因此并不影响室内消火栓的设置，但不应直接设置于设备房间内。

（3）远离城镇且无人值守的独立建筑。

室内消火栓需要手动操作灭火，远离城镇且无人值守的独立建筑通常规模较小，且难以保障消防给水要求，这类建筑通常可不设置室内消火栓系统。

（4）散装粮食仓库。

散装粮食仓库的库房内通常被粮食充满，将室内消火栓系统设置在建筑内往往难以发挥作用，一般需设置在建筑外。散装粮食仓库的室内消火栓系统可与建筑的室外消火栓系统合用，而不设置室内消火栓系统。

对于其他包装形式的粮食仓库，应按丙类仓库要求确定是否设置室内消火栓系统。

（5）金库。

金库的情况特殊，火灾风险小，因此不强制要求设置室内消火栓系统，但宜设置消防软管卷盘或轻便消防水龙。

当建筑内的部分区域设置为金库时，如建筑内其他部位设置有室内消火栓，则金库区域的楼道等公共部位仍应设置室内消火栓。

要点2：需要设置室内消火栓系统的建筑及场所。

对于火灾风险较高和建筑规模较大的建筑，除消防车外部灭火救援外，尚应设置室内消火栓系统，以方便消防员或受过训练的人员从内部展开灭火操作。室内消火栓的设置与火灾危险类别、建筑功能、建筑规模（建筑高度、面积、体积、长度、使用人数）等因素相关，在需要设置室内消火栓的场所内，包括设备层在内的各层均应设置消火栓。

依本条规定，以下建筑及场所需要设置室内消火栓系统。

（1）建筑占地面积大于300m^{2}的甲、乙、丙类厂房和甲、乙、丙类仓库。

丁、戊类厂房和仓库的火灾危险性较小，本规定未要求设置室内消火栓系统，具体要求，可依据现行国家标准《建筑设计防火规范》GB 50016及相关专业标准执行。

（2）高层公共建筑，建筑高度大于21m的住宅建筑。

高度大于21m的住宅建筑应设置室内消火栓系统，对于建筑高度不大于27m的住宅建筑，当设置室内湿式消火栓系统确有困难时，可设置干式消防竖管，具体设置要求，参见现行国家标准《消防给水及消火栓系统技术规范》GB 50974。

（3）特等和甲等剧场，座位数大于 800 个的乙等剧场，座位数大于 800 个的电影院，座位数大于 1200 个的礼堂，座位数大于 1200 个的体育馆等建筑。

剧场的建筑等级根据观演技术要求可分为特等、甲等、乙等三个等级。特等剧场是指代表国家的一些文娱建筑，如国家剧院，国家文化中心等；甲等剧场主要指代表省、直辖市的一些文娱建筑；乙等剧场主要指代表市、县的一些文娱建筑。

本规定应结合本条第 5 款、第 6 款要求执行，比如，满足本条第 5 款或第 6 款要求的建筑，即使座位数不大于 800 个的影剧院，也应设置室内消火栓系统。

（4）建筑体积大于 5000m³ 的下列单、多层建筑：车站、码头、机场的候车（船、机）建筑，展览、商店、旅馆和医疗建筑，老年人照料设施，档案馆，图书馆。

本规定的车站、码头、机场的候车（船、机）建筑，是指车站候车建筑、码头候船建筑、机场候机建筑（航站楼）等。

本规定应结合本条第 6 款要求执行，比如，满足本条第 6 款要求的建筑，即使建筑体积不大于 5000m³ 的商店，也应设置室内消火栓系统。

（5）建筑高度大于 15m 或建筑体积大于 10000m³ 的办公建筑、教学建筑及其他单、多层民用建筑。

本规定可分解为：①除住宅建筑外，建筑高度大于 15m 的单、多层民用建筑应设置室内消火栓系统；②建筑体积大于 10000m³ 的单、多层民用建筑（含住宅建筑）应设置室内消火栓系统。

（6）建筑面积大于 300m² 的汽车库和修车库。

本规定的汽车库和修车库，包括设置在其他建筑内的汽车库和修车库。

设置在其他建筑内的汽车库和修车库，当其他部位设置有室内消火栓时，即使汽车库和修车库的建筑面积不大于 300m²，也应设置室内消火栓。

（7）建筑面积大于 300m² 且平时使用的人民防空工程。

设置在其他建筑内的人民防空工程，当其他部位设置有室内消火栓时，即使人民防空工程的建筑面积不大于 300m²，也应设置室内消火栓。

人民防空工程的室内消火栓设置，尚应满足现行国家标准《人民防空工程设计防火规范》GB 50098 的规定。

（8）地铁工程中的地下区间、控制中心、车站及长度大于 30m 的人行通道，车辆基地内建筑面积大于 300m² 的建筑。

本规定的"地下区间"不包括地铁工程中地面线路局部下穿市政道路或穿越山体，隧道的两端都是敞口且长度不大于 500m 的独立地下区间。

（9）通行机动车的一、二、三类城市交通隧道。

本规定应结合《建筑设计防火规范（2018 年版）》GB 50016—2014 第 12.2.2 条执行。

要点 3：室内消火栓系统的设置形式。

室内消火栓系统的设置形式应与保护对象、环境温度和建筑类别（规模）相关，比如：

（1）室内环境温度不低于4℃，且不高于70℃的场所，应采用湿式室内消火栓系统；

（2）室内环境温度低于4℃或高于70℃的场所，宜采用干式消火栓系统；

（3）部分丙类液体场所可配置水雾式消火栓或泡沫消火栓；

（4）建筑高度不大于27m的多层住宅建筑设置室内湿式消火栓系统确有困难时，可设置干式消防竖管。

要点4：室内消火栓系统的适用标准。

适用室内、室外消火栓系统的主要标准为《消防设施通用规范》GB 55036、《消防给水及消火栓系统技术规范》GB 50974，其他标准有规定者，应从其规定，比如：

（1）《建筑设计防火规范（2018年版）》GB 50016—2014第12.2节明确了城市交通隧道消火栓系统的设置要求；

（2）《汽车库、修车库、停车场设计防火规范》GB 50067—2014明确了汽车库、修车库、停车场消火栓系统的设置要求；

（3）《人民防空工程设计防火规范》GB 50098—2009明确了平时使用的人民防空工程的消火栓系统设置要求；

（4）《地铁设计防火标准》GB 51298—2018明确了地铁和轻轨交通工程的消火栓系统的设置要求；

（5）《民用机场航站楼设计防火规范》GB 51236—2017明确了民用机场航站楼的消火栓系统的设置要求；

（6）《托儿所、幼儿园建筑设计规范（2019年版）》JGJ 39—2016规定，消火栓系统的消防立管阀门布置应避免幼儿碰撞，并应将消火栓箱暗装设置；

（7）《剧场建筑设计规范》JGJ 57—2016第8.3.2条规定，机械化舞台台仓部位应设置消火栓。特大型剧场的观众厅吊顶内面光桥处，宜增设有消防卷盘的消火栓。

8.1.8　除散装粮食仓库可不设置自动灭火系统外，下列厂房或生产部位、仓库应设置自动灭火系统：

1　地上不小于50000纱锭的棉纺厂房中的开包、清花车间，不小于5000锭的麻纺厂房中的分级、梳麻车间，火柴厂的烤梗、筛选部位；

2　地上占地面积大于1500m²或总建筑面积大于3000m²的单、多层制鞋、制衣、玩具及电子等类似用途的厂房；

3　占地面积大于1500m²的地上木器厂房；

4　泡沫塑料厂的预发、成型、切片、压花部位；

5　除本条第1款～第4款规定外的其他乙、丙类高层厂房；

6　建筑面积大于500m²的地下或半地下丙类生产场所；

7 除占地面积不大于 2000m² 的单层棉花仓库外，每座占地面积大于 1000m² 的棉、毛、丝、麻、化纤、毛皮及其制品的地上仓库；

8 每座占地面积大于 600m² 的地上火柴仓库；

9 邮政建筑内建筑面积大于 500m² 的地上空邮袋库；

10 设计温度高于 0℃的地上高架冷库，设计温度高于 0℃且每个防火分区建筑面积大于 1500m² 的地上非高架冷库；

11 除本条第 7 款～第 10 款规定外，其他每座占地面积大于 1500m² 或总建筑面积大于 3000m² 的单、多层丙类仓库；

12 除本条第 7 款～第 11 款规定外，其他丙、丁类地上高架仓库，丙、丁类高层仓库；

13 地下或半地下总建筑面积大于 500m² 的丙类仓库。

【要点解读】

本条规定了厂房、仓库中应设置自动灭火系统的场所及部位，对于专业性较强的建（构）筑物，有些要求比较特殊，相关标准有规定者，应从其规定。

要点 1：自动灭火系统的选型原则。

工业建（构）筑物可以按照国家现行相关技术标准的规定选择相适应的类型和灭火剂，原则上，适用设置自动喷水灭火系统的部位或场所，均需设置自动喷水灭火系统。对于不适用自动喷水灭火系统的场所，可酌情采用其他自动灭火系统，具体要求，参见"8.1.2- 要点解读""8.1.3- 要点解读"和"8.1.9- 要点 1"。

有关甲、乙类场所的灭火系统选型要求，参见要点 5。

要点 2：本条第 1～6 款明确了需要设置自动灭火系统的厂房及生产场所，主要对应于《建筑设计防火规范（2018 年版）》GB 50016—2014 第 8.3.1 条。

（1）本条第 1 款、第 4 款所述的需要设置自动灭火系统的车间或部位，自动灭火系统的设置范围可以防火隔墙或防火墙为界。当该车间或部位与建筑内其他部位采用耐火极限不低于 2.00h 的防火隔墙和乙级防火门分隔时，可仅在该车间或部位设置自动灭火系统。否则，自动灭火系统的设置部位应扩展至同一楼层或防火分区内的其他区域。

（2）本条第 2 款的"类似用途的厂房"，是指建筑的使用功能与前述建筑或场所类似，或在岗人数、可燃物类型、火灾危险性与前述场所类似的建筑。

（3）本条第 3 款所述的"木器厂房"，主要指以木材为原料生产、加工各类木质板材、家具、构配件、工艺品、模具等成品、半成品的车间。

（4）本条第 6 款的建筑面积大于 500m² 的地下或半地下丙类生产场所，当该地下、半地下建筑（室）同时存在火灾危险性类别为丁、戊类的防火分区时，丁、戊类防火分区可不设置自动灭火系统。

要点 3：本条第 7～13 款明确了需要设置自动灭火系统的仓库及库房场所，主要对应于《建筑设计防火规范（2018 年版）》GB 50016—2014 第 8.3.2 条。

本条第 9 款所述的邮政建筑，通常既有办公，也有邮件处理和邮袋存放功能。存放空邮袋的库房火灾负荷大且可能引发自燃事故，不应设置于地下和半地下场所（参见"4.2.1– 要点解读"），建筑面积大于 500m² 的地上空邮袋库应设置自动灭火系统。

要点 4：可不设置自动灭火系统的部位及场所。

原则上，规定中未明确具体设置部位或场所的，要求该建筑全部设置自动灭火系统，但其中不适用设置自动灭火系统的部位或可燃物很少的部位可以不设置。

（1）不适用设置自动灭火系统的部位，主要是指没有有效灭火措施的特殊工艺或物质场所，比如电石、钾、钠等生产及储存场所，目前尚无有效的自动灭火措施。

（2）可燃物很少的部位和室内安全区域，可不设置自动灭火系统，参见"8.1.9–要点 3"。

要点 5：甲、乙类厂房（仓库）的自动灭火系统。

甲、乙类厂房和甲、乙类仓库，包括设置在其他建筑内的甲、乙类场所，通常具备易燃易爆特征，需设置与之相适应的自动灭火系统，当没有合适的自动灭火设施时，可不设置自动灭火系统，但应强化其他保护措施。

（1）甲、乙类场所灭火系统的选择原则。

本《通用规范》和相关标准有规定者，应从其规定，比如，本《通用规范》第 8.1.11 条规定了需要采用雨淋灭火系统的场所；现行国家标准《民用爆炸物品工程设计安全标准》GB 50089、《火炸药生产厂房设计规范》GB 51009、《烟花爆竹工程设计安全标准》GB 50161 规定了应设置雨淋灭火系统的生产工序；《酒厂设计防火规范》GB 50694 规定了酒厂甲、乙类场所的灭火系统要求。

对于相关标准未明确灭火系统类型的甲、乙类场所，可依据以下原则确定灭火剂类别和系统形式。

①应选择与被保护对象相适应、灭火效率高的灭火剂。

甲、乙类场所通常具备易燃易爆特征，部分物质甚至和常规灭火剂发生化学反应。灭火剂选型时，必须充分了解被保护对象的物理化学特征，明确灭火机理，确保灭火系统的有效性，防范灭火剂与被保护对象发生不良反应。

②应采用能迅速抑制火灾的系统形式。

甲、乙类物质火灾蔓延迅速，对于适合用水灭火的场所，宜采用雨淋系统、水喷雾系统等开式灭火系统，不应采用闭式自动喷水灭火系统，闭式自动喷水灭火系统的响应速度和灭火效率，均难以满足甲、乙类场所的灭火需求。

同样，泡沫灭火系统的选择，也应采用泡沫雨淋系统或泡沫喷雾系统，常规的泡沫灭火装置启动慢，控火能力差，除相关标准允许采用泡沫灭火装置的场所（油罐区等）外，甲、乙类场所应尽量采用泡沫雨淋系统或泡沫喷雾系统。

（2）甲、乙类场所的主动防护。

对于存在爆燃爆炸风险的可燃气体、蒸气、粉尘、纤维、飞絮等甲、乙类场所，灭火系统难以发挥作用，可采取主动防护措施，设置可燃气体探测系统或蒸气、粉尘、纤维、飞絮等危险物质的浓度检测系统，当危险物浓度达到预定值时，及时切断危险源，启动自动灭火系统，实施主动防护。气体灭火系统、雨淋灭火系统、水喷雾灭火系统、泡沫灭火系统等，均可作为主动防护系统。

①气体灭火系统主要通过窒息或化学抑制等方式阻断燃烧，可作为部分甲、乙类场所的主动防护系统，常见的气体灭火系统有七氟丙烷、IG541、CO_2 等。当气体灭火系统作为主动防护系统时，应采用惰化设计浓度。

②雨淋系统、水喷雾系统、泡沫系统等，也可作为甲、乙类场所的主动防护措施，具体应依据危险物特征确定。比如：在液氨装置的泄漏部位，可设置雨淋系统或水喷雾系统，利用液氨溶入水的特点减缓扩散；在液化天然气储罐的站场，可在集液池配置高倍数泡沫灭火系统，高倍数泡沫可减少和防止蒸气云的产生，降低热辐射量。

③主动防护系统是防患于未然，并非灭火目的，其联动系统应为火灾预警系统（可燃气体探测系统或其他危险物浓度检测系统），不能通过火灾探测器信号联动。

（3）在没有合适自动灭火设施的甲、乙类场所，可不设置自动灭火系统。

甲、乙类物质的物性复杂，比如空气中自燃、遇水燃烧爆炸、常温下自行分解等。常见的水、泡沫、气体、干粉等灭火系统，并不能解决所有甲、乙类物质的灭火问题。对于没有合适自动灭火设施的甲、乙类场所，可不设置自动灭火系统，应强化其他保护措施。

要点 6：当乙类厂房无法设置合适的自动灭火系统时，应为单、多层建筑。

依本条规定，高层乙类厂房应设置自动灭火系统，对于难以采用自动灭火系统有效保护的乙类厂房，无法有效防控火灾风险，应采用单、多层建筑。

8.1.9 除建筑内的游泳池、浴池、溜冰场可不设置自动灭火系统外，下列民用建筑、场所和平时使用的人民防空工程应设置自动灭火系统：

1 一类高层公共建筑及其地下、半地下室；

2 二类高层公共建筑及其地下、半地下室中的公共活动用房、走道、办公室、旅馆的客房、可燃物品库房；

3 建筑高度大于 100m 的住宅建筑；

4 特等和甲等剧场，座位数大于 1500 个的乙等剧场，座位数大于 2000 个的会堂或礼堂，座位数大于 3000 个的体育馆，座位数大于 5000 个的体育场的室内人员休息室与器材间等；

5 任一层建筑面积大于 1500m² 或总建筑面积大于 3000m² 的单、多层展览建筑、商店建筑、餐饮建筑和旅馆建筑；

6 中型和大型幼儿园，老年人照料设施，任一层建筑面积大于 1500m² 或总建筑面积大于 3000m² 的单、多层病房楼、门诊楼和手术部；

7　除本条上述规定外，设置具有送回风道（管）系统的集中空气调节系统且总建筑面积大于 3000m² 的其他单、多层公共建筑；

8　总建筑面积大于 500m² 的地下或半地下商店；

9　设置在地下或半地下、多层建筑的地上第四层及以上楼层、高层民用建筑内的歌舞娱乐放映游艺场所，设置在多层建筑第一层至第三层且楼层建筑面积大于 300m² 的地上歌舞娱乐放映游艺场所；

10　位于地下或半地下且座位数大于 800 个的电影院、剧场或礼堂的观众厅；

11　建筑面积大于 1000m² 且平时使用的人民防空工程。

【要点解读】

本条规定了民用建筑中应设置自动灭火系统的场所及部位，相关标准有要求者，应从其规定。

本条主要对应于《建筑设计防火规范（2018 年版）》GB 50016—2014 第 8.3.3 条、第 8.3.4 条；《人民防空工程设计防火规范》GB 50098—2009 第 7.2.3 条。

要点 1：自动灭火系统的选型原则。

常见的自动灭火系统主要有自动喷水灭火系统、水喷雾灭火系统、细水雾灭火系统、自动跟踪定位射流灭火系统、气体灭火系统、泡沫灭火系统等。

（1）自动灭火系统的类型应依据第 8.1.2 条、第 8.1.3 条的原则确定。

原则上，适用设置自动喷水灭火系统的部位或场所，均需设置自动喷水灭火系统。对于不适用自动喷水灭火系统的场所，可酌情采用其他自动灭火系统，具体要求，参见"8.1.2- 要点解读""8.1.3- 要点解读"。示例，某一类高层公共建筑，主要设置自动喷水灭火系统，中庭等高大空间场所可设置自动跟踪定位射流灭火系统，柴油发电机房可设置水喷雾灭火系统、细水雾灭火系统或气体灭火系统，计算机房、变配电室可设置气体灭火系统等。

（2）应按照国家现行相关技术标准的规定选择相适应的灭火系统类型和灭火剂。示例：

《建筑设计防火规范（2018 年版）》GB 50016—2014 第 8.3.5 条明确了适用自动跟踪定位射流灭火系统的场所；第 8.3.8 条明确了适用水喷雾和细水雾灭火系统的场所；第 8.3.9 条明确了适用气体灭火系统和细水雾灭火系统的场所；第 8.3.10 条明确了适用泡沫灭火系统的场所。

《汽车库、修车库、停车场设计防火规范》GB 50067—2014 第 7.2.3 条、第 7.2.4 条明确了宜采用泡沫 - 水喷淋系统、高倍数泡沫灭火系统、气体灭火系统的场所。

《综合医院建筑设计规范》GB 51039—2014 第 6.7.3 条明确了适用气体灭火系统的场所。

（3）不宜采用干粉灭火装置作为全淹没自动灭火设施。

固体类可燃物大都有从表面火灾发展为深位火灾的危险，并且，在燃烧过程中表面火灾与深位火灾之间无明显的界面可以划分，是一个渐变的过程，几乎所有的固体火灾均带有浅深位火灾特征。为此，在灭火设计上，自动灭火系统应顾及浅度的深位火灾风险，为确保有效灭火，自动灭火系统通常需要保证一定的持续作用时间或灭火浸渍时间。采用水、泡沫等灭火剂的自动灭火系统，通常采用持续作用的方式，比如，闭式自动喷水灭火系统、自动跟踪定位射流灭火系统的持续喷水时间通常不小于1.00h；泡沫灭火系统的持续供液时间通常在 10 ～ 60min。气体灭火系统通常需要保证灭火浸渍时间，比如，七氟丙烷和 IG541 混合气体灭火系统扑救木材、纸张、织物等固体表面火灾时，灭火浸渍时间不宜低于 20min。

而干粉灭火系统采用一过性喷射方式，依据标准规定，全淹没灭火系统的干粉喷射时间不会大于 30s，由于干粉沉降相对较快，很难保证灭火浸渍时间，因此，干粉系统并不适宜作为自动灭火设施。

（4）探火管适用于保护局部空间场所。

探火管灭火装置的防护区通常以封闭的局部空间为单位，比如，当配电柜、控制主机、档案柜等柜体满足封闭条件要求，且设置场所外部空间的可燃物很少，只需要对柜体内部实施灭火保护时，可以把机柜设备视为单独的防护区，采用探火管灭火装置保护。

需要说明的是，探火管灭火装置是高效直接的保护措施，即使设置有自动灭火系统保护的场所，也可以采用探火管灭火装置对重要设备实施加强保护。

要点 2：需要设置自动灭火系统的建筑及场所。

（1）一类高层公共建筑及其地下、半地下室。

这类建筑中，除不适用设置自动灭火系统的部位或可燃物很少的部位外（要点 3），应全部设置自动灭火系统。

（2）二类高层公共建筑及其地下、半地下室中的公共活动用房、走道、办公室、旅馆的客房、可燃物品库房。

这类建筑中，火灾风险与列举场所相当或更高的其他用房，也应设置自动灭火系统，比如宿舍、柴油发电机房、变配电室等。

（3）建筑高度大于 100m 的住宅建筑。

建筑高度大于 100m 的住宅建筑，属于超高层建筑，已超出目前举高消防车的有效救援高度，除不方便设置自动灭火系统的沐浴一体的卫生间外，住户套内房间以及建筑公共区域、物业用房、设备用房、储藏室以及车库等均应设置自动灭火系统。

（4）特等和甲等剧场，座位数大于 1500 个的乙等剧场，座位数大于 2000 个的会堂或礼堂，座位数大于 3000 个的体育馆，座位数大于 5000 个的体育场的室内人员休息室与器材间等。

①本规定未包含剧场、会堂、礼堂中舞台葡萄架（栅顶）的雨淋系统保护，相关要求，参见"8.1.11– 要点解读"。

②剧场、会堂、礼堂、体育馆、体育场的自动灭火系统设置部位，尚应符合现行标准《剧场建筑设计规范》JGJ 57、《体育建筑设计规范》JGJ 31 等标准规定。

③实际应用中，剧场等多以演艺中心的形式出现。演艺中心以及可能作为演艺功能的会堂、礼堂等，可参照剧场建筑的防火要求执行。而对于可能作为演艺功能的体育馆建筑等，除满足体育场馆的防火要求外，也应兼顾剧场建筑的防火要求。

（5）任一层建筑面积大于 1500m² 或总建筑面积大于 3000m² 的单、多层展览建筑、商店建筑、餐饮建筑和旅馆建筑。

①当展览、商店、餐饮、旅馆等业态存在于同一建筑时，建筑面积应合并计入，不能分开单独计算。示例：某三层建筑的一层为商店，二层为餐饮，三层为旅馆，各自属于不同防火分区，总建筑面积应为一至三层总面积。

②本规定的建筑面积计算，包括与展览、商店、餐饮、旅馆等属于同一防火分区的其他用房，但当办公室等火灾风险较低的建筑功能形成独立防火分区且安全出口独立设置时，可不纳入建筑面积计算。示例：某四层建筑的一、二层为商店、餐饮，三、四层为办公建筑，三、四层办公建筑可不纳入建筑面积计算。而且，当一、二层需要设置自动灭火系统时，三、四层可根据自身要求确定是否需要设置自动灭火系统。

③对于火灾风险与展览、商店、餐饮、旅馆业态相当或更高的其他业态功能，即使属于不同防火分区也应纳入建筑面积计算。

（6）中型和大型幼儿园，老年人照料设施，任一层建筑面积大于 1500m² 或总建筑面积大于 3000m² 的单、多层病房楼、门诊楼和手术部。

对于中型和大型幼儿园、老年人照料设施，无论规模大小均应设置自动灭火系统。实际应用中，当室内最大净空高度不超过 8m 且总建筑面积不超过 1000m² 时，可采用自动喷水灭火系统局部应用系统，具体要求参见现行国家标准《自动喷水灭火系统设计规范》GB 50084。

中型、大型幼儿园的类别划分，依据现行行业标准《托儿所、幼儿园建筑设计规范》JGJ 39 的规定确定。

（7）除本条上述规定外，设置具有送回风道（管）系统的集中空气调节系统且总建筑面积大于 3000m² 的其他单、多层公共建筑。

本规定包括设置送风管道或回风管道的集中空调系统、通风系统或新风系统；本规定的送回风道（管），包括送风管道或回风管道，不包括冷（热）媒管道。

①当建筑内设置送风管道或回风管道的集中空气调节系统时【图示1】，房间通过风管连通，具有较大的火灾蔓延传播危险，需要按本规定要求设置自动灭火系统。

②对于各房间设置独立风管的空气调节系统【图示2】，不存在通过风管向其他房间传播火灾的风险，不需要按本规定要求设置自动灭火系统。

③本规定不包含机械加压送风系统和机械排烟系统管道。

机械加压送风系统和机械排烟系统均属于消防设施，仅火灾时启动，平时处于关闭状态，且机械加压送风系统设置于室内安全区域，通常不会进入各功能房间；机械排烟系统主要采用常闭式排烟口，排烟管道上设置有排烟防火阀。这些系统基本没有火灾传播风险。

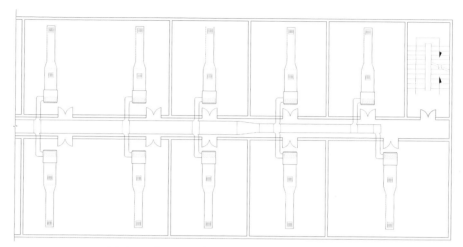

8.1.9- 图示 1　设置送风管道或回风管道的集中空气调节系统

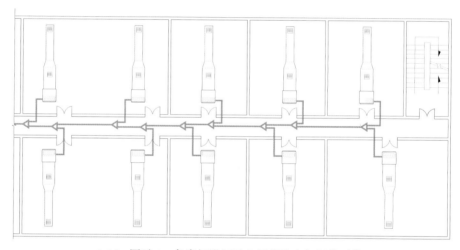

8.1.9- 图示 2　各房间设置独立风管的空气调节系统

注：蓝色管道为冷（热）媒管道。

（8）总建筑面积大于 500m² 的地下或半地下商店。

满足该规定的商店应设置自动灭火系统，原则上，商店建筑所在的防火分区均应设置自动灭火系统，地下或半地下的其他防火分区以及地上部分建筑，可根据相关规定确定是否设置自动灭火系统。

（9）设置在地下或半地下、多层建筑的地上第四层及以上楼层、高层民用建筑内的歌舞娱乐放映游艺场所，设置在多层建筑第一层至第三层且楼层建筑面积大于 300m² 的地上歌舞娱乐放映游艺场所。

本规定可表述为：

①设置在地下或半地下建筑（室）的歌舞娱乐放映游艺场所应设置自动灭火系统；

②设置在第四层及以上楼层的歌舞娱乐放映游艺场所应设置自动灭火系统；

③设置在高层民用建筑内的歌舞娱乐放映游艺场所应设置自动灭火系统；

④设置在单层建筑或多层建筑第一层至第三层的歌舞娱乐放映游艺场所，当任一楼层的歌舞娱乐放映游艺场所的建筑面积大于 $300m^2$ 时，应设置自动灭火系统。本规定的建筑面积，主要针对歌舞娱乐放映游艺场所的建筑面积，当某楼层仅局部区域作为歌舞娱乐放映游艺场所时，可只计入歌舞娱乐放映游艺场所防火分隔区域的建筑面积。

（10）位于地下或半地下且座位数大于 800 个的电影院、剧场或礼堂的观众厅。

满足该规定的观众厅应设置自动灭火系统，原则上，观众厅所在的防火分区均应设置自动灭火系统。

（11）建筑面积大于 $1000m^2$ 且平时使用的人民防空工程。

供平时使用的人民防空工程，尚应符合现行国家标准《人民防空工程设计防火规范》GB 50098 的规定。

本规定的"人民防空工程"不包括兼作人民防空工程的地铁地下车站公共区。地铁地下车站的站厅公共区、站台公共区、设备管理区等，可根据本《通用规范》和现行国家标准《地铁设计防火标准》GB 51298 确定是否设置自动灭火系统。

要点 3：可不设置自动灭火系统的部位及场所。

原则上，规定中未明确具体设置部位或场所的，要求该建筑全部设置自动灭火系统，但其中不适用设置自动灭火系统的部位或可燃物很少的部位可不设置。

（1）不适用设置自动灭火系统的部位，可不设置自动灭火系统。

不适用设置自动灭火系统的部位，主要是指可能导致次生危害的场所，比如：血液病房、手术室和有创检查的设备机房，可能导致污染和严重损害，不应设置自动灭火系统；三级和四级生物安全实验室防护区，有可能造成有害因子泄漏，不应设置自动灭火系统。

（2）可燃物很少的部位，可不设置自动灭火系统。

可燃物很少的部位，主要包括可燃物很少的竖向井道（管道井等），以及不方便设置自动灭火装置的卫浴一体的小型卫生间、洗浴中心和浴室的沐浴部位等。而对于存在火灾风险的电气竖井、污衣井等，仍应考虑设置自动灭火装置，当建筑高度大于100m 时，应设置自动灭火装置。污衣井井道的顶部可设置自动喷水灭火系统的洒水喷头；电气竖井等窄小空间可设置七氟丙烷等悬挂式气体灭火装置。

另外，建筑内游泳池的水面、溜冰场的冰面、浴池的洗浴部位等，火灾风险低，基本不存在可燃物，当顶棚等装修材料采用不燃材料时，这些部位可不设置自动灭火系统。

（3）室内安全区域，可不设置自动灭火系统。

①室内安全区域主要包括疏散楼梯间及前室、消防电梯前室、避难层的避难区、避难走道及前室等。室内安全区域不允许放置可燃物和影响人员疏散的障碍物，顶棚、墙面和地面等均采用A级装修材料，发生火灾的风险很低，且自动灭火系统并不能有效防控外部烟气危害，设置意义不大。实际上，等到室内安全区域的自动灭火系统触发时，室内安全区域已不再具备疏散和避难功能，设置自动灭火系统无实质意义。

②对于房间门直接开向前室的情形，由于没有疏散走道缓冲，且考虑人们可能在前室放置可燃物的日常习惯，这类前室区域仍有必要设置自动灭火系统。

③避难间可能放置病床等设施，且可能兼作其他使用功能，当其他公共区域设置自动灭火系统时，避难间也应设置自动灭火系统。

8.1.10 除敞开式汽车库可不设置自动灭火设施外，Ⅰ、Ⅱ、Ⅲ类地上汽车库，停车数大于10辆的地下或半地下汽车库，机械式汽车库，采用汽车专用升降机作汽车疏散出口的汽车库，Ⅰ类的机动车修车库均应设自动灭火系统。

【要点解读】

本条规定了汽车库、修车库中应设置自动灭火系统的场所或部位，适用于独立建造的汽车库、修车库和设置在其他建筑内的汽车库、修车库，包括人防工程内的汽车库。本条主要对应于《汽车库、修车库、停车场设计防火规范》GB 50067—2014 第7.2.1条。

敞开式汽车库是指任一层车库外墙敞开面积大于该层四周外墙体总面积的25%，敞开区域均匀布置在外墙上且其长度不小于车库周长的50%的汽车库，敞开式汽车库可不设置自动灭火设施。

汽车库和修车库的分类，适用现行国家标准《汽车库、修车库、停车场设计防火规范》GB 50067 规定。

要点1：自动灭火系统的选型原则。

适用于汽车库、修车库的自动灭火系统，主要有自动喷水灭火系统、气体灭火系统、泡沫灭火系统等，具体要求，参见《汽车库、修车库、停车场设计防火规范》GB 50067—2014 第7.2节规定。

要点2：需要设置自动灭火系统的汽车库。

（1）Ⅰ、Ⅱ、Ⅲ类地上汽车库，Ⅰ类的机动车修车库。

Ⅰ、Ⅱ、Ⅲ类汽车库规模较大，停车数量较多，应设置自动灭火系统，但屋面露天停车场部位可不设置自动灭火设施。

修车库不可避免的要有明火作业和使用易燃物品，火灾危险性较大，Ⅰ类的机动车修车库应设置自动灭火系统。

（2）停车数大于10辆的地下或半地下汽车库。

地下、半地下汽车库的疏散和灭火救援困难，停车数大于10辆时应设置自动灭火系统。但当地下、半地下汽车库内配建分散充电设施时，不论停车数量多少，均应设置自动灭火系统。

（3）机械式汽车库。

机械式汽车库的定义及分类，适用现行国家标准《车库建筑设计规范》JGJ 100规定。机械式机动车库是采用机械式停车设备存取、停放机动车的车库，可分为全自动机动车库与复式机动车库。全自动机动车库是室内无车道，且无驾驶员进出的机械式机动车库；复式机动车库是室内有车道、有驾驶员进出的机械式机动车库。机械式汽车库应设置自动灭火系统。

（4）采用汽车专用升降机作汽车疏散出口的汽车库。

机动车专用升降机是用于停车库出入口至不同停车楼层间升降搬运汽车的机械装置。《汽车库、修车库、停车场设计防火规范》GB 50067—2014第6.0.12条规定，Ⅳ类汽车库设置汽车坡道有困难时，可采用汽车专用升降机作汽车疏散出口，升降机的数量不应少于2台，停车数量少于25辆时，可设置1台。

采用汽车专用升降机作汽车疏散出口的汽车库，车辆进出靠机械传送，疏散困难，应设置自动灭火系统。

（5）设置在其他建筑内的汽车库、修车库。

当汽车库、修车库设置于一类、二类高层公共建筑、建筑高度大于100m的住宅建筑，或设置于其他要求全部设置自动灭火系统的建筑中时，不论汽车库、修车库的类别和规模大小，均应设置自动灭火系统。

要点3：停放电动汽车的汽车库和设置充电设施的汽车库。

本条规定的汽车库，主要是指用于停放由内燃机驱动且无轨道的客车、货车、工程车等汽车的建筑物；本条规定的修车库，主要是指用于保养、修理由内燃机驱动且无轨道的客车、货车、工程车等汽车的建（构）筑物。

对于设置充电设施的汽车库，除本条规定外，尚应符合现行国家标准《电动汽车分散充电设施工程技术标准》GB/T 51313等标准规定和相关政策文件规定。比如，《电动汽车分散充电设施工程技术标准》GB/T 51313—2018第6.1.5条规定，当地下、半地下和高层汽车库内配建分散充电设施时，应设置火灾自动报警系统、排烟设施、自动喷水灭火系统、消防应急照明和疏散指示标志。

8.1.11　下列建筑或部位应设置雨淋灭火系统：

1　火柴厂的氯酸钾压碾车间；

2　建筑面积大于100m² 且生产或使用硝化棉、喷漆棉、火胶棉、赛璐珞胶片、硝化纤维的场所；

3　乒乓球厂的轧坯、切片、磨球、分球检验部位；

4 建筑面积大于 60m² 或储存量大于 2t 的硝化棉、喷漆棉、火胶棉、赛璐珞胶片、硝化纤维库房；

5 日装瓶数量大于 3000 瓶的液化石油气储配站的灌瓶间、实瓶库；

6 特等和甲等剧场的舞台葡萄架下部，座位数大于 1500 个的乙等剧场的舞台葡萄架下部，座位数大于 2000 个的会堂或礼堂的舞台葡萄架下部；

7 建筑面积大于或等于 400m² 的演播室，建筑面积大于或等于 500m² 的电影摄影棚。

【要点解读】

本条规定了建筑中应设置雨淋灭火系统的基本场所或部位。本条主要对应于《建筑设计防火规范（2018 年版）》GB 50016—2014 第 8.3.7 条。

本条第 1 款 ~ 第 5 款规定的场所均是火灾危险性为甲类的场所，对于适合水灭火剂的甲、乙类场所，雨淋系统是较为合适的灭火措施，参见"8.1.8- 要点 5"。本条第 6 款、第 7 款规定的场所均为可燃物较多、火灾蔓延速度快的公共建筑场所。

要点 1：舞台葡萄架的雨淋系统。

本条第 6 款规定，特等和甲等剧场的舞台葡萄架下部，座位数大于 1500 个的乙等剧场的舞台葡萄架下部，座位数大于 2000 个的会堂或礼堂的舞台葡萄架下部，应设置雨淋系统。

（1）"舞台葡萄架"是"舞台栅顶"的俗称。栅顶是舞台上部为安装、检修悬吊设备的工作层，主要用于安装和悬吊灯光、幕布、音响等设备。栅顶通常由一排排的架子组成，类似葡萄架，因此俗称葡萄架。

舞台栅顶下部通常会安装和悬吊灯光、幕布、音响等大量设备，存在较大的火灾风险，且闭式喷水灭火系统无法有效感应动作，达到一定规模的剧场、礼堂、会堂，舞台栅顶（葡萄架）下部应设置雨淋灭火系统。

（2）舞台葡萄架的雨淋系统设置要求，尚应符合现行标准《自动喷水灭火系统设计规范》GB 50084、《剧场建筑设计规范》JGJ 57 等标准规定。《剧场建筑设计规范》JGJ 57—2016 第 8.3.5 条规定，中型及以上规模的乙等剧场舞台栅顶下宜设雨淋灭火系统。

要点 2：舞台部位设置雨淋系统以后，可否不再设置闭式自动喷水灭火系统。

舞台部位的雨淋系统设置于栅顶（葡萄架）下部，雨淋系统的作用范围无法有效覆盖栅顶上部及附近区域，当这部分区域存在可燃、难燃材料时，其上部应设置闭式自动喷水灭火系统。也就是说，对于需要设置自动灭火系统的剧场，剧场舞台在栅顶下侧安装开式洒水喷头的雨淋灭火系统后，在栅顶以上至屋面板的空间和四周边廊下仍应安装闭式自动喷水灭火系统【图示】。

要点 3：演播室和电影摄影棚的雨淋系统。

本条第 7 款规定，建筑面积不小于 400m^2 的演播室和建筑面积不小于 500m^2 的摄影棚应设置雨淋系统。

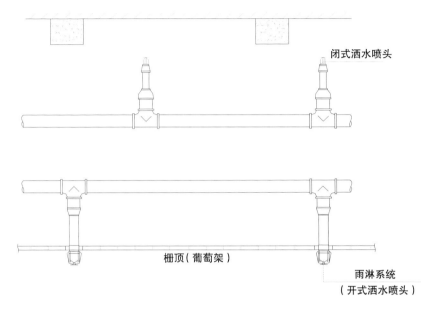

8.1.11- 图示　舞台部位雨淋系统和闭式自动喷水灭火系统示意图

依据《广播电影电视建筑设计防火标准》GY 5067—2017 规定，雨淋系统的报警阀组应设置在阀门室内，且阀门室应靠近演播室或摄影棚的主入口等便于操作的位置，并应符合下列要求。

（1）设有雨淋系统的演播室、摄影棚，应设置排水设施。

（2）在制作节目期间，演播室、电影摄影棚内有人为制造烟或火的现象，这时系统应处于手动控制状态，启动雨淋系统前应经过人员确认。为便于确认火灾和操作雨淋系统，要求启动按钮应分别设在演播室的两个出入口处，且阀门室应靠近演播室的主要出入口布置。

（3）当一室、厅、棚设有两个及两个以上雨淋系统分区时，其手动启动箱处应用不同颜色绘出雨淋系统分区的平面图和相应的启动按钮分区号。

（4）除雨淋系统外，建筑面积不小于 2000m^2 的摄影棚应在摄影棚内预留自动喷水灭火系统的接口。

建筑面积不小于 2000m^2 的摄影棚，有时会搭建"房中房"，影响灭火效果。预留自动喷水灭火系统接口的目的是方便临时增设自动喷水灭火系统，满足灭火需要。临时增设的自动喷水灭火系统宜采用闭式系统，喷头数量应纳入报警阀组控制的喷头总数，并考虑闭式系统可与雨淋系统同时作用。

要点 4：雨淋系统的适用场所。

雨淋系统属于自动喷水灭火系统，依据《消防设施通用规范》GB 55036—2022 规定，具有下列情况之一的场所或部位应采用雨淋系统：

（1）火灾蔓延速度快、闭式喷头的开启不能及时使喷水有效覆盖着火区域的场所或部位；

（2）室内净空高度超过闭式系统应用高度，且必须迅速扑救初期火灾的场所或部位；

（3）严重危险级Ⅱ级场所。

8.1.12 下列建筑应设置与室内消火栓等水灭火系统供水管网直接连接的消防水泵接合器，且消防水泵接合器应位于室外便于消防车向室内消防给水管网安全供水的位置：

　　1　设置自动喷水、水喷雾、泡沫或固定消防炮灭火系统的建筑；

　　2　6层及以上并设置室内消火栓系统的民用建筑；

　　3　5层及以上并设置室内消火栓系统的厂房；

　　4　5层及以上并设置室内消火栓系统的仓库；

　　5　室内消火栓设计流量大于10L/s且平时使用的人民防空工程；

　　6　地铁工程中设置室内消火栓系统的建筑或场所；

　　7　设置室内消火栓系统的交通隧道；

　　8　设置室内消火栓系统的地下、半地下汽车库和5层及以上的汽车库；

　　9　设置室内消火栓系统，建筑面积大于10000m² 或3层及以上的其他地下、半地下建筑（室）。

【要点解读】

本条规定了应设置消防水泵接合器的建筑及基本设置要求，以便消防车到场后能充分利用建筑物内的水消防设施。本条规定的固定消防炮灭火系统，包括自动跟踪定位射流灭火系统。

本条第1款主要对应于《消防给水及消火栓系统技术规范》GB 50974—2014 第5.4.2条；本条第2款主要对应于《消防给水及消火栓系统技术规范》GB 50974—2014 第5.4.1条第1款、第2款；本条第3款、第4款主要对应于《消防给水及消火栓系统技术规范》GB 50974—2014 第5.4.1条第4款；本条第5款主要对应于《消防给水及消火栓系统技术规范》GB 50974—2014 第5.4.1条第3款；本条第6款主要对应于《地铁设计防火标准》GB 51298—2018 第7.1.7条；本条第7款主要对应于《建筑设计防火规范（2018年版）》GB 50016—2014 第12.2.2条；本条第8款主要对应于《汽车库、修车库、停车场设计防火规范》GB 50067—2014 第7.1.12条；本条第9款主要对应于《消防给水及消火栓系统技术规范》GB 50974—2014 第5.4.1条第3款。

水泵接合器的设置要求，应符合现行国家标准《消防给水及消火栓系统技术规范》GB 50974 及相关标准规定。

（1）消防水泵接合器是固定设置在建筑物外，用于消防车或机动泵向建筑物内消防给水系统输送消防用水和其他液体灭火剂的连接器具。水泵接合器是建筑消防给水系统的组成部分，消防水泵接合器可有效利用各灭火系统的室内给水管网输送灭火用水，提高灭火效率。消防水泵接合器是继消防水池、高位消防水箱后的第三供水水源。

（2）原则上，设置固定水灭火设施的建筑，都需要设置水泵接合器。但考虑到一些层数不多的建筑，如小型公共建筑和部分多层住宅建筑，也可在灭火时在建筑内铺设水带采用消防车直接供水，而不需设置水泵接合器。

（3）每个系统的水泵接合器应独立设置，不同系统不能共用；当消防给水为竖向分区供水时，在消防车供水压力范围内的分区，应分别设置水泵接合器；当建筑高度超过消防车供水高度时，消防给水应在设备层等方便操作的地点设置手抬泵或移动泵接力供水的吸水口和加压接口。

（4）消防水泵接合器应位于室外便于消防车向室内消防给水管网安全供水的位置，部分要求如下：

①水泵接合器应设在室外便于消防车使用的地点，且距室外消火栓或消防水池的距离不宜小于15m，并不宜大于40m。

②墙壁消防水泵接合器的安装高度距地面宜为0.70m；与墙面上的门、窗、孔、洞的净距离不应小于2.0m，且不应安装在玻璃幕墙下方。

③水泵接合器处应设置永久性标志铭牌，并应标明供水系统、供水范围和额定压力。

8.2　防烟与排烟

【防烟与排烟系统概述】

火灾事实说明，烟气是火灾造成人员伤亡的主要因素，防烟、排烟系统是消除火灾烟气危害的重要技术措施。

防烟、排烟系统包括防烟系统和排烟系统两部分，防烟系统和排烟系统是两个相对独立的系统。

防烟系统主要设置于室内安全区域（疏散楼梯间及前室、避难层的避难区、避难走道及前室等）以及消防电梯前室、避难间，防烟系统通过机械加压送风或自然通风方式，防止火灾烟气进入或聚集；排烟系统主要设置于危险区域（房间）和次危险区域（走道），通过自然排烟或机械排烟方式，排出房间和走道的火灾烟气。【8.2-图示】中，危险区域（房间）和次危险区域（疏散走道）应设置排烟系统，疏散楼梯间及前室、消防电梯前室等应设置防烟系统，火灾发生时，排烟系统通过机械排烟或自然排烟方式，排出危险区域和次危险区域的火灾烟气；防烟系统通过加压送风或自然通风方式，防止火灾烟气进入室内安全区域（疏散楼梯间及前室）和消防电梯前室，或在这些区域聚集。

有关防烟系统和排烟系统的实施要求，依现行国家标准《消防设施通用规范》GB 55036、《建筑防烟排烟系统技术标准》GB 51251 等标准确定。

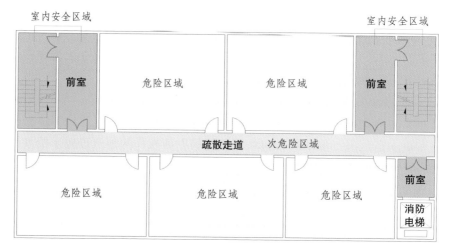

8.2- 图示　危险区域、次危险区域、室内安全区域平面示意图

注：有关危险区域、次危险区域、室内安全区域，参见"附录11"。

【视频分解】

【防烟、排烟系统（3D）】

8.2.1　下列部位应采取防烟措施：

　1　封闭楼梯间；

　2　防烟楼梯间及其前室；

　3　消防电梯的前室或合用前室；

　4　避难层、避难间；

　5　避难走道的前室，地铁工程中的避难走道。

【要点解读】

本条规定了建筑内应设置防烟设施的基本部位。本条应结合《建筑设计防火规范（2018 年版）》GB 50016—2014 第 8.5.1 条执行。

防烟设施包括自然通风设施和机械加压送风设施，自然通风设施通过自然通风方式排出烟气，防止火灾烟气在这些区域聚集；机械加压送风设施通过加压送风方式，使得这些区域的空气压力高于疏散走道和房间，阻止火灾烟气侵入。需要设置防烟设施的场所，主要如下。

（1）室内安全区域应设置防烟设施。

室内安全区域主要包括疏散楼梯间及前室（含合用前室）、避难层的避难区、避难走道及前室等。室内安全区域是相对独立的防火单元，并直通室外安全区域，室内安全区域可视为室外安全区域的延伸。通常认为，进入室内安全区域即到达安全地点，不再考虑室内安全区域疏散至室外的距离和时间。因此，有必要在室内安全区域设置防烟设施，防范火灾烟气入侵或聚集。

①疏散楼梯间及前室。

疏散楼梯间及前室，包括封闭楼梯间、防烟楼梯间及前室（含合用前室）。

虽然本规定未强调敞开楼梯间的防烟措施，但仍应满足自然通风要求。允许设置敞开楼梯间的建筑，敞开楼梯间同样视为室内安全区域，每层均应设置可开启的自然通风窗。当敞开楼梯间不满足自然通风要求时，应设置为封闭楼梯间或防烟楼梯间。

室外疏散楼梯多悬挑于建筑外墙，多面开敞【7.1.11-图示1】【7.1.11-图示2】，无须另外采取防烟措施。在确定疏散楼梯形式时，室外疏散楼梯可作为防烟楼梯间或封闭楼梯间使用。

②避难走道及前室。

避难走道和防烟楼梯间的作用类似，疏散时人员只要进入避难走道，就可视为进入室内安全区域。避难走道应在其前室及避难走道分别设置机械加压送风系统，但下列情况可仅在前室设置机械加压送风系统：

a 避难走道一端设置安全出口，且总长度小于30m；

b 避难走道两端设置安全出口，且总长度小于60m。

③避难层的避难区。

避难层是建筑内用于人员暂时躲避火灾及其烟气危害的楼层。建筑高度超过100m的工业与民用建筑，为了解决人员竖向疏散距离过长的问题，应设置避难层，以便为人员安全疏散和避难提供必要的停留场所。

需要注意的是，避难层的避难区需要设置防烟设施，避难区以外的设备用房等部位应根据第8.2.2条、第8.2.5条规定设置排烟设施。示例：在【7.1.15-图示2】中，避难区（绿色区域）应设置防烟设施，下部的设备用房及走道区域应考虑设置排烟设施。

（2）消防电梯前室应设置防烟设施。

消防电梯前室是消防员灭火救援的桥头堡，应设置防烟设施。

（3）避难间应设置防烟设施。

本条规定的避难间，是指设置在医疗建筑和老年人照料设施中，为解决楼层平面疏散问题而设置的避难间（参见"7.1.16-要点解读"）。避难间供临时避难使用，应设置防烟设施。

8.2.2 除不适合设置排烟设施的场所、火灾发展缓慢的场所可不设置排烟设施外，工业与民用建筑的下列场所或部位应采取排烟等烟气控制措施：

1 建筑面积大于300m²，且经常有人停留或可燃物较多的地上丙类生产场所，丙类厂房内建筑面积大于300m²，且经常有人停留或可燃物较多的地上房间；

2 建筑面积大于100m²的地下或半地下丙类生产场所；

3 除高温生产工艺的丁类厂房外，其他建筑面积大于5000m²的地上丁类生产场所；

4 建筑面积大于1000m²的地下或半地下丁类生产场所；

5 建筑面积大于300m²的地上丙类库房；

6 设置在地下或半地下、地上第四层及以上楼层的歌舞娱乐放映游艺场所，设置在其他楼层且房间总建筑面积大于100m²的歌舞娱乐放映游艺场所；

7 公共建筑内建筑面积大于100m²且经常有人停留的房间；

8 公共建筑内建筑面积大于300m²且可燃物较多的房间；

9 中庭；

10 建筑高度大于32m的厂房或仓库内长度大于20m的疏散走道，其他厂房或仓库内长度大于40m的疏散走道，民用建筑内长度大于20m的疏散走道。

【要点解读】

本条规定了工业建筑、民用建筑内应设置排烟设施的基本场所及部位。本条主要对应于《建筑设计防火规范（2018年版）》GB 50016—2014第8.5.2条、第8.5.3条。

本条第1款～第5款明确了工业建筑内应设置排烟设施的场所，在工业建筑中，满足相关条款要求的场所（房间、车间、库房等）均应设置排烟设施；本条第6款～第9款明确了公共建筑内应设置排烟设施的场所，在公共建筑中，满足相关条款要求的场所（房间以及各类厅、室、中庭等）均应设置排烟设施；本条第10款明确了应设置排烟设施的疏散走道，本款规定适用所有类型建筑。

依本规定要求，需要设置排烟设施的场所见表8.2.2。

表8.2.2 工业和民用建筑中应设置排烟设施的场所或部位

建筑	场所或部位		设置条件
厂房	丙类生产场所	地上	建筑面积>300m²且经常有人停留
			建筑面积>300m²且可燃物较多
		地下或半地下	建筑面积>100m²
	丙类厂房	地上房间	建筑面积>300m²且经常有人停留
			建筑面积>300m²且可燃物较多
	丁类生产场所	地上（注1）	建筑面积>5000m²
		地下或半地下	建筑面积>1000m²

续表 8.2.2

建筑	场所或部位		设置条件
厂房	疏散走道	高度＞32m 的厂房	疏散走道长度＞20m
		其他厂房	疏散走道长度＞40m
仓库	地上丙类库房		建筑面积＞300m²
	疏散走道	高度＞32m 的仓库	疏散走道长度＞20m
		其他仓库	疏散走道长度＞40m
民用建筑	歌舞娱乐放映游艺场所	设置在地上第四层及以上	—
		设置在一、二、三层	房间总建筑面积＞100m²
		设置在地下或半地下	—
	中庭		—
	公共建筑	经常有人停留的房间	建筑面积＞100m²
		可燃物较多的房间	建筑面积＞300m²
	疏散走道		疏散走道长度＞20m

注：1 高温生产工艺的丁类厂房除外；

2 "—"表示条件不限；

3 满足第 8.2.5 条规定的房间或区域，应设置排烟设施；

4 不适合设置排烟设施的场所、火灾发展缓慢的场所可不设置排烟设施（要点 2）。

要点 1：实施要点。

（1）排烟设施的设置要求，主要是针对房间、车间、库房、疏散走道等场所，可依据各个不同场所的实际情况确定是否需要设置排烟设施，并可根据不同场所的实际条件确定排烟设施的设置方式。

示例 1：公共建筑的不同房间，可根据每个房间的建筑面积、人员停留情况和可燃物多少决定是否需要设置排烟设施，对于需要设置排烟设施的房间，可根据各自不同条件采用自然排烟设施或机械排烟设施。

示例 2：某工厂楼层包括 3 个生产车间，无高温生产工艺，车间 1 的建筑面积大于5000m²，车间 2 和车间 3 的建筑面积均不大于 5000m²，车间 1 需要设置排烟设施，车间 2 和车间 3 可不设置排烟设施，疏散走道应依据本条第 10 款要求确定是否设置排烟设施【图示】。

（2）敞开式外走道具备较好的排烟条件，可以不另外采取排烟措施。

（3）本条未明确甲、乙类场所的排烟设施要求（要点 2），但对于甲、乙类厂房（仓库）中的丙、丁类场所和房间，仍应依据本条规定要求设置排烟设施。

（4）未在本条规定之列的场所，当符合第 8.2.5 条条件时，仍应设置排烟设施。

要点 2：可不设置排烟设施的场所。

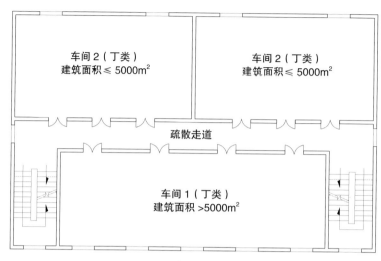

8.2.2– 图示　丁类生产车间排烟设施设置平面示意图

（1）不适合设置排烟设施的场所，可不设置排烟设施。示例如下：

①《生物安全实验室建筑技术规范》GB 50346—2011 规定，三级和四级生物安全实验室防护区不应设置机械排烟系统，以防造成有害因子泄漏。

②《冷库设计标准》GB 50072—2021 规定，冻结间和冻结物冷藏间可不设置排烟设施；冷却间和冷却物冷藏间不宜设置排烟设施。

③《火力发电厂与变电站设计防火标准》GB 50229—2019 规定，主厂房、运煤建筑的转运站、碎煤机室、地下或半地下输煤建筑、贮煤场等场所因其工艺及建筑的特殊性可不必设置排烟设施。

④设置气体灭火保护的防护区，可不设置排烟系统。排烟系统需要在火灾发生时排出火灾烟气，而气体灭火系统需要在火灾发生时关闭风机及风管阀门、门窗等开口设施，喷射灭火剂并保证一定的灭火剂浸渍时间，两者功能需求正好相反。考虑气体灭火系统控制主机收到首个火灾报警信号即启动防护区内的声光警报器警示疏散，而排烟系统必须收到两个触发信号才会启动，这时人员已基本疏散完毕。同时，气体灭火系统具备较高的灭火效能，能迅速扑灭火灾。因此，对于设置气体灭火系统的防护区，可不设置排烟系统。

（2）火灾发展缓慢的场所可不设置排烟设施。

排烟系统的功能并非灭火，而是排出火灾烟气以保证人员疏散。对于火灾发展缓慢的场所，可用疏散时间（ASET）较长，通常大于必需疏散时间（RSET），即使不设置排烟系统也可以满足人员疏散要求，可不设置排烟设施。比如，火力发电厂中，运煤建筑的转运站、碎煤机室、地下或半地下输煤建筑、贮煤场等场所因其工艺及建筑的特殊性可不必设置排烟设施，其中一个重要原因是考虑煤火灾多属于焖燃，起火速度较慢，认为不会殃及人员安全撤离。

（3）甲、乙类生产场所和甲、乙类库房可不设置排烟设施。

甲、乙类场所的火灾危险性高，火灾蔓延速度快，多具备易燃易爆风险，排烟系统难以有效发挥作用，因此本条规定未列入甲、乙类场所的排烟设施要求，但对于甲、乙类厂房和甲、乙类仓库中的丙、丁类场所和房间，仍应参照本条规定要求设置排烟设施。

8.2.3　除敞开式汽车库、地下一层中建筑面积小于 1000m² 的汽车库、地下一层中建筑面积小于 1000m² 的修车库可不设置排烟设施外，其他汽车库、修车库应设置排烟设施。

【要点解读】

本条规定了应设置排烟设施的汽车库、修车库。本条主要对应于《汽车库、修车库、停车场设计防火规范》GB 50067—2014 第 8.2.1 条。

（1）敞开式汽车库是任一层车库外墙敞开面积大于该层四周外墙体总面积的 25%，敞开区域均匀布置在外墙上且其长度不小于车库周长的 50% 的汽车库。

对于敞开式汽车库，四周外墙敞开面积达到一定比例，本身就可以满足自然排烟要求。但对于面积比较大的敞开式汽车库，整个汽车库均应满足自然排烟条件，否则需要考虑排烟系统。

（2）建筑面积小于 1000m² 的地下一层汽车库、修车库，可通过直通室外的汽车坡道排烟，当汽车库、修车库内最远点至汽车坡道口的距离不大于 30m 时，可不设排烟设施。

需要注意的是，修车库不可避免地要有明火作业和使用易燃、易挥发物品，喷漆间更容易产生有机溶剂的挥发蒸气，因此修车库不应设置于地下建筑，确有需要时，应确保存放和使用易燃物品部位、喷漆间等设置于地上一层。

8.2.4　通行机动车的一、二、三类城市交通隧道内应设置排烟设施。

【要点解读】

本条规定了应设置排烟设施的城市交通隧道。本条主要对应于《建筑设计防火规范（2018 年版）》GB 50016—2014 第 12.3.1 条。

隧道火灾的热烟排除非常困难，且容易因高温导致结构损坏，通行机动车的一、二、三类城市交通隧道内应设置排烟设施。四类隧道因长度较短、发生火灾的概率较低或火灾危险性较小，可不设置排烟设施。

有关城市交通隧道排烟设施的具体设置要求，参见《建筑设计防火规范（2018 年版）》GB 50016—2014 第 12.3 节以及现行国家标准《建筑防烟排烟系统技术标准》GB 51251 规定。

城市交通隧道辅助用房的排烟设施，可类比工业与民用建筑中类似火灾危险性场所，依据本《通用规范》及相关标准确定。

8.2.5 建筑中下列经常有人停留或可燃物较多且无可开启外窗的房间或区域应设置排烟设施：

1 建筑面积大于 50m² 的房间；

2 房间的建筑面积不大于 50m²，总建筑面积大于 200m² 的区域。

【要点解读】

本条规定了无可开启外窗房间及区域的排烟设施设置要求。本条主要对应于《建筑设计防火规范（2018 年版）》GB 50016—2014 第 8.5.4 条。

（1）本条规定的建筑包括工业与民用建筑、独立的地下和半地下工业与民用建筑、平时使用的人民防空工程、地铁车站、隧道工程的辅助用房、城市综合管廊工程的辅助用房等。

（2）本条第 2 款所述的"总建筑面积大于 200m² 的区域"，是指建筑面积不大于 50m² 的房间的累计面积，不包括疏散走道等公共区域，当某区域无可开启外窗房间的建筑面积不大于 50m²，但这些房间的总建筑面积大于 200m² 时，需要设置排烟设施。有关机械排烟口的设置，可依据《建筑防烟排烟系统技术标准》GB 51251—2017 第 4.4.12 条规定实施：对于需要设置机械排烟系统的房间，当其建筑面积小于 50m² 时，可通过走道排烟，排烟口可设置在疏散走道；排烟量应按该标准第 4.6.3 条第 3 款计算。

示例：【图示 1】的公共建筑，均为经常有人停留的场所，①②③④⑥号房间的建筑面积均小于 50m²，但建筑面积之和大于 200m²；⑤⑦号房间的建筑面积均大于 50m²。其中，①②③④⑤⑥号房间无可开启外窗，⑦号房间设置有可开启外窗【图示 1】。依据第 8.2.2 条第 7 款以及本条规定要求，结合《建筑防烟排烟系统技术标准》GB 51251—2017 第 4.4.12 条规定，排烟系统设置如下：

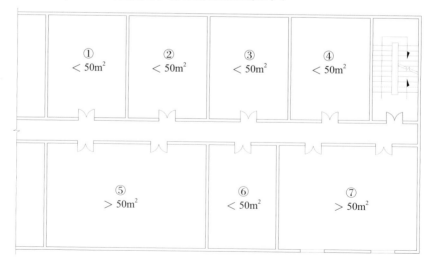

8.2.5- 图示 1　无窗房间建筑平面示意图

①②③④⑥房间的建筑面积之和大于200m²，需设置排烟设施，考虑房间建筑面积均小于50m²，因此采用走道排烟方式，排烟口设置于疏散走道；⑤号房间建筑面积大于50m²，需设置排烟设施且排烟口应设置于房间内；⑦号房间设置有可开启外窗，当房间建筑面积不大于100m²时可不设置排烟设施，当房间建筑面积大于100m²时需要设置排烟设施，可设置自然排烟窗【图示2】。

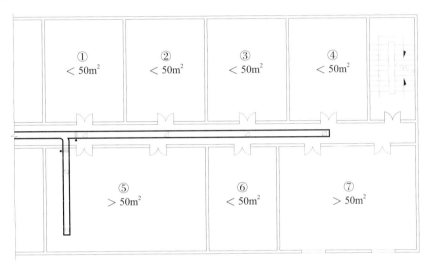

8.2.5- 图示2　无窗房间排烟系统设置平面图

8.3　火灾自动报警系统

【火灾自动报警系统概述】

火灾自动报警系统是探测火灾早期特征、发出火灾报警信号，为人员安全疏散、防止火灾蔓延和启动自动灭火设备提供控制与指示的消防系统。从火灾发生、发展的过程阶段【图示1】可知，火灾报警主要包括火灾预警和探测报警两个阶段，是人员安全疏散和自动灭火的前置保障。

（1）火灾预警。

火灾预警系统主要包括可燃气体探测报警系统和电气火灾监控系统。可燃气体探测报警系统主要应用在可能散发可燃气体、可燃蒸气的场所，第8.3.3条规定的可燃气体探测报警装置，即可燃气体探测报警系统；电气火灾监控系统主要应用在具有电气火灾危险的场所，可依现行国家标准《建筑设计防火规范》GB 50016、《民用建筑电气设计标准》GB 51348等标准要求设置。实际上，除可燃气体探测报警系统和电气火灾监控系统外，用于检测其他火灾危险物质的装置或系统（比如检测可燃性粉尘、飞絮浓度等），也可称为火灾预警系统。

火灾预警系统报警表示其监视的保护对象发生了异常，产生了一定的火灾隐患，但是并不能代表已经发生了火灾。

8.3-图示1　火灾发生、发展的过程阶段

通常情况下，火灾预警系统应独立组成，火灾预警系统的探测器不得接入火灾报警控制器的探测器回路。

（2）探测报警。

第8.3.1条、第8.3.2条规定的火灾自动报警系统，主要是指【图示1】中探测报警阶段的火灾自动报警系统。该系统可实现火灾早期探测、发出火灾报警信号，并向各类消防设备发出控制信号完成各项消防功能，一般由火灾触发器件、火灾警报装置、模块、区域显示器、总线短路隔离器、火灾报警控制器、消防联动控制器等组成。火灾触发器件主要包括火灾探测器、手动火灾报警按钮等。

火灾探测器是火灾自动报警系统的自动触发器件，能响应至少一种或多种烟、温、光（火焰辐射）、气体浓度、视频信息等火灾特征参数，当参数达到设定阈值时，自动产生火灾报警信号。常见的火灾探测器，主要有感烟类火灾探测器、感温类火灾探测器、火焰探测器、一氧化碳火灾探测器、图像型火灾探测器等【图示2】。

需要说明的是，第8.3.1条、第8.3.2条规定的需要设置火灾自动报警系统的场所，不能采用独立式火灾探测报警器替代。

8.3.1　除散装粮食仓库、原煤仓库可不设置火灾自动报警系统外，下列工业建筑或场所应设置火灾自动报警系统：

　1　丙类高层厂房；

　2　地下、半地下且建筑面积大于1000m² 的丙类生产场所；

　3　地下、半地下且建筑面积大于1000m² 的丙类仓库；

　4　丙类高层仓库或丙类高架仓库。

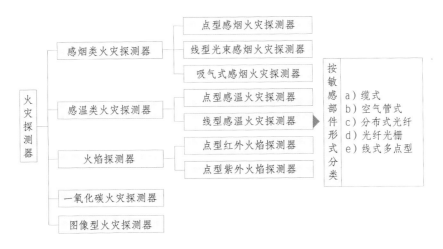

8.3– 图示 2　常见的火灾探测器分类

【要点解读】

本条规定了工业建筑中应设置火灾自动报警系统的场所及部位。本条应结合《建筑设计防火规范（2018 年版）》GB 50016—2014 第 8.4.1 条执行。

本条未规定的其他建筑或场所，可按照建筑的火灾危险性等实际情况确定，也可依据相关标准执行，比如现行国家标准《建筑设计防火规范》GB 50016、《火力发电厂与变电站设计防火标准》GB 50229、《酒厂设计防火规范》GB 50694、《石油天然气工程设计防火规范》GB 50183、《钢铁冶金企业设计防火标准》GB 50414、《有色金属工程设计防火规范》GB 50630、《煤化工工程设计防火标准》GB 51428、《飞机库设计防火规范》GB 50284、《纺织工程设计防火规范》GB 50565。

要点 1：甲、乙类厂房和甲、乙类仓库的火灾自动报警系统。

本条规定未涉及甲、乙类厂房和甲、乙类仓库的火灾自动报警系统，这类场所通常具备易燃易爆特征，常规的感烟、感温火灾探测器难以发挥作用，不方便作出统一性规定，可依据相关专项标准执行。

实际应用中，甲、乙类场所可考虑设置可燃气体探测报警装置、火焰探测器或图像型火灾探测器，也可以设置用于探测危险物质浓度的探测器。比如：在乙醇可能泄漏的场所设置乙醇蒸气浓度检测报警装置；氨压缩机房设置氨气浓度检测报警装置等。

要点 2：可不设置火灾自动报警系统的部位及场所。

原则上，规定中未明确具体设置部位或场所的，要求该建筑全部设置火灾自动报警系统，但其中不适用设置火灾自动报警系统的部位或可燃物很少的部位可以不设置。

（1）不适用火灾自动报警系统的部位，可不设置火灾自动报警系统。

不适用火灾自动报警系统的部位，比如散装粮食仓库、原煤仓库等，这类场所的火灾以阴燃和无焰燃烧为主，火灾探测器难以发挥作用，因此不要求这类场所设置火灾自动报警系统。确有需要时，可考虑在火灾风险较高的部位设置感温探测等火灾预警装置，比如，《火力发电厂与变电站设计防火标准》GB 50229—2019 规定，室内贮煤场的挡煤墙中宜设置测温装置，其信号应能传送至集中控制室发出声光警报。

另外，像卫浴一体的小型卫生间、洗浴中心和浴室的沐浴部位等，也属于不适宜设置火灾自动报警系统的场所。

（2）可燃物很少的部位，可不设置火灾自动报警系统。参见"8.3.2– 要点 2"。

8.3.2 下列民用建筑或场所应设置火灾自动报警系统：

1 商店建筑、展览建筑、财贸金融建筑、客运和货运建筑等类似用途的建筑；

2 旅馆建筑；

3 建筑高度大于 100m 的住宅建筑；

4 图书或文物的珍藏库，每座藏书超过 50 万册的图书馆，重要的档案馆；

5 地市级及以上广播电视建筑、邮政建筑、电信建筑，城市或区域性电力、交通和防灾等指挥调度建筑；

6 特等、甲等剧场，座位数超过 1500 个的其他等级的剧场或电影院，座位数超过 2000 个的会堂或礼堂，座位数超过 3000 个的体育馆；

7 疗养院的病房楼，床位数不少于 100 张的医院的门诊楼、病房楼、手术部等；

8 托儿所、幼儿园，老年人照料设施，任一层建筑面积大于 500m² 或总建筑面积大于 1000m² 的其他儿童活动场所；

9 歌舞娱乐放映游艺场所；

10 其他二类高层公共建筑内建筑面积大于 50m² 的可燃物品库房和建筑面积大于 500m² 的商店营业厅，以及其他一类高层公共建筑。

【要点解读】

本条规定了民用建筑中应设置火灾自动报警系统的场所及部位。本条应结合《建筑设计防火规范（2018 年版）》GB 50016—2014 第 8.4.1 条、第 8.4.2 条执行。

本条未规定的其他建筑或场所，可按照建筑的建筑规模、人员特点、火灾特性等实际情况确定，也可依据相关标准执行，比如现行国家标准《建筑设计防火规范》GB 50016、《地铁设计防火标准》GB 51298、《民用机场航站楼设计防火规范》GB 51236、《人民防空工程设计防火规范》GB 50098。

要点 1：条文分解。

（1）本条第 1 款的商店建筑，不包括菜市场、建筑面积小于 100m² 的单建或附属商店建筑、住宅建筑内的商业服务网点。

①对于建筑中建筑面积小于 100m² 的附属商店，当建筑内设置有火灾自动报警系统时，商店部位也应设置火灾自动报警系统；当建筑内没有设置火灾自动报警系统时，商店部位可考虑设置独立式火灾探测报警器。

②对于住宅建筑内的商业服务网点，当住宅建筑的公共部位设置有火灾自动报警系统时，商业服务网点也应设置火灾自动报警系统；当住宅建筑没有设置火灾自动报警系统时，商业服务网点可考虑设置独立式火灾探测报警器。商业服务网点即本《通用规范》第4.3.2条第4款所述的商业设施。

（2）本条第2款的旅馆建筑，不包括出租客房数量少于15间（套）的旅馆建筑。对于出租客房数量少于15间（套）的旅馆建筑，当建筑的其他部位设置有火灾自动报警系统时，旅馆部分也应设置火灾自动报警系统。当建筑的其他部位没有设置火灾自动报警系统时，旅馆部分可考虑设置独立式火灾探测报警器。

有关旅馆建筑的概念，参见"附录1"。

（3）本条第3款的建筑高度大于100m的住宅建筑，属于超高层建筑，已超出目前举高消防车的有效救援高度，有必要强调早报警、早疏散。除不方便设置火灾探测器的沐浴一体的卫生间外，住户套内房间以及建筑公共区域、物业用房、设备用房、储藏室以及车库等均应设置火灾自动报警系统。

（4）本条第4款的"重要的档案馆"，主要指现行标准《档案馆建筑设计规范》JGJ 25规定的国家档案馆。其他专业档案馆，可视具体情况比照本规定确定。

（5）本条第8款中的托儿所，不包括设置在家庭内，由家庭看护的托儿场所，这类场所可考虑设置独立式火灾探测报警器。

要点2：可不设置火灾自动报警系统的部位及场所。

原则上，规定中未明确具体设置部位或场所的，要求该建筑全部设置火灾自动报警系统，但不适宜设置火灾自动报警系统的部位和可燃物很少的部位可不设置。主要如下：

（1）不适宜设置火灾自动报警系统的部位，可不设置火灾自动报警系统。

不适宜设置火灾自动报警系统的部位，主要针对工业场所，参见"8.3.1-要点2"。另外，像卫浴一体的小型卫生间、洗浴中心和浴室的沐浴部位等，也属于不适宜设置火灾自动报警系统的场所。

（2）可燃物很少的部位，可不设置火灾自动报警系统。

可燃物很少的部位，主要包括可燃物很少的竖向井道（管道井等），以及小面积卫生间等。而对于存在火灾风险的电气竖井和较大面积的公共卫生间等，仍宜考虑设置火灾自动报警系统。

当水泵控制柜与水泵房分开设立（设置于消防水泵控制室内），且水泵房无其他可燃物时，水泵房也可不设置火灾自动报警系统。设置消防水泵控制柜的房间内应设置火灾自动报警系统。

另外，对于游泳池的水面区域，当吊顶等采用不燃材料时，可不设置火灾自动报警系统。

8.3.3 除住宅建筑的燃气用气部位外，建筑内可能散发可燃气体、可燃蒸气的场所应设置可燃气体探测报警装置。

【要点解读】

本条规定了应设置可燃气体探测报警装置的场所。本条主要对应于《建筑设计防火规范（2018 年版）》GB 50016—2014 第 8.4.3 条。

要点 1：可燃气体探测报警装置。

本条规定所指的可燃气体探测报警装置是指可燃气体探测报警系统，属于火灾预警系统，本条规定要求设置可燃气体探测报警装置的场所，不能采用独立式可燃气体探测器替代。

（1）可燃气体探测报警系统主要包括可燃气体报警控制器、可燃气体探测器和火灾声光警报器等。可燃气体探测器是对可燃气体（可燃蒸气）浓度响应的探测器，当设置部位的可燃气体浓度达到设定阈值时报警。可燃气体探测报警系统能够监测被保护区域内的可燃气体和可燃蒸气浓度，在低于爆炸下限（LEL）的条件下提前报警，预防可燃气体或可燃蒸气泄漏引发的火灾或爆炸。《石油化工可燃气体和有毒气体检测报警设计标准》GB/T 50493—2019 规定，可燃气体的一级报警设定值不应大于25%LEL，二级报警设定值不应大于 50%LEL。

（2）可燃气体探测报警系统是一个独立的子系统，属于火灾预警系统，应独立组成，可燃气体探测器不能直接接入火灾探测报警系统的报警总线。

要点 2：本规定适用场所。

本条规定包括各类厂房、仓库，公共建筑以及住宅建筑公共部位中存在散发可燃气体或蒸气的场所。

本条规定不包括住宅建筑户内的燃气用气部位，依据《城镇燃气设计规范（2020年版）》GB 50028—2006 第 10.4.3 条规定，住宅厨房内宜设置排气装置和燃气浓度检测报警器。该规定的燃气浓度检测报警器，可采用独立式可燃气体探测器。

9 供暖、通风和空气调节系统

9.1 一般规定

9.1.1 除有特殊功能或性能要求的场所外，下列场所的空气不应循环使用：

    1　甲、乙类生产场所；

    2　甲、乙类物质储存场所；

    3　产生燃烧或爆炸危险性粉尘、纤维且所排除空气的含尘浓度不小于其爆炸下限25%的丙类生产或储存场所；

    4　产生易燃易爆气体或蒸气且所排除空气的含气体浓度不小于其爆炸下限值10%的其他场所；

    5　其他具有甲、乙类火灾危险性的房间。

【要点解读】

本条规定了建筑中不应采用循环空气的场所。本条主要对应于《建筑设计防火规范（2018年版）》GB 50016—2014第9.1.2条；《工业建筑供暖通风与空气调节设计规范》GB 50019—2015第6.9.2条。

（1）甲、乙类物质易挥发出可燃蒸气，可燃气体易泄漏，会形成有爆炸危险的气体混合物，如空气循环使用，可能导致可燃蒸气或气体的浓度增加。因此，这类场所的生产区域和仓库应具备良好的通风条件，将室内空气及时排出到室外，而不应循环使用。

（2）当丙类生产或储存场所存在可能引发燃烧或爆炸的粉尘、纤维时，易造成火灾蔓延，场所的空气不应循环使用。一般认为，对于爆炸性粉尘环境，当空气中可燃粉尘的含量低于其爆炸下限的25%时，可以满足安全要求，空气可循环使用。

（3）除甲、乙类生产场所和甲、乙类物质储存场所外，其他场所的局部区域也可能产生易燃易爆气体或蒸气。依据现行国家标准《爆炸危险环境电力装置设计规范》GB 50058规定，对于爆炸性气体环境，当可燃物质可能出现的最高浓度不超过爆炸下限值的10%时，可划为非爆炸危险区域，可认为没有燃烧爆炸危险，空气可循环使用。

《爆炸危险环境电力装置设计规范》GB 50058—2014第3.2.2条规定，爆炸性气体环境符合下列条件之一时，可划为非爆炸危险区域：①没有释放源且不可能有可燃物质侵入的区域；②可燃物质可能出现的最高浓度不超过爆炸下限值的10%；③在生产过程中使用明火的设备附近，或炽热部件的表面温度超过区域内可燃物质引燃温度的设备附近；④在生产装置区外，露天或开敞设置的输送可燃物质的架空管道地带，但其阀门处按具体情况确定。

（4）有关爆炸性粉尘环境和爆炸性气体环境概念，参见"附录1"。

9.1.2 甲、乙类生产场所的送风设备，不应与排风设备设置在同一通风机房内。用于排除甲、乙类物质的排风设备，不应与其他房间的非防爆送、排风设备设置在同一通风机房内。

【要点解读】

本条规定了甲、乙类生产场所送、排风设备布置的基本防火要求。本条应结合《建筑设计防火规范（2018年版）》GB 50016—2014第9.1.3条、第9.3.4条；《工业建筑供暖通风与空气调节设计规范》GB 50019—2015第6.9.16条等规定执行。

（1）排风系统难免存在泄漏风险，如果将送风设备同排风设备布置在一起，送风设备就有可能把排风设备及风管的漏风吸入并再次送入生产场所中，导致生产场所的危险物质浓度增加，因此规定用于甲、乙类物质场所的送风设备和排风设备不应布置在同一通风机房内。

（2）为防止排风系统的漏风被送入其他房间内，导致安全风险，排除甲、乙类物质的排风设备不能与送风设备布置在同一通风机房内，也不能与其他房间的送、排风设备布置在同一通风机房内。

（3）《工业建筑供暖通风与空气调节设计规范》GB 50019—2015第6.9.16条规定，用于甲、乙类厂房、仓库及其他厂房中有爆炸危险区域的通风设备的布置应符合下列规定：

①排风设备不应布置在建筑物的地下室、半地下室内，宜设置在生产厂房外或单独的通风机房中；

②送、排风设备不应布置在同一通风机房内；

③排风设备不应与其他房间的送、排风设备布置在同一机房内；

④送风设备的出口处设有止回阀时，可与其他房间的送风设备布置在同一个送风机房内。

9.1.3 排除有燃烧或爆炸危险性物质的风管，不应穿过防火墙，或爆炸危险性房间、人员聚集的房间、可燃物较多的房间的隔墙。

【要点解读】

本条规定了排除有燃烧或爆炸危险性物质的风管穿越墙体的禁止性要求。本条主要对应于《建筑设计防火规范（2018年版）》GB 50016—2014第9.3.2条；《工业建筑供暖通风与空气调节设计规范》GB 50019—2015第6.9.19条。

（1）输送有燃烧或爆炸危险性物质的风管，存在泄漏可能，容易造成火灾蔓延，且防火阀等难以有效发挥作用。这类风管不应穿过防火墙，以保证防火墙等防火分隔物的完整性。这类风管也不应穿过爆炸危险性房间、可燃物较多的房间和人员聚集的房间，以防范更严重的后果和人员伤害。

（2）由"9.1.1- 要点解读"可知，当房间内空气中的易燃易爆气体或蒸气含量达到爆炸下限的 10%，或空气中的可燃粉尘含量达到爆炸下限的 25% 时，可认为是爆炸危险性房间。

（3）人员聚集的房间为某一时间内聚集和使用人数较多的房间，示例：

①劳动密集型企业的生产加工车间、经营储存场所。

劳动密集型企业的界定标准与经济发展和工业化程度相关，不同地区的标准可能不一样，就是同一地区也可能需要根据当地的发展情况进行调整。在缺乏相关资料的情况下，可参考《关于开展劳动密集型企业消防安全专项治理工作的通知》（安委〔2014〕9 号）文件，该文件明确了开展劳动密集型企业消防安全专项治理工作的范围和重点："同一时间容纳 30 人以上，从事制鞋、制衣、玩具、肉食蔬菜水果等食品加工、家具木材加工、物流仓储等劳动密集型企业的生产加工车间、经营储存场所和员工集体宿舍"，可作为劳动密集型企业界定的参考。

②交通车站、码头和机场的候车（船、机）建筑乘客公共区、交通换乘区和通道。

③会议室、多功能厅、观众厅、展览厅、营业厅、歌舞娱乐厅、餐厅等。

④教学建筑的教室等。

9.2　供暖系统

9.2.1　甲、乙类火灾危险性场所内不应采用明火、燃气红外线辐射供暖。存在粉尘爆炸危险性的场所内不应采用电热散热器供暖。在储存或产生可燃气体或蒸气的场所内使用的电热散热器及其连接器，应具备相应的防爆性能。

【要点解读】

本条规定了甲、乙类火灾危险性场所和可燃粉尘、纤维、气体或蒸气爆炸危险性场所的供暖方式，以及供暖设备的基本防火要求。本条主要对应于《建筑设计防火规范（2018 年版）》GB 50016—2014 第 9.2.2 条；《工业建筑供暖通风与空气调节设计规范》GB 50019—2015 第 5.5.2 条。

要点 1：甲、乙类火灾危险性场所内不应采用明火、燃气红外线辐射供暖。

燃气红外线辐射供暖，是利用可燃气体在辐射器中通过一定方式燃烧，主要以红外线的形式放散出辐射热的高温辐射供暖方式。

燃气红外线辐射供暖通常有炽热的表面，当设置燃气红外线辐射供暖时，必须采取相应的防火和通风换气等安全措施，不得应用于甲、乙类火灾危险性场所内。甲、乙类火灾危险性场所主要是指甲、乙类生产场所和储存场所。

要点2：存在粉尘爆炸危险性的场所内不应采用电热散热器供暖。

存在粉尘爆炸危险性的场所，主要包括《建筑设计防火规范（2018年版）》GB 50016—2014中生产火灾危险性类别为乙类第6项场所，比如：铝粉或镁粉厂房，金属制品抛光部位、煤粉厂房、面粉厂的碾磨部位、活性炭制造及再生厂房，谷物筒仓的工作塔，亚麻厂的除尘器和过滤器室等；在木材、木器加工等丙、丁类厂房中，当存在粉尘爆炸危险性的场所时，也适用本条规定。这类场所的可燃性粉尘、纤维等容易沉降累积在物体表面，当采用表面温度较高的电热散热器供暖时，存在较大火灾危险，因此在粉尘、纤维爆炸危险性的场所内不应采用电热散热器供暖。

要点3：在储存或产生可燃气体或蒸气的场所内使用的电热散热器及其连接器，应具备相应的防爆性能。

在储存或产生可燃气体或蒸气的场所内，不应使用电热散热器。确有需要时，电热散热器及其连接器等应具备相应的防爆性能，并应符合现行国家标准《爆炸危险环境电力装置设计规范》GB 50058等标准规定。

9.2.2 下列场所应采用不循环使用的热风供暖：

1 生产过程中散发的可燃气体、蒸气、粉尘或纤维，与供暖管道、散热器表面接触能引起燃烧的场所；

2 生产过程中散发的粉尘受到水、水蒸气作用能引起自燃、爆炸或产生爆炸性气体的场所。

【要点解读】

本条规定了建筑中不应循环使用热风供暖的主要场所。本条主要对应于《建筑设计防火规范（2018年版）》GB 50016—2014第9.2.3条。

当采用循环使用的热风供暖时，爆炸危险性物质容易在场所内逐渐积累而形成爆炸隐患。本条规定的不能循环使用热风供暖的场所，均为具有爆炸危险性的厂房，主要有：

（1）生产过程中散发的可燃气体、蒸气、粉尘、纤维与采暖管道、散热器表面接触，即使供暖温度不高，也可能引起燃烧的厂房，如二硫化碳气体、黄磷蒸气及其粉尘等。

（2）生产过程中散发的粉尘受到水、水蒸气的作用，能引起自燃和爆炸的厂房，如生产和加工钾、钠、钙等物质的厂房。

（3）生产过程中散发的粉尘受到水、水蒸气的作用，能产生爆炸性气体的厂房，如电石、碳化铝、氢化钾、氢化钠、硼氢化钠等放出的可燃气体等。

9.2.3 采用燃气红外线辐射供暖的场所，应采取防火和通风换气等安全措施。

【要点解读】

本条规定了采用燃气红外线辐射供暖场所的基本安全要求。本条应结合《民用建筑供暖通风与空气调节设计规范》GB 50736—2012 第 5.6.1 条、《工业建筑供暖通风与空气调节设计规范》GB 50019—2015 第 5.5.1 条执行。

燃气红外线辐射供暖设备的燃烧器工作时，需对其供应一定比例的空气量。燃烧器会分解出二氧化碳和水蒸气等燃烧产物，当燃烧不完全时，还会生成一氧化碳。为保证燃烧所需的足够空气，避免水蒸气在围护结构内表面上凝结，必须具有一定的通风换气量。因此，采用燃气红外线辐射供暖的场所，应采取防火和通风换气等安全措施，具体要求可参照相关标准确定。比如：《工业建筑供暖通风与空气调节设计规范》GB 50019—2015 第 5.5 节明确了工业建筑燃气红外线辐射供暖的基本要求；《民用建筑供暖通风与空气调节设计规范》GB 50736—2012 第 5.6 节明确了民用建筑燃气红外线辐射供暖的基本要求。

采用燃气红外线辐射供暖的场所，除本《通用规范》和现行国家标准《工业建筑供暖通风与空气调节设计规范》GB 50019、《建筑设计防火规范》GB 50016 外，尚应符合现行国家标准《燃气工程项目规范》GB 55009、《城镇燃气设计规范》GB 50028、《民用建筑供暖通风与空气调节设计规范》GB 50736 等标准要求。

9.3　通风和空气调节系统

9.3.1　下列场所应设置通风换气设施：

1　甲、乙类生产场所；

2　甲、乙类物质储存场所；

3　空气中含有燃烧或爆炸危险性粉尘、纤维的丙类生产或储存场所；

4　空气中含有易燃易爆气体或蒸气的其他场所；

5　其他具有甲、乙类火灾危险性的房间。

【要点解读】

本条规定了建筑中应采取通风措施的基本场所，包括建筑中的燃油、燃气锅炉房，商业燃气用气场所等。

（1）本条规定的场所应采取通风措施，通风可以促使爆炸性气体或粉尘的浓度降低，能有效防止爆炸性环境的产生。通风形式包括自然通风和机械通风，在有可能利用自然通风的场所，应首先采取自然通风方式，如果自然通风条件不能满足要求时，应设置机械通风。如把环境中可燃气体或蒸气的浓度降低到其爆炸下限值的 10% 以下，或把环境中可燃粉尘的浓度降低到其爆炸下限值的 25% 以下，可消除爆炸危险。

（2）自然通风和机械通风的具体设置要求应符合国家现行相关技术标准的规定。比如，《建筑设计防火规范（2018 年版）》GB 50016—2014 第 9.3.16 条规定，燃油或燃气锅炉房应设置自然通风或机械通风设施。燃气锅炉房应选用防爆型的事故排风机。当采取机械通风时，机械通风设施应设置导除静电的接地装置，通风量应符合下列规定：①燃油锅炉房的正常通风量应按换气次数不少于 3 次 /h 确定，事故排风量应按换气次数不少于6次 /h 确定；②燃气锅炉房的正常通风量应按换气次数不少于 6 次 /h 确定，事故排风量应按换气次数不少于 12 次 /h 确定。

（3）对于现行相关技术标准中未有明确规定的场所，通风系统可以"非爆炸危险区域"作为系统设置的控制目标，比如，对于爆炸性气体环境，控制可燃物质可能出现的最高浓度低于爆炸下限值的 10%；对于爆炸性粉尘、纤维环境，控制空气中可燃粉尘、纤维的含量低于其爆炸下限的 25%。有关爆炸性粉尘环境和爆炸性气体环境概念，参见"附录 1"。

（4）《工业建筑供暖通风与空气调节设计规范》GB 50019—2015 第 6.9.15 条规定，在下列任一情况下，供暖、通风与空调设备均应采用防爆型：①直接布置在爆炸危险性区域内时；②排除、输送或处理有甲、乙类物质，其浓度为爆炸下限 10% 及以上时；③排除、输送或处理含有燃烧或爆炸危险的粉尘、纤维等物质，其含尘浓度为其爆炸下限的 25% 及以上时。

9.3.2　下列通风系统应单独设置：

　　1　甲、乙类生产场所中不同防火分区的通风系统；

　　2　甲、乙类物质储存场所中不同防火分区的通风系统；

　　3　排除的不同有害物质混合后能引起燃烧或爆炸的通风系统；

　　4　除本条第 1 款、第 2 款规定外，其他建筑中排除有燃烧或爆炸危险性气体、蒸气、粉尘、纤维的通风系统。

【要点解读】

本条规定了应单独设置通风系统的场所。本条主要对应于《建筑设计防火规范（2018 年版）》GB 50016—2014 第 9.1.4 条；《工业建筑供暖通风与空气调节设计规范》GB 50019—2015 第 6.9.3 条。

（1）要求甲、乙类生产和储存场所中不同防火分区的通风系统分别单独设置，是为了防止易燃易爆物质进入其他区域，预防易燃易爆物质在排风管道内积聚，防止通风系统内发生的燃烧和爆炸引至其他场所。

（2）"不同有害物质混合后能引起燃烧或爆炸"，是指不同种类和性质的有害物质混合后可能引起燃烧或爆炸的情形。如淬火油槽与高温盐浴炉产生的气体混合后有可能引起燃烧，盐浴炉散发的硝酸钾、硝酸钠气体与水蒸气混合时有可能引起爆炸等。

（3）除甲、乙类生产和储存场所外，对于建筑中有燃烧或爆炸危险性气体、蒸气、粉尘、纤维的房间或场所（例如：漆料库、可能释放氢气的蓄电池室、使用甲类液体清洗零配件的房间、油浸式变压器室、油罐室和油处理室等），通风系统也应独立设置，以免使其中容易引起火灾或爆炸的物质通过通风管道窜入其他房间，防止火灾蔓延。

（4）在有爆炸危险场所使用的通风设备，要根据该场所的防爆等级和国家有关标准要求选用相应防爆性能的防爆设备。

（5）本条规定的通风系统主要针对排风系统，排风系统应按照本条规定要求分别独立设置。送风系统也应独立设置，当需要合用时，应符合国家现行相关技术标准的规定。示例：

《建筑设计防火规范（2018年版）》GB 50016—2014第9.3.3条规定，甲、乙、丙类厂房内的送、排风管道宜分层设置。当水平或竖向送风管在进入生产车间处设置防火阀时，各层的水平或竖向送风管可合用一个送风系统。

《工业建筑供暖通风与空气调节设计规范》GB 50019—2015第6.9.16条规定，用于甲、乙类厂房、仓库及其他厂房中有爆炸危险区域的通风设备的布置应符合下列规定：

1 排风设备不应布置在建筑物的地下室、半地下室内，宜设置在生产厂房外或单独的通风机房中；

2 送、排风设备不应布置在同一通风机房内；

3 排风设备不应与其他房间的送、排风设备布置在同一机房内；

4 送风设备的出口处设有止回阀时，可与其他房间的送风设备布置在同一个送风机房内。

9.3.3 排除有燃烧或爆炸危险性气体、蒸气或粉尘的排风系统应符合下列规定：

1 应采取静电导除等静电防护措施；

2 排风设备不应设置在地下或半地下；

3 排风管道应具有不易积聚静电的性能，所排除的空气应直接通向室外安全地点。

【要点解读】

本条规定了用于可燃气体、蒸气、粉尘、纤维的排风系统的基本防火要求，以防止形成爆炸危险性环境。本条应结合《建筑设计防火规范（2018年版）》GB 50016—2014第9.3.9条执行。

（1）任何物体间的摩擦都会产生静电，比如：输送液体、气体、蒸气、粉尘、纤维等的设备和管道会产生静电；空气流动会在各类物品的表面产生静电，尤其当空气中存在粉尘、纤维等固体物时，更容易在物体表面产生静电。当静电荷聚集到一定程度时，可放电发火（静电火花），有引发火灾和爆炸的危险。因此，排除有燃烧或爆炸危险性气体、蒸气或粉尘的排风系统应采取静电导除等静电防护措施。静电防护措施一般包括静电接地、搭接、静电导除、静电屏蔽、使用静电消除器、采用导电性能良好的管材等。

（2）地下和半地下场所不利于泄压和灭火救援，通风条件差，易积聚有爆炸危险的蒸气和粉尘等物质。排风设备在排除有燃烧或爆炸危险性气体、蒸气、粉尘或纤维的过程中，难免造成危险性物质泄漏和积聚，燃烧爆炸风险提高，因此不应设置在地下或半地下场所。

（3）排风管道应具有不易积聚静电的性能，可采用导电性能良好的金属管道。排风管道不应暗设，以便于检查维修和排除危险。

（4）为安全考虑，排风系统应将所排除的空气应直接通向室外安全地点，远离明火地点和散发火花的地点，并应回避人员经常通过或停留的地方。

10 电 气

10.1 消防电气

10.1.1 建筑高度大于 150m 的工业与民用建筑的消防用电应符合下列规定：

    1 应按特级负荷供电；

    2 应急电源的消防供电回路应采用专用线路连接至专用母线段；

    3 消防用电设备的供电电源干线应有两个路由。

10.1.2 除筒仓、散装粮食仓库及工作塔外，下列建筑的消防用电负荷等级不应低于一级：

    1 建筑高度大于 50m 的乙、丙类厂房；

    2 建筑高度大于 50m 的丙类仓库；

    3 一类高层民用建筑；

    4 二层式、二层半式和多层式民用机场航站楼；

    5 Ⅰ类汽车库；

    6 建筑面积大于 5000m² 且平时使用的人民防空工程；

    7 地铁工程；

    8 一、二类城市交通隧道。

10.1.3 下列建筑的消防用电负荷等级不应低于二级：

    1 室外消防用水量大于 30L/s 的厂房；

    2 室外消防用水量大于 30L/s 的仓库；

    3 座位数大于 1500 个的电影院或剧场，座位数大于 3000 个的体育馆；

    4 任一层建筑面积大于 3000m² 的商店和展览建筑；

    5 省（市）级及以上的广播电视、电信和财贸金融建筑；

    6 总建筑面积大于 3000m² 的地下、半地下商业设施；

    7 民用机场航站楼；

    8 Ⅱ类、Ⅲ类汽车库和Ⅰ类修车库；

    9 本条上述规定外的其他二类高层民用建筑；

    10 本条上述规定外的室外消防用水量大于 25L/s 的其他公共建筑；

    11 水利工程，水电工程；

12 三类城市交通隧道。

【第10.1.1条～第10.1.3条 要点解读】

第10.1.1条规定了建筑高度大于150m的工业与民用建筑的消防用电设备供电负荷等级及供电要求；第10.1.2条、第10.1.3条分别规定了应按一级、二级负荷供电的消防用电设备的基本范围。

要点1：条文分解。

（1）10.1.2条第1款～第3款主要对应于《建筑设计防火规范（2018年版）》GB 50016—2014第10.1.1条。

（2）10.1.2条第4款和10.1.3条第7款主要对应于《民用机场航站楼设计防火规范》GB 51236—2017第5.0.5条。

（3）10.1.2条第5款和10.1.3条第8款主要对应于《汽车库、修车库、停车场设计防火规范》GB 50067—2014第9.0.1条。

（4）10.1.2条第6款应结合《人民防空工程设计防火规范》GB 50098—2009第8.1.1条执行，建筑面积大于5000m^2的人防工程，其消防用电应按一级负荷要求供电；建筑面积小于或等于5000m^2的人防工程可按二级负荷要求供电。

（5）10.1.2条第7款主要对应于《地铁设计防火标准》GB 51298—2018第11.1.1条。

（6）10.1.2条第8款和10.1.3条第12款主要对应于《建筑设计防火规范（2018年版）》GB 50016—2014第12.5.1条。

（7）10.1.3条第1款～第5款、第9款、第10款应结合《建筑设计防火规范（2018年版）》GB 50016—2014第10.1.2条执行。

（8）10.1.3条第11款主要对应于《水利工程设计防火规范》GB 50987—2014第10.1.1条、《水电工程设计防火规范》GB 50872—2014第13.1.1条。

要点2：怎样确定建（构）筑物的用电负荷等级，哪些场所可采用三级负荷供电。

建（构）筑物消防用电设备的供电负荷等级，可依据相关标准确定，当相关标准没有规定时，可依据要点3原则处置。

（1）第10.1.1条～第10.1.3条为控制性底线要求，应严格执行。

建筑高度大于150m的工业与民用建筑，消防用电均应按特级负荷供电；除建筑高度大于150m的工业与民用建筑外，符合第10.1.2条规定的建筑，消防用电均应按不低于一级负荷供电；除建筑高度大于150m的工业与民用建筑和第10.1.2条规定的建筑外，符合第10.1.3条规定的建筑，消防用电均应按不低于二级负荷供电。示例：在建筑高度大于150m的工业与民用建筑中，不论电影院、剧场、商店业态规模，也不论汽车库分类级别，消防用电均应按特级负荷供电。同理，除建筑高度大于150m的高层建筑外，其他一类高层民用建筑的消防用电均应按一级负荷供电。

（2）本《通用规范》未涉及建筑或场所的消防用电负荷等级，应按相关标准规定执行。

除《通用规范》规定外，现行国家标准《建筑电气与智能化通用规范》GB 55024、《建筑设计防火规范》GB 50016、《民用建筑电气设计标准》GB 51348 以及相关专业标准中，均有消防用电负荷级别的相关要求，应予执行。

示例 1：第 10.1.2 条未涉及"筒仓、散装粮食仓库及工作塔"的消防用电负荷等级要求，但依据《建筑设计防火规范（2018 年版）》GB 50016—2014 第 10.1.2 条规定，粮食仓库及粮食筒仓的消防用电应按二级负荷供电。

示例 2：第 10.1.2 条要求地铁工程的消防用电均按一级负荷供电，依据《地铁设计防火标准》GB 51298—2018 第 11.1.1 条规定，地铁的消防用电负荷应为一级负荷。其中，火灾自动报警系统、环境与设备监控系统、变电所操作电源和地下车站及区间的应急照明用电负荷应为特别重要负荷。

示例 3：本《通用规范》未规定建筑面积不大于 5000m^2 且平时使用的人民防空工程的消防用电负荷等级要求，依据《人民防空工程设计防火规范》GB 50098—2009 第 8.1.1 条规定，建筑面积不大于 5000m^2 的人防工程可按二级负荷要求供电。

示例 4：《火力发电厂与变电站设计防火标准》GB 50229—2019 第 9.1.2 条规定，单机容量为 25MW 以上的发电厂，消防水泵及主厂房电梯应按Ⅰ类负荷供电。单机容量为 25MW 及以下的发电厂，消防水泵及主厂房电梯应按不低于Ⅱ类负荷供电。注：电力系统供电负荷等级用罗马数字表述，如Ⅰ类、Ⅱ类负荷，基本等同于一级、二级负荷。

（3）除以上规定外，确认不属于特级、一级和二级负荷者，可为三级负荷。

要点 3：用电负荷级别，分级依据。

用电负荷分级主要是从人身安全和经济损失两个方面来确定，应根据建筑物特点、供电可靠性及中断供电所造成的损失或影响程度，对建筑物的用电负荷进行分级。以便根据负荷等级采取相应的供电方式，提高投资的经济效益和社会效益。具体分级原则，可依据现行国家标准《建筑电气与智能化通用规范》GB 55024 和《供配电系统设计规范》GB 50052 等标准确定。

（1）《建筑电气与智能化通用规范》GB 55024—2022 第 3.1.1 条规定，民用建筑主要用电负荷的分级应符合下列规定。

①符合下列情况之一时，应按特级用电负荷供电：

a 中断供电将危害人身安全、造成人身重大伤亡；

b 中断供电将在经济上造成特别重大损失；

c 在建筑中具有特别重要作用及重要场所中不允许中断供电的负荷。

②符合下列情况之一时，用电负荷等级不应低于一级：

a 中断供电将造成人身伤害；

b 中断供电将在经济上造成重大损失；

c 中断供电将影响重要用电单位的正常工作，或造成人员密集的公共场所秩序严重混乱。

③符合下列情况之一时，用电负荷等级不应低于二级：

a 中断供电将在经济上造成较大损失；

b 中断供电将影响较重要用电单位的正常工作或造成公共场所秩序混乱。

④不属于特级、一级和二级负荷者，可为三级负荷。

（2）《供配电系统设计规范》GB 50052—2009 第 3.0.1 条规定，电力负荷应根据对供电可靠性的要求及中断供电在对人身安全、经济损失上所造成的影响程度进行分级，并应符合下列规定：

①符合下列情况之一时，应视为一级负荷：

a 中断供电将造成人身伤害时；

b 中断供电将在经济上造成重大损失时；

c 中断供电将影响重要用电单位的正常工作。

②在一级负荷中，当中断供电将造成人员伤亡或重大设备损坏或发生中毒、爆炸和火灾等情况的负荷，以及特别重要场所的不允许中断供电的负荷，应视为一级负荷中特别重要的负荷。

③符合下列情况之一时，应视为二级负荷：

a 中断供电将在经济上造成较大损失时；

b 中断供电将影响较重要用电单位的正常工作。

④不属于一级和二级负荷者应为三级负荷。

要点 4：不同用电负荷等级的供电要求。

（1）特级用电负荷。

《建筑电气与智能化通用规范》GB 55024—2022 第 3.1.3 条规定，特级用电负荷应由 3 个电源供电，并应符合下列规定：① 3 个电源应由满足一级负荷要求的两个电源和一个应急电源组成，参见【图示 1】；②应急电源的容量应满足同时工作最大特级用电负荷的供电要求；③应急电源的切换时间，应满足特级用电负荷允许最短中断供电时间的要求；④应急电源的供电时间，应满足特级用电负荷最长持续运行时间的要求。同时，该规范第 3.1.4 条规定，应急电源应由符合下列条件之一的电源组成：①独立于正常工作电源的，由专用馈电线路输送的城市电网电源；②独立于正常工作电源的发电机组；③蓄电池组。蓄电池组包括不间断电源装置（UPS）、应急电源装置（EPS）中所设置的蓄电池组。

【图示 1】的特级用电负荷供配电系统，在一级用电负荷供电系统【图示 2】的基础上，采用柴油发电机组作为应急电源。

注："特级用电负荷"即"一级负荷中的特别重要负荷"，两者属于同一概念。

（2）一级用电负荷。

《建筑电气与智能化通用规范》GB 55024—2022 第 3.1.2 条规定，一级用电负荷应由两个电源供电，并应符合下列规定：①当一个电源发生故障时，另一个电源不应同时受到损坏;②每个电源的容量应满足全部一级、特级用电负荷的供电要求。本条所指的两个电源包括从城市电网引接的双重电源,也包括一个城市电网电源和一个自备电源,比如柴油发电机电源。这里所指的双重电源可以是来自不同城市电网的电源,也可以是来自同一城市电网但在运行时电源系统之间的联系很弱的电源。当一个电源系统任意一处出现异常运行或发生短路故障时,另一个电源仍能不中断供电,这样的电源可视为双重电源。

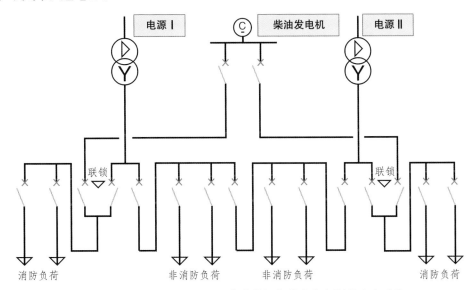

10.1.3- 图示 1 柴油发电机组作为特级负荷应急电源的配电系统

注:电源 I、电源 II 是从外部电网引接的双重电源,分别来自两个不同的发电厂或两个不同区域的变电站。

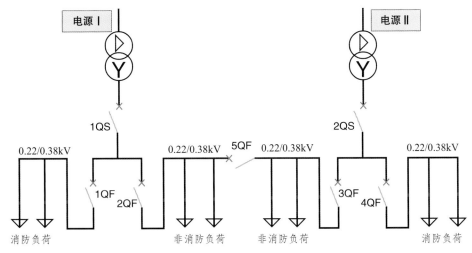

10.1.3- 图示 2 电源来自两个不同发电厂或两个不同区域变电站的一级用电负荷配电系统

注:电源 I、电源 II 是从外部电网引接的双重电源,分别来自两个不同的发电厂或两个不同区域的变电站。

由《建筑设计防火规范（2018 年版）》GB 50016—2014 第 10.1.4 条条文解释可知，具备下列条件之一的供电，可视为一级负荷：①电源来自两个不同发电厂【图示 2】；②电源来自两个区域变电站（电压一般在 35kV 及以上）【图示 2】；③电源来自一个区域变电站，另一个设置自备发电设备【图示 3】。

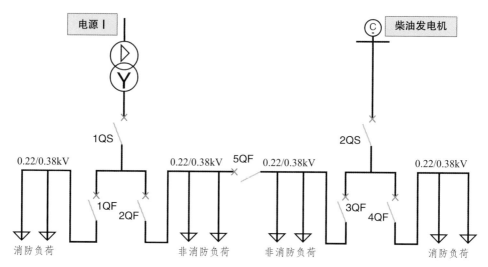

10.1.3– 图示 3　一路电源为柴油发电机组的一级用电负荷配电系统

注：当一级负荷采用一路城市电网电源和柴油发电机电源时，通常会设置两台变压器，配电系统与【10.1.3– 图示 1】类似。

（3）二级用电负荷。

《供配电系统设计规范》GB 50052—2009 第 3.0.7 条规定，二级负荷的供电系统，宜由两回线路供电。在负荷较小或地区供电条件困难时，二级负荷可由一回 6kV 及以上专用的架空线路供电。

两回线路与双重电源略有不同，二者都要求线路有两个独立部分，而后者还强调电源的相对独立。只有当负荷较小或地区供电条件困难时，才允许由一回 6kV 及以上的专用架空线供电。这点主要考虑电缆发生故障后有时检查故障点和修复需时较长，而一般架空线路修复方便。当线路自配电所引出采用电缆线路时，考虑电缆发生故障后有时检查故障点和修复需时较长，应设置备用电缆回路。

（4）三级用电负荷。

三级负荷供电是建筑供电的最基本要求，有条件的建筑要尽量通过设置两台终端变压器来保证重要设备供电和消防设备供电。

要点 5：消防设备供电回路。

消防设备供电回路，是指从低压总配电室或分配电室至消防设备或消防设备室（如消防水泵房、消防控制室、消防电梯机房等）最末级配电箱的配电线路。

建筑内的消防用电负荷应自成配电系统，消防用电设备应采用专用的供电回路，当其中的生产、生活用电被切断时，应仍能保证消防用电设备的用电需要。

依据《民用建筑电气设计标准》GB 51348—2019 及相关标准可知，建（构）筑物的消防用电设备供电，应符合下列规定：

（1）消防用电负荷等级为一级负荷中特别重要负荷时，应由一段或两段消防配电干线与自备应急电源的一个或两个低压回路切换，再由两段消防配电干线各引一路在最末一级配电箱自动转换供电；

（2）消防用电负荷等级为一级负荷时，应由双重电源的两个低压回路或一路市电和一路自备应急电源的两个低压回路在最末一级配电箱自动转换供电；

（3）消防用电负荷等级为二级负荷时，应由一路 10kV 电源的两台变压器的两个低压回路或一路 10kV 电源的一台变压器与主电源不同变电系统的两个低压回路在最末一级配电箱自动切换供电；

（4）消防用电负荷等级为三级负荷时，消防设备电源可由一台变压器的一路低压回路供电或一路低压进线的一个专用分支回路供电；

（5）建筑高度 100m 及以上的高层建筑，低压配电系统宜采用分组设计方案。

低压配电系统的主接线方案有负荷不分组接线和负荷分组接线两种方案，负荷不分组接线方案的消防负荷与非消防负荷共用同一低压母线段【图示 4】，非消防负荷容易对消防负荷造成影响；负荷分组接线方案的消防负荷与非消防负荷分别设置进线断路器【图示 2】【图示 3】，可提高消防供电系统的可靠性，但存在配电柜布置及其联络较为复杂的弊端，目前建筑高度 100m 以下的建筑多采用不分组设计方案。

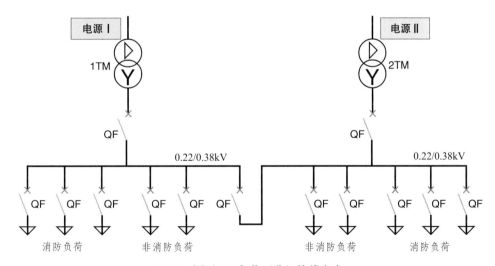

10.1.3– 图示 4　负荷不分组接线方案

要点 6：属于消防用电负荷的主要设备。

（1）本条规定中的"消防用电负荷"，包括消防控制室和消防水泵房的应急照明、消防水泵、消防电梯、火灾时用于辅助人员疏散的电梯、防烟排烟设施、火灾探测与报警系统、需使用电源的自动灭火系统或装置、疏散照明和疏散指示标志以及电动防火门窗、电动排烟窗、防火卷帘、活动挡烟垂壁、阀门等设施设备。

（2）实际应用中，以下情形的用电设备，也应属于消防用电负荷。

①兼有消防设备功能的设备。比如，辅助（或兼做）消防监控的电视监控系统等。

②与消防设备配套的设备，以及保证消防设备运行的设备。比如，消防水泵房的排水泵、消防电梯井底的排水泵、消防管道的电伴热装置、部分灭火系统防护区的自动关闭装置等，这些设备是消防设备运行的有效保证，也应属于消防用电负荷。

10.1.4 建筑内消防应急照明和灯光疏散指示标志的备用电源的连续供电时间应满足人员安全疏散的要求，且不应小于表10.1.4的规定值。

表10.1.4 建筑内消防应急照明和灯光疏散指示标志的备用电源的连续供电时间表

建筑类别		连续供电时间（h）
建筑高度大于100m的民用建筑		1.5
建筑高度不大于100m的医疗建筑，老年人照料设施，总建筑面积大于100000m²的其他公共建筑		1.0
水利工程，水电工程，总建筑面积大于20000m²的地下或半地下建筑		1.0
城市轨道交通工程	区间和地下车站	1.0
	地上车站、车辆基地	0.5
城市交通隧道	一、二类	1.5
	三类	1.0
城市综合管廊工程，平时使用的人民防空工程，除上述规定外的其他建筑		0.5

【要点解读】

本条规定了消防应急照明和疏散指示系统备用电源的最小连续供电时间。本条主要对应于《消防应急照明和疏散指示系统技术标准》GB 51309—2018第3.2.4条；《建筑设计防火规范（2018年版）》GB 50016—2014第10.1.5条、第12.5.3条；《地铁设计防火标准》GB 51298—2018第11.2.5条；《水电工程设计防火规范》GB 50872—2014第13.1.3条；《水利工程设计防火规范》GB 50987—2014第10.1.3条；《城市综合管廊工程技术规范》GB 50838—2015第7.4.1条；《人民防空工程设计防火规范》GB 50098—2009第8.1.1条。

本条规定的消防应急照明和灯光疏散指示标志，即消防应急照明和疏散指示系统。消防应急照明和疏散指示系统由消防应急灯具及相关装置构成，其主要功能是在火灾等紧急情况下，为人员的安全疏散和灭火救援行动提供必要的照度条件和正确的疏散指示信息。

（1）消防应急照明和疏散指示系统备用电源的连续供电时间应满足人员安全疏散的要求，并不得低于表 10.1.4 规定。相关标准有更高要求者，应从其规定。

（2）本条规定的场所中，当按照《消防应急照明和疏散指示系统技术标准》GB 51309—2018 第 3.6.6 条的规定设计时，连续工作时间应分别增加设计文件规定的灯具持续应急点亮时间。

（3）集中电源的蓄电池组和灯具自带蓄电池达到使用寿命周期后标称的剩余容量应保证放电时间满足本条及相关标准规定的连续工作时间。

蓄电池（组）在正常使用过程中要不断地进行充放电，蓄电池（组）的容量会随着充放电的次数成比例衰减，不同类别蓄电池（组）的使用寿命、在使用寿命周期内允许的充放电次数和衰减曲线不尽相同。在系统设计时，应按照选用蓄电池（组）的衰减曲线确定集中电源的蓄电池组或灯具自带蓄电池的初装容量，并应保证在达到使用寿命周期时蓄电池（组）标称的剩余容量的放电时间仍能满足设置场所所需的持续应急工作时间要求。

10.1.5 建筑内的消防用电设备应采用专用的供电回路，当其中的生产、生活用电被切断时，应仍能保证消防用电设备的用电需要。除三级消防用电负荷外，消防用电设备的备用消防电源的供电时间和容量，应能满足该建筑火灾延续时间内消防用电设备的持续用电要求。不同建筑的设计火灾延续时间不应小于表 10.1.5 的规定。

表 10.1.5 不同建筑的设计火灾延续时间

建筑类别	具体类型	设计火灾延续时间（h）
仓库	甲、乙、丙类仓库	3.0
	丁、戊类仓库	2.0
厂房	甲、乙、丙类厂房	3.0
	丁、戊类厂房	2.0
公共建筑	一类高层建筑、建筑体积大于 100000m³ 的公共建筑	3.0
	其他公共建筑	2.0
住宅建筑	一类高层住宅建筑	2.0
	其他住宅建筑	1.0
平时使用的人民防空工程	总建筑面积不大于 3000m²	1.0
	总建筑面积大于 3000m²	2.0

续表 10.1.5

建筑类别	具体类型	设计火灾延续时间（h）
城市交通隧道	一、二类	3.0
	三类	2.0
城市轨道交通工程	—	2.0

【要点解读】

本条规定了消防设备的供电回路、消防电源要求，以及应满足的火灾延续时间要求。本条应结合《建筑设计防火规范（2018 年版）》GB 50016—2014 第 10.1.6 条、第 12.2.2 条、《消防给水及消火栓系统技术规范》GB 50974—2014 第 3.6.2 条等规定执行。

要点 1：建筑内的消防用电设备应采用专用的供电回路，当其中的生产、生活用电被切断时，应仍能保证消防用电设备的用电需要。

消防设备供电回路，是指从低压总配电室或分配电室至消防设备或消防设备室（如消防水泵房、消防控制室、消防电梯机房等）最末级配电箱的配电线路。

如果生产、生活用电与消防用电的配电线路采用同一回路，火灾时，可能因电气线路短路或切断生产、生活用电，导致消防用电设备不能运行。因此，建筑内的消防用电负荷应自成配电系统，消防用电设备均应采用专用的供电回路。

要点 2：除三级消防用电负荷外，消防用电设备的备用消防电源的供电时间和容量，应能满足该建筑火灾延续时间内消防用电设备的持续用电要求。

（1）备用消防电源是指当正常电源断电时，用来维持消防用电设备正常工作的电源。依据《民用建筑电气设计标准》GB 51348—2019 规定，下列电源可作为应急电源或备用电源：①供电网络中独立于正常电源的专用馈电线路；②独立于正常电源的发电机组；③蓄电池组。

备用消防电源的供电时间和容量，应能满足该建筑火灾延续时间内消防用电设备的持续用电要求，也应满足各消防用电设备设计持续运行时间最长者的要求。

（2）三级消防用电负荷允许采用单回路单电源供电，没有备用消防电源要求，但对于火灾报警控制器、消防联动控制器等消防设备，其自带的备用电源应满足现行国家标准《火灾报警控制器》GB 4717、《消防联动控制系统》GB 16806 等产品标准要求。

要点 3：火灾延续时间。

（1）火灾延续时间的概念。

在单、多层建筑为主的年代，室内消防设施较少，主要依靠室外消防救援（比如，消防车从室外消火栓取水灭火），火灾延续时间是指从消防车到达火场开始出水时起，至火灾被基本扑灭止的这段时间。随着高层建筑和大型公共建筑的普及，火灾扑救转变为以室内水灭火设施为主导，火灾延续时间的概念也随之转变，将水灭火设施达到设计流量的供水时间定义为火灾延续时间。

（2）火灾延续时间需要根据火灾统计资料、国民经济水平以及消防力量等情况综合权衡确定。原则上，各标准的火灾延续时间取值应该是一致的，在规范修订过渡时期，可酌情处置。

（3）《消防给水及消火栓系统技术规范》GB 50974—2014 与本《通用规范》的分类和取值争议。

《消防给水及消火栓系统技术规范》GB 50974—2014 的火灾延续时间与本《通用规范》的火灾延续时间，基本概念一致，主要区别如下。

① 公共建筑的分类方式不同。

《消防给水及消火栓系统技术规范》GB 50974—2014 发布时，《建筑设计防火规范》GB 50016—2014 尚未发布，当时的建筑分类依据为《建筑设计防火规范》GB 50016—2006 和《高层民用建筑设计防火规范》GB 50045—95；而本《通用规范》的建筑分类依据与现行标准《建筑设计防火规范》GB 50016 一致，相对合理。

② 住宅建筑的火灾延续时间不同。

《消防给水及消火栓系统技术规范》GB 50974—2014 中，住宅建筑火灾延续时间均为 2.00h；本《通用规范》允许一类高层以外的其他住宅建筑的火灾延续时间为 1.00h。

（4）处置原则。

①本《通用规范》的分类取值合理，在后续修订的相关标准中，建筑分类和火灾延续时间应会参照本《通用规范》进行调整。目前属于标准修订过渡期，可分别按各自标准要求确定火灾延续时间。比如，在确定消火栓的火灾延续时间时，可依据《消防给水及消火栓系统技术规范》GB 50974—2014 要求执行；在确定消防电源和消防配电线路的连续供电时间时，火灾延续时间应按本条规定执行。

②在相关标准中，可能涉及更高的火灾延续时间要求。示例：

《广播电影电视建筑设计防火标准》GY 5067—2017 规定，电影摄影棚的火灾延续时间按 3.00h 计算；

《火力发电厂与变电站设计防火标准》GB 50229—2019 明确了火力发电厂、变电站内各建（构）筑物的火灾危险性分类，并确定了不同火灾延续时间。

③对于本《通用规范》未明确的建（构）筑物的火灾延续时间，可依据现行国家标准《消防给水及消火栓系统技术规范》GB 50974 以及相关专业标准的规定确定。比如：《消防给水及消火栓系统技术规范》GB 50974—2014 明确了储罐区、油气码头等建（构）筑物的火灾延续时间；《汽车库、修车库、停车场设计防火规范》GB 50067—2014 明确了汽车库、修车库、停车场的火灾延续时间。

10.1.6　除按照三级负荷供电的消防用电设备外，消防控制室、消防水泵房的消防用

电设备及消防电梯等的供电，应在其配电线路的最末一级配电箱内设置自动切换装置。防烟和排烟风机房的消防用电设备的供电，应在其配电线路的最末一级配电箱内或所在防火分区的配电箱内设置自动切换装置。防火卷帘、电动排烟窗、消防潜污泵、消防应急照明和疏散指示标志等的供电，应在所在防火分区的配电箱内设置自动切换装置。

【要点解读】

本条规定了消防设备双回路供电自动切换装置的基本设置要求。本条应结合《建筑设计防火规范（2018年版）》GB 50016—2014第10.1.8条、《民用建筑电气设计标准》GB 51348—2019第13.7节执行。

要点1：特级、一级、二级负荷供电的消防用电设备，均应采用双回路电源供电，应在其配电线路的末端设置自动切换装置。

（1）由"10.1.3-要点4、要点5"可知，一级负荷供电的消防用电设备应为双重电源供电，二级负荷供电的消防用电设备应为两回线路电源供电，且要求特级、一级、二级负荷供电的消防用电设备采用双回路电源供电；两个供电回路应分别取自不同电源的低压母线侧，以确保满足两回线路供电或双重电源供电要求【图示】。双回路电源供电的设备，应在其配电线路的末端设置自动切换装置。

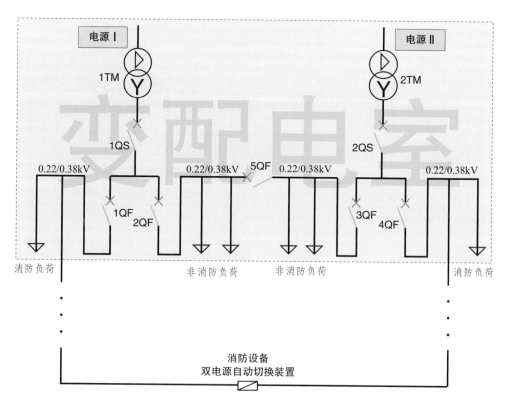

10.1.6-图示　双回路电源末端设置自动切换装置

（2）消防用电负荷等级为三级负荷时，可采用终端变电站的单电源单回路供电，消防设备电源可由一台变压器的一路低压回路供电或一路低压进线的一个专用分支回路供电，因此双回路供电的意义不大，可以施行单回路供电，不需要在配电线路的最末一级配电箱处设置自动切换装置。但在设置有两台终端变压器的情况下，从变压器至消防设备具备设置双回路供电的条件，仍宜采用双回路供电。

要点2：自动切换装置的主要设置形式。

自动切换装置通常采用双电源切换箱，对于启动功率较小的设备，自动切换装置也可以设置于设备启动柜内，主要要求如下：

（1）消防控制室、消防水泵房的消防用电设备及消防电梯等的供电，应在其配电线路的最末一级配电箱内设置自动切换装置。最末一级配电箱及自动切换装置应设置于消防控制室、消防水泵房（或贴邻的控制室）、消防电梯机房内，两个供电回路应由变电所或总配电室放射式供电。

（2）防烟和排烟风机房的消防用电设备的供电，应在其配电线路的最末一级配电箱内设置自动切换装置或所在防火分区的配电小间内设置自动切换装置。

依据相关规定要求，防烟风机和排烟风机及启动柜应设置在各自的专用机房内，并应具备现场手动启动功能。因此，当风机的自动切换装置设置在风机启动柜内时，应与启动柜同设于专用机房内；当风机的启动控制柜和自动切换装置分开设置时，自动切换装置宜与启动柜同设于专用机房内，也可以设置在各防火分区的配电小间内。当自动切换装置设置在配电小间内时，宜采用放射式供电。

（3）防火卷帘、电动排烟窗、消防潜污泵、消防应急照明和疏散指示标志等的供电，可在设备所在防火分区的配电小间内设置末端配电箱和自动切换装置，由末端配电箱配电至相应设备（或其控制箱），宜采用放射式供电。对于作用相同、性质相同且容量较小的消防设备，可视为一组设备并采用一个分支回路供电，每个分支回路所供设备不应超过5台，总计容量不宜超过10kW。

10.1.7　消防配电线路的设计和敷设，应满足在建筑的设计火灾延续时间内为消防用电设备连续供电的需要。

【要点解读】

本条规定了消防配电线路的基本功能要求。本条应结合《建筑设计防火规范（2018年版）》GB 50016—2014第10.1.7条、第10.1.9条、第10.1.10条等规定执行。

本条规定的消防配电线路，包括低压总配电室或分配电室至消防设备或消防设备室（如消防水泵房、消防控制室、消防电梯机房等）配电箱的配电线路，以及配电箱至消防设备的配电线路。

消防配电线路的线缆选型、线缆耐火性能以及线路敷设方式等，直接关系消防设备在火灾条件下能否正常运行，具体设计、敷设方法和防护措施等，可按照国家现行相关技术标准的规定确定。

10.1.8　除筒仓、散装粮食仓库和火灾发展缓慢的场所外，下列建筑应设置灯光疏散指示标志，疏散指示标志及其设置间距、照度应保证疏散路线指示明确、方向指示正确清晰、视觉连续：

　　1　甲、乙、丙类厂房，高层丁、戊类厂房；

　　2　丙类仓库，高层仓库；

　　3　公共建筑；

　　4　建筑高度大于27m的住宅建筑；

　　5　除室内无车道且无人员停留的汽车库外的其他汽车库和修车库；

　　6　平时使用的人民防空工程；

　　7　地铁工程中的车站、换乘通道或连接通道、车辆基地、地下区间内的纵向疏散平台；

　　8　城市交通隧道、城市综合管廊；

　　9　城市的地下人行通道；

　　10　其他地下或半地下建筑。

【要点解读】

本条规定明确了需要设置疏散指示系统的建筑物范围。本条规定的疏散指示标志，即现行国家标准《消防应急照明和疏散指示系统技术标准》GB 51309中所述的消防应急标志灯具。

本条第1款~第4款主要对应于《建筑设计防火规范（2018年版）》GB 50016—2014第10.3.5条；本条第5款主要对应于《汽车库、修车库、停车场设计防火规范》GB 50067—2014第9.0.4条；本条第6款应结合现行国家标准《人民防空工程设计防火规范》GB 50098执行；本条第7款应结合现行国家标准《地铁设计防火标准》GB 51298执行；本条第8款的城市交通隧道应结合《建筑设计防火规范（2018年版）》GB 50016—2014第12.5.3条执行；本条第8款的城市综合管廊应结合《城市综合管廊工程技术规范》GB 50838—2015第7.4.1条执行。

要点1：消防应急照明和疏散指示系统概述。

消防应急照明和疏散指示系统由消防应急灯具及相关装置构成，其主要功能是在火灾等紧急情况下，为人员的安全疏散和灭火救援行动提供必要的照度条件和正确的疏散指示信息。消防应急灯具是为人员疏散、消防作业提供照明和指示标志的各类灯具，按用途分类，消防应急灯具包括消防应急标志灯具和消防应急照明灯具。本条规定的灯光疏散指示标志，即属于消防应急标志灯具，主要用于指示疏散出口、安全出口、疏散路径等重要信息；第10.1.9条要求设置的疏散照明灯具，即为消防应急照明灯具。

实际应用中，消防应急照明和疏散指示属于同一系统，可设置于同一控制回路，受控于同一控制箱或系统主机。适用标准主要为现行国家标准《消防应急照明和疏散指示系统技术标准》GB 51309、《消防应急照明和疏散指示系统》GB 17945。

【视频分解】

【应急照明与疏散指示（3D）】

要点2：需要设置灯光疏散指示标志的建筑。

本条规定明确了需要设置疏散指示系统的建筑物范围，具体设置部位和设置要求，参见《建筑设计防火规范（2018 年版）》GB 50016—2014 第 10.3.5 条、《消防应急照明和疏散指示系统技术标准》GB 51309—2018 第 3.2 节以及相关专业标准等规定。需要设置灯光疏散指示标志的建筑及部位，不得采用蓄光疏散指示标志替代。

原则上，任何有人进行生产、生活活动的场所，均应设置用于指示疏散出口、安全出口、疏散路径等信息的疏散指示标志。本条规定及相关标准未涉及者，也宜设置疏散指示标志，确有困难者，可以采用蓄光疏散指示标志。

要点3：疏散指示标志及其设置间距、照度应保证疏散路线指示明确、方向指示正确清晰、视觉连续。

现行国家标准《建筑设计防火规范》GB 50016、《消防应急照明和疏散指示系统技术标准》GB 51309 明确了疏散指示标志的基本设置要求和技术措施。相关专业标准也有相关规定，比如现行国家标准《汽车库、修车库、停车场设计防火规范》GB 50067、《人民防空工程设计防火规范》GB 50098、《地铁设计防火标准》GB 51298、《城市综合管廊工程技术规范》GB 50838。

实际应用中，符合相关技术标准的技术措施，可视为满足"疏散路线指示明确、方向指示正确清晰、视觉连续"要求。

10.1.9 除筒仓、散装粮食仓库和火灾发展缓慢的场所外，厂房、丙类仓库、民用建筑、平时使用的人民防空工程等建筑中的下列部位应设置疏散照明：

1 安全出口、疏散楼梯（间）、疏散楼梯间的前室或合用前室、避难走道及其前室、避难层、避难间、消防专用通道、兼作人员疏散的天桥和连廊；

2 观众厅、展览厅、多功能厅及其疏散口；

3 建筑面积大于 200m² 的营业厅、餐厅、演播室、售票厅、候车（机、船）厅等人员密集的场所及其疏散口；

4 建筑面积大于 100m² 的地下或半地下公共活动场所；

    5　地铁工程中的车站公共区，自动扶梯、自动人行道，楼梯，连接通道或换乘通道，车辆基地，地下区间内的纵向疏散平台；

    6　城市交通隧道两侧，人行横通道或人行疏散通道；

    7　城市综合管廊的人行道及人员出入口；

    8　城市地下人行通道。

【要点解读】

本条规定了建筑中应设置疏散照明的主要部位和场所。本条规定的疏散照明，即现行国家标准《消防应急照明和疏散指示系统技术标准》GB 51309 中所述的消防应急照明（不含备用照明），应结合现行国家标准《建筑设计防火规范》GB 50016、《消防应急照明和疏散指示系统技术标准》GB 51309、《地铁设计防火标准》GB 51298、《城市综合管廊工程技术规范》GB 50838 等标准执行。

设置疏散照明可以使人们在正常照明电源被切断后，仍能以较快的速度逃生，是保证和有效引导人员疏散的设施。本条规定了建筑内应设置疏散照明的部位，这些部位主要为人员安全疏散必须经过的重要节点部位和建筑内人员相对集中、人员疏散时易出现拥堵情况的场所。

（1）本条规定明确了疏散照明的基本设置部位，相关标准有规定者，应从其规定。比如，《建筑设计防火规范（2018 年版）》GB 50016—2014 第 10.3.1 条规定，公共建筑内的疏散走道、人员密集的厂房内的生产场所及疏散走道等应设置疏散照明。

（2）由现行国家标准《消防应急照明和疏散指示系统技术标准》GB 51309 可知，疏散照明主要通过设置消防应急照明灯具来实现，消防应急照明灯具是为人员疏散和发生火灾时仍需工作的场所提供照明的灯具，为疏散路径、与人员疏散相关的部位及发生火灾时仍需工作的场所提供必要的照度条件。

（3）本条规定的疏散楼梯（间），包括室内疏散楼梯间和室外疏散楼梯。

（4）本条规定的避难间，是指设置在医疗建筑和老年人照料设施中，为解决楼层平面疏散问题而设置的避难间（参见"7.1.16- 要点解读"）。

（5）本条规定的消防专用通道，是在建筑火灾时专门用于消防救援人员从地面进入建筑的通道或（和）楼梯间，包括地铁车站公共区的消防专用通道、消防电梯前室在首层直通室外的专用通道等。

（6）本条规定的兼作人员疏散的天桥和连廊，是指符合《建筑设计防火规范（2018 年版）》GB 50016—2014 第 6.6.4 条的作为安全出口的天桥和连廊。

（7）本条规定未涉及者，应依相关标准执行。比如：公共建筑内的疏散走道，人员密集的厂房，汽车库、修车库以及人民防空工程等，可依现行国家标准《建筑设计防火规范》GB 50016、《汽车库、修车库、停车场设计防火规范》GB 50067、《人民防空工程设计防火规范》GB 50098 等标准执行。

10.1.10　**建筑内疏散照明的地面最低水平照度应符合下列规定：**

　　1　疏散楼梯间、疏散楼梯间的前室或合用前室、避难走道及其前室、避难层、避难间、消防专用通道，不应低于 10.0lx；

　　2　疏散走道、人员密集的场所，不应低于 3.0lx；

　　3　本条上述规定场所外的其他场所，不应低于 1.0lx。

【要点解读】

　　本条规定了建筑内疏散照明的基本照度要求。本规定应结合《消防应急照明和疏散指示系统技术标准》GB 51309—2018 第 3.2.5 条执行。

　　适当提高疏散照明的照度值，可以提高人员的疏散速度和安全疏散条件，有效减少人员伤亡。对于需要设置疏散照明的场所（第 10.1.9 条），本条规定了地面最低水平照度的基本要求，本条规定为控制性底线要求，相关标准有更高要求者，应从其规定。

　　有关消防应急照明灯具的设置要求以及地面最低水平照度的检测要求，可依据现行国家标准《消防应急照明和疏散指示系统技术标准》GB 51309 等标准确定。

10.1.11　消防控制室、消防水泵房、自备发电机房、配电室、防排烟机房以及发生火灾时仍需正常工作的消防设备房应设置备用照明，其作业面的最低照度不应低于正常照明的照度。

【要点解读】

　　本条规定了需要设置消防备用照明的场所及基本照度要求。本条主要对应于《建筑设计防火规范（2018 年版）》GB 50016—2014 第 10.3.3 条。

　　（1）消防备用照明是保障消防正常作业的照明。火灾发生时，火灾报警联动控制系统可能切断火灾区域及相关区域的正常照明，对于需要人员坚守和进入并进行相应控制、操作等活动的场所，应设置备用照明，其作业面的最低照度不应低于正常照明的照度。正常照明的照度值要求，可以依据现行国家标准《民用建筑电气设计标准》GB 51348、《建筑照明设计标准》GB 50034 等标准确定。

　　（2）备用照明灯具可采用正常照明灯具，应由正常照明电源和消防电源专用应急回路互投后供电，在正常照明电源切断后转入消防电源专用应急回路供电。

　　（3）备用照明的连续供电时间，不应小于第 10.1.4 条规定，且不应小于消防用电设备设计持续运行时间；对于消防控制室、消防水泵房、自备发电机房、配电室等场所，尚不应小于火灾延续时间。

　　（4）需要说明的是，在设置消防备用照明的场所，同时也应设置疏散照明和疏散指示标志，也就是说备用照明不能代替第 10.1.9 条规定的疏散照明。

　　（5）本条规定仅明确了基本设置场所，相关标准有规定者，应从其规定。比如，《消防应急照明和疏散指示系统技术标准》GB 51309—2018 规定，除本条规定的场所外，避难间（层）也应设置备用照明。

10.1.12　可能处于潮湿环境内的消防电气设备，外壳的防尘与防水等级应符合下列规定：

    1   对于交通隧道，不应低于 IP55；

    2   对于城市综合管廊及其他潮湿环境，不应低于 IP45。

【要点解读】

本条规定了潮湿环境内消防电气设备的防尘、防水等级要求，以避免灰尘、潮气或水入侵设备造成损坏。由"附录 16"可知，IP55 和 IP45 的含义如下。

（1）IP55。

IP55 的第一位特征数字"5"表示：①防止金属线接近危险部件，可防止直径不小于 1.0mm 的试具（工具）进入设备壳体；②防尘，即使不能完全防止尘埃进入，但进入的灰尘量不会影响设备的正常运行，不得影响安全。

IP55 的第二位特征数字"5"表示：防喷水，向设备外壳的各个方向喷水均无有害影响。

（2）IP45。

IP45 的第一位特征数字"4"表示：①防止金属线接近危险部件，可防止直径不小于 1.0mm 的试具（工具）进入设备壳体；②防止直径不小于 1.0mm 的固体异物，直径 1.0mm 的物体试具完全不得进入壳内（物体试具的直径部分不得进入外壳的开口）。

IP45 的第二位特征数字"5"表示：防喷水，向设备外壳的各个方向喷水均无有害影响。

10.2   非消防电气线路与设备

10.2.1 空气调节系统的电加热器应与送风机连锁，并应具有无风断电、超温断电保护装置。

【要点解读】

本条规定了空气调节系统中电加热器的基本防火要求。本条应结合《建筑设计防火规范（2018 年版）》GB 50016—2014 第 9.3.15 条执行。

当风机停止而电加热器继续加热时，容易引发过热甚至导致火灾，电加热器开关与风机开关应进行连锁，风机停止运转，电加热器的电源亦应自动切断，防止空气调节系统在不送风情况下电加热器仍持续工作引发火灾。

本条规定要求采取无风断电和超温断电保护措施，可提升过热保护的可靠性。

10.2.2 地铁工程中的地下电力电缆和数据通信线缆、城市综合管廊工程中的电力电缆，应采用燃烧性能不低于 B_1 级的电缆或阻燃型电线。

【要点解读】

本条规定了地铁工程、城市综合管廊工程中电力电缆的基本防火性能要求。应结合现行国家标准《地铁设计防火标准》GB 51298、《城市综合管廊工程技术规范》GB 50838 要求执行。

（1）燃烧性能不低于 B_1 级的电缆，是指符合现行国家标准《电缆及光缆燃烧性能分级》GB 31247 规定的电缆，依据《电缆及光缆燃烧性能分级》GB 31247—2014 规定，电缆及光缆燃烧性能等级见表 10.2.2。

表 10.2.2　电缆及光缆的燃烧性能等级

燃烧性能等级	说明
A	不燃电缆（光缆）
B_1	阻燃 1 级电缆（光缆）
B_2	阻燃 2 级电缆（光缆）
B_3	普通电缆（光缆）

（2）阻燃型电线，可以依据现行标准《阻燃和耐火电线电缆或光缆通则》GB/T 19666 确定。

10.2.3　电气线路的敷设应符合下列规定：

1　电气线路敷设应避开炉灶、烟囱等高温部位及其他可能受高温作业影响的部位，不应直接敷设在可燃物上；

2　室内明敷的电气线路，在有可燃物的吊顶或难燃性、可燃性墙体内敷设的电气线路，应具有相应的防火性能或防火保护措施；

3　室外电缆沟或电缆隧道在进入建筑、工程或变电站处应采取防火分隔措施，防火分隔部位的耐火极限不应低于 2.00h，门应采用甲级防火门。

【要点解读】

本条规定了建筑内电气线路敷设的基本防火要求，具体措施，可依相关专业技术标准确定。

（1）电气线路的敷设，应避开炉灶、烟囱等高温部位及其他可能受高温作业影响的部位，并保持一定间隔。电气线路容易因使用年限长、绝缘老化或过负荷运行等原因发热，因此不应直接敷设在可燃物上，确有需要时，应采取穿金属管并在金属管周围采用不燃隔热材料进行防火隔离等防火保护措施。设置开关、插座等电器配件的部位周围应采取不燃隔热材料进行防火隔离等防火保护措施。

（2）室内明敷的电气线路，敷设在有可燃物的闷顶、吊顶内的电气线路，以及敷设在难燃性、可燃性墙体内的电气线路，应具有相应的防火性能和防火保护措施，比如穿金属导管、采用封闭式金属槽盒等。

（3）为有效阻止电缆沟、电缆隧道内的火灾和烟气向其他空间蔓延，要求在室外电缆沟、电缆隧道进入建筑、工程或变电站处采取防火分隔措施，具体措施应根据开口尺寸大小、线缆数量和线缆类型等情况确定，可以是防火墙、防火隔墙、甲级防火门与防火封堵材料的组合，防火分隔部位的耐火极限不应低于2.00h，缝隙部位应采用防火封堵材料填塞密实。

10.2.4 城市交通隧道内的供电线路应与其他管道分开敷设，在隧道内借道敷设的10kV及以上的高压电缆应采用耐火极限不低于2.00h的耐火结构与隧道内的其他区域分隔。

【要点解读】

本条规定了城市交通隧道内供电线路的基本防火要求，目的在于控制隧道内的灾害源，降低火灾危险。本条应结合《建筑设计防火规范（2018年版）》GB 50016—2014第12.5.4条执行。

考虑到城市空间资源紧张，少数情况下不可避免存在高压电缆搭载隧道穿越江、河、湖泊等的情况，本条规定要求采取一定防火措施后允许借道敷设，以保障输电线路和隧道的安全。

10.2.5 架空电力线路不应跨越生产或储存易燃、易爆物质的建筑，仓库区域，危险品站台，及其他有爆炸危险的场所，相互间的最小水平距离不应小于电杆或电塔高度的1.5倍。1kV及以上的架空电力线路不应跨越可燃性建筑屋面。

【要点解读】

本条规定了架空高压电力线路与易燃易爆场所和可燃物的基本防火要求。本条应结合《建筑设计防火规范（2018年版）》GB 50016—2014第10.2.1条执行。

（1）本条规定的场所，包括甲、乙类厂房，甲、乙类仓库，甲、乙类液体储罐，液化石油气储罐和可燃、助燃气体储罐，危险品站台，以及其他有爆炸危险的场所等，这类场所均为容易引发火灾且难以扑救的场所和建筑。本条确定的这些场所或建筑与电力架空线的最小水平距离，主要考虑了预防电弧和架空电力线在倒杆断线时的危害范围【图示1】【图示2】【图示3】。

（2）本条规定的电塔高度应自地面算至电塔上最高一路调设线路吊杆的高度，电杆高度应自地面算至电杆上最高一路电线的高度。当采用塔架方式架设电线时，由于顶部用于稳定部分较高，该杆高可按最高一路调设线路的吊杆距地高度计算。

（3）对于容积大的液化石油气单罐，实践证明，保持与高压架空电力线1.5倍杆

（塔）高的水平距离，仍难以保障安全。依据《建筑设计防火规范（2018 年版）》GB 50016—2014 第 10.2.1 条规定，35kV 及以上架空电力线与单罐容积大于 200m³ 或总容积大于 1000m³ 液化石油气储罐（区）的最近水平距离不应小于 40m。当按电杆或电塔高度的 1.5 倍计算后，距离小于 40m 时，仍需要按照 40m 确定【图示 4】【图示 5】。

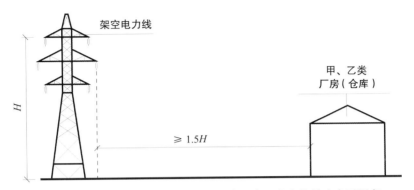

10.2.5- 图示 1 架空电力线路与甲乙类厂房、仓库的最小水平距离

10.2.5- 图示 2 架空电力线路与危险物品储罐的最小水平距离

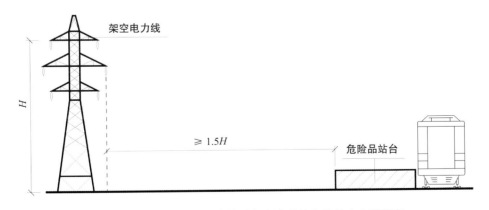

10.2.5- 图示 3 架空电力线路与危险品站台的最小水平距离

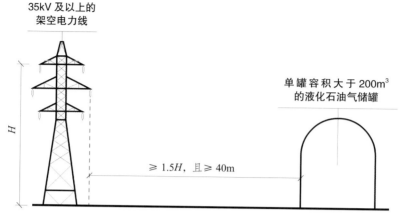

10.2.5– 图示 4　架空电力线路与液化石油气储罐的最小水平距离

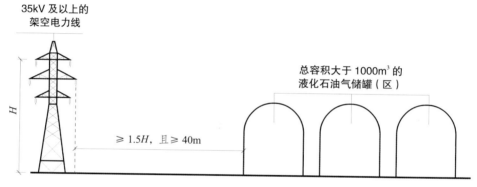

10.2.5– 图示 5　架空电力线路与液化石油气储罐的最小水平距离

（4）电力架空线路跨越可燃屋面时，若架空线断落、短路打火会引起火灾事故，可燃屋面建筑发生火灾也会烧断电力架空线路，使灾情扩大，所以电力线路不应跨越可燃屋面建筑。

11 建筑施工

11.0.1 建筑施工现场应根据场内可燃物数量、燃烧特性、存放方式与位置，可能的火源类型和位置，风向、水源和电源等现场情况采取防火措施，并应符合下列规定：

　　1 施工现场临时建筑或设施的布置应满足现场消防安全要求；

　　2 易燃易爆危险品库房与在建建筑、固定动火作业区、邻近人员密集区、建筑物相对集中区及其他建筑的间距应符合防火要求；

　　3 当可燃材料堆场及加工场所、易燃易爆危险品库房的上方或附近有架空高压电力线时，其布置应符合本规范第 10.2.5 条的规定；

　　4 固定动火作业区应位于可燃材料存放位置及加工场所、易燃易爆危险品库房等场所的全年最小频率风向的上风侧。

【要点解读】

本条规定了建筑施工现场各类设施、用房、材料等的场地布局要求。

（1）本条第 1 款、第 2 款规定的具体实施，可依据现行国家标准《建设工程施工现场消防安全技术规范》GB 50720 确定，该标准未涉及者，可依据《建筑设计防火规范》GB 50016 等标准确定。

（2）本条第 3 款规定了可燃材料堆场及加工场所、易燃易爆危险品库房与架空高压电力线的安全要求。易燃易爆危险品库房与附近架空高压电力线的布置要求，应符合本《通用规范》第 10.2.5 条规定；可燃材料堆场及加工场所与附近架空高压电力线的布置要求，可依据《建筑设计防火规范（2018 年版）》GB 50016—2014 第 10.2.1 条规定确定。

（3）本条第 4 款规定了施工现场固定动火作业区的布置要求，主要对应于《建设工程施工现场消防安全技术规范》GB 50720—2011 第 3.1.5 条。固定动火作业区应位于可燃材料存放位置及加工场所、易燃易爆危险品库房等场所的全年最小频率风向的上风侧，并宜布置在临时办公用房、宿舍、可燃材料库房、在建工程等全年最小频率风向的上风侧，可最大限度减少固定动火作业的影响和危害。

全年最小频率风向是指全年出现次数最少的风向。有关全年最小频率风向的概念及示意，参见"1.0.7- 要点 1"。

11.0.2 建筑施工现场应设置消防水源、配置灭火器材，在建高层建筑应随建设高度同步设置消防供水竖管与消防软管卷盘、室内消火栓接口。在建建筑和临时建筑均应设置疏散门、疏散楼梯等疏散设施。

【要点解读】

本条规定了施工现场消防设施、器材和安全疏散设施的基本配置要求。

要点 1：在建高层建筑应随建设高度同步设置消防供水竖管与消防软管卷盘、室内消火栓接口。

《建设工程施工现场消防安全技术规范》GB 50720—2011 第 5.3.8 条规定，建筑高度大于 24m 或单体体积超过 30000m³ 的在建工程，应设置临时室内消防给水系统；第 5.1.2 条规定，临时消防设施应与在建工程的施工同步设置。房屋建筑工程中，临时消防设施的设置与在建工程主体结构施工进度的差距不应超过 3 层。

（1）室内消防给水系统主要包括消防水泵接合器、消防供水竖管、消防软管卷盘和室内消火栓接口等设施，具体设置要求，参见《建设工程施工现场消防安全技术规范》GB 50720—2011 的相关规定：

5.3.10　在建工程临时室内消防竖管的设置应符合下列规定：

　　1　消防竖管的设置位置应便于消防人员操作，其数量不应少于 2 根，当结构封顶时，应将消防竖管设置成环状。

　　2　消防竖管的管径应根据在建工程临时消防用水量、竖管内水流计算速度计算确定，且不应小于 DN100。

5.3.11　设置室内消防给水系统的在建工程，应设置消防水泵接合器。消防水泵接合器应设置在室外便于消防车取水的部位，与室外消火栓或消防水池取水口的距离宜为 15m ～ 40m。

5.3.12　设置临时室内消防给水系统的在建工程，各结构层均应设置室内消火栓接口及消防软管接口，并应符合下列规定：

　　1　消火栓接口及软管接口应设置在位置明显且易于操作的部位。

　　2　消火栓接口的前端应设置截止阀。

　　3　消火栓接口或软管接口的间距，多层建筑不应大于 50m，高层建筑不应大于 30m。

5.3.13　在建工程结构施工完毕的每层楼梯处应设置消防水枪、水带及软管，且每个设置点不应少于 2 套。

（2）室内消防给水系统的消防水源、用水量、水压以及设置形式等要求，可依据现行国家标准《建设工程施工现场消防安全技术规范》GB 50720 确定，该标准未涉及者，可依据《消防给水及消火栓系统技术规范》GB 50974 等标准确定。

要点 2：在建建筑和临时建筑均应设置疏散门、疏散楼梯等疏散设施。

在建建筑和临时建筑应采取可靠的防火分隔和安全疏散等防火技术措施，可依据现行国家标准《建设工程施工现场消防安全技术规范》GB 50720 确定，该标准未涉及者，可依据《建筑设计防火规范》GB 50016 等标准确定。

11.0.3　建筑施工现场的临时办公用房与生活用房、发电机房、变配电站、厨房操作间、锅炉房和可燃材料与易燃易爆物品库房，当围护结构、房间隔墙和吊顶采用金属夹芯板材时，芯材的燃烧性能应为 A 级。

【要点解读】

本条规定了施工现场临时用房建造材料的燃烧性能要求。本条主要对应于《建设工程施工现场消防安全技术规范》GB 50720—2011 第 4.2.1 条第 1 款和第 4.2.2 条第 1 款。

（1）发电机房、变配电房、厨房操作间、锅炉房、可燃材料库房及易燃易爆危险品库房等的建筑构件的燃烧性能等级应为 A 级，不应采用金属夹芯板材；其他用房采用金属夹芯板材时，芯材的燃烧性能应为 A 级。

（2）宿舍、办公用房的防火设计应符合《建设工程施工现场消防安全技术规范》GB 50720—2011 第 4.2.1 条规定；发电机房、变配电房、厨房操作间、锅炉房、可燃材料库房及易燃易爆危险品库房的防火设计应符合《建设工程施工现场消防安全技术规范》GB 50720—2011 第 4.2.2 条规定。

（3）宿舍、办公用房不应与厨房操作间、锅炉房、变配电房等组合建造。

11.0.4　扩建、改建建筑施工时，施工区域应停止建筑正常使用。非施工区域如继续正常使用，应符合下列规定：

　　1　在施工区域与非施工区域之间应采取防火分隔措施；

　　2　外脚手架搭设不应影响安全疏散、消防车正常通行、外部消防救援；

　　3　焊接、切割、烘烤或加热等动火作业前和作业后，应清理作业现场的可燃物，作业现场及其下方或附近不能移走的可燃物应采取防火措施；

　　4　不应直接在裸露的可燃或易燃材料上动火作业；

　　5　不应在具有爆炸危险性的场所使用明火、电炉，以及高温直接取暖设备。

【要点解读】

本条规定了既有建筑改建、扩建期间部分投入使用时的管理和防火要求。本条第 3 款～第 5 款适用所有建筑施工现场。

要点 1：扩建、改建建筑施工时，施工区域应停止建筑正常使用。当施工区不影响非施工区的灭火救援、安全疏散、建筑防火以及消防设施功能时，非施工区可以正常使用，但应采取严格措施，减少施工现场火灾风险，防止施工现场火灾蔓延至仍需正常使用的非施工区。

（1）在施工区域与非施工区域之间应采取防火分隔措施。施工区和非施工区之间应采用不开设门、窗、洞口的不燃性防火隔墙和楼板分隔，防火隔墙耐火极限不应低于 3.00h，不得采用防火卷帘、防火分隔水幕等防火分隔设施。

（2）非施工区内的消防设施应完好和有效，疏散通道应保持畅通，并应严格落实日常值班及消防安全管理制度。

（3）施工区的消防安全应有专人值守，发生火情应能立即处置。

（4）施工单位应向居住和使用者进行消防宣传教育，告知建筑消防设施、疏散通道的位置及使用方法，同时应组织疏散演练。

（5）外脚手架、支模架的架体应采用不燃材料搭设。

（6）外脚手架搭设不应影响安全疏散、消防车正常通行及灭火救援操作，外脚手架搭设长度不应超过该建筑物外立面周长的1/2。

（7）除本《通用规范》外，施工区域应满足现行国家标准《建设工程施工现场消防安全技术规范》GB 50720 等标准规定，正常使用区域应满足现行国家标准《建筑设计防火规范》GB 50016 及消防设施技术标准等的规定。

要点 2：本条第 3 款～第 5 款规定，不限于扩建、改建建筑施工，适用所有建筑施工现场。

本条第 3 款～第 5 款明确了施工现场用火要求，适用所有建筑施工现场。

施工现场的用火、用电、用气管理等，应符合现行标准《建筑与市政施工现场安全卫生与职业健康通用规范》GB 55034、《建设工程施工现场消防安全技术规范》GB 50720、《建设工程施工现场供用电安全规范》GB 50194、《施工现场临时用电安全技术规范》JGJ 46 等标准规定。

11.0.5 保障施工现场消防供水的消防水泵供电电源应能在火灾时保持不间断供电，供配电线路应为专用消防配电线路。

【要点解读】

本条规定了施工现场消防水泵供配电的基本要求。本条主要对应于《建设工程施工现场消防安全技术规范》GB 50720—2011 第 5.1.4 条。

施工现场应设置灭火器、临时消防给水系统和应急照明等临时消防设施。临时消防给水系统包括室外临时消防给水系统和室内临时消防给水系统，临时消防给水系统的给水压力不能满足要求时，应设置消防水泵。

要点 1：需要设置临时消防给水系统的临时用房和在建工程。

《建设工程施工现场消防安全技术规范》GB 50720—2011 规定：

第 5.3.4 条 临时用房建筑面积之和大于 1000m² 或在建工程单体体积大于 10000m³ 时，应设置临时室外消防给水系统。当施工现场处于市政火栓 150m 保护范围内，且市政消火栓的数量满足室外消防用水量要求时，可不设置临时室外消防给水系统。

第 5.3.8 条 建筑高度大于 24m 或单体体积超过 30000m³ 的在建工程，应设置临时室内消防给水系统。

要点2：临时消防给水系统的主要要求。

《建设工程施工现场消防安全技术规范》GB 50720—2011规定：

第5.3.15条 临时消防给水系统的给水压力应满足消防水枪充实水柱长度不小于10m的要求；给水压力不能满足要求时，应设置消火栓泵，消火栓泵不应少于2台，且应互为备用；消火栓泵宜设置自动启动装置。

第5.1.4条 施工现场的消火栓泵应采用专用消防配电线路。专用消防配电线路应自施工现场总配电箱的总断路器上端接入，且应保持不间断供电。

消防水泵应能在火灾时保持不间断供电，供配电线路应为专用消防配电线路，当其中的生产、生活用电被切断时，应仍能保证消防用电设备的用电需要。

11.0.6 施工现场临时供配电线路选型、敷设，照明器具设置，施工所需易燃和可燃物质使用、存放，用火、用电和用气均应符合消防安全要求。

【要点解读】

本条规定的具体要求及措施，除本《通用规范》和现行国家标准《建设工程施工现场消防安全技术规范》GB 50720外，尚应符合《建设工程施工现场供用电安全规范》GB 50194、《施工现场临时用电安全技术规范》JGJ 46等标准及相关管理规定。

12 使用与维护

12.0.1 市政消火栓、室外消火栓、消防水泵接合器等室外消防设施周围应设置防止机动车辆撞击的设施。消火栓、消防水泵接合器两侧沿道路方向各 5m 范围内禁止停放机动车，并应在明显位置设置警示标志。

【要点解读】

本条规定了市政消火栓、室外消火栓、消防水泵接合器等室外消防设施的安全保障措施。

要点 1：市政消火栓、室外消火栓、消防水泵接合器等室外消防设施周围应设置防止机动车辆撞击的设施。

当室外消防设施存在被机动车辆撞击的危险，或存在被非机动车辆撞击损坏的风险时，应采取防撞措施，防撞措施的设置不得影响室外消防设施的正常使用。具体措施，可依据现行国家标准《消防给水及消火栓系统技术规范》GB 50974 等标准执行。

要点 2：消火栓、消防水泵接合器两侧沿道路方向各 5m 范围内禁止停放机动车，并应在明显位置设置警示标志。

（1）市政消火栓、室外消火栓是供消防车取水的主要设施；消防水泵接合器是固定设置在建筑物外，用于消防车或机动泵向建筑物内消防给水系统输送消防用水和其他液体灭火剂的连接器具。

依据《消防给水及消火栓系统技术规范》GB 50974—2014 规定，市政消火栓和室外消火栓距路边不宜小于 0.5m，并不应大于 2.0m，距建筑外墙或外墙边缘不宜小于 5.0m。

（2）市政消火栓、室外消火栓、消防水泵接

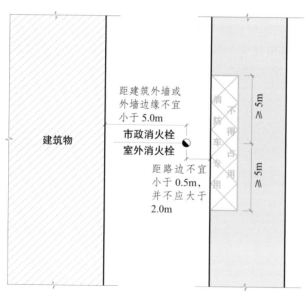

12.0.1– 图示 1　市政（室外）消火栓两侧沿道路方向各 5m 范围内禁止停放机动车

合器均要便于消防车使用，必须保证合适的消防车停靠场地。为避免消防车停靠场地被占用，妨碍消防车在火灾和应急时取水和向建筑供水，在设置市政消火栓、室外消火栓的道路沿消火栓一侧，以及设置消防水泵接合器的附近道路，应设置停靠消防车辆的场地，应留出一辆消防车车位的空间，并设置相应的警示标志以提示该区域在任何时候均不允许被非消防车辆占用【图示1】【图示2】。

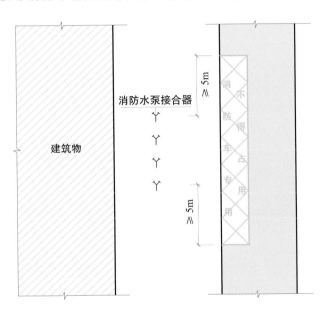

12.0.1- 图示2　消防水泵接合器两侧沿道路方向各5m范围内禁止停放机动车

12.0.2　建筑周围的消防车道和消防车登高操作场地应保持畅通，其范围内不应存放机动车辆，不应设置隔离桩、栏杆等可能影响消防车通行的障碍物，并应设置明显的消防车道或消防车登高操作场地的标识和不得占用、阻塞的警示标志。

【要点解读】

本条规定了消防车道和消防车登高场地的基本要求。

消防车通道是火灾发生时供消防车通行的道路，是实施灭火救援的"生命通道"；消防车登高操作场地是举高类消防车靠近高层建筑主体，开展消防车登高作业和灭火救援的场地。

为保障消防车道和消防车登高场地随时可用，防止这些场地被占用，国家法律和消防技术标准对消防车通道和消防车登高操作场地的设置和管理进行了要求。如有违反，应依《中华人民共和国消防法》、《中华人民共和国道路交通安全法》、《消防救援局关于进一步明确消防车通道管理若干措施的通知》（应急消〔2019〕334号）等相关规定进行处罚。

要点1：建筑周围的消防车道和消防车登高操作场地应保持畅通，其范围内不应存放机动车辆，不应设置隔离桩、栏杆等可能影响消防车通行的障碍物。

根据《消防救援局关于进一步明确消防车通道管理若干措施的通知》（应急消〔2019〕334号）规定，消防救援机构要督促、指导建筑的管理使用单位或者住宅区的物业服务企业对管理区域内消防车通道落实以下维护管理职责：

（1）划设消防车通道标志标线，设置警示牌，并定期维护，确保鲜明醒目。

（2）指派人员开展巡查检查，采取安装摄像头等技防措施，保证管理区域内车辆只能在停车场、库或划线停车位内停放，不得占用消防车通道，并对违法占用行为进行公示。

（3）在管理区域内道路规划停车位，应当预留消防车通道宽度。消防车通道的净宽度和净空高度均不应小于4m，转弯半径应满足消防车转弯的要求。

（4）消防车通道上不得设置停车泊位、构筑物、固定隔离桩等障碍物，消防车道与建筑之间不得设置妨碍消防车举高操作的树木、架空管线、广告牌、装饰物等障碍物。

（5）采用封闭式管理的消防车通道出入口，应当落实在紧急情况下立即打开的保障措施，不影响消防车通行。

（6）定期向管理对象和居民开展宣传教育，提醒占用消防车通道的危害性和违法性，提高单位和群众法律和消防安全意识。

（7）发现占用、堵塞、封闭消防车通道的行为，应当及时进行制止和劝阻；对当事人拒不听从的，应当采取拍照摄像等方式固定证据，并立即向消防救援机构和公安机关报告。

要点2：建筑周围的消防车道和消防车登高操作场地应设置明显的消防车道或消防车登高操作场地的标识和不得占用、阻塞的警示标志。

根据《消防救援局关于进一步明确消防车通道管理若干措施的通知》（应急消〔2019〕334号）、《中华人民共和国消防法》、《中华人民共和国道路交通安全法》和现行国家标准《道路交通标志和标线》GB 5768等有关规定，对单位或者住宅区内的消防车通道沿途实行标志和标线标识管理【图示1】。主要如下：

（1）在消防车通道路侧缘石立面和顶面应当施划黄色禁止停车标线；无缘石的道路应当在路面上施划禁止停车标线，标线为黄色单实线，距路面边缘30cm，线宽15cm；消防车通道沿途每隔20m距离在路面中央施划黄色方框线，在方框内沿行车方向标注内容为"消防车道禁止占用"的警示字样【图示2】【图示3】。

（2）在单位或者住宅区的消防车通道出入口路面，按照消防车通道净宽施划禁停标线，标线为黄色网状实线，外边框线宽20cm，内部网格线宽10cm，内部网格线与外边框夹角为45°，标线中央位置沿行车方向标注内容为"消防车道禁止占用"的警示字样【图示4】。

（3）在消防车通道两侧及消防车登高操作场地应设置醒目的警示标牌，提示严禁占用，违者将承担相应法律责任等内容【图示5】【图示6】。

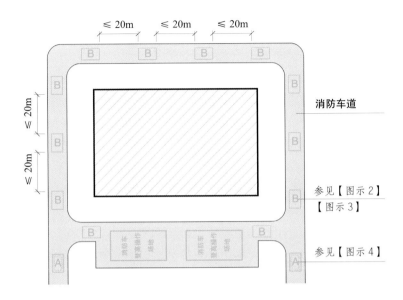

12.0.2- 图示 1　消防车通道及消防车登高操作场地沿途标志和标线标识示意图

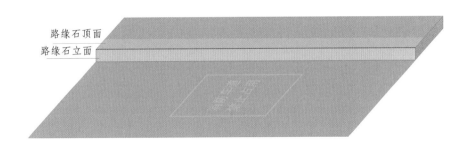

12.0.2- 图示 2　消防车通道路侧禁停标线及路面警示标志示例（有路缘石）

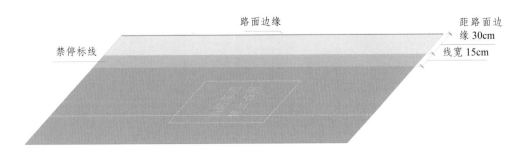

12.0.2- 图示 3　消防车通道路侧禁停标线及路面警示标志示例（无路缘石）

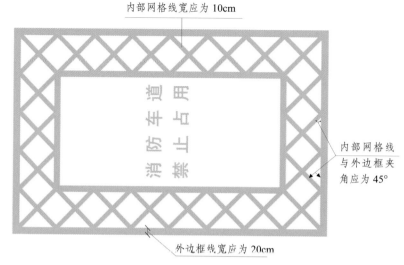

12.0.2– 图示 4　消防车通道出入口禁停标线及路面警示标志示例

12.0.2– 图示 5　消防车登高操作场地禁止占用警示牌示例

12.0.2– 图示 6　消防车通道禁止占用警示牌示例

12.0.3 地下、半地下场所内不应使用或储存闪点低于 60℃的液体、液化石油气及其他相对密度不小于 0.75 的可燃气体，不应敷设输送上述可燃液体或可燃气体的管道。

【要点解读】

本条规定了地下、半地下场所内禁止使用和储存的可燃液体和可燃气体类别。

（1）闪点低于 60℃的液体属于火灾危险性类别为甲、乙类的可燃液体，火灾风险高，蔓延速度快，不应在地下、半地下场所内使用或储存，甲、乙类可燃液体的具体分类及举例参见"附录 5、附录 6"。

（2）相对密度不小于 0.75 的可燃气体不易散发，容易聚积和滞留。尤其是液化石油气，其气态相对密度为 1.5~2.0，是空气重量的 1.5 倍 ~2.0 倍，泄漏后的液化石油气将会迅速气化，且气化体积大，气化后的气体会往低处积聚。

相对密度是指物质的密度与参考物质的密度在各自规定的条件下之比。一般参考物质为空气或水，本条规定的相对密度是以空气作为参考物质，在标准状态（0℃和 101.325kPa）下干燥空气的密度为 1.293kg/m³（或 1.293g/L）。

（3）考虑地下、半地下场所通风不良，火灾隐蔽，人员疏散和火灾扑救困难等因素，有必要禁止在地下、半地下场所使用或储存上述可燃液体和可燃气体，也不应敷设输送上述可燃液体或可燃气体的管道，以防泄漏事故。

（4）对于部分特殊工业场所，可依据相关专业标准确定。比如酒厂酒库的设置部位，可依据现行国家标准《酒厂设计防火规范》GB 50694 确定。

12.0.4 瓶装液化石油气的使用应符合下列规定：

1 在高层建筑内不应使用瓶装液化石油气；

2 液化石油气钢瓶应避免受到日光直射或火源、热源的直接辐射作用，与灶具的间距不应小于 0.5m；

3 瓶装液化石油气应与其他化学危险物品分开存放；

4 充装量不小于 50kg 的液化石油气容器应设置在所服务建筑外的单层专用房间内，并应采取防火措施；

5 液化石油气容器不应超量罐装，不应使用超量罐装的气瓶；

6 不应敲打、倒置或碰撞液化石油气容器，不应倾倒残液或私自灌气。

【要点解读】

本条规定了瓶装液化石油气在建筑内的使用与存放要求。

液化石油气在常温常压下为气态，经压缩或冷却后为液态，主要成分为丙烷、丁烷及其混合物。

要点 1：在高层建筑内不应使用瓶装液化石油气。

可燃气体的火灾危险性大，高层建筑运输不便，如采用电梯运输气瓶，易产生意外和危险，一旦可燃气体漏入电梯井，可能导致爆炸等事故，故要求在高层建筑内不应使用瓶装液化石油气。

《建筑设计防火规范（2018年版）》GB 50016—2014第5.4.16条规定，高层民用建筑内使用可燃气体燃料时，应采用管道供气。使用可燃气体的房间或部位宜靠外墙设置，并应符合现行国家标准《城镇燃气设计规范》GB 50028、《液化石油气供应工程设计规范》GB 51142的规定。

要点2：液化石油气钢瓶应避免受到日光直射或火源、热源的直接辐射作用，与灶具的间距不应小于0.5m。

为防止液化石油气钢瓶使用温度过高，需要严防日光直射或火源、热源的直接辐射，其环境温度不得大于45℃。钢瓶应放置在干燥并便于操作的地点，上面不要放置杂物，应与灶具保持0.5m以上的安全距离。钢瓶必须直立放置，绝不允许卧放或倒放，连接钢瓶与灶具的输气胶管应沿墙处于自然下垂状态。

要点3：瓶装液化石油气应与其他化学危险物品分开存放。

液化石油气钢瓶具有爆燃爆炸风险，应与其他化学危险物品分开存放。另外，液化石油气的主要成分也可能与其他化学物品发生反应从而导致严重后果。

要点4：充装量不小于50kg的液化石油气容器应设置在所服务建筑外的单层专用房间内，并应采取防火措施。

根据《液化石油气钢瓶》GB 5842—2023规定，常用的液化石油气钢瓶的最大公称容积为118L，该型号钢瓶的最大充装量为49.5kg。本规定要求充装量不小于50kg的液化石油气容器应设置在所服务建筑外的单层专用房间内，具体设置要求，可依据本《通用规范》第4.3.11条、《建筑设计防火规范（2018年版）》GB 50016—2014第5.4.17条、《液化石油气供应工程设计规范》GB 51142—2015第7章等相关规定确定。

要点5：液化石油气容器不应超量罐装，不应使用超量罐装的气瓶。

液化石油气钢瓶属于压力容器，钢瓶最高工作压力取决于它的最高使用温度和充装量，使用温度过高或充装过量均有超压爆炸风险。

液化石油气钢瓶的最大充装量为《气瓶安全技术规程》TSG 23规定的液化石油气充装系数与气瓶公称容积的乘积。

（1）依据《气瓶安全技术规程》TSG 23—2021规定，液化石油气钢瓶的充装系数为0.42或按相关标准的规定确定。

（2）依据《液化石油气钢瓶》GB 5842—2023第5.2条规定，气瓶应按表12.0.4的规格进行设计和制造，该表列示的充装系数均不大于0.42，实际应用中，可直接参考本表执行。

要点6：不应敲打、倒置或碰撞液化石油气容器，不应倾倒残液或私自灌气。

违反操作程序敲打、倒置、碰撞钢瓶，倾倒残液、私自灌气或私自拆卸钢瓶部件、倒（卧）放置钢瓶等行为，易造成火灾爆炸事故。

表 12.0.4　常用气瓶型号和参数

型号	气瓶外直径（公称外径）（mm）	公称容积（L）	允许充装量 [a]（kg）	封头形状系数	护罩直径（mm）	底座直径（mm）
YSP12/4.9	249	12.0	4.9	$K = 1.0$	190	240
YSP23.9/10	280	23.9	10.0	$K = 1.0$	190	240
YSP29.8/12.4	300	29.8	12.4	$K = 1.0$	190	240
YSP35.5/14.8	320	35.5	14.8	$K = 0.8$	190	240
YSP118/49.5	407	118	49.5	$K = 1.0$	230	400
YSP118/液/49.5	407	118	49.5	$K = 1.0$	380	400

[a] 气瓶公称容积与充装系数（0.42）乘积数的圆整值（圆整到小数点后 1 位）。

12.0.5　存放瓶装液化石油气和使用可燃气体、可燃液体的房间，应防止可燃气体在室内积聚。

【要点解读】

本条规定了存放和使用可燃气体、可燃液体房间的基本要求。

防止可燃气体在室内积聚的措施主要为加强和保证室内通风或排风，防止可燃气体和蒸气在室内积聚，预防发生火灾和爆炸。具体实施，可依据相关标准确定。示例：

（1）本《通用规范》第 9 章规定了甲、乙类场所的基本防火要求。

（2）《建筑设计防火规范（2018 年版）》GB 50016—2014 第 3.6.5 条规定了散发较空气轻的可燃气体、可燃蒸气的甲类厂房的相关要求；第 3.6.6 条规定了散发较空气重的可燃气体、可燃蒸气的甲类厂房的相关要求；第 9.3.16 条规定了燃油或燃气锅炉房的相关要求等。

（3）《汽车加油加气加氢站技术标准》GB 50156—2021 第 14.1.4 条规定了汽车加油加气加氢站内爆炸危险区域中的房间或箱体的通风措施要求。

12.0.6　在建筑使用或运营期间，应确保疏散出口、疏散通道畅通，不被占用、堵塞或封闭。

【要点解读】

本条规定了建筑使用或运营期间保障疏散出口、疏散通道畅通的基本要求。

本条规定是为了保证建筑内主要疏散设施在发生火灾时的可用性和安全性。疏散出口包括各类疏散门和安全出口；疏散通道包括疏散路径上的全过程通道，比如房间内的通道，建筑内的疏散走道、疏散楼梯间等。当建筑内的疏散出口平时需要被锁闭时，应具有火灾时自动释放的功能，且人员不需使用任何工具即能容易地从内部打开，参见"7.1.7– 要点解读"。

依据《中华人民共和国消防法》第二十八条规定，任何单位、个人不得损坏、挪用或者擅自拆除、停用消防设施、器材，不得埋压、圈占、遮挡消火栓或者占用防火间距，不得占用、堵塞、封闭疏散通道、安全出口、消防车通道。人员密集场所的门窗不得设置影响逃生和灭火救援的障碍物。

12.0.7 照明灯具使用应满足消防安全要求，开关、插座和照明灯具靠近可燃物时，应采取隔热、散热等防火措施。

【要点解读】

本条规定了用电器具的基本防火要求。

电气火灾在建筑火灾中一直占主要比例，应预防和减少照明灯具、开关、插座等选型、安装或使用不当，照明器具表面的高温部位靠近可燃物等原因引发的火灾。具体实施，可依据相关标准确定，比如：《建筑设计防火规范（2018 年版）》GB 50016—2014 第 10.2.4 条、第 10.2.5 条；《人民防空工程设计防火规范》GB 50098—2009 第 8.3.1 条 ~ 第 8.3.3 条。

附录1：主要术语

1. 建筑高度

建筑高度是建筑物室外地面到建筑物屋面、檐口或女儿墙的高度。实际应用中，建筑高度的计算根据日照、消防、旧城保护、航空净空限制等不同要求，略有差异。与消防相关的建筑高度，注重建筑防火及消防救援，通常是指室外设计地面至屋面的相对高度。对于屋顶火灾危险性小的局部构筑物，当不影响灭火救援时，可以不计入建筑高度，比如女儿墙、屋顶水箱等。

建筑防火设计中的建筑高度计算，应符合现行国家标准《建筑设计防火规范》GB 50016 的规定。

2. 室外设计地面

室外设计地面通常是指建筑高度计算时的起点标高地面，在建筑防火的建筑高度计算中，室外设计地面应同时满足两个条件，当两个条件对应的地面标高值不一致时，应按较低的标高值确定：①建筑首层安全出口的室外设计地面标高；②满足消防扑救操作要求的室外设计地面标高。

3. 高层建筑

高层建筑是指建筑高度大于 27m 的多层住宅建筑，建筑高度大于 24m 的多层厂房、仓库和其他民用建筑。

除非特别指定，本《通用规范》中所述的多层建筑，均为建筑高度不大于 24m 的厂房、仓库，建筑高度不大于 27m 的住宅建筑和建筑高度不大于 24m 的其他民用建筑。

4. 裙房

在高层建筑主体投影范围外，与建筑高层主体相连且建筑高度不大于 24m 的附属建筑。

5. 半地下室

房间地面低于室外设计地面的平均高度大于该房间平均净高的 1/3，且不大于 1/2 的场所。

6. 地下室

房间地面低于室外设计地面的平均高度大于该房间平均净高 1/2 的场所。

7. 儿童活动场所

本《通用规范》规定的"儿童活动场所"，是指供 12 周岁及以下婴幼儿和少儿活动的场所，包括幼儿园、托儿所中供婴幼儿生活和活动的房间，设置在建筑内的儿童游乐厅、儿童乐园、儿童培训班、早教中心等儿童游乐、学习和培训等活动的场所，不包括小学学校的教室等教学场所。

有关幼儿园、托儿所中的婴幼儿用房的相关要求，尚应符合现行标准《托儿所、幼儿园建筑设计规范》JGJ 39 等标准规定。

8．托儿所、幼儿园

托儿所是用于哺育和培育 3 周岁以下婴幼儿使用的场所。

幼儿园是对 3 周岁～6 周岁的幼儿进行集中保育、教育的学前使用场所。

（1）托儿所、幼儿园的规模应符合表附录 1–1 的规定，托儿所、幼儿园的每班人数宜符合表附录 1–2 的规定。

表附录 1–1　托儿所、幼儿园的规模

规　模	托儿所（班）	幼儿园（班）
小型	1～3	1～4
中型	4～7	5～8
大型	8～10	9～12

表附录 1–2　托儿所、幼儿园的每班人数

名　　称	班　别	人数（人）
托儿所	乳儿班（6～12月）	10 人以下
	托小班（12～24月）	15 人以下
	托大班（24～36月）	20 人以下
幼儿园	小班（3～4岁）	20～25
	中班（4～5岁）	26～30
	大班（5～6岁）	31～35

（2）有关托儿所、幼儿园的建筑防火要求，除本《通用规范》外，尚应符合现行行业标准《托儿所、幼儿园建筑设计规范》JGJ 39 等标准规定。

9．老年人照料设施

本《通用规范》规定的"老年人照料设施"，是指床位总数或可容纳老年人总数大于或等于 20 床（人），为老年人提供集中照料服务的公共建筑。以 20 床（人）作为设计总床位数（老年人总数）的下限值，是兼顾经济性、技术性及设施能力等因素，为适用于本《通用规范》的老年人照料设施设计给出适宜的规模范围。

（1）我国的老年人设施可以按照民用建筑的分类方式划分为养老服务设施（老年人公共建筑）与老年人居住建筑。养老服务设施又可按是否提供照料服务划分为老年人照料设施和老年人活动设施。老年人照料设施可按提供照料服务的时段及类型进一步划分为老年人全日照料设施和老年人日间照料设施。老年人全日照料设施是为老年人提供住宿、生活照料服务及其他服务项目的设施，是养老院、老人院、福利院、敬

老院、老年养护院等的统称；老年人日间照料设施是为老年人提供日间休息、生活照料服务及其他服务项目的设施，是托老所、日托站、老年人日间照料室、老年人日间照料中心等的统称。

老年人照料设施在老年人设施体系中的定位见【图示】。

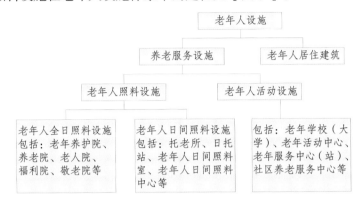

附录 1– 图示　老年人照料设施在老年人设施体系中的定位

（2）本《通用规范》规定的"老年人照料设施"，不包括床位总数少于 20 床的老年人全日照料设施、可容纳的老年人总数少于 20 人的老年人日间照料设施；也不包括其他供老年人使用、非集中照料的设施或场所，如老年大学、老年活动中心等不属于老年人照料设施。这类场所可按常规公共建筑确定建筑防火要求。

10．医疗建筑

本《通用规范》规定的医疗建筑，是指对疾病进行诊断、治疗的建筑，包括医院建筑和具备治疗功能的医疗机构建筑，比如专科疾病防治院（所、站）、妇幼保健院（所、站）、卫生院（其中含乡镇卫生院）、社区卫生服务中心（站）、诊所（医务室）、村卫生室。

11．疗养院

本《通用规范》规定的疗养院，是指利用自然疗养因子、人工疗养因子，结合自然和人文景观，以传统和现代医疗康复手段对疗养员进行疾病防治、康复保健和健康管理的医疗机构。

疗养院的功能较为复杂，建筑防火要求应根据具体功能和需求确定，比如，具备治疗功能的疗养院应满足医疗建筑的相关规定，不具备治疗功能的疗养院可参照旅馆建筑考虑；设置养老区或一定数量的老年人疗养床位的疗养院，当满足老年人照料设施条件（第 9 项）时，应满足老年人照料设施的相关规定。

12．教学建筑

本《通用规范》规定的教学建筑，是指供人们开展教学活动所使用的建筑物，包括小学校、中学校、职业技术学校、特殊教育学校、高等院校以及专业培训机构等的教学建筑。

小学校是实施初等教育的场所；中学校是实施中等普通教育的场所；职业技术学校是实施职业技术教育的场所；特殊教育学校是专门对残障儿童、青少年实施特殊教育的场所；高等院校是实施高等教育的场所。

教学建筑的主要适用标准有《中小学校设计规范》GB 50099、《特殊教育学校建筑设计标准》JG J76、《高等职业学校建设标准》建标 197、《中等职业学校建设标准》建标 192 等。

13．旅馆

旅馆通常由客房部分、公共部分、辅助部分组成，是为客人提供住宿及餐饮、会议、健身和娱乐等全部或部分服务的公共建筑，也称为酒店、饭店、宾馆、度假村。旅馆建筑类型按经营特点分为商务旅馆、度假旅馆、会议旅馆、公寓式旅馆等。

（1）商务旅馆：主要为从事商务活动的客人提供住宿和相关服务的旅馆建筑。

（2）度假旅馆：主要为度假游客提供住宿和相关服务的旅馆建筑。

（3）公寓式旅馆：客房内附设有厨房或操作间、卫生间、储藏空间，适合客人较长时间居住的旅馆建筑。

14．剧场

剧场是设有观众厅、舞台、技术用房和演员、观众用房等的观演建筑。

（1）剧场建筑的规模应按观众座席数量进行划分，并应符合表附录 1-3 的规定。

表附录 1-3　剧场建筑规模划分

规　模	观众座席数量（座）
特大型	＞ 1500
大　型	1201 ～ 1500
中　型	801 ～ 1200
小　型	≤ 800

（2）剧场的建筑等级根据观演技术要求可分为特等、甲等、乙等三个等级。特等剧场的技术指标要求不应低于甲等剧场。特等剧场是指代表国家的一些文娱建筑，如国家剧院，国家文化中心等；甲等剧场主要指代表省、直辖市的一些文娱建筑；乙等剧场主要指代表市、县的一些文娱建筑。

15．歌舞娱乐放映游艺场所

本《通用规范》规定的"歌舞娱乐放映游艺场所"，包括歌厅、舞厅、录像厅、夜总会、卡拉 OK 厅和具有卡拉 OK 功能的餐厅或包房、各类游艺厅、桑拿浴室的休息室和具有桑拿服务功能的客房、网吧等场所，不包括电影院和剧场的观众厅。

16．高架仓库

货架高度大于 7m 且采用机械化操作或自动化控制的货架仓库。

17．交通隧道

在山中、地下或水下修建的，主要供车辆和行人通行的建筑物。

18. 城市交通隧道

在城市区域内建设的供人员、机动车和非机动车通行的隧道。

19. 消防站

消防站是城镇公共消防设施的重要组成部分，是公安、专职或其他类型消防队的驻在基地，主要包括建筑、道路、场地和设施等。

依据《城市消防站建设标准》建标 152—2017 规定，按照业务类型，消防站分为普通消防站、特勤消防站和战勤保障消防站三类，其中，普通消防站分为一级普通消防站、二级普通消防站和小型普通消防站。为了保障消防员人身安全，消防站的耐火等级不应低于二级。

20. 疏散通道

疏散通道是个宽泛的概念，可以认为，引导人员进入室内、室外安全区域的通道，均可视为疏散通道。疏散通道贯穿疏散路径的全过程，既包括室内安全区域的前室、疏散楼梯间，也包括次危险区域的疏散走道，还包括危险区域（房间、观众厅、营业厅、多功能厅、展览厅、大开间办公室等）中未设置围护结构但具备疏散功能的通道，比如通过营业厅货架、展览厅展架、观众厅坐席分隔形成的人员通道等。

21. 疏散走道

建筑中在火灾时用于人员疏散并具有防火、防烟性能的走道，是人员疏散通行至安全出口的通道，通常是指房间疏散门至安全出口的疏散通道，属于次危险区域。

22. 疏散出口

建筑中在火灾时供人员逃离着火区域或建筑的出口，包括安全出口和房间疏散门。

23. 疏散门

设置在疏散出口上满足人员安全疏散要求的门，主要包括房间疏散门和安全出口疏散门。

24. 安全出口

供人员安全疏散用的楼梯间和室外楼梯的出入口或直通室内、室外安全区域的出口。安全出口是疏散出口的一种形式，常见的安全出口有：

（1）通向室内安全区域的出口，主要包括：敞开楼梯间入口、封闭楼梯间入口、防烟楼梯间及前室入口、避难走道及前室入口、室外疏散楼梯入口等。

（2）直接通向室外安全区域的出口，主要包括：房间直通室外的出口、疏散走道直通室外的出口和疏散楼梯间直通室外的出口、符合条件的连廊和天桥出口、符合条件的下沉式广场出口等。

（3）符合条件的上人屋面和平台，当满足室外或室内安全区域的条件时，通向上人屋面和平台的出口，可视为安全出口。

（4）实际应用中，还存在其他形式的安全出口，比如，在一定条件下利用通向相邻防火分区的甲级防火门作为安全出口等。

（5）有关室内安全区域、室外安全区域的概念，参见"附录11"。

25．避难层

避难层是火灾时建筑内人员临时躲避火灾及其烟气的楼层，避难层中用于避难的区域，称为避难区。建筑高度超过100m的工业与民用建筑，为了解决人员竖向疏散距离过长的问题，应设置避难层，避难层的避难区可为人员安全疏散和避难提供必要的停留场所。

26．避难间

避难间是火灾时建筑内人员临时躲避火灾及其烟气的房间。为了满足难以在火灾中及时疏散人员的避难需要，满足一定条件的医疗建筑和老年人照料设施，需要设置避难间。这类避难间通常称为"解决平面疏散问题的避难间"，以区别"解决竖向疏散距离过长而设置的避难层"。

27．避难走道

建筑中直接与室内的安全出口连接，在火灾时用于人员疏散至室外，并具有防火、防烟性能的走道。

28．消防专用通道

在建筑火灾时专门用于消防救援人员从地面进入建筑的通道或（和）楼梯间。本《通用规范》中的消防专用通道主要针对设置在地铁车站公共区的消防专用通道，也包括其他类似功能的消防专用通道，比如消防电梯前室在首层直通室外的专用通道等。

29．防火间距

防止着火建筑在一定时间内引燃相邻建筑，便于消防救援的空间间隔。

30．防火分区

在建筑内部采用防火墙、楼板及其他防火分隔设施分隔而成，能在一定时间内防止火灾向同一建筑的其余部分蔓延的局部空间。

31．防火墙

防止火灾蔓延至相邻建筑或相邻水平防火分区且耐火极限不低于3.00h的不燃性墙体，是建筑内防火分区的主要水平分隔设施。

32．防火隔墙

防火隔墙是建筑内防止火灾蔓延至相邻区域且耐火极限不低于规定要求的墙体，主要用于同一防火分区内不同功能或不同火灾危险性区域（房间）之间的分隔，是建筑内防火单元的主要水平分隔设施。

防火隔墙应为不燃性墙体，确有困难时，木结构建筑和四级耐火等级建筑中的防火隔墙允许采用难燃性墙体。

33．耐火极限

在标准耐火试验条件下，建筑构件、配件或结构从受到火的作用时起，至失去承载能力、完整性或隔热性时止所用时间，用小时表示。

有关耐火极限的概念，参见"附录15"。

34．闪点

在规定的试验条件下，可燃性液体或固体表面产生的蒸气与空气形成的混合物，遇火源能够闪燃的液体或固体的最低温度（采用闭杯法测定）。

35．明火地点

有外露火焰或赤热表面的固定地点（民用建筑内的灶具、电磁炉等除外）。

36．散发火花地点

有飞火的烟囱或进行室外砂轮、电焊、气焊、气割等作业的固定地点。

37．爆炸性环境

爆炸性环境，指在大气条件下，可燃性物质以气体、蒸气、粉尘、纤维或飞絮的形式与空气形成的混合物，被点燃后，能够保持燃烧自行传播的环境。根据可燃物质状态，爆炸性环境可分为爆炸性粉尘环境和爆炸性气体环境。

（1）爆炸性粉尘环境：在大气条件下，可燃性物质以粉尘、纤维或飞絮的形式与空气形成的混合物，被点燃后，能够保持燃烧自行传播的环境。

（2）爆炸性气体环境：在大气条件下，可燃性物质以气体或蒸气的形式与空气形成的混合物，被点燃后，能够保持燃烧自行传播的环境。

38．爆炸下限（LEL）

可燃的蒸气、气体或粉尘、纤维与空气组成的混合物，遇火源即能发生爆炸的最低浓度。

39．易燃易爆危险品场所

依据《重大火灾隐患判定方法》GB 35181—2017 规定，易燃易爆危险品场所是指生产、储存、经营易燃易爆危险品的厂房和装置、库房、储罐（区）、商店、专用车站和码头，可燃气体储存（储配）站、充装站、调压站、供应站，加油加气站等。

40．重大火灾隐患

依据《重大火灾隐患判定方法》GB 35181—2017 规定，重大火灾隐患是指违反消防法律法规、不符合消防技术标准，可能导致火灾发生或火灾危害增大，并由此可能造成重大、特别重大火灾事故或严重社会影响的各类潜在不安全因素。

现行国家标准《重大火灾隐患判定方法》GB 35181 规定了重大火灾隐患的术语和定义、判定原则和程序、判定方法、直接判定要素和综合判定要素等。

附录2: 消防技术标准体系适应原则，建筑防火、消防设施类标准

要点1: 消防技术标准体系的适应原则。

按照消防技术标准体系的适应原则，涉及建筑、结构等建筑主体的防火要求，以及消防设施的设置场所等，由建筑防火类标准确定（要点2）；消防设施的设计、施工、验收、运行维护等要求由消防设施类标准确定（要点3）。

比如，《建筑防火通用规范》GB 55037、《建筑设计防火规范》GB 50016 以及专项防火标准、工程建设标准明确了建筑防火要求和需要设置消防设施的场所及部位；《消防设施通用规范》GB 55036、《自动喷水灭火系统设计规范》GB 50084、《火灾自动报警系统设计规范》GB 50116、《消防给水及消火栓系统技术规范》GB 50974、《建筑防烟排烟系统技术标准》GB 51251、《消防应急照明和疏散指示系统技术标准》GB 51309 等技术标准明确了各系统的设计、施工、验收、运行维护等要求。

要点2: 建筑防火类标准。

1. 《建筑防火通用规范》GB 55037

《建筑防火通用规范》GB 55037 规定了建筑防火的基本功能、性能和相应的关键技术措施，是建筑全生命过程中的基本防火技术要求，具有法规强制效力，必须严格遵守。除生产和储存民用爆炸物品的建筑外，新建、改建和扩建建筑在规划、设计、施工、使用和维护中的防火，以及既有建筑改造、使用和维护中的防火，必须执行本规范。

2. 《建筑设计防火规范》GB 50016

《建筑设计防火规范》GB 50016 所规定的建筑设计的防火技术要求，适用于各类厂房、仓库及其辅助设施等工业建筑，公共建筑、居住建筑等民用建筑，储罐或储罐区、各类可燃材料堆场和城市交通隧道工程。

3. 专项防火标准和工程建设标准

（1）建筑防火类标准以《建筑防火通用规范》GB 55037 和《建筑设计防火规范》GB 50016 为主导，明确了建筑防火的基本要求和原则。对于一些相对特殊的建筑物，可能需要专项防火标准才能解决问题。比如，汽车库、修车库、地铁工程、航站楼、加油加气站以及供平时使用的人防工程等，虽然从功能上类似于公共建筑，但建筑防火和消防设施要求与常规的公共建筑存在明显区别，需适用《汽车库、修车库、停车场设计防火规范》GB 50067、《地铁设计防火标准》GB 51298、《民用机场航站楼设计防火规范》GB 51236、《汽车加油加气加氢站技术标准》GB 50156、《人民防空工程设计防火规范》GB 50098 等专项防火标准要求。

（2）对于专业性较强的石油天然气、化工、酒厂、纺织、钢铁、冶金、煤化工和电厂等工程，有些要求比较特殊，甚至可能涉及工艺防火和生产过程中的本质安全要求，火灾危险性分类和防火处置措施明显不同于常规工业建筑，这些要求通常会在专项防火标准或专项工程建设标准中体现，示例：①火电厂、变电站：《火力发电厂与变电站设计防火标准》GB 50229；②酒厂：《酒厂设计防火规范》GB 50694；③飞机库：《飞机库设计防火规范》GB 50284；④精细化工企业：《精细化工企业工程设计防火标准》GB 51283；⑤有色金属工业：《有色金属工程设计防火规范》GB 50630；⑥钢铁冶金企业：《钢铁冶金企业设计防火标准》GB 50414；⑦石油化工企业：《石油化工企业设计防火标准》GB 50160；⑧纺织工程：《纺织工程设计防火规范》GB 50565；⑨石油天然气工程：《石油天然气工程设计防火规范》GB 50183；⑩煤化工工程：《煤化工工程设计防火标准》GB 51428；⑪油气化工码头：《油气化工码头设计防火规范》JTS 158；⑫煤炭矿井：《煤炭矿井设计防火规范》GB 51078；⑬风电场：《风电场设计防火规范》NB 31089；⑭核电厂：《核电厂防火设计规范》GB/T 22158、《核电厂常规岛设计防火规范》GB 50745；⑮冷库：《冷库设计标准》GB 50072；⑯锅炉房：《锅炉房设计标准》GB 50041；⑰物流建筑：《物流建筑设计规范》GB 51157；⑱水泥工厂：《水泥工厂设计规范》GB 50295。

要点3：消防设施类标准。

消防设施的设计、施工、验收、运行维护等要求由消防设施类技术标准确定，以《消防设施通用规范》GB 55036 为主导。

1. 《消防设施通用规范》GB 55036

《消防设施通用规范》GB 55036 规定了建设工程中消防设施的设计、施工、验收、使用和维护的控制性底线要求和关键技术措施，新建、扩建和改建的建设工程中设置的消防设施和既有建筑的消防设施改造的设计、施工、验收、使用和维护均应符合本规范要求，具有法规强制效力，必须严格遵守。

2. 系统类技术标准

（1）系统类技术标准，主要是指各消防系统的专业技术标准，主要包括灭火器、消防给水与消火栓系统、自动喷水灭火系统、水喷雾灭火系统、细水雾灭火系统、固定消防炮与自动跟踪射流灭火系统、气体灭火系统、泡沫灭火系统、干粉灭火系统、防烟与排烟系统、火灾自动报警系统、应急照明疏散指示系统等。部分标准如下：《建筑灭火器配置设计规范》GB 50140、《建筑灭火器配置验收及检查规范》GB 50444、《消防给水及消火栓系统技术规范》GB 50974、《自动喷水灭火系统设计规范》GB 50084、《自动喷水灭火系统施工及验收规范》GB 50261、《水喷雾灭火系统技术规范》GB 50219、《细水雾灭火系统技术规范》GB 50898、《泡沫灭火系统技术标准》GB 50151、《固定消防炮灭火系统设计规范》GB 50338、《自动跟踪定位射流灭火系统技术标准》GB 51427、《气体灭火系统设计规范》GB 50370、《二氧化碳灭火系统设计规范》GB 50193、《气体灭火系统施工及验收规范》GB 50263、《干粉灭火系统设计规范》GB 50347、《建筑防烟排烟系统技术标准》GB 51251、《火灾自动报警系统设计规范》GB 50116、《火灾自动报警系统施工及验收标准》GB 50166、《消防应急照明和疏散指示系统技术标准》GB 51309。

（2）需要注意的是，不同功能建筑均可能存在消防设施的特定需求，通常会在专项防火标准和工程建设标准明确，在要点2中所述的专项防火标准和工程建设标准中，均有关于消防设施的相关规定，应予执行。

附录3：埋深，室内地面、室外出入口地坪标高的确定原则

建筑防火设计中的"埋深"，主要是指地下、半地下建筑（室）室内地面与室外出入口地坪之间的高差。

埋深是决定地下和半地下建筑（室）安全疏散、灭火救援难度的关键要素，在计算埋深时，应以最不利高差确定，以地下、半地下建筑（室）中的最低地面标高与首层楼板面（或室外地坪）标高的最大高差为准。参考原则如下：

（1）埋深计算应满足地下、半地下建筑（室）所有部位的人员疏散和火灾扑救要求，埋深的"室内地面标高"应以地下、半地下建筑（室）室内地面的最低标高为准（无人经过或停留的坑井除外）【图示1】。

除非特别指定，埋深的"室内地面标高"通常是指地下、半地下建筑（室）最低楼层的最低室内地面标高。当相关条款已规定楼层位置时，埋深的"室内地面标高"可根据规定楼层的最低室内地面标高计算，比如，本《通用规范》第4.3.7条规定"歌舞娱乐放映游艺场所应布置在地下一层及以上且埋深不大于10m的楼层"，在确定本规定的埋深时，可根据地下一层室内地面的最低标高计算。

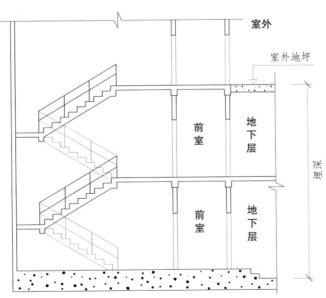

附录3-图示1　埋深的室内地面标高为地下、半地下建筑（室）室内地面的最低标高

（2）当室外地坪高于首层室内楼板面时，考虑人员疏散的最终目的地为室外地坪（地面），埋深应为地下、半地下建筑（室）室内地面与室外地坪的高差【图示2】。

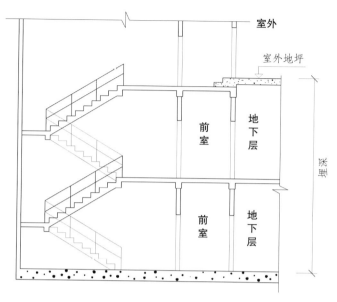

附录 3– 图示 2　埋深为地下、半地下建筑（室）室内地面与室外地坪的高差（室外地坪高于首层室内楼板面）

（3）当室外地坪低于首层室内楼板面时，考虑室内楼板面是疏散和救援的必经之处，埋深应为地下、半地下建筑（室）室内地面与首层室内楼板面的高差【图示 3】。

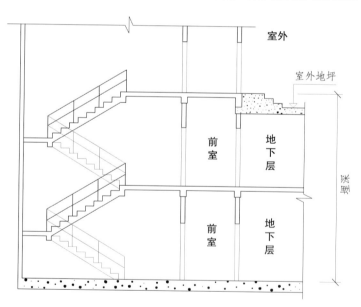

附录 3– 图示 3　埋深为地下、半地下建筑（室）室内地面与首层室内楼板面的高差（室外地坪低于首层室内楼板面）

附录4：民用建筑、工业建筑、汽车库（停车场）的主要分类

要点1：民用建筑的分类。

依据现行国家标准《建筑设计防火规范》GB 50016 规定，民用建筑可分为住宅建筑和公共建筑两大类，并进一步按建筑高度分为高层民用建筑和单层、多层民用建筑，高层民用建筑又分为一类高层民用建筑和二类高层民用建筑，参见表附录 4-1 和表附录 4-2。

表附录 4-1　住宅建筑分类

类别		建筑类型
高层住宅建筑	一类高层住宅建筑	建筑高度＞54m 的住宅建筑
	二类高层住宅建筑	建筑高度＞27m，但≤54m 的住宅建筑
单、多层住宅建筑		建筑高度≤27m 的住宅建筑

> 注：从建筑防火角度，住宅建筑的主要高度分界为21m、27m、33m、54m、100m，这种划分方式，主要是为了与原国家标准《建筑设计防火规范》GB 50016—2006 和《高层民用建筑设计防火规范》GB 50045—1995 中 7 层、9 层、11 层、18 层的划分标准基本一致。住宅层高约 3m，7 层、9 层、11 层、18 层的大约高度分别为 21m、27m、33m、54m。

表附录 4-2　公共建筑分类

类别		建筑类型	
高层公共建筑	一类高层公共建筑	建筑高度＞50m 的公共建筑	
		建筑高度 24m 以上部分任一楼层建筑面积＞1000m² 的	商店建筑
			展览建筑
			电信建筑
			邮政建筑
			财贸金融建筑
			其他多种功能组合的建筑
		建筑高度＞24m 的（非单层）	医疗建筑
			独立建造的老年人照料设施

续表附录 4-2

类别		建筑类型	
高层公共建筑	一类高层公共建筑	建筑高度＞24m 的（非单层）	省级以上的广播电视建筑
			省级以上的防灾指挥调度建筑
			网局级电力调度建筑
			省级电力调度建筑
			藏书超过 100 万册的图书馆
			藏书超过 100 万册的书库
	二类高层公共建筑	不属于一类的其他高层公共建筑	
多层公共建筑		建筑高度≤24m 的多层公共建筑	
单层公共建筑		建筑高度不限	

要点 2：工业建筑（厂房、仓库）的分类。

工业建筑（厂房、仓库）的分类，主要有建筑高度分类和火灾危险性分类。

（1）建筑高度分类。

依据现行国家标准《建筑设计防火规范》GB 50016 规定，工业建筑（厂房、仓库）可分为单、多层厂房（仓库）和高层厂房、仓库，参见【图示 1】。

附录 4- 图示 1　工业建筑（厂房、仓库）分类

（2）工业建筑的火灾危险性分类。

依据现行国家标准《建筑设计防火规范》GB 50016 规定，生产的火灾危险性分类应根据生产中使用或产生的物质性质及其数量等因素划分，可分为甲、乙、丙、丁、戊类；储存物品的火灾危险性分类应根据储存物品的性质和储存物品中的可燃物数量等因素划分，可分为甲、乙、丙、丁、戊类。

有关生产和储存物品的火灾危险性分类及举例，参见"附录 5""附录 6"。

要点 3：汽车库、修车库、停车场的分类。

（1）汽车库的分类形式很多，可按建设规模、建筑高度和层数、机械化程度、汽车坡道和围封形式等进行分类，参见【图示 2】。

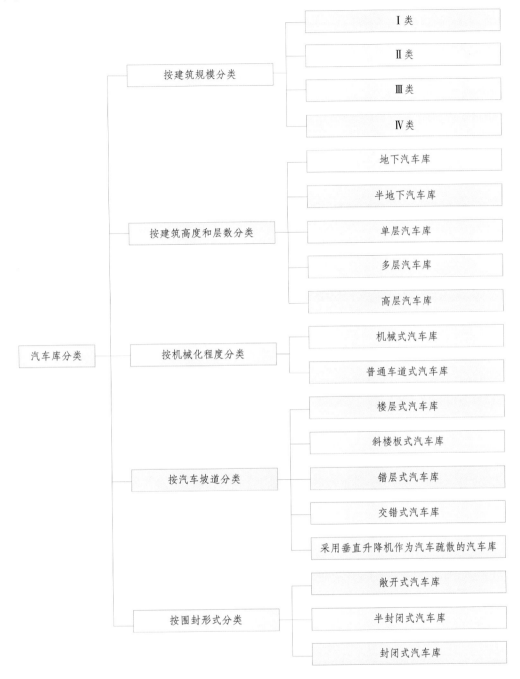

附录 4- 图示 2　汽车库分类

（2）汽车库、修车库、停车场的建设规模分类。

依据《汽车库、修车库、停车场设计防火规范》GB 50067—2014 规定，汽车库、修车库、停车场应依据停车（车位）数量和总建筑面积进行分类，参见表附录4-3。

表附录4-3 汽车库、修车库、停车场的分类

名称		Ⅰ	Ⅱ	Ⅲ	Ⅳ
汽车库	停车数量（辆）	> 300	151～300	51～150	≤ 50
	总建筑面积 S（m²）	$S > 10000$	$5000 < S \leqslant 10000$	$2000 < S \leqslant 5000$	$S \leqslant 2000$
修车库	车位数（个）	> 15	6～15	3～5	≤ 2
	总建筑面积 S（m²）	$S > 3000$	$1000 < S \leqslant 3000$	$500 < S \leqslant 1000$	$S \leqslant 500$
停车场	停车数量（辆）	> 400	251～400	101～250	≤ 100

注：1 当屋面露天停车场与下部汽车库共用汽车坡道时，其停车数量应计算在汽车库的车辆总数内。

2 室外坡道、屋面露天停车场的建筑面积可不计入汽车库的建筑面积之内。

3 公交汽车库的建筑面积可按本表的规定值增加2.0倍。

附录5：生产的火灾危险性分类及举例

表附录 5-1　生产的火灾危险性分类

生产的火灾危险性类别	使用或产生下列物质生产的火灾危险性特征
甲	1. 闪点小于 28℃ 的液体； 2. 爆炸下限小于 10% 的气体； 3. 常温下能自行分解或在空气中氧化能导致迅速自燃或爆炸的物质； 4. 常温下受到水或空气中水蒸气的作用，能产生可燃气体并引起燃烧或爆炸的物质； 5. 遇酸、受热、撞击、摩擦、催化以及遇有机物或硫黄等易燃的无机物，极易引起燃烧或爆炸的强氧化剂； 6. 受撞击、摩擦或与氧化剂、有机物接触时能引起燃烧或爆炸的物质； 7. 在密闭设备内操作温度不小于物质本身自燃点的生产
乙	1. 闪点不小于 28℃，但小于 60℃ 的液体； 2. 爆炸下限不小于 10% 的气体； 3. 不属于甲类的氧化剂； 4. 不属于甲类的易燃固体； 5. 助燃气体； 6. 能与空气形成爆炸性混合物的浮游状态的粉尘、纤维、闪点不小于 60℃ 的液体雾滴
丙	1. 闪点不小于 60℃ 的液体； 2. 可燃固体
丁	1. 对不燃烧物质进行加工，并在高温或熔化状态下经常产生强辐射热、火花或火焰的生产； 2. 利用气体、液体、固体作为燃料或将气体、液体进行燃烧作其他用的各种生产； 3. 常温下使用或加工难燃烧物质的生产
戊	常温下使用或加工不燃烧物质的生产

表附录 5-2　生产的火灾危险性分类举例

生产的火灾危险性类别	使用或产生下列物质生产的火灾危险性特征	生产的火灾危险性分类举例
甲	1. 闪点小于 28℃ 的液体	闪点小于 28℃ 的油品和有机溶剂的提炼、回收或洗涤部位及其泵房，橡胶制品的涂胶和胶浆部位，二硫化碳的粗馏、精馏工

续表附录 5-2

生产的火灾危险性类别	使用或产生下列物质生产的火灾危险性特征	生产的火灾危险性分类举例
甲	1. 闪点小于28℃的液体	段及其应用部位，青霉素提炼部位，原料药厂的非纳西汀车间的烃化、回收及电感精馏部位，皂素车间的抽提、结晶及过滤部位，冰片精制部位，农药厂乐果厂房，敌敌畏的合成厂房、磺化法糖精厂房，氯乙醇厂房，环氧乙烷、环氧丙烷工段，苯酚厂房的磺化、蒸馏部位，焦化厂吡啶工段，胶片厂片基车间，汽油加铅室，甲醇、乙醇、丙酮、丁酮异丙醇、醋酸乙酯、苯等的合成或精制厂房，集成电路工厂的化学清洗间（使用闪点小于28℃的液体），植物油加工厂的浸出车间；白酒液态法酿酒车间、酒精蒸馏塔，酒精度为38度及以上的勾兑车间、灌装车间、酒泵房；白兰地蒸馏车间、勾兑车间、灌装车间、酒泵房
	2. 爆炸下限小于10%的气体	乙炔站，氢气站，石油气体分馏（或分离）厂房，氯乙烯厂房，乙烯聚合厂房，天然气、石油伴生气、矿井气、水煤气或焦炉煤气的净化(如脱硫)厂房压缩机室及鼓风机室，液化石油气灌瓶房，丁二烯及其聚合厂房，醋酸乙烯厂房，电解水或电解食盐厂房，环己酮厂房，乙基苯和苯乙烯厂房，化肥厂的氢氮气压缩厂房，半导体材料厂使用氢气的拉晶间，硅烷热分解室
	3. 常温下能自行分解或在空气中氧化能导致迅速自燃或爆炸的物质	硝化棉厂房及其应用部位，赛璐珞厂房，黄磷制备厂房及其应用部位，三乙基铝厂房，染化厂某些能自行分解的重氮化合物生产，甲胺厂房，丙烯腈厂房
	4. 常温下受到水或空气中水蒸气的作用，能产生可燃气体并引起燃烧或爆炸的物质	金属钠、钾加工厂房及其应用部位，聚乙烯厂房的一氧二乙基铝部位，三氯化磷厂房，多晶硅车间三氯氢硅部位，五氧化二磷厂房
	5. 遇酸、受热、撞击、摩擦、催化以及遇有机物或硫黄等易燃的无机物，极易引起燃烧或爆炸的强氧化剂	氯酸钠、氯酸钾厂房及其应用部位，过氧化氢厂房，过氧化钠、过氧化钾厂房，次氯酸钙厂房

续表附录 5-2

生产的火灾危险性类别	使用或产生下列物质生产的火灾危险性特征	生产的火灾危险性分类举例
甲	6. 受撞击、摩擦或与氧化剂、有机物接触时能引起燃烧或爆炸的物质	赤磷制备厂房及其应用部位，五硫化二磷厂房及其应用部位
	7. 在密闭设备内操作温度不小于物质本身自燃点的生产	洗涤剂厂房石蜡裂解部位，冰醋酸裂解厂房
乙	1. 闪点不小于 28℃，但小于 60℃ 的液体	闪点大于或等于 28℃ 至小于 60℃ 的油品和有机溶剂的提炼、回收、洗涤部位及其泵房，松节油或松香蒸馏厂房及其应用部位，醋酸酐精馏厂房，己内酰胺厂房，甲酚厂房，氯丙醇厂房，樟脑油提取部位，环氧氯丙烷厂房，松针油精制部位，煤油灌桶间
	2. 爆炸下限不小于 10% 的气体	一氧化碳压缩机室及净化部位，发生炉煤气或鼓风炉煤气净化部位，氨压缩机房
	3. 不属于甲类的氧化剂	发烟硫酸或发烟硝酸浓缩部位，高锰酸钾厂房，重铬酸钠（红钒钠）厂房
	4. 不属于甲类的易燃固体	樟脑或松香提炼厂房，硫黄回收厂房，焦化厂精萘厂房
	5. 助燃气体	氧气站，空分厂房
	6. 能与空气形成爆炸性混合物的浮游状态的粉尘、纤维、闪点不小于 60℃ 的液体雾滴	铝粉或镁粉厂房，金属制品抛光部位，煤粉厂房、面粉厂的碾磨部位、活性炭制造及再生厂房，谷物筒仓的工作塔，亚麻厂的除尘器和过滤器室
丙	1. 闪点不小于 60℃ 的液体	闪点大于或等于 60℃ 的油品和有机液体的提炼、回收工段及其抽送泵房，香料厂的松油醇部位和乙酸松油脂部位，苯甲酸厂房，苯乙酮厂房，焦化厂焦油厂房，甘油、桐油的制备厂房，油浸变压器室，机器油或变压油灌桶间，润滑油再生部位，配电室（每台装油量大于 60kg 的设备），沥青加工厂房，植物油加工厂的精炼部位
	2. 可燃固体	煤、焦炭、油母页岩的筛分、转运工段和栈桥或储仓，木工厂房，竹、藤加工厂房，橡胶制品的压延、成型和硫化厂房，针织品厂房，纺织、印染、化纤生产的干燥部

续表附录 5-2

生产的火灾危险性类别	使用或产生下列物质生产的火灾危险性特征	生产的火灾危险性分类举例
丙	2. 可燃固体	位,服装加工厂房,棉花加工和打包厂房,造纸厂备料、干燥车间,印染厂成品厂房,麻纺厂粗加工车间,谷物加工房,卷烟厂的切丝、卷制、包装车间,印刷厂的印刷车间,毛涤厂选毛车间,电视机、收音机装配厂房,显像管厂装配工段烧枪间,磁带装配厂房,集成电路工厂的氧化扩散间、光刻间,泡沫塑料厂的发泡、成型、印片压花部位,饲料加工厂房,畜(禽)屠宰、分割及加工车间、鱼加工车间
丁	1. 对不燃烧物质进行加工,并在高温或熔化状态下经常产生强辐射热、火花或火焰的生产	金属冶炼、锻造、铆焊、热轧、铸造、热处理厂房
丁	2. 利用气体、液体、固体作为燃料或将气体、液体进行燃烧作其他用的各种生产	锅炉房,玻璃原料熔化厂房,灯丝烧拉部位,保温瓶胆厂房,陶瓷制品的烘干、烧成厂房,蒸汽机车库,石灰焙烧厂房,电石炉部位,耐火材料烧成部位,转炉厂房,硫酸车间焙烧部位,电极煅烧工段,配电室(每台装油量小于等于 60kg 的设备)
丁	3. 常温下使用或加工难燃烧物质的生产	难燃铝塑料材料的加工厂房,酚醛泡沫塑料的加工厂房,印染厂的漂炼部位,化纤厂后加工润湿部位
戊	常温下使用或加工不燃烧物质的生产	制砖车间,石棉加工车间,卷扬机室,不燃液体的泵房和阀门室,不燃液体的净化处理工段,除镁合金外的金属冷加工车间,电动车库,钙镁磷肥车间(焙烧炉除外),造纸厂或化学纤维厂的浆粕蒸煮工段,仪表、器械或车辆装配车间,氟利昂厂房,水泥厂的轮窑厂房,加气混凝土厂的材料准备、构件制作厂房

附录6：储存物品的火灾危险性分类及举例

表附录6-1 储存物品的火灾危险性分类

储存物品的火灾危险性类别	储存物品的火灾危险性特征
甲	1. 闪点小于28℃的液体； 2. 爆炸下限小于10%的气体，受到水或空气中水蒸气的作用能产生爆炸下限小于10%气体的固体物质； 3. 常温下能自行分解或在空气中氧化能导致迅速自燃或爆炸的物质； 4. 常温下受到水或空气中水蒸气的作用，能产生可燃气体并引起燃烧或爆炸的物质； 5. 遇酸、受热、撞击、摩擦以及遇有机物或硫黄等易燃的无机物，极易引起燃烧或爆炸的强氧化剂； 6. 受撞击、摩擦或与氧化剂、有机物接触时能引起燃烧或爆炸的物质
乙	1. 闪点不小于28℃，但小于60℃的液体； 2. 爆炸下限不小于10%的气体； 3. 不属于甲类的氧化剂； 4. 不属于甲类的易燃固体； 5. 助燃气体； 6. 常温下与空气接触能缓慢氧化，积热不散引起自燃的物品
丙	1. 闪点不小于60℃的液体； 2. 可燃固体
丁	难燃烧物品
戊	不燃烧物品

表附录6-2 储存物品的火灾危险性分类举例

储存物品的火灾危险性类别	储存物品的火灾危险性特征	储存物品的火灾危险性分类举例
甲	1. 闪点小于28℃的液体	己烷，戊烷，环戊烷，石脑油，二硫化碳，苯、甲苯、甲醇、乙醇、乙醚、蚁酸甲酯、醋酸甲酯、硝酸乙酯，汽油，丙酮，丙醛，酒精度为38度及以上的白酒
	2. 爆炸下限小于10%的气体，受到水或空气中水蒸气的作用能产生爆炸下限小于10%气体的固体物质	乙炔，氢，甲烷，环氧乙烷，水煤气，液化石油气，乙烯、丙烯、丁二烯，硫化氢，氯乙烯，电石，碳化铝

续表附录 6-2

储存物品的火灾危险性类别	储存物品的火灾危险性特征	储存物品的火灾危险性分类举例
甲	3. 常温下能自行分解或在空气中氧化能导致迅速自燃或爆炸的物质	硝化棉，硝化纤维胶片，喷漆棉，火胶棉，赛璐珞棉，黄磷
	4. 常温下受到水或空气中水蒸气的作用，能产生可燃气体并引起燃烧或爆炸的物质	金属钾、钠、锂、钙、锶，氢化锂、氢化钠，四氢化锂铝
	5. 遇酸、受热、撞击、摩擦以及遇有机物或硫黄等易燃的无机物，极易引起燃烧或爆炸的强氧化剂	氯酸钾、氯酸钠，过氧化钾、过氧化钠，硝酸铵
	6. 受撞击、摩擦或与氧化剂、有机物接触时能引起燃烧或爆炸的物质	赤磷，五硫化二磷，三硫化二磷
乙	1. 闪点不小于28℃，但小于60℃的液体	煤油，松节油，丁烯醇、异戊醇，丁醚，醋酸丁酯、硝酸戊酯，乙酰丙酮，环己胺，溶剂油，冰醋酸，樟脑油，蚁酸
	2. 爆炸下限不小于10%的气体	氨气、一氧化碳
	3. 不属于甲类的氧化剂	硝酸铜，铬酸，亚硝酸钾，重铬酸钠，铬酸钾，硝酸，硝酸汞、硝酸钴，发烟硫酸，漂白粉
	4. 不属于甲类的易燃固体	硫黄，镁粉，铝粉，赛璐珞板(片)，樟脑，萘，生松香，硝化纤维漆布，硝化纤维色片
	5. 助燃气体	氧气，氟气，液氯
	6. 常温下与空气接触能缓慢氧化，积热不散引起自燃的物品	漆布及其制品，油布及其制品，油纸及其制品，油绸及其制品
丙	1. 闪点不小于60℃的液体	动物油、植物油，沥青，蜡，润滑油、机油、重油，闪点大于或等于60℃的柴油，糖醛，白兰地成品库
	2. 可燃固体	化学、人造纤维及其织物，纸张，棉、毛、丝、麻及其织物，谷物，面粉，粒径大于或等于2mm的工业成型硫黄，天然橡胶及其制品，竹、木及其制品，中药材，电视机、收录机等电子产品，计算机房已录数据的磁盘储存间，冷库中的鱼、肉间
丁	难燃烧物品	自熄性塑料及其制品，酚醛泡沫塑料及其制品，水泥刨花板
戊	不燃烧物品	钢材、铝材、玻璃及其制品，搪瓷制品、陶瓷制品，不燃气体，玻璃棉、岩棉、陶瓷棉、硅酸铝纤维、矿棉，石膏及其无纸制品，水泥、石、膨胀珍珠岩

附录7：人员密集场所、人员密集的场所、设置人员密集场所的建筑

要点1：概念区别。

（1）人员密集场所。

"人员密集场所"是指建筑类别，属于建筑分类定性，通常以某座（或某栋）建筑为单位，具备表附录7功能的一定规模建筑，均属于人员密集场所建筑，对应的文字表述为"人员密集场所"。

依据相关规定，以表附录7功能为主体的建筑，均属于人员密集场所建筑。

表附录7　人员密集场所大全

人员密集场所			人员密集场所是指人员聚集的室内场所，包括公众聚集场所，医院的门诊楼、病房楼，学校的教学楼、图书馆、食堂和集体宿舍，养老院，福利院，托儿所，幼儿园，公共图书馆的阅览室，公共展览馆、博物馆的展示厅，劳动密集型企业的生产加工车间和员工集体宿舍，旅游、宗教活动场所等
	公众聚集场所		公众聚集场所是指面对公众开放，具有商业经营性质的室内场所，包括宾馆、饭店、商场、集贸市场、客运车站候车室、客运码头候船厅、民用机场航站楼、体育场馆、会堂以及公共娱乐场所等
		公共娱乐场所	公共娱乐场所是指具有文化娱乐、健身休闲功能并向公众开放的室内场所，包括影剧院、录像厅、礼堂等演出、放映场所，舞厅、卡拉OK厅等歌舞娱乐场所，具有娱乐功能的夜总会、音乐茶座、酒吧和餐饮场所，游艺、游乐场所和保龄球馆、旱冰场、桑拿等娱乐、健身、休闲场所和互联网上网服务营业场所
		歌舞娱乐放映游艺场所	歌舞娱乐放映游艺场所包括歌厅、舞厅、录像厅、夜总会、卡拉OK厅和具有卡拉OK功能的餐厅或包房、各类游艺厅、桑拿浴室的休息室和具有桑拿服务功能的客房、网吧等场所，不包括电影院和剧场的观众厅 注：根据《建筑设计防火规范》国家标准管理组回复（建规字〔2019〕1号），足疗店消防设计应按歌舞娱乐放映游艺场所处理

注：1　密室逃脱类场所按不低于歌舞娱乐放映游艺场所的标准处置，且应符合相关规范及管理规定；

2　具备以上功能的一定规模建筑，均属于人员密集场所建筑；

3　具备以上功能的建筑内部场所，均属于人员密集的场所；

4　本表编制依据为《消防法》以及现行国家标准《建筑防火通用规范》GB 55037、《人员密集场所消防安全管理》GB/T 40248，参见要点4。

（2）人员密集的场所。

"人员密集的场所"是指建筑内部的功能场所类别，主要针对建筑内部的某些房间或区域，当建筑内部的某些房间或区域具备表附录7功能时，该房间或区域属于人员密集的场所，对应的文字表述为"人员密集的场所"。需要注意的是，即使是非人员密集场所建筑，其内部仍可能存在"人员密集的场所"。比如：办公建筑不属于人员密集场所建筑，但其附属的会议厅、多功能厅等，属于人员密集的场所。

要点2：适应原则。

同一建筑内，可能会存在多种用途的房间或场所，某座建筑定性为人员密集场所，并不代表本建筑所有房间均为人员密集的场所。同样，某座建筑的局部区域为人员密集的场所，也并不一定代表本建筑为人员密集场所建筑。

（1）原则1：定性为"人员密集场所建筑"，不代表所有房间（或区域）均为人员密集的场所。

即使是人员密集场所建筑，同样可能存在非人员密集的房间或区域【图示1】，比如酒店、医疗建筑等，属于人员密集场所建筑，但其附属的办公室、车库等，通常不属于人员密集的场所。

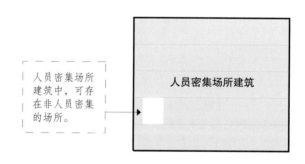

附录 7- 图示 1　人员密集场所建筑可设置非人员密集的房间或区域

（2）原则2：定性为"非人员密集场所建筑"，某些房间（或区域）仍可能属于人员密集的场所【图示2】。

附录 7- 图示 2　非人员密集场所建筑中可设置人员密集的场所

通常情况下，建筑附属功能并不改变主体定性，因此，某座建筑的局部区域为人员密集的场所，并不一定代表本建筑为人员密集场所建筑。比如，办公建筑中可附属自用的会议厅、多功能厅等，这类场所属于人员密集的场所，但整体建筑仍属于办公建筑，不属于人员密集场所建筑。

要点 3：标准应用示例。

（1）本《通用规范》所述的"人员密集场所"和"人员密集的场所"，参照本文原则处置。

（2）本《通用规范》所述的"设置人员密集场所的建筑"，不但包括了人员密集场所建筑，也包括了人员密集场所与非人员密集场所合建的建筑，比如旅馆、商店与住宅建筑、办公建筑合建的建筑等。

（3）《消防法》、《人员密集场所消防安全管理》GB/T 40248、《重大火灾隐患判定方法》GB 35181 等法律法规所述的人员密集场所，通常是指"人员密集场所建筑"。

（4）自动喷水灭火系统、气体灭火系统、防烟排烟系统、火灾自动报警系统、应急照明疏散指示系统等消防设施技术标准中涉及的"人员密集场所"，通常是指"人员密集的场所"。

示例 1：《建筑防烟排烟系统技术标准》GB 51251—2017 第 4.5.6 条规定，机械补风口的风速不宜大于 10m/s，人员密集场所补风口的风速不宜大于 5m/s。本款中的"人员密集场所"是指"人员密集的场所"，对于非人员密集场所建筑（如办公建筑等）中的人员密集的场所（比如会议厅、多功能厅等），应遵行此规定要求。

示例 2：《消防应急照明和疏散指示系统技术标准》GB 51309—2018 第 3.2.7 条规定，标志灯应设在醒目位置，应保证人员在疏散路径的任何位置、在人员密集场所的任何位置都能看到标志灯。本款中的"人员密集场所"是指"人员密集的场所"。

要点 4：人员密集场所的规范定义。

人员密集场所、公众聚集场所、公共娱乐场所、歌舞娱乐放映游艺场所，是从上至下的包含关系，相关法规及标准的定义如下：

（1）《中华人民共和国消防法》。

第七十三条 本法下列用语的含义：

（三）公众聚集场所，是指宾馆、饭店、商场、集贸市场、客运车站候车室、客运码头候船厅、民用机场航站楼、体育场馆、会堂以及公共娱乐场所等。

（四）人员密集场所，是指公众聚集场所，医院的门诊楼、病房楼，学校的教学楼、图书馆、食堂和集体宿舍，养老院，福利院，托儿所，幼儿园，公共图书馆的阅览室，公共展览馆、博物馆的展示厅，劳动密集型企业的生产加工车间和员工集体宿舍，旅游、宗教活动场所等。

（2）《人员密集场所消防安全管理》GB/T 40248—2021。

3.1 公共娱乐场所

具有文化娱乐、健身休闲功能并向公众开放的室内场所，包括影剧院、录像厅、礼堂等演出、放映场所，舞厅、卡拉 OK 厅等歌舞娱乐场所，具有娱乐功能的夜总会、音乐茶座、酒吧和餐饮场所，游艺、游乐场所和保龄球馆、旱冰场、桑拿等娱乐、健身、休闲场所和互联网上网服务营业场所。

3.2　公众聚集场所

面对公众开放，具有商业经营性质的室内场所，包括宾馆、饭店、商场、集贸市场、客运车站候车室、客运码头候船厅、民用机场航站楼、体育场馆、会堂以及公共娱乐场所等。

3.3　人员密集场所

人员聚集的室内场所，包括公众聚集场所，医院的门诊楼、病房楼，学校的教学楼、图书馆、食堂和集体宿舍，养老院，福利院，托儿所，幼儿园，公共图书馆的阅览室，公共展览馆、博物馆的展示厅，劳动密集型企业的生产加工车间和员工集体宿舍，旅游、宗教活动场所等。

附录 8：人员密度 / 人均面积一览表

表附录 8   人员密度 / 人均面积一览表

建筑功能	场所名称		人员密度 / 人均面积	依据
歌舞娱乐放映游艺场所	录像厅（厅室建筑面积）		1.00（人 /m²）	《建筑防火通用规范》GB 55037—2022 第 7.4.7 条
	其他（厅室建筑面积）		0.50（人 /m²）	
商店建筑营业厅	地下第二层（建筑面积）		0.56（人 /m²）	《建筑设计防火规范（2018 年版）》GB 50016—2014 第 5.5.21 条
	地下第一层（建筑面积）		0.60（人 /m²）	注：建材商店、家具和灯饰展示建筑，其人员密度可按此规定值的30% 确定
	地上第一、二层（建筑面积）		0.43 ~ 0.60（人 /m²）	
	地上第三层（建筑面积）		0.39 ~ 0.54（人 /m²）	
	地上第四层及以上各层（建筑面积）		0.30 ~ 0.42（人 /m²）	
有固定座位的场所（注 2）			实际座位数的 1.1 倍	《建筑设计防火规范（2018 年版）》GB 50016—2014 第 5.5.21 条
餐饮建筑	餐馆（使用面积）		1.30（m²/ 座）	《饮食建筑设计标准》JGJ 64—2017 表 4.1.2
	快餐店（使用面积）		1.00（m²/ 座）	
	饮品店（使用面积）		1.50（m²/ 座）	
	食堂（使用面积）		1.00（m²/ 座）	
	厨房（建筑面积）		按核定人数计算（注 3）	
旅馆建筑	一级、二级、三级旅馆建筑	中餐厅、自助餐厅（咖啡厅）（使用面积）	1.00 ~ 1.20（m²/ 人）	《旅馆建筑设计规范》JGJ 62—2014 第 4.3.2 条、第 4.3.3 条
	四级、五级旅馆建筑	中餐厅、自助餐厅（咖啡厅）（使用面积）	1.50 ~ 2.00（m²/ 人）	

续表附录 8

建筑功能	场所名称		人员密度/人均面积	依据
旅馆建筑	特色餐厅、外国餐厅、包房（使用面积）		2.00 ～ 2.50（m²/人）	《旅馆建筑设计规范》JGJ 62—2014 第 4.3.2 条、第 4.3.3 条
	宴会厅、多功能厅（使用面积）		1.50 ～ 2.00（m²/人）	
	会议室（使用面积）		1.20 ～ 1.80（m²/人）	
办公建筑	普通办公室（使用面积）		6.00（m²/人）	《办公建筑设计标准》JGJ/T 67—2019 第 4.2.3 条、第 4.2.4 条、第 4.3.2 条、第 5.0.3 条
	手工绘图室（使用面积）		6.00（m²/人）	
	研究工作室（使用面积）		7.00（m²/人）	
	中、小会议室	有会议桌（使用面积）	2.00（m²/人）	
		无会议桌（使用面积）	1.00（m²/人）	
	无法额定总人数（建筑面积）		9.00（m²/人）	
博物馆	陈列展览区		按《博物馆建筑设计规范》执行	《博物馆建筑设计规范》JGJ 66—2015 第 4.2 节
文化馆	展览厅、陈列室		可按《博物馆建筑设计规范》执行	《文化馆建筑设计规范》JGJ/T 41—2014 第 4.2.3 条、第 4.2.9 条、第 4.2.10 条、第 4.2.12 条
	舞蹈排练室（使用面积）		6.00（m²/人）	
	琴房（使用面积）		6.00（m²/人）	
	阅览室		可按《图书馆建筑设计规范》执行	
图书馆	普通阅览室（使用面积）		1.80 ～ 2.30（m²/座）	《图书馆建筑设计规范》JGJ 38—2015 第 B.0.1 条（注 4）
	专业参考阅览室（使用面积）		3.50（m²/座）	
	非书资料阅览室（使用面积）		3.50（m²/座）	
	缩微阅览室（使用面积）		4.00（m²/座）	
	珍善本书阅览室（使用面积）		4.00（m²/座）	
	舆图阅览室（使用面积）		5.00（m²/座）	
	集体视听室（使用面积）		1.50（m²/座）	
	集体视听室含控制室（使用面积）		2.00 ～ 2.50（m²/座）	

续表附录 8

建筑功能	场所名称	人员密度 / 人均面积	依据
图书馆	个人视听室（使用面积）	4.00 ~ 5.00（m²/ 座）	《图书馆建筑设计规范》JGJ 38—2015 第 B.0.1 条（注 4）
	少年儿童阅览室（使用面积）	1.80（m²/ 座）	
	视障阅览室（使用面积）	3.50（m²/ 座）	
档案馆	普通阅览室（使用面积）	3.50（m²/ 座）	《档案馆建筑设计规范》JGJ 25—2010 第 4.3.2 条
	专用阅览室（使用面积）	4.00（m²/ 座）	
广播电影电视建筑	新闻演播室、专题演播室	0.20（人 /m²）	《广播电影电视建筑设计防火标准》GY 5067—2017 第 5.0.3 条
	综艺演播室	0.60（人 /m²）	
	建筑面积不大于 3000m² 的摄影棚	0.25（人 /m²）	
	建筑面积大于 3000m² 且不大于 5000m² 的摄影棚	0.20（人 /m²）	
	建筑面积大于 5000m² 的摄影棚	0.15（人 /m²）	
全民健身活动场所	滑冰、轮滑项目人均运动面积	5.00（m²/ 人）	《全民健身活动中心管理服务要求》GB/T 34280—2017 第 5.4.3.3 条
	人工游泳馆人均水域面积	2.50（m²/ 人）	
	天然游泳场人均水域面积	4.00（m²/ 人）	
	室内滑雪、滑板项目人均运动面积	20.00（m²/ 人）	
	其他室内运动项目人均运动面积	4.00（m²/ 人）	
其他公共建筑区域	游泳池（水面面积）	4.60（m²/ 人）	《Life Safety Code》NFPA 101–2018 Table 7.3.1.2
	游泳池边岸（建筑面积）	2.80（m²/ 人）	
	配有设备的练功房（建筑面积）	4.60（m²/ 人）	
	未配有设备的练功房（建筑面积）	1.40（m²/ 人）	
	舞台（净面积）	1.40（m²/ 人）	

续表附录 8

建筑功能	场所名称		人员密度/人均面积	依据
民用机场航站楼	出发区		[国内出港高峰小时人数×(国内集中系数+国内迎送比)+国际出港高峰小时人数×(国际集中系数+国际迎送比)]×0.5+核定工作人员数量	《民用机场航站楼设计防火规范》GB 51236—2017 第 3.4.7 条（注5）
	候机区	近机位	(设计机位的飞机满载人数之和)×0.8+核定工作人员数量	
		远机位	候机区的固定座位数+核定工作人员数量	
	到达区	到港通道	(国内进港高峰小时人数×国内集中系数+国际进港高峰小时人数×国际集中系数)/3+核定工作人员数量	
		行李提取区	(国内进港高峰小时人数×国内集中系数+国际进港高峰小时人数×国际集中系数)/4+核定工作人员数量	
		迎客区	(国内进港高峰小时人数×国内集中系数+国际进港高峰小时人数×国际集中系数)/6+国内进港高峰小时人数×国内迎送比+国际进港高峰小时人数×国际迎送比+核定工作人员数量	
	非公共区及其他机场服务人员的工作场所		按核定人数确定	
机场候机大楼	乘机手续办理大厅（建筑面积）		9.30（m²/人）	《Life Safety Code》NFPA 101-2018 Table A.7.3.1.2

续表附录 8

建筑功能	场所名称	人员密度 / 人均面积	依据
机场候机大楼	候机室（建筑面积）	1.40（m^2/人）	《Life Safety Code》NFPA 101–2018 Table A.7.3.1.2
	行李提取厅（建筑面积）	1.90（m^2/人）	

注：1 在确定某建筑的疏散人数时，应为该建筑任何时间内的可能最大人数。当不同标准数据有冲突时，以较严要求为准。

2 剧场、电影院、礼堂、体育馆的观众厅疏散人数，可按座位数 + 核定工作人员数量确定，当不方便核定时，可按实际座位数的 1.1 倍确定。

3 当不具备核定条件时，可参考《Life Safety Code》NFPA 101–2018 Table 7.3.1.2，按 $9.3m^2$/人确定，厨房面积包括配套房间面积。

4 使用面积不含阅览室的藏书区及独立设置的工作间。

5 国际、国内进出港高峰小时人数、集中系数、迎送比等参数可按照项目可行性研究报告确定。设计机位的飞机满载人数：C 类机位，180 人；D 类机位，280 人；E 类机位，400 人；F 类机位，550 人。

6 本表中，除《建筑防火通用规范》GB 55037—2022 和《建筑设计防火规范（2018 年版）》GB 50016—2014 规定外，其他均为建筑功能所需的建议面积，具体应用，应根据实际情况进行人数核定，以较高要求为准。比如，《办公建筑设计标准》JGJ/T 67—2019 要求普通办公室人均使用面积 ≥ $6m^2$，实际应用中，尚应依据办公桌椅设置情况核定实际人数，以较高要求为准。

附录9：敞开楼梯间、封闭楼梯间、防烟楼梯间、室外疏散楼梯

楼梯间是设置楼梯的专用空间。按形式分类，疏散楼梯间主要包括敞开楼梯间、封闭楼梯间、防烟楼梯间和室外疏散楼梯。

要点1：敞开楼梯间。

（1）敞开楼梯间的三面有墙围护，面向疏散走道一侧敞开【图示1】。

（2）敞开楼梯间应考虑开口尺寸对楼梯间的影响，通常情况下，敞开楼梯间面向疏散走道的开口尺寸，不宜大于楼梯间周长的1/4。【图示2】中，L_1不宜大于$(2L_1+2L_2)/4$。

（3）敞开楼梯间应满足自然通风要求，敞开楼梯间的每层均应设置可开启的自然通风窗。不能满足自然通风要求的楼梯间，应采用封闭楼梯间或防烟楼梯间。

（4）敞开楼梯间的防护等级低，主要应用于建筑层数不超过5层的办公楼、教学建筑等功能场所。对于允许设置敞开楼梯间的建筑，敞开楼梯间可作为竖向安全疏散通道，可视为室内安全区域，作为不同楼层的有效防火分隔措施。在计算防火分区的建筑面积时，不同的楼层可分别划为独立的防火分区，敞开楼梯间可作为楼层的安全出口【图示1】。

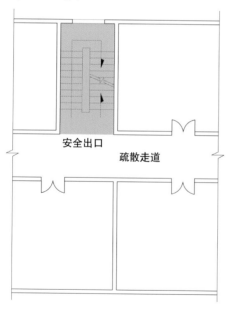

附录9-图示1　敞开楼梯间

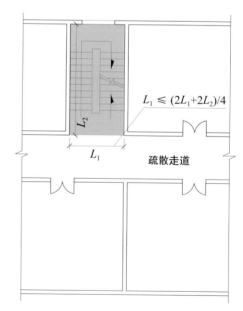

附录9-图示2　敞开楼梯间开口尺寸
不宜大于楼梯间周长的1/4

（5）敞开楼梯。

不满足敞开楼梯间要求的敞开楼梯，除特别规定外，不能作为竖向安全疏散通道，不能作为楼层的安全出口，应视为连通上下楼层的开口【图示 3】。

附录 9- 图示 3　敞开楼梯

要点 2：封闭楼梯间。

（1）封闭楼梯间是在楼梯间入口处设置门，以防止火灾的烟气和热进入的楼梯间。相对普通楼梯间，封闭楼梯间的安全性较高。

（2）甲、乙类厂房，多层丙类厂房，人员密集的公共建筑和其他高层工业与民用建筑中封闭楼梯间的门，应为甲级或乙级防火门，其中，建筑高度大于 100m 的建筑应为甲级防火门【图示 4】。对于其他建筑，可采用普通门，普通门应向疏散方向开启，且应通过闭门器或弹簧机构自动关闭【图示 5】。

要点 3：防烟楼梯间。

（1）防烟楼梯间在楼梯间入口处设置防烟的前室、开敞式阳台或凹廊（统称前室），且通向前室和楼梯间的门均为防火门，以防止火灾的烟气和热进入。

（2）防烟楼梯间主要有三种形式：

①带开敞式阳台的防烟楼梯间，这类防烟楼梯间的前室为开敞式阳台，满足自然通风要求，无须单独设置防烟设施【图示 6】。

②带开敞式凹廊的防烟楼梯间，这类防烟楼梯间的前室为开敞式凹廊，满足自然通风要求，无须单独设置防烟设施【图示 7】。

③带防烟前室的防烟楼梯间，这类防烟楼梯间及前室需要考虑防烟设施，可采用自然通风或机械加压送风的防烟方式【图示 8】。

（3）防烟楼梯间及其前室的门，应为甲级或乙级防火门，其中，建筑高度大于100m 的建筑应为甲级防火门。另外，《建筑设计防火规范（2018 年版）》GB 50016—2014 第 5.3.5 条规定，总建筑面积大于 20000m² 的地下或半地下商店，应采用无门、窗、洞口的防火墙、耐火极限不低于 2.00h 的楼板分隔为多个建筑面积不大于 20000m² 的区域。当采用防烟楼梯间连通相邻区域时，防烟楼梯间的门应采用甲级防火门。

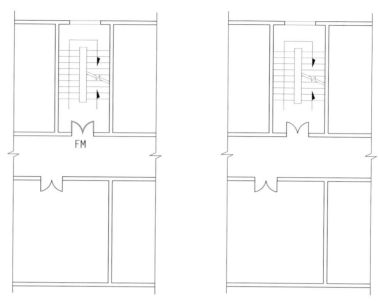

附录 9- 图示 4　采用防火门　　　　附录 9- 图示 5　采用普通门的
　　　　的封闭楼梯间　　　　　　　　　　　　封闭楼梯间

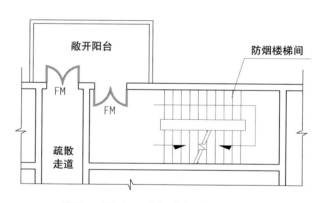

附录 9- 图示 6　带阳台的防烟楼梯间

要点 4：室外疏散楼梯。

（1）室外疏散楼梯多悬挑于建筑外墙，多面开敞，能较好地防止烟气积聚
【7.1.11- 图示 1】【7.1.11- 图示 2】。

（2）进入室外疏散楼梯的门，应为甲级或乙级防火门，其中，建筑高度大于
100m 的建筑应为甲级防火门。

（3）在确定疏散楼梯形式时，室外疏散楼梯可作为防烟楼梯间或封闭楼梯间
使用。

（4）室外疏散楼梯多用于改造项目，往往不作为主要疏散楼梯。

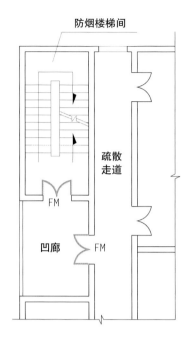

附录9- 图示 7　带凹廊的
防烟楼梯间

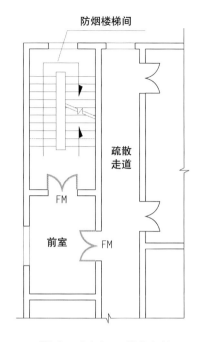

附录9- 图示 8　带前室的
防烟楼梯间

附录 10：独立前室、合用前室、共用前室、合用（共用）前室

根据防烟楼梯间前室、消防电梯前室等的设置及组合形式，可分为独立前室、合用前室、共用前室、合用（共用）前室等多种形式。简述如下：

要点 1：防烟楼梯间独立前室。

防烟楼梯间独立前室是指只与一部疏散楼梯相连的前室【图示 1】。

当防烟楼梯间前室仅与一部疏散楼梯相连，且不与消防电梯前室合用时，称为独立前室。

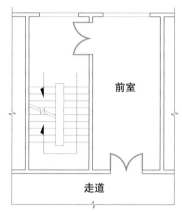

附录 10- 图示 1　防烟楼梯间（独立前室）

要点 2：合用前室。

防烟楼梯间前室允许与消防电梯前室合用，当合用时，称为合用前室【图示 2】。

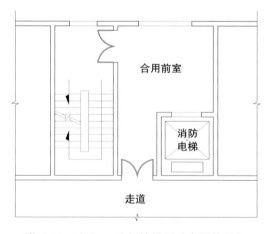

附录 10- 图示 2　防烟楼梯间（合用前室）

要点 3：共用前室、合用（共用）前室。

（1）共用前室。满足一定条件的住宅建筑，允许剪刀楼梯的两个楼梯间共用同一前室，当剪刀楼梯的两个楼梯间共用同一前室时，称为共用前室【图示 3】。共用前室是一种安全性能较低的应用形式，当前室失效时，将导致两个疏散楼梯同时失效，仅允许应用于特定条件下的住宅建筑。

（2）合用（共用）前室。当住宅建筑剪刀楼梯的两个楼梯间共用前室，同时与消防电梯前室合用时，称为合用（共用）前室，俗称"三合一前室"【图示 4】。

要点 4：消防电梯独立前室。

仅供消防电梯使用的前室，称为消防电梯的独立前室【图示 5】。

附录 10– 图示 3　共用前室的
剪刀楼梯间

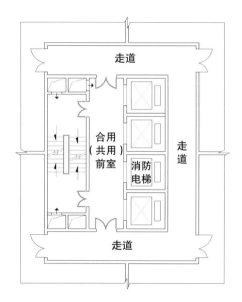

附录 10– 图示 4　合用（共用）前室的
剪刀楼梯间

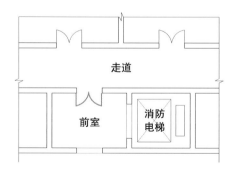

附录 10– 图示 5　消防电梯独立前室

注：本附录图示中的防烟系统形式仅供参考，具体应依据相关标准要求确定。

附录11：危险区域、次危险区域、室内安全区域、室外安全区域

合理划分建筑内外各区域的火灾风险等级，是消防安全疏散设计的基础。

依据火灾危险程度，可将建筑内外各区域的火灾风险等级分为危险区域、次危险区域、室内安全区域、室外安全区域。分述如下。

要点1：火灾风险等级的划分原则。

风险逐级降低，是划分建筑内外各区域火灾风险等级的基本原则，依据火灾危险程度，可沿疏散路径将建筑内外各区域的火灾风险等级分为四级【图示1】【图示2】。

（1）危险区域：包括室内房间、车间、仓库、车库等各种功能区域。

（2）次危险区域：包括疏散走道等。

（3）室内安全区域：也称为相对安全区域，包括防烟前室、疏散楼梯（间）、避难层的避难区、避难走道、符合疏散要求但需通过同一建筑中其他室内安全区域到达地面设施的上人屋面和平台等。

（4）室外安全区域：包括室外地面、符合疏散要求并具有直达地面设施的上人屋面、平台和下沉广场，符合标准要求的天桥和连廊等。

要点2：危险区域。

（1）危险区域的概念及范围。

危险区域主要是指人们工作、生活、生产或储存的室内空间。通常，危险区域存在可燃物和一定的火灾风险，常见的火灾危险区域主要有室内功能房间、营业厅、观众厅、展览厅等各类功能区域，以及生产车间、库房、汽车库等。

（2）危险区域的安全保障。

火灾往往从危险区域发生，为确保人员安全疏散，针对不同功能的危险区域，需合理配置疏散门位置及数量，控制房间内任意一点至疏散门的疏散距离，房间内的装修材料也有相应要求，以控制火灾规模并确保人员疏散至火灾风险等级较低的其他区域。对于一些特殊群体和特殊功能场所，比如儿童活动场所、老年人照料设施、歌舞娱乐放映游艺场所以及一些设备用房等，还应作为相对独立的防火单元，并有平面布置等相关要求。

（3）危险区域的安全疏散。

对于建筑首层，人员可直接从危险区域（室内房间等）疏散至室外安全区域，或从危险区域通过次危险区域（疏散走道等）疏散至室外安全区域。

对于多层建筑的其他楼层或地下建筑，通常不能直接疏散到室外，可通过次危险区域（疏散走道）、室内安全区域（疏散楼梯间）疏散至室外安全区域。

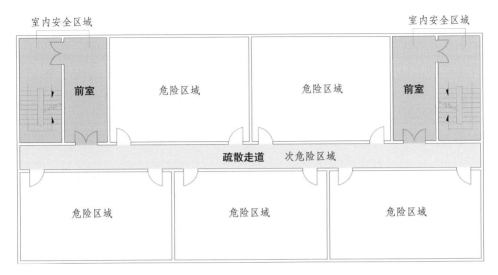

附录 11– 图示 1　建筑内外各区域的火灾风险等级（平面示意）

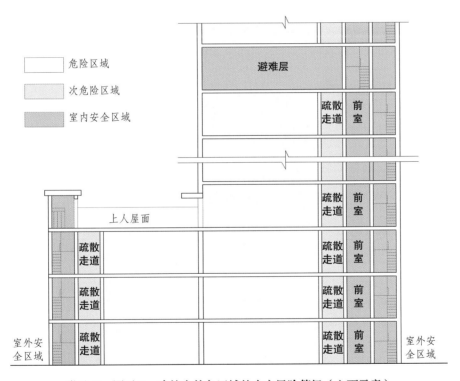

附录 11– 图示 2　建筑内外各区域的火灾风险等级（立面示意）

要点 3：次危险区域。

（1）次危险区域的概念及范围。

次危险区域是相对危险区域的概念，主要包括疏散走道。很多情况下，房间（危险区域）需要通过疏散走道疏散至楼梯间和前室等室内安全区域。

设立具备一定防火性能的次危险区域（疏散走道等），可降低火灾风险，有效组织人员疏散，有利建筑功能的发挥。

在【图示1】的建筑中，不同危险区域的房间通过疏散走道（次危险区域）进入室内安全区域（疏散楼梯间和前室），有利功能布局和安全疏散，降低了火灾风险。

（2）次危险区域的功能及安全保障。

疏散走道是人员疏散路径的第一道屏障，主要承担交通和疏散功能，一般不能用于其他功能，不得放置可燃物品和影响人员疏散的设施；疏散走道的隔墙需满足相应耐火等级建筑的燃烧性能和耐火极限要求；疏散净宽度需经计算确定并不小于最小净宽度要求；在民用建筑中，疏散门至安全出口的距离应符合标准要求。另外，疏散走道顶棚、墙面和地面材料的燃烧性能有较为严格的规定，排烟系统、应急照明疏散指示系统等也有相应要求。

（3）危险区域和次危险区域的疏散距离要求。

为保障疏散，必须控制人员在危险区域和次危险区域的疏散时间，这个时间的控制通过疏散距离实现，除仓库场所和一、二级耐火等级的单、多层丁、戊类厂房外，室内任意一点至室内安全区域的安全出口的距离，都有明确要求。而在民用建筑中，危险区域（房间等）和次危险区域（疏散走道）的安全疏散距离应分别控制。

要点4：室内安全区域。

（1）室内安全区域的概念。

室内安全区域也称为相对安全区域，是相对于室外安全区域的概念，是连接室外安全区域的过渡空间。

室内安全区域是相对独立的防火单元，通常认为，在火灾条件下，进入室内安全区域，即可认为到达安全地点，不再考虑室内安全区域疏散至室外安全区域的疏散时间和距离要求。

常见的室内安全区域，主要有疏散楼梯间及前室、避难层的避难区、避难走道及前室等。

（2）设置室内安全区域的意义。

消防安全疏散是火灾条件下人员安全撤离，到达室外安全地点的过程，即到达室外安全区域的过程，室内安全区域是为了解决安全疏散问题而设置的室内安全区间。

安全疏散的目的，是确保人员在火灾发展到威胁人身安全（耐受极限）之前疏散到安全区域，保证安全疏散时间小于火灾发展到危险状态的时间，并预留一定安全裕量。室外安全区域是人员疏散的目标，但是，除首层的部分区域外，不可能严格控制其他楼层或区域直通室外的距离，也无法有效控制室内任意一点疏散到室外安全区域的时间。

为解决疏散距离和疏散时间的问题，有必要设立室内安全区域，室内安全区域是相对独立的防火单元，并直通室外安全区域。通常认为，进入室内安全区域即到达安全地点，不再考虑室内安全区域疏散至室外安全区域的疏散时间和距离要求。依此规则，可将室内安全区域视为室外安全区域的延伸，将室内任意点直通室外的疏散距离，简化为室内任意点直通室内安全区域的疏散距离，并以此作为安全疏散设计中的控制指标。比如，疏散楼梯间和前室属于室内安全区域，室内任意点至室外安全出口的疏散距离，可简化为室内任意点至本层疏散楼梯间（或前室）的安全出口的距离【7.1.3- 图示 1】【7.1.3- 图示 2】【7.1.3- 图示 3】。

依此，在安全疏散设计中，室内安全区域具重要意义，是现行标准中明确安全疏散距离的根本。

（3）常见的室内安全区域。

① 疏散楼梯间及前室（含合用前室、三合一前室等）。

疏散楼梯间及前室，是最常见的室内安全区域。火灾条件下，人们从房间疏散至疏散走道，再从疏散走道进入疏散楼梯间或前室，也可以从房间、车间、库房、车库等部位直接疏散至疏散楼梯间或前室。

疏散楼梯间应在首层设置直通室外的安全出口，4 层及以下的建筑，可通过扩展的门厅或走道直通室外。4 层以上的建筑，可通过扩大的封闭楼梯间或扩大的前室直通室外，这些扩展区域，均可视为室内安全区域。

需要说明的是，对于设置在建筑外墙上的室外疏散楼梯，虽然处于室外区域，但受制于外墙耐火极限以及内部火灾风险影响，仍属于室内安全区域【图示 3】。

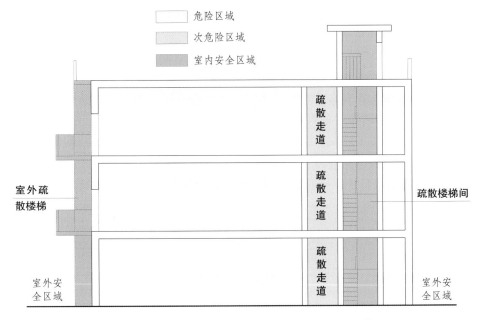

附录11- 图示 3　室内、室外疏散楼梯的火灾风险等级

②避难层的避难区。

建筑高度大于 100m 的工业和民用建筑，竖向疏散距离过长，有必要为疏散人员设置缓冲和休整空间，应设置避难层，避难层的避难区属于室内安全区域。

③避难走道。

避难走道主要用于解决大型建筑中疏散距离过长，或难以按照规范要求设置直通室外的安全出口等问题。避难走道和防烟楼梯间的作用类似，疏散时人员只要进入避难走道或前室，就可视为进入相对安全的区域。

④符合疏散要求但需要通过其他室内安全区域到达地面设施的上人屋面和平台。

建筑的较高部分可通过较低部分的上人屋面或平台疏散，依据安全疏散路径的确立原则，风险只能逐级递减，当上人屋面或平台需要通过疏散楼梯（包括室外疏散楼梯）等室内安全区域到达室外地面时，上人屋面和平台也只能作为室内安全区域。

（4）室内安全区域的保障措施。

在火灾条件下，进入室内安全区域的安全出口，即可认为到达安全地点，因此，室内安全区域需要采取较严格的保障措施，比如采用相对独立的防火单元，采用 A 级（不燃性）装修材料，保证一定的前室使用面积，保证楼梯和走道的净宽度，以及设置防烟系统、应急照明疏散指示系统等。

要点 5：室外安全区域。

（1）室外安全区域的概念。

室外安全区域是位于建筑外部的室外区域，是不受本建筑或相邻建筑火灾危害的区域。

（2）室外安全区域的主要范围。

原则上，室外安全区域是指满足人员疏散条件的室外地面，实际应用中，以下情形也可视为室外安全区域：

①满足安全出口要求且直通室外地面或另一建筑物的天桥和连廊；

②符合疏散要求并具有直达地面设施的上人屋面、平台和下沉广场等。

（3）室外安全区域的安全保障。

室外安全区域是位于建筑外部的室外区域，应具备人员从室内向室外疏散的条件，相邻建筑的防火间距满足标准要求，并确保不受建筑火灾危害。

附录12：疏散路径、疏散距离的确立原则，直线距离和行走距离

合理划分室内区域的火灾风险等级，理解疏散路径的确立原则，可处置诸多安全疏散的争议和误区。

要点1：疏散路径的确立原则。

（1）疏散路径的确立，应以"危险区域 → 次危险区域 → 室内安全区域 → 室外安全区域"为基本原则【图示】。

附录12- 图示　疏散路径风险等级示意图

（2）在疏散路径上，风险只能逐级降低。

疏散路径的确立，以规避风险为原则，疏散路径的风险只能递减，不能从次危险区域进入危险区域（示例：疏散走道不能通过房间疏散），禁止从安全区域进入危险或次危险区域（示例：禁止从疏散楼梯间、前室向疏散走道疏散）。

风险逐级降低，包含越级降低，比如从危险区域（房间等）直接疏散至室内安全区域或室外安全区域等。

本《通用规范》第7.1.2条规定，建筑中的房间疏散门应直接通向安全出口，不应经过其他房间（参见"7.1.2- 要点2"）。依本规定可知，在疏散路径上，一个危险区域不能通过另一个危险区域疏散。

要点2：疏散距离的控制原则。

（1）疏散距离的控制，通常是指危险区域和次危险区域的疏散距离控制。

由"附录11"可知，进入室内安全区域，即可认为到达安全地点，不再考虑室内安全区域至室外的距离和时间，也就是说，只需要考虑危险区域和次危险区域的疏散距离和时间。依此，室内任意点到达室外的疏散距离和时间，可简化为室内任意点到达室内或室外安全出口的疏散距离和时间。为方便应用，现行标准明确了室内任意一点至安全出口的疏散距离，并以此作为疏散设计指标。可以认为，采用符合标准要求的建筑防火和消防设施，当安全疏散距离满足要求时，安全疏散时间可以得到保证。

（2）疏散距离均为直线距离，通常不考虑设备、车辆、家具及办公桌椅等障碍物的影响，但需要考虑墙体遮挡的影响【7.1.3- 图示4】【7.1.18- 图示】。

现行规范所规定的疏散距离，通常是指直线距离，当设备、家具、办公桌椅、车辆等障碍物不影响疏散视线时，可不考虑其影响，但需要考虑室内墙体（包括影响疏

散视线的隔断等）的影响，当疏散路线上有这类墙体或隔断时，应按遮挡后的折线距离计算。

要点 3：行走距离的概念，与直线距离的区别。

行走距离是指安全疏散路线上的实际行走距离，需要考虑货架、家具、固定办公桌椅等障碍物的影响。

在商店营业厅、地铁站厅公共区等人员密集场所，需要考虑行走距离控制，示例：

（1）《人员密集场所消防安全管理》GB/T 40248—2021 第 8.3.3 条规定，营业厅内任一点至最近安全出口或疏散门的行走距离不应大于 45m；

（2）《地铁设计防火标准》GB 51298—2018 第 5.1.10 条规定，站厅公共区任一点至最近出入通道口走行距离不大于 50m；

（3）满足《建筑设计防火规范（2018 年版）》GB 50016—2014 第 5.5.17 条第 4款要求的大空间场所，当应用 30m（37.5m）的直线疏散距离时，其行走距离也不应大于 45m。

注：本书中，有关疏散距离的表述，括号内的数值为设置自动灭火系统后增加25% 后的值。

附录13：举高消防车－安全工作范围，最大工作高度、幅度

要点1：消防车的主要分类。

按照使用功能，消防车可分为四类：灭火类消防车、举高类消防车、专勤类消防车和保障类消防车，用于高空灭火救援的主要是举高类消防车，本附录所涉内容主要为举高类消防车。

（1）灭火类消防车。

灭火类消防车主要装备灭火装置，用于扑灭各类火灾。包括水罐消防车、供水消防车、泡沫消防车、干粉消防车、干粉泡沫联用消防车、干粉水联用消防车、气体消防车、压缩空气泡沫消防车、泵浦消防车、高倍泡沫消防车、水雾消防车、高压射流消防车、机场消防车、涡喷消防车等。

（2）举高类消防车。

举高类消防车主要装备举高臂架（梯架）、回转机构等部件，用于高空灭火救援、输送物资及消防员，一般分为登高平台消防车、云梯消防车、举高喷射消防车。

①登高平台消防车主要装备曲臂、直曲臂和工作斗，可向高空输送消防人员、灭火物资，救援被困人员或喷射灭火剂。

②云梯消防车主要装备伸缩云梯，可向高空输送消防人员、灭火物资，救援被困人员或喷射灭火剂。

③举高喷射消防车主要装备直臂、曲臂、直曲臂及供液管路，顶端安装消防炮或破拆装置，可高空喷射灭火剂或实施破拆。

（3）专勤类消防车。

专勤类消防车主要装备专用消防装置，用于某专项消防技术作业。专勤类消防车可分为通信指挥消防车、抢险救援消防车、化学救援消防车、输转消防车、照明消防车、排烟消防车、洗消消防车、侦检消防车、隧道消防车、履带消防车、轨道消防车、水陆两用消防车等。

（4）保障类消防车。

保障类消防车主要装备各类保障器材设备，为执行任务的消防车辆或消防员提供保障。保障类消防车包括器材消防车、勘察消防车、宣传消防车、水带敷设消防车、供气消防车、供液消防车、自装卸式消防车等。

要点2：举高类消防车的主要构件。

举高类消防车的主要构件有支腿、回转平台、臂架（梯架）、工作斗【图示1】。

（1）支腿：可伸缩用于支撑举高类消防车的钢结构件。举高类消防车作业时展开

支腿，将消防车抬升并调平（轮胎脱离地面），保证足够的稳定性和水平度，参见【图示1】。

（2）回转平台：回转平台的一端安装臂架（梯架），另一端与副车架连接，可连续360°回转。

（3）臂架（梯架）：可折叠或伸缩的多级钢结构架，用于承载工作斗载荷、消防炮喷射反力和破拆反力。

（4）工作斗：安装在举高类消防车臂架（梯架）顶端，用于承载人员或物品，由底板和围栏组成。

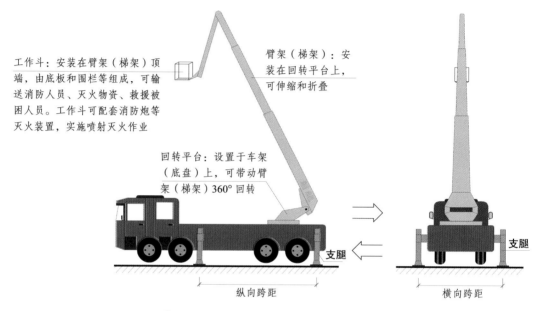

工作斗：安装在臂架（梯架）顶端，由底板和围栏等组成，可输送消防人员、灭火物资、救援被困人员。工作斗可配套消防炮等灭火装置，实施喷射灭火作业

臂架（梯架）：安装在回转平台上，可伸缩和折叠

回转平台：设置于车架（底盘）上，可带动臂架（梯架）360°回转

支腿

支腿

纵向跨距

横向跨距

附录13- 图示1　举高类消防车结构示意图

要点3：支腿横向跨距、纵向跨距。

举高类消防车支腿向外伸展至最大并调平时，沿纵轴线垂直方向两支腿接地面中心距为支腿横向跨距；沿纵轴线方向两支腿接地面中心距为支腿纵向跨距。举高类消防车的前后支腿跨距不一定完全相同，【图示1】标识仅供参考。

消防车的横向跨距和纵向跨距，直接影响登高操作场地大小，参见要点7。

要点4：举高类消防车安全工作范围。

举高类消防车安全工作范围是举高类消防车臂架（梯架）可安全工作的运动区域。

为了保证举高作业安全，消防车会将臂架（梯架）和工作斗的作业范围自动锁定在安全范围内，【图示2】～【图示4】中的阴影区域为安全工作范围，不同消防车的安全工作范围有别，图示仅供参考，具体应以消防车附贴的资料为准。救援作业时，消防车可根据场地状况（水平度等）、支腿伸展情况以及工作斗承载重量等现场条件，自动调整安全工作范围。

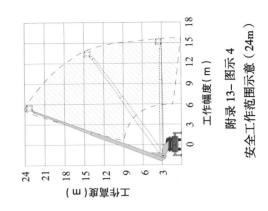

附录 13– 图示 4
安全工作范围示意（24m）

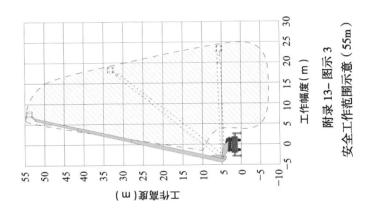

附录 13– 图示 3
安全工作范围示意（55m）

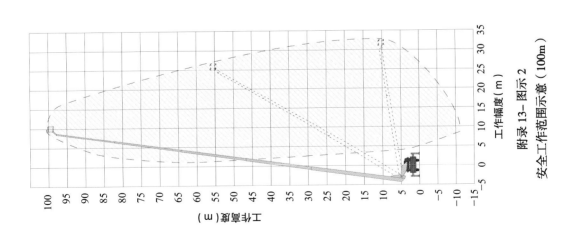

附录 13– 图示 2
安全工作范围示意（100m）

要点 5：举高类消防车最大工作高度。

举高类消防车最大工作高度是举高类消防车工作斗空载状态臂架（梯架）举升到最大高度时，工作斗站立面到地面的垂直距离；没有工作斗的，为臂架（梯架）举升到最大工作高度时顶端到地面的垂直距离。

要点 6：举高类消防车最大工作幅度。

举高类消防车最大工作幅度是举高类消防车工作斗空载状态向侧面伸展臂架（梯架）至极限位置时，工作斗最远端至臂架（梯架）回转平台中心的水平投影距离。没有工作斗的，为臂架（梯架）顶端至回转平台中心的水平投影距离。

由【图示 2】~【图示 4】的安全工作范围可知，最大工作幅度下的工作高度很低，通常不会大于 10m。在一定范围内，工作高度越高，工作幅度越小。

要点 7：消防车登高操作场地尺寸。

消防车的横向跨距和纵向跨距，直接影响登高操作场地大小。依据各类举高消防车的横向跨距和纵向跨距要求，结合救援需要，《建筑设计防火规范（2018 年版）》GB 50016—2014 第 7.2.2 条规定，消防车登高操作场地的长度和宽度分别不应小于 15m 和 10m，对于建筑高度大于 50m 的建筑，场地的长度和宽度分别不应小于 20m 和 10m；《建筑高度大于 250 米民用建筑防火设计加强性技术要求（试行）》第十一条规定，消防车登高操作场地的长度和宽度分别不应小于 25m 和 15m。本规定的场地尺寸要求可满足目前各类登高平台消防车和云梯消防车的需求，但对于超大工作幅度的举高喷射消防车，可能需要更大尺寸的操作场地。

当消防车登高操作场地的尺寸不能满足举高类消防车要求时，消防车支腿不能有效伸展，可导致其无法工作或限制其安全工作范围。

要点 8：消防车登高操作场地与建筑物的距离。

消防车登高操作场地与建筑物的距离，是指操作场地边缘与建筑外墙（扑救面）的最近距离，与防范高空落物的保护距离和有效工作幅度相关。

（1）火灾条件下，为防范高空落物对消防人员和车辆的危害，操作场地边缘距建筑物外墙的距离（L_1）不宜小于 5m。

（2）由要点 6 可知，在一定范围内，工作高度越高，工作幅度越小，要充分发挥消防车的最大工作高度，消防车与外墙扑救面的距离必须限制在一定距离内。由【图示 2】【图示 3】可知，对于最大工作高度 50m 以上的消防车，在其最大工作高度时，其工作幅度约在 10m，即消防车回转平台中心距建筑外墙的距离（L）约在 10m。结合【图示 5】【图示 6】可知，消防车回转平台中心距建筑外墙的距离（L）包括操作场地边缘距建筑物外墙的距离（L_1）、支腿与场地边缘的安全间距（L_2）和消防车回转平台中心距支腿的距离（L_3），而在实际的救援作业中，L_2 与 L_3 之和通常可达 5m。也就是说，对于最大工作高度 55m 以上的消防车，为有效发挥消防车最大工作高度，操作场地边缘距建筑物外墙的距离（L_1）约在 5m。当操作场地边缘距建筑物外墙的距离（L_1）大于 10m 时，消防车工作幅度将大于 15m，消防车的有效工作幅度已受较大影响，尤其对于最大工作高度为 32m 及以下的消防车，场地形同虚设。同理，当消防车臂架旋转至侧向位置时（虚线臂架），相当于拉大了工作幅度，有效工作高度降低。臂架转角越大，有效工作高度越低，有关消防车侧向保护的最大距离，参见要点 9。

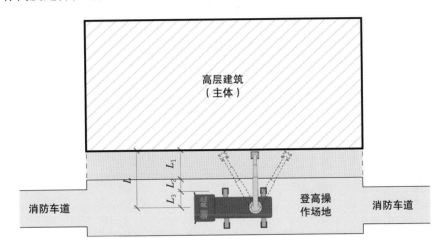

附录 13- 图示 5　举高类消防车距建筑外墙的距离（平面示意）

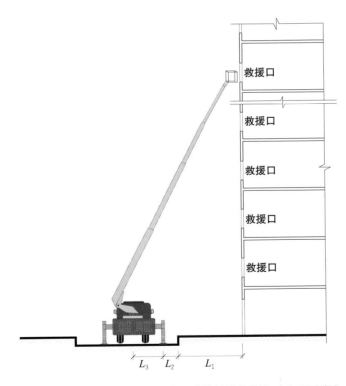

附录 13- 图示 6　举高类消防车距建筑外墙的距离（立面示意）

（3）《建筑设计防火规范（2018 年版）》GB 50016—2014 第 7.2.2 条规定，消防

车登高操作场地靠建筑外墙一侧的边缘距离建筑外墙不宜小于 5m，且不应大于 10m，应严格遵守。

要点 9：举高类消防车的侧向保护跨度。

从【图示 7】可知，通过举高类消防车臂架（梯架）的伸缩回转，可对场地外侧一定区域的救援口实施救援，侧向保护跨度（n）受制于有效工作幅度（m）和消防车与外墙的距离（L）。消防车臂架旋转至侧向位置时，相当于拉大了工作幅度，有效工作高度降低，臂架转角越大，有效工作高度越低。

综合要点 8 可知，消防车回转平台与建筑外墙的距离，通常可达 10m 以上，而消防车在最大工作高度下的工作幅度（m）多在 10m 左右，即使以 15m 计，相应侧向保护跨度（n）也仅约 12m，扣除回转平台与场地边缘的距离后，场地以外的横向保护跨距（n_1）相当有限，通常不会大于 5m，而且必须对应合适的救援口，才能发挥作用。通常认为，为实现扑救面的连续保护，两个场地之间的距离不宜大于 30m，参见"3.4.6-要点 4"。

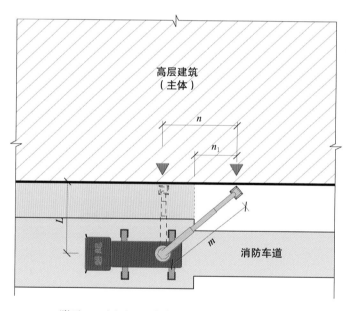

附录 13- 图示 7　举高类消防车侧向保护跨度

附录14：建筑围护结构保温系统 – 分类、构造、防火措施

按照基层墙体与保温层的位置关系及结构特点，建筑的外围护结构保温主要分为内保温系统、外保温系统、保温结构一体化系统和自保温系统。

要点1：内保温系统。

1. 概念及构造

内保温系统是由保温层、防护层和固定材料构成，位于建筑围护结构内表面的非承重保温构造的总称。内保温系统的保温材料固定在建筑外围护结构（外墙、屋面等）的室内侧，附着在围护结构的内表面起保温作用【图示1】。

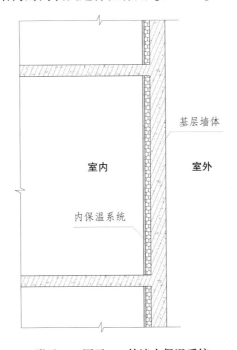

附录 14– 图示 1　外墙内保温系统

2. 主要特点

相对外保温系统，内保温系统工艺较为简单，施工方便。但内保温系统的热桥部位较多，节能效果较差，比较适合建筑保温隔热指标要求不高、所在气候条件不太恶劣的地区应用。

3. 防火要求

（1）内保温系统的保温材料设置在建筑外墙或屋面的室内侧，与外保温系统相比，

有房间隔墙及楼板的阻隔，火灾蔓延速度相对较慢。但内保温系统材料遇热或燃烧分解产生的烟气和毒性，可直接威胁人员安全，故宜采用不燃保温材料【6.6.10-图示1】，禁止采用可燃保温材料，确有需要时可采用难燃保温材料。当采用难燃保温材料时，应尽量采用低烟、低毒的材料，且应设置不燃材料防护层，防护层厚度不应小于10mm【6.6.10-图示2】。

（2）内保温系统中保温材料及制品的燃烧性能要求，主要与建筑功能相关，参见表6.6.10。

（3）电气线路不应穿越或敷设在燃烧性能为 B_1 级的保温材料中；确需穿越或敷设时，应采取穿金属管并在金属管周围采用不燃隔热材料进行防火隔离等防火保护措施。设置开关、插座等电器配件的部位周围应采取不燃隔热材料进行防火隔离等防火保护措施。本规定同样适用于采用 B_1、B_2 级保温材料的外保温系统、自保温系统场所。

4. 使用年限

内保温系统的使用寿命宜与主体结构一致，当小于主体结构时，应有便于维修更换的预案措施。

要点2：外保温系统。

1. 概念及构造

外保温系统是由保温层、防护层和固定材料构成，位于建筑围护结构外表面的非承重保温构造的总称。外保温系统的保温材料固定在建筑外围护结构（外墙、屋面等）的室外侧，附着在围护结构的外表面起保温作用，是目前应用较多的保温系统形式【图示2】。

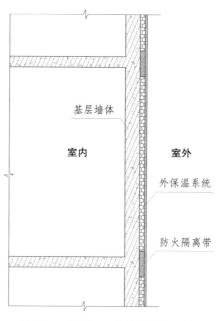

附录14-图示2 外墙外保温系统

2. 主要特点

外保温系统设置于建筑外围护结构（外墙、屋面等）的室外侧，能充分发挥保温材料的保温效能，达到较好的节能效果，较适应于寒冷与严寒地区。

3. 建筑外墙外保温系统

室外氧气充足，外保温系统一旦发生火灾，蔓延迅速，且易形成立体火灾，目前尚无合适的扑救措施，尤其对于有空腔的外保温系统，因烟囱效应火势发展更快。

1）外墙外保温系统的保温材料及制品的燃烧性能要求

根据保温系统中保温材料与基层墙体及保护层、装饰层之间的间隙情况，外墙外保温系统可分为"无空腔的外墙外保温系统"和"有空腔的外墙外保温系统"。"无空腔的外墙外保温系统"是指保温材料与基层墙体及保护层、装饰层之间均无空腔的保温系统（比如薄抹灰外保温系统等）；"有空腔的外墙外保温系统"包括幕墙与建筑外墙基层墙体之间的空腔，保温材料与基层墙体及保护层、装饰层之间的空腔等，可不包括采用粘贴方式施工时在保温材料与墙体找平层之间形成的空隙。

依据本《通用规范》规定，不同高度建筑中无空腔、有空腔外墙外保温系统的保温材料及制品的燃烧性能要求，应符合表 6.6.7、表 6.6.8 的规定。

2）外墙外保温系统的防火处置措施

外墙外保温系统应根据保温材料的燃烧性能及构造形式采取合适的防火处置措施，应满足本《通用规范》以及现行标准《建筑设计防火规范》GB 50016、《建筑防火封堵应用技术标准》GB/T 51410、《建筑幕墙防火技术规程》T/CECS 806 等标准规定，部分要求如下。

（1）当建筑的外墙外保温系统采用燃烧性能为 B_1、B_2 级的保温材料时，应符合下列规定【图示 3】：

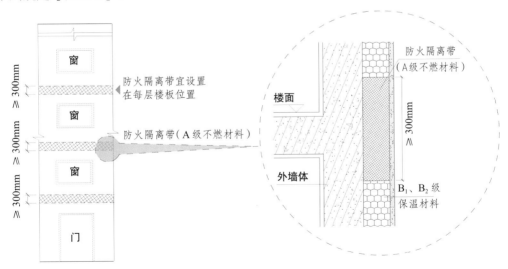

附录 14- 图示 3　外墙外保温系统采用燃烧性能为 B_1、B_2 级的保温材料

注：当采用 B_2 级保温材料，或公共建筑的建筑高度大于 24m、住宅建筑的建筑高度大于 27m 时，建筑外墙上门、窗的耐火完整性不应低于 0.50h。

①除采用 B_1 级保温材料且建筑高度不大于 24m 的公共建筑或采用 B_1 级保温材料且建筑高度不大于 27m 的住宅建筑外，建筑外墙上门、窗的耐火完整性不应低于 0.50h。

②应在保温系统中每层设置水平防火隔离带。防火隔离带应采用燃烧性能为 A 级的材料，防火隔离带的高度不应小于 300mm。

（2）建筑的外墙外保温系统宜应采用不燃材料【图示4】。当采用 B_1、B_2 级保温材料时，应采用不燃材料防护层，防护层应将保温材料完全包覆，防护层厚度首层不应小于 15mm，其他层不应小于 5mm【图示5】。

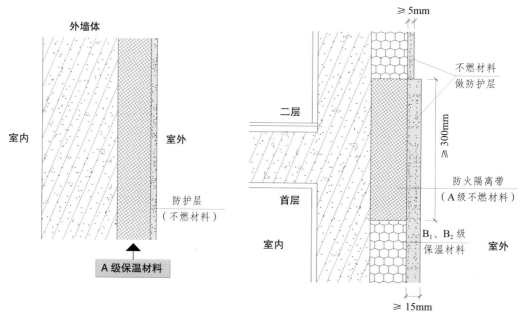

附录 14– 图示 4　采用不燃材料的
外墙外保温系统

附录 14– 图示 5　采用 B_1、B_2 级保温
材料的外墙外保温系统

（3）建筑外墙外保温系统与基层墙体、装饰层之间的空腔，应在每层楼板处采用防火封堵材料封堵【图示6】【图示7】。《建筑防火封堵应用技术标准》GB/T 51410—2020 第4.0.4条规定，建筑外墙外保温系统与基层墙体、装饰层之间的空腔的层间防火封堵应符合下列规定：

①应在楼板对应位置采用矿物棉等背衬材料完全填塞，且背衬材料的填塞高度不应小于 200mm；

②在矿物棉等背衬材料的上面应覆盖具有弹性的防火封堵材料；

③防火封堵的构造应具有自承重和适应缝隙变形的性能。

4．建筑屋面外保温系统

建筑屋面的外保温系统，可依据《建筑设计防火规范（2018 年版）》GB 50016—2014 第 3.2.16 条、第 5.1.5 条、第 6.7.10 条等规定执行。

5. 使用年限

外保温系统的使用寿命宜与主体结构一致，当小于主体结构时，应有便于维修更换的预案措施。

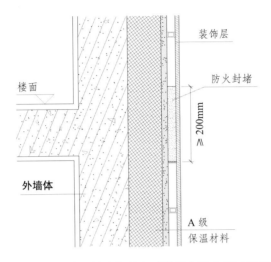

附录 14– 图示 6　建筑外墙外保温系统的空腔在每层楼板处封堵

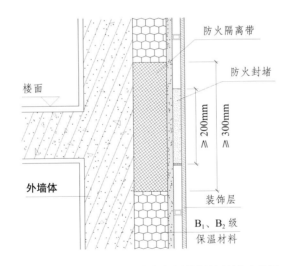

附录 14– 图示 7　建筑外墙外保温系统的空腔在每层楼板处封堵（采用 B₁、B₂ 级保温材料）

要点 3：保温结构一体化系统。

1. 概念及构造

保温结构一体化系统是保温层与建筑结构同步施工完成的构造技术，其典型代表为夹心保温系统。本《通用规范》第 6.6.2 条所述的"保温材料与两侧不燃性结构构成无空腔复合保温结构体",即为夹心保温系统。

夹心保温系统是指建筑的外围护结构采用保温材料与两侧不燃性结构构成的无空腔复合保温结构墙体,主要由内叶墙、保温层、外叶墙构成,共同作为建筑墙体使用【6.6.2-图示1】。夹心保温系统的内叶墙是指夹心保温系统的内侧墙体,外叶墙是指夹心保温系统的外侧墙体,可采用装饰砌块。

2. 主要特点

夹心保温系统防火性能高,但墙体较厚,构造工艺相对复杂,且不能有效解决热桥问题。

3. 防火要求

夹心保温系统的保温材料与两侧不燃性结构应构成无空腔复合保温结构体,形成一体化的结构受力体系。依据本《通用规范》第6.6.2条规定,当保温材料的燃烧性能为 B_1 级或 B_2 级时,保温材料两侧不燃性结构的厚度均不应小于50mm【6.6.2-图示2】,满足本规定要求的复合保温结构体可视为燃烧性能为 A 级的保温结构墙体。当用于建筑外墙时,该结构体应满足相应耐火等级建筑的外墙耐火极限要求。

4. 使用年限

夹心保温系统的使用寿命应与主体结构一致。

要点4:自保温系统。

自保温系统是以墙体材料自身的热工性能来满足建筑围护结构节能设计要求的构造系统。外墙自保温系统是近十年来推出的新型保温技术,诸多省份已出台地方标准,尚处于发展完善阶段。

自保温系统的墙体采用自保温墙体块材,配套合理的外墙热桥、保温构造和交接面处理构造,以使墙体满足保温和节能要求,属于一种较为新型的保温技术。自保温墙体块材的形式很多,比如蒸压加气混凝土砌块、发泡混凝土砌块、烧结砌块、混凝土夹芯墙板等。

采用自保温系统的外墙,耐火极限和燃烧性能应符合相应耐火等级建筑的外墙要求,使用寿命应与主体结构一致。

附录 15：燃烧性能、耐火极限

要点 1：燃烧性能。

1. 燃烧性能的概念

燃烧性能是在规定条件下，材料或物质的对火反应特性和耐火性能。其中，对火反应是指在规定的试验条件下，材料或制品遇火所产生的反应。耐火性能是指建筑构件、配件或结构在一定时间内满足标准耐火试验的稳定性、完整性和（或）隔热性的能力。

2. 燃烧性能的分级标准

（1）依据《建筑材料及制品燃烧性能分级》GB 8624—2012 规定，建筑材料及制品的燃烧性能基本分级 A、B_1、B_2、B_3，对应欧盟标准分级为 A1、A2、B、C、D、E、F，见表附录 15。

表附录 15　建筑材料及制品的燃烧性能等级

燃烧性能等级		名称	描述
A	A1	不燃材料	火灾危险性很低，不会导致火焰蔓延。在建筑的内、外保温系统中，要尽量选用 A 级保温材料
	A2		
B_1	B	难燃材料	有一定阻燃作用，起火后不易发生蔓延，当火源移开后燃烧停止
	C		
B_2	D	可燃材料	属于普通可燃材料，在点火源功率较大或有较强热辐射时，容易燃烧且火焰传播速度较快，有较大的火灾危险。如果必须要采用 B_2 级保温材料，需采取严格的构造措施进行保护。同时，在施工过程中也要注意采取相应的防火措施，如分别堆放、远离焊接区域、上墙后立即做构造保护等
	E		
B_3	F	易燃材料	属于易燃材料，很容易被低能量的火源或电焊渣等点燃，而且火焰传播速度极为迅速。在建筑的内外保温系统中严禁采用 B_3 级保温材料

注：描述仅供参考，具体分级应依现行国家标准《建筑材料及制品燃烧性能分级》GB 8624 规定确定。

（2）实际应用中的建筑材料及制品，可能采用欧盟标准，对应分级为 A1、A2、B、C、D、E、F，类似情况在一些进出口产品中尤为多见，可参照《建筑材料及制品燃烧性能分级》GB 8624—2012 第 5.1 节、第 5.2 节要求处置。

3. 主要标准要求

（1）在《建筑内部装修设计防火规范》GB 50222—2017 中，将装修材料按使用部位和功能，划分为顶棚装修材料、墙面装修材料、地面装修材料、隔断装修材料、固定家具、装饰织物、其他装修装饰材料，本《通用规范》和该标准明确了各类材料在不同类别建筑中的燃烧性能要求。

（2）在本《通用规范》和现行国家标准《建筑设计防火规范》GB 50016 及相关标准中，明确了各类建筑构件和保温材料的燃烧性能要求。

4. 怎样确定建筑构件及材料的燃烧性能

（1）为方便实际应用，《建筑设计防火规范（2018 年版）》GB 50016—2014、《建筑内部装修设计防火规范》GB 50222—2017 等标准对常用建筑材料、制品及建筑构件的燃烧性能进行了举例，可作为应用参考。

（2）对于燃烧性能不明确的材料或构件，可依据国家认可授权检测机构出具的检验报告确定。

要点 2：耐火极限。

（1）耐火极限，是在标准耐火试验条件下，建筑构件、配件或结构从受到火的作用时起，至失去承载能力、完整性或隔热性时止所用时间（用小时表示）。

①承载能力。

承载能力是承重构件承受规定的试验荷载，其变形的大小和速率均未超过标准规定极限值的能力。

试件的耐火性能应从试件在耐火试验期间能够持续保持其承载能力的时间进行性能判断。判定试件承载能力的参数是变形量和变形速率。

②完整性。

完整性是在标准耐火试验条件下，建筑构件当某一面受火时，在一定时间内阻止火焰和热气穿透或在背火面出现火焰的能力。

试件的耐火性能应从试件在耐火试验期间能够持续保持耐火隔火性能的时间进行性能判断。

③隔热性。

隔热性是在标准耐火试验条件下，建筑构件当某一面受火时，在一定时间内背火面温度不超过规定极限值的能力。

试件的耐火性能应从试件在耐火试验期间持续保持耐火隔热性能的时间进行性能判断。

（2）试件应满足的耐火性能，包括承重构件的稳定性和建筑分隔构件完整性和隔热性，其判定准则用时间长短表示。如果试件所代表的建筑构件要同时达到以上几个性能，则应同时从几个方面进行判定。

①隔热性和完整性对应承载能力。

如果试件的"承载能力"已不符合要求，则将自动认为试件的"隔热性"和"完整性"

不符合要求。

②隔热性对应完整性。

如果试件的"完整性"已不符合要求，则将自动认为试件的"隔热性"不符合要求。

（3）不同建筑结构或构、配件中耐火极限的判定标准。

对于不同的建筑结构或构、配件，耐火极限的判定标准和所代表的含义可能不完全一致，通常会在专项标准中规定性能判定准则。

通常情况下，承重构件需要考察其在试验条件下的承载能力、完整性能和隔热性能；非承重构件可能主要考察其在试验条件下的完整性能和（或）隔热性能。

示例：防火卷帘、防火玻璃、防火门、防火窗等建筑构件，需要依据现行国家标准《防火卷帘》GB 14102、《建筑用安全玻璃　第1部分：防火玻璃》GB 15763.1、《防火门》GB 12955、《防火窗》GB 16809等标准要求，对耐火完整性和（或）隔热性进行判定。在本书中，表6.4.3、表6.4.7、表6.4.9分别列示了防火门、防火窗、防火玻璃的耐火性能分类，可供参考。

（4）主要标准要求。

在确定建筑的耐火等级时，相应建筑构件的燃烧性能和耐火极限，应满足相关标准要求，比如：《建筑设计防火规范（2018年版）》GB 50016—2014第3.2节和第5.1节，明确了工业建筑和民用建筑的耐火等级要求和相应构件的燃烧性能和耐火极限；《汽车库、修车库、停车场设计防火规范》GB 50067—2014第3章明确了汽车库、修车库的耐火等级要求和相应建筑构件的燃烧性能和耐火极限。

（5）怎样确定建筑构件的耐火极限。

①为方便实际应用，《建筑设计防火规范（2018年版）》GB 50016—2014附录中，对常用建筑构件的燃烧性能和耐火极限进行了举例，可作为应用参考。

②对于防火卷帘、防火玻璃、防火门、防火窗等建筑构件，可依据国家认可授权检测机构出具的检验报告确定。

附录 16：消防设备 – 外壳防护等级（IP 代码）

外壳防护等级（IP 代码），通常是指电气设备的外壳防护等级，也可应用于消防设备的外壳防护等级。

防护等级是按标准规定的检验方法，确定外壳对人接近危险部件、防止固体异物进入或水进入所提供的保护程度。

消防设备的外壳防护等级（IP 代码），通常由"代码字母（IP）""第一位特征数字""第二位特征数字"组成。其中，第一位特征数字表示"防止接近危险部件的防护等级"和"防止固体异物进入的防护等级"，第二位特征数字表示"防止水进入的防护等级"。

要点 1：外壳防护等级的主要内容。

由《外壳防护等级（IP 代码）》GB/T 4208—2017 可知，外壳防护等级（IP 代码）主要包括电气设备的下述内容：

（1）对人体触及外壳内的危险部件的防护；

（2）对固体异物进入外壳内设备的防护；

（3）对水进入外壳内对设备造成有害影响的防护。

要点 2：IP 代码。

IP 代码是表明外壳对人接近危险部件、防止固体异物或水进入的防护等级，并且给出与这些防护有关的附加信息的代码系统。

IP 代码主要由代码字母（IP）、第一位特征数字、第二位特征数字、附加字母、补充字母等组成。

IP 代码的型号标记如下：

附录 16- 图示　IP 代码的型号标记

（1）第一位特征数字。第一位特征数字表示防止接近危险部件和防止固体异物进入的防护等级，参见表附录 16–1。

表附录 16-1　第一位特征数字所表示的防护等级

特征数字	对接近危险部件的防护等级		防止固体异物进入的防护等级	
	简要说明	含义	简要说明	含义
0	无防护	—	无防护	—
1	防止手背接近危险部件	直径 50mm 球形试具应与危险部件有足够的间隙	防止直径不小于 50mm 的固体异物	直径 50mm 的球形物试具不得完全进入壳内（注）
2	防止手指接近危险部件	直径 12mm、长 80mm 的铰接试指应与危险部件有足够的间隙	防止直径不小于 12.5mm 的固体异物	直径 12.5mm 的球形物体试具不得完全进入壳内（注）
3	防止工具接近危险部件	直径 2.5mm 的试具不得进入壳内	防止直径不小于 2.5mm 的固体异物	直径 2.5mm 的物体试具完全不得进入壳内（注）
4	防止金属线接近危险部件	直径 1.0mm 的试具不得进入壳内	防止直径不小于 1.0mm 的固体异物	直径 1.0mm 的物体试具完全不得进入壳内（注）
5	防止金属线接近危险部件	直径 1.0mm 的试具不得进入壳内	防尘	不能完全防止尘埃进入，但进入的灰量不得影响设备的正常运行，不得影响安全
6	防止金属线接近危险部件	直径 1.0mm 的试具不得进入壳内	尘密	无灰尘进入

注：物体试具的直径部分不得进入外壳的开口。

（2）第二位特征数字。第二位特征数字表示防止水进入的防护等级，参见表附录 16-2。

表附录 16-2　第二位特征数字所表示的防护等级

特征数字	防止水进入的防护等级	
	简要说明	含义
0	无防护	—
1	防止垂直方向滴水	垂直方向滴水应无有害影响
2	防止当外壳在 15° 倾斜时垂直方向滴水	当外壳的各垂直面在 15° 倾斜时，垂直滴水应无有害影响
3	防淋水	当外壳的垂直面在 60° 范围内淋水，无有害影响
4	防溅水	向外壳各方向溅水无有害影响

续表附录 16-2

特征数字	防止水进入的防护等级	
	简要说明	含义
5	防喷水	向外壳各方向喷水无有害影响
6	防强烈喷水	向外壳各个方向强烈喷水无有害影响
7	防短时间浸水影响	浸入规定压力的水中经规定时间后外壳进水量不致达有害程度
8	防持续浸水影响	按生产厂和用户双方同意的条件（应比特征数字为 7 时严酷）持续潜水后外壳进水量不致达有害程度
9	防高温/高压喷水的影响	向外壳各方向喷射高温/高压水无有害影响

（3）附加字母。附加字母表示对人接近危险部件的防护等级，参照《外壳防护等级（IP 代码）》GB/T 4208—2017 理解。

（4）补充字母。在有关产品标准中，可由补充字母表示补充的内容，补充字母放在第二位特征数字或附加字母之后。

补充内容的标识字母及含义，参照《外壳防护等级（IP 代码）》GB/T 4208—2017 理解。

要点 3：消防设备的外壳防护等级（IP 代码）。

消防设备的外壳防护等级（IP 代码），通常会标识第一位和（或）第二位特征数字，较少采用附加字母和补充字母。

《消防设施通用规范》第 3.0.12 条规定：消防水泵控制柜位于消防水泵控制室内时，其防护等级不应低于 IP30；位于消防水泵房内时，其防护等级不应低于 IP55。

IP30 的第一位特征数字"3"表示：①防止工具接近危险部件，可防止直径不小于 2.5mm 的试具（工具）进入设备壳体；②防止直径不小于 2.5mm 的固体异物进入设备壳体。

IP30 的第二位特征数字"0"表示：设备外壳不防水。

IP55 的第一位特征数字"5"表示：①防止金属线接近危险部件，可防止直径不小于 1.0mm 的试具（工具）进入设备壳体；②防尘，即使不能完全防止尘埃进入，但进入的灰尘量不会影响设备的正常运行，不得影响安全。

IP55 的第二位特征数字"5"表示：防喷水，向设备外壳的各个方向喷水均无有害影响。

《火灾自动报警系统设计规范》GB 50116—2013 第 12.1.11 条规定："隧道内设置的消防设备的防护等级不应低于 IP65"。

IP65 的第一位特征数字"6"表示：①防止金属线接近危险部件，可防止直径不小于 1.0mm 的试具（工具）进入设备壳体；②尘密，无灰尘进入。

IP65 的第二位特征数字"5"表示：防喷水，向设备外壳的各个方向喷水均无有害影响。

《建筑防火通用规范》GB 55037—2022 第 2.2.10 条规定："电梯的动力和控制线缆与控制面板的连接处、控制面板的外壳防水性能等级不应低于 IPX5"。

由 IP 代码型号标记可知，IPX5 省略了第一位数字（用数字 X 替代），也就是说，未规定对接近危险部件的防护等级和防止固体异物进入的防护等级。

第二位特征数字"5"表示：防喷水，向设备外壳的各个方向喷水均无有害影响。